Karin von der Saal

Biochemie

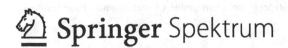
Springer Spektrum

Karin von der Saal
Murnau a. Staffelsee, Deutschland

ISBN 978-3-662-60689-6   ISBN 978-3-662-60690-2   (eBook)
https://doi.org/10.1007/978-3-662-60690-2

Die Deutsche Nationalbibliothek verzeichnet diese Publikation in der Deutschen Nationalbibliografie; detaillierte biblio-grafische Daten sind im Internet über ▶ http://dnb.d-nb.de abrufbar.

Planung/Lektorat: Désirée Claus
Springer Spektrum ist ein Imprint der eingetragenen Gesellschaft Springer-Verlag GmbH, DE und ist ein Teil von Springer Nature.
Die Anschrift der Gesellschaft ist: Heidelberger Platz 3, 14197 Berlin, Germany

Vorwort

Die Biochemie ist eine faszinierende und äußerst dynamische Wissenschaft. In den Lehrbüchern hat diese Entwicklung ihre Spuren hinterlassen: Sie haben mit jeder Auflage an Details und Umfang zugenommen. Umso schwieriger ist es, den Überblick zu behalten und den Wald hinter all den Bäumen zu erkennen.

Dieses kurze Lehrbuch soll keine Alternative, sondern eine Ergänzung sein zu den großen Lehrbüchern. Es beschränkt sich auf grundlegende Themen und ist bestrebt, das Wichtigste herauszuarbeiten und Zusammenhänge darzustellen. Auf exakte Definitionen wurde besonders Wert gelegt. Dass die Biochemie keineswegs abstrakt, sondern tatsächlich eine Lebens-Wissenschaft ist, beleuchten zahlreiche Seitenblicke, vor allem zu medizinischen Themen.

Das Buch ist entstanden aus Studienheften, die im Rahmen eines Fernstudiums für die Bachelor-Ausbildung von Chemielaboranten konzipiert war. Für die Buchfassung wurde der Text behutsam aktualisiert.

Es sollte für alle lesbar sein, die Grundkenntnisse der Allgemeinen und Organischen Chemie besitzen und wendet sich an:

- Studierende der Biochemie, die sich auf die Bachelor-Prüfung vorbereiten; sie bekommen hier ein Repetitorium in die Hand;
- Studierende anderer naturwissenschaftlicher Fächer und Quereinsteiger, die einen Einblick in die Biochemie brauchen;
- Nicht zuletzt sind auch Laboranten, Techniker und Ingenieure angesprochen, die ihr Wissen auffrischen möchten oder Grundkenntnisse der Biochemie für Ihren Beruf brauchen.

Um den Ladenpreis niedrig zu halten, kommt dieses Buch ohne Abbildungen aus. Für viele Zwecke oder allein zur Wiederholung des Stoffs wird das genügen. Zum vertieften Nachlesen gibt es zahlreiche Referenzen zu den entsprechenden Stellen im beliebtesten großen Lehrbuch, dem Stryer (8. Auflage, 2018). Ihren Kenntnisstand können Sie in jedem Kapitel durch Fragen und Lösungen kontrollieren. Ein ausführliches Glossar am Ende ermöglicht schnelles Nachlesen.

Ich hoffe, dass das Buch für viele nützlich ist und wünsche Ihnen viel Erfolg in Studium und Beruf.

Karin von der Saal
Oktober 2019

Inhaltsverzeichnis

II   Biomoleküle II

III   Stoffwechsel I

IV Stoffwechsel II

V   Biosynthese von Kohlenhydraten, Lipiden und Aminosäuren

VI   Molekularbiologie

Abkürzungsverzeichnis

A	Adenin
ACP	Acylcarrierprotein
ADP	Adenosindiphosphat
AMP	Adenosinmonophosphat
AMPK	AMP-abhängige Kinase
ATP	Adenosintriphosphat
b	Basenpaare
C	Cytosin
cAMP	zyklisches Adenosinmonophosphat
CAP	Katabolitaktivatorprotein
CoA	Coenzym A
Cyt	Cytochrom
d	Dalton (nach IUPAC: Da)
DCC	Dicyclohexylcarbodiimid
DEAE	Diethylaminoethyl
DH	Dehydrogenase
DHAP	Dihydroxyacetonphosphat
DIPPF	Diisopropylphosphofluoridat
DNA	Desoxyribonucleinsäure
dNTP	Desoxyribonucleotidtriphosphat
E_0'	Standardredoxpotenzial
EC	*enzyme commission*
ER	Endoplasmatisches Reticulum
F	Faraday-Konstante
F-1,6-BP	Fructose-1,6-bisphosphat
F-2,6-BP	Fructose-2,6-bisphosphat
F-6-P	Fructose-6-phosphat
FAD	Flavinadenindinucleotid
FMN	Flavinmononucleotid
G	Freie Enthalpe, Gibbs'sche Freie Energie
G	Guanin
GAP	Glycerinaldehydphosphat
GTP	Guanosintriphosphat
H	Enthalpie
HIV	humanes Immundefizienz-Virus
HMG	3-Hydroxy-3-methyl-glutaryl
HPLC	Hochdruck-Flüssigkeitschromatographie
J	Joule
k	Geschwindigkeitskonstante
K	Gleichgewichtskonstante
K	Kelvin
kb	Kilobasenpaare
kd	Kilodalton
K_i	Inhibitionskonstante
k_{kat}	Wechselzahl
K_M	Michaelis-Konstante
KR	Ketoreduktase
KS	Ketoacyl-Synthase
M	molar
MALDI	matrixassistierte Laserdesorption/Ionisation
MAT	Malonyl-Transacylase

miRNA	Mikro-RNA
mRNA	Messenger-RNA
NAD, NADH	Nicotinamidadenindinucleotid
NMR	kernmagnetische Resonanz
NOESY	*nuclear Overhauser enhancement spectroscopy*
PAGE	Polyacrylamidgelelektrophorese
Pc	Plastocyanin
PDH	Pyruvat-Dehydrogenase
PDP	Pyruvat-Dehydrogenase-Phosphatase
PEP	Phosphoenolpyruvat
P_i	(anorganisches) Phosphat
pl	isoelektrischer Punkt
PKK	Pyruvat-Dehydrogenase-Kinase
PLP	Pyridoxalphosphat
pm	Picometer
PP_i	(anorganisches) Pyrophosphat
PS	Photosystem
PTH	Phenylisothiocyanat
R	Gaskonstante
RNA	Ribonucleinsäure
ROS	reaktive Sauerstoffspezies
rRNA	ribosomale RNA
S	Entropie
S	Svedberg
SAM	*S*-Adenosylmethionin
SDS	Natriumdodecylsulfat
siRNA	*small interfering* RNA
snRNA	kleine, nucleäre RNA
T	absolute Temperatur
T	Thymin
TE	Thioesterase
TIM	Triosephosphat-Isomerase
T_m	Schmelztemperatur
TOF	*time of flight*
tRNA	Transfer-RNA
U	Innere Energie
U	Uracil
UDP	Uridinmonophosphat
UTP	Uridintriphosphat
V	Volt
V_{max}	Maximalgeschwindigkeit
Z	Ladung
$\Delta G^{0'}$	Änderung der Freien Enthalpie unter biochemischen Standardbedingungen

Biomoleküle I

Inhaltsverzeichnis

■ **Voraussetzungen**

In diesem ersten Teil geht es um wichtige biologische Moleküle: um Proteine und Nucleinsäuren. Es sind große Moleküle – Makromoleküle oder Polymere –, die aus langen Ketten von einzelnen Bausteinen bestehen. Aminosäuren, die Bausteine der Proteine, kennen Sie vielleicht aus dem Studium der Organischen Chemie, dazu vielleicht auch einige andere einfache Biomoleküle. Zusätzlich werden Sie nun mit zahlreichen neuen Verbindungen, Reaktionen und Konzepten bekannt. Die Fülle sollte Sie nicht schrecken. Auch die Biochemie folgt den Regeln der Chemie: Biochemische Molekülstrukturen können wir aus unseren Kenntnissen der Organischen Chemie verstehen, und biochemische Reaktionen gehorchen den Gesetzen der Thermodynamik. Sie können also auf dem Wissen, das Sie bis jetzt erworben haben, aufbauen und es in neuen Zusammenhängen betrachten. Mit folgenden Themen sollten Sie vertraut sein:

— Schreibweisen und Formeldarstellungen der Organischen Chemie,
— Säure/Base-Theorie; pK_s-Werte und ihre Bedeutung,
— wichtige funktionelle Gruppen und Heterocyclen,
— wichtige organische Reaktionen,
— Chiralität und Nomenklatur von optischen Isomeren,
— schwache Bindungen zwischen Molekülen – ionische und Van-der-Waals-Wechselwirkungen sowie Wasserstoffbrücken-Bindungen,
— Instrumentelle Analytik: Photometrie, Chromatographie, Massenspektrometrie.

Lernziele

Dieser Teil macht Sie mit Proteinen und Nucleinsäuren sowie den wichtigsten biochemischen Funktionen dieser Makromoleküle vertraut. Sie werden ihre Bausteine kennen lernen und die allgemeinen Strukturen von Proteinen und Nucleinsäuren beschreiben können, ebenso wie die funktionellen Gruppen der Standardaminosäuren und die biologischen Rollen einiger Proteine. Sie werden die verschiedenen Strukturebenen von Proteinen kennen lernen – vor allem aber werden Sie verstehen, wie diese Strukturen zustande kommen und welche Kräfte und Wechselwirkungen dabei im Spiel sind. Es wird Ihnen klar, weshalb die Struktur unabdingbare Voraussetzung für die Funktion dieser Biomoleküle ist. Ferner werden Sie einige Beispiele von fehlerhafter Funktion erfahren, ihre Ursachen und welche Krankheiten dadurch entstehen können.

Gleichzeitig werden Sie mit dem dazugehörigen biochemischen Vokabular vertraut: Mit Begriffen wie Peptid, Primär-, Sekundär- und Tertiärstruktur von Proteinen werden Sie bald mühelos umgehen können und ebenso den Unterschied zwischen Nucleosid und Nucleotid kennen. Sie werden erfahren, was genau sich hinter dem Begriff Basenpaarung verbirgt. Am Ende werden Sie einen Einblick in wichtige biochemische Konzepte genommen haben: den Zusammenhang zwischen Struktur und Funktion und die enorme Bedeutung schwacher Wechselwirkungen in der Biochemie.

Den biochemischen Grundlagen, mit denen Sie hier vertraut werden, liegen sorgfältige analytische Messungen und ausgefeilte Methoden zugrunde. Biochemische Substanzen kommen nicht aus dem Labor, sondern aus Zellen – hier aber liegen sie oft nur in winzigen Mengen vor. Der Isolierung und dem Nachweis von Proteinen gebührt deshalb besonderes Augenmerk. Auch dazu werden Sie in diesem Teil Grundlegendes erfahren.

Hier beziehen wir uns praktisch ausschließlich auf das große Lehrbuch „Stryer, Biochemie", ein Standardlehrbuch, mit dem schon einige Generationen von Biochemikern gelernt haben. Es ist ein Wälzer – lassen Sie sich vom Umfang nicht schrecken! Der „Stryer" stellt den Stoff gut und verständlich dar. Vieles darin können Sie, da Sie sich hier lediglich die Grundlagen der Biochemie aneignen, überblättern; ganze Kapitel können Sie weglassen. Und es ist nicht zuletzt das Ziel dieses Buches, Sie durch gezielte Auswahl des für Sie wichtigsten Stoffs durch die Biochemie zu leiten.

Den Stoff, mit dem Sie hier befassen, finden Sie im Stryer in den Kap. 1 bis 4.   Stryer, Kap. 1 bis 4

Grundlagen des Lebens

© Springer-Verlag GmbH Deutschland, ein Teil von Springer Nature 2020
K. von der Saal, *Biochemie*, https://doi.org/10.1007/978-3-662-60690-2_1

1

Was macht das Leben aus? Ein Physikochemiker würde sagen: Lebewesen sind hoch geordnete Systeme, die mit ihrer Umgebung Stoffe austauschen und für die Aufrechterhaltung ihrer Existenz Energie benötigen. Ein Organiker hält dagegen: In Lebewesen reagieren organische Moleküle miteinander nach organisch-chemischen Gesetzen. Auch für einen Biologen ist die Sache klar, er weiß:

— Lebewesen nehmen Nahrung auf, wandeln Energie um und stellen Biomoleküle her.
— Sie vermehren sich und produzieren Nachkommen.
— Sie reagieren auf ihre Umgebung, können sich an ihre Umwelt anpassen und durch Evolution dauerhaft verändern.

Tatsächlich haben alle drei recht! Wir werden deshalb den Stoff in diesem Buch mal von der einen, mal von der anderen Warte aus betrachten.

1.1   Einfache und höhere Organismen

Es gibt sehr einfache Lebewesen wie z. B. Bakterien, die nur aus einer einzigen Zelle bestehen, bis hin zu hoch entwickelten Organismen, Wirbeltieren, zu denen auch der Mensch gehört. Viren dagegen sind sozusagen Vorformen des Lebens und gelten nicht als echte Lebewesen: Sie pflanzen sich fort, brauchen dazu jedoch andere Organismen, denn Viren haben keinen eigenen Stoffwechsel.

1.1.1   Die Zelle, Grundeinheit des Lebens

Alle Lebewesen sind aus Zellen aufgebaut; einige einfache Organismen bestehen aus lediglich einer einzigen Zelle, höhere Organismen aus einer oft unüberschaubaren Vielzahl. Alle Zellen sind im Prinzip jedoch gleich aufgebaut: Wir können sie uns als eine Art Kammer vorstellen, die mit einer wässrigen Flüssigkeit gefüllt ist, dem **Cytosol.** In diesem Cytosol sind Biomoleküle und anorganische Ionen gelöst. Oft finden wir auch den Begriff Cytoplasma. Das **Cytoplasma** beschreibt das gesamte Innere einer Zelle, zusammen mit dem Cytosol, allen darin gelösten Molekülen und den Organellen, die wir weiter unten beschreiben. Umhüllt ist die Zelle von einer schützenden Zellmembran, die oft auch Plasmamembran genannt wird.

Unter den Lebewesen unterscheiden wir zwei große Gruppen: einfache Einzeller, die sog. Prokaryoten, sowie höher entwickelte ein- oder vielzellige Organismen, die Eukaryoten.

1.1.2   Prokaryoten

Prokaryoten sind einfache Lebewesen, zu denen z. B. Bakterien gehören. Sie bestehen aus einer einzigen Zelle, die etwa 1 bis 5 Mikrometer lang ist. Die Zelle ist von einer Membran und zusätzlich von einer stützenden Wand umgeben. Im Innern der Zelle befindet sich ein ringförmiges Stück DNA, das die Gene des Bakteriums enthält. Alle biochemischen Reaktionen von Prokaryoten laufen im Cytosol ab.

> **_E. coli,_ „Haustierchen" der Biochemiker**
> Das Bakterium _Escherichia coli_ (kurz: _E. coli_) ist ein harmloser Darmbewohner des Menschen und leicht im Labor zu kultivieren. Deshalb ist es zum „Haustier" der biochemischen Forschung geworden, zu einem Modellorganismus, an dem viele Erkenntnisse gewonnen wurden. In diesem Lehrbuch werden wir diesem Bakterium häufig begegnen.

1.1.3 Eukaryoten

Zu den Eukaryoten gehören alle höher entwickelten Lebewesen: Wir finden hier Einzeller wie z. B. die Bäckerhefe, aber auch vielzellige Organismen wie Pilze, Pflanzen und Tiere. Eukaryotische Zellen sind mit 10 bis 100 mm größer – und sie sind stärker organisiert: Sie enthalten separate Kammern (**Organellen**), die spezialisiert sind für bestimmte Aufgaben, z. B.:

- Zellkern: Er bewahrt das genetische Material in Form von DNA.
- Mitochondrien: Sie sind die Kraftwerke der Zelle und dienen der Energiegewinnung
- Chloroplasten der Pflanzen: Hier findet die Photosynthese statt, bei der die Energie des Sonnenlichts in chemische Energie umgewandelt wird.
- Endoplasmatisches Reticulum: Ort der Proteinsynthese, Synthese biologischer Membranen.
- Golgi-Apparat: Logistikzentrum von Proteinen.

Höhere Lebewesen haben zudem ihre Zellen zu Organen und Geweben organisiert, die sich jeweils speziellen Aufgaben widmen. Biologen sprechen auch von Differenzierung.

Eukaryotische Modellorganismen

Auch unter den Eukaryoten gibt es biochemische „Haustiere": Da ist zunächst die klassische Bäckerhefe *(Saccharomyces cerevisiae)*, ein eukaryotischer Einzeller. Andere sind der Fadenwurm *(Caenorhabditis elegans)*, die Fruchtfliege *(Drosophila melanogaster)*, der Zebrafisch *(Danio rerio)* oder – unter den Pflanzen – die unscheinbare Ackerschmalwand *(Arabidopsis thaliana)*. Wenn Sie in der Biochemie arbeiten, werden Sie vielleicht selbst mit diesen sog. Modellorganismen zu tun bekommen; auch in der biochemischen Literatur werden Sie immer wieder auf sie stoßen.

Sind Sie vertraut mit den lateinischen Namen von Organismen? Diese sind eindeutig und werden von Wissenschaftlern auf der ganzen Welt benutzt. Der erste Teil des Namens (z. B. *Escherichia* oder *Saccharomyces*) bezeichnet die Gattung und ist sozusagen der Zuname; der zweite Teil (*coli* oder *cerevisiae* in unseren Beispielen) steht für die Art (Spezies) innerhalb dieser Gattung und entspricht dem Vornamen. Meist gehören mehrere Spezies zu einer Gattung. Gattungs- und Artnamen werden konventionsgemäß *kursiv* gesetzt; meist wird die Gattung einfach abgekürzt: *E. coli* oder *S. cerevisiae*.

1.2 Charakteristika biochemischer Moleküle

Biochemische Moleküle sind organische Moleküle und bestehen hauptsächlich aus Kohlenstoff, Wasserstoff, Sauerstoff und Stickstoff. Einige davon kennen wir schon aus der organischen Chemie, z. B. Essigsäure oder Glucose (Traubenzucker). Hinzu kommen andere Elemente wie Schwefel und Phosphor. An vielen biochemischen Prozessen wirken auch anorganische Ionen wie Calcium, Natrium, Kalium, Magnesium oder Eisen mit.

Was macht organische Moleküle so geeignet für die Biochemie? Es ist zum einen die Vielseitigkeit ihrer Eigenschaften, die sich durch die unterschiedlichsten funktionellen Gruppen ergeben. Wichtig ist auch die mittlere thermodynamische Stabilität organischer Moleküle und ihre Fähigkeit, reversible biochemische Reaktionen einzugehen. Verglichen damit ist eine stabile chemische Verbindung wie Siliciumdioxid (Quarz, SiO_2) ganz unreaktiv, ein „chemischer Friedhof" und wäre für eine biochemische Rolle völlig ungeeignet.

1

1.3 Biochemische Reaktionen finden in Wasser statt

Zellen sind mit Wasser gefüllt, und nahezu alle biochemischen Reaktionen finden in wässrigen Lösungen statt. Es ist die dipolare Natur des Wassers, die es so geeignet dafür macht. Wasser löst polare Moleküle und Ionen; durch seine hohe Dielektrizitätskonstante gleicht es die starken Anziehungskräfte zwischen Ionen aus. So können wir uns das Cytosol vorstellen als wässrige „Suppe" mit vielen kleinen und großen organischen Molekülen sowie Makromolekülen und anorganischen Ionen.

1.3.1 Nichtkovalente Bindungen dominieren die Wechselwirkungen zwischen Biomolekülen

Ein Thema, das in der Biochemie besondere Bedeutung erlangt, sind schwache, nichtkovalente Wechselwirkungen wie z. B. Wasserstoffbrücken oder Van-der-Waals-Wechselwirkungen. Diese Kräfte sind zwar, isoliert gesehen, schwach, aber in großen biologischen Molekülen (Makromolekülen) wie Proteinen, Nucleinsäuren oder Protein-Nucleinsäure-Komplexen sind zahlreiche solcher Wechselwirkungen möglich, die in ihrer Gesamtheit diese Biomoleküle in einer bestimmten Raumstruktur stabilisieren – und damit ihre biologische Aktivität erst möglich machen!

1.3.2 Biologische Flüssigkeiten sind stets gepuffert

Viele Biomoleküle, allen voran Proteine, sind nur in einem engen pH-Bereich aktiv. Deshalb sind biologische Flüssigkeiten wie das Cytosol oder Blut stets gut gepuffert, wobei der pH-Wert weitgehend im neutralen Bereich bleibt.

> Blut wird z. B. gepuffert durch ein System aus Kohlensäure/Hydrogencarbonat: H_2CO_3/HCO_3^-

Wenn wir uns mit dem Stoffwechsel beschäftigen, werden wir mehrmals auf Puffersysteme zurückkommen.

1.3.3 Zellen müssen einem osmotischen Druck standhalten

Im Cytosol sind zahlreiche Moleküle gelöst: kleine und große Biomoleküle, dazu eine Vielzahl anorganischer Ionen. All diese Biomoleküle und Ionen beanspruchen eine Hydrathülle und interagieren mit Wassermolekülen. Dadurch entsteht eine Differenz zwischen dem osmotischen Druck in der Zelle und ihrer Umgebung.

Die Zellmembran, die die Zelle umhüllt, ist für Wassermoleküle leicht durchlässig. Wasser hat eine Tendenz, den osmotischen Druck auszugleichen. Könnte aber Wasser ungehindert in die Zelle hineinfließen, würde sie platzen. Bakterien- und Pflanzenzellen sind deshalb zusätzlich zur Zellmembran mit einer stützenden **Zellwand** umgeben, die diesem osmotischen Druck standhält.

Vielzellige tierische Organismen haben eine andere Lösung ersonnen: Bei ihnen sind die Zellen von einer extrazellulären Flüssigkeit umgeben, in der derselbe osmotische Druck herrscht wie innerhalb einer Zelle – wir sprechen auch von einer isotonischen Lösung.

Proteine und Peptide

© Springer-Verlag GmbH Deutschland, ein Teil von Springer Nature 2020
K. von der Saal, *Biochemie*, https://doi.org/10.1007/978-3-662-60690-2_2

2

Proteine („Eiweiße") sind Makromoleküle – große Moleküle – oder Polymere, die aus oft Tausenden von einzelnen Bausteinen, den Aminosäuren, bestehen. Kleinere Proteine heißen auch **Peptide** oder **Polypeptide**. Im Organismus haben Proteine zahlreiche Funktionen; tatsächlich sind es wohl die vielseitigsten Biomoleküle überhaupt:

— Als Enzyme katalysieren sie nahezu alle biochemischen Reaktionen.
— Als Hormone vermitteln sie die Kommunikation zwischen Zellen – z. B. Insulin, das im Kohlenhydratstoffwechsel eine wichtige Rolle spielt.
— Als Transportproteine übertragen sie kleine Moleküle – wie z. B. Hämoglobin, das den Muskeln Sauerstoff liefert.
— Als Antikörper sind sie Teil des Immunsystems.
— Als Strukturproteine bauen sie Gewebe wie Knochen, Muskeln und Haare auf. So ist etwa Kollagen das häufigste Protein des menschlichen Körpers.

Proteine sind aus linearen Ketten von Aminosäuren aufgebaut. Die Länge dieser Ketten kann schwanken: von wenigen Dutzend bis hin zu Tausenden von Einzelbausteinen. Die chemischen Eigenschaften der Aminosäuren in der Kette befähigen letztendlich Proteine, ihre biologischen Funktionen auszuüben. Sie wollen wir zunächst näher betrachten.

2.1 Aminosäuren – Bausteine von Peptiden und Proteinen

Aminosäuren kennen Sie vielleicht schon aus der Organischen Chemie. So wissen Sie, dass Aminosäuren zwei wichtige funktionelle Gruppen enthalten: eine Carbonsäure-(Carboxyl-)gruppe, –COOH, sowie eine Aminogruppe, –NH$_2$.

> **Nur α-Aminosäuren fungieren als Bausteine der Proteine: Sie tragen eine Carboxyl- und eine primäre Aminogruppe an demselben Kohlenstoffatom, dem α-C-Atom.**

Stryer, Abb. 2.4

Im Stryer, Abb. 2.4, finden wir die allgemeine Formel einer α-Aminosäure: Wir sehen die Carboxylgruppe und die primäre Aminogruppe, an der das Stickstoffatom noch zwei Wasserstoffatome trägt. Auch das α-C-Atom trägt noch ein Wasserstoffatom sowie eine variable **Seitenkette**, einen Rest R, über den wir später sprechen werden. Als gute Organiker erkennen wir sofort, dass das α-C-Atom einer Aminosäure vier verschiedene Substituenten trägt und somit ein chirales Zentrum darstellt. Lediglich eine Aminosäure namens Glycin mit R=H ist achiral.

Stryer, Abb. 2.5

> **Nur ein einziges Enantiomer von Aminosäuren, die L-Form, finden wir in Proteinen vor (Stryer, Abb. 2.5).**

In der Biochemie finden wir häufig nur ein Enantiomer von optisch aktiven Biomolekülen. Aus der Organischen Chemie wissen wir, dass für die Herstellung eines einzigen Enantiomers einer optisch aktiven Verbindung immer ein chirales Hilfsreagenz oder ein chiraler Katalysator zugegen sein muss – ansonsten entstehen beide Enantiomere zu gleichen Anteilen. Die Ursprünge der Chiralität bei Biomolekülen sind unbekannt; sie liegen weit zurück in der Vorzeit – und geben immer wieder Anlass zu Spekulationen oder naturphilosophischen Betrachtungen.

> **Alle bekannten Proteine bestehen aus einem Satz von 20 unterschiedlichen Aminosäuren, die sich durch unterschiedliche Reste R unterscheiden. Wir nennen sie deshalb Standardaminosäuren.**

2.1.1 Die Seitenketten R

Die verschiedenen Seitenketten R unterscheiden sich durch ihre Größe, ihre chemische Reaktivität, ihre Säure-Base-Eigenschaften, ihren hydrophilen oder hydrophoben Charakter, eventuell auch durch ihre Ladung. Insgesamt bilden sie die Grundlage für die Vielseitigkeit von Proteinen, die sie zu den unterschiedlichsten Rollen in der Biochemie befähigen. Im Stryer sind die Strukturen aller Standardaminosäuren in verschiedenen Abbildungen dargestellt. Wir wollen sie, gruppiert nach ihren Eigenschaften, hier nochmals zusammenfassen.

- **Hydrophobe, unpolare Aminosäuren**

Glycin hat die einfachste Seitenkette, nämlich lediglich ein H-Atom. Alanin, Prolin, Valin, Leucin und Isoleucin tragen aliphatische Seitenketten. Methionin enthält ein Schwefelatom in einer Thioetherfunktion. Tryptophan und Phenylalanin enthalten aromatische Ringe (Stryer, Abb. 2.7).

Stryer, Abb. 2.7

- **Hydrophile Aminosäuren**

Hydrophile Aminosäuren tragen polare, aber ungeladene Seitenketten (Stryer, Abb. 2.8): Serin, Threonin und Tyrosin tragen jeweils eine Hydroxylgruppe (OH) in der Seitenkette, Asparagin und Glutamin eine Amidgruppe ($CONH_2$) sowie Cystein eine SH-Gruppe.

Stryer, Abb. 2.8

- **Positiv geladene Aminosäuren**

Lysin und Arginin enthalten positiv geladene Aminogruppen in der Seitenkette. Histidin enthält einen aromatischen Imidazolring, der leicht ein Proton binden kann und dann eine positive Ladung trägt (Stryer, Abb. 2.9 und 2.10).

Stryer, Abb. 2.9 und 2.10

- **Negativ geladene Aminosäuren**

Asparaginsäure und Glutaminsäure enthalten Seitenketten mit Carboxylgruppen, die normalerweise (unter physiologischen Bedingungen) deprotoniert und dadurch negativ geladen sind. Sie werden häufig einfach Aspartat und Glutamat genannt, um auf den ionisierten Charakter hinzuweisen (Stryer, Abb. 2.11).

Stryer, Abb. 2.11

In den genannten Abbildungen finden Sie die chemischen Strukturen als raumfüllende Modelle sowie die gebräuchlichen Abkürzungen aller genannten Aminosäuren. Häufig wird für die Benennung einer Abfolge von Aminosäuren eine simple Ein-Buchstaben-Abkürzung verwendet; auch diese sind in den Abbildungen vermerkt.

❓ Fragen

1. Ihr Studienkollege behauptet: Alle Standardaminosäuren haben *(S)*-Konfiguration. Sie widersprechen. Wer hat Recht und warum?

Unter den Aminosäuren wollen wir einige besonders hervorheben:

Glycin mit der Seitenkette H ist die kleinste Aminosäure. In Proteinen ist Glycin deshalb meist an Stellen zu finden, wo es eng zugeht und für eine größere Aminosäure kein Platz ist. Wir werden in diesem Buch einige Beispiele dafür kennen lernen.

Prolin enthält eine unpolare, aliphatische Seitenkette, die an das α-C-Atom und gleichzeitig an die Aminogruppe gebunden ist. So entsteht eine starre Ringstruktur, die sich auf die Eigenschaft mancher Proteine charakteristisch auswirkt. Auch dazu werden wir Beispiele finden.

Die Imidazolgruppe von **Histidin** ist bei neutralem pH-Wert normalerweise ungeladen (pK_s-Wert etwa 6), kann aber leicht Protonen aufnehmen und wieder abgeben (Stryer, Abb. 2.10). Histidin spielt deshalb bei vielen enzymatischen Reaktionen eine wichtige Rolle, wenn es um Protonenübertragung geht.

Stryer, Abb. 2.10

2

Stryer, Abb. 2.6, Tab. 2.1

Cystein ist ein Thiol. In manchen Proteinen sind zwei Cysteinreste über ihre Thiolgruppen (–SH) kovalent zu einer sogenannten Disulfidbrücke (–S–S–) verknüpft. Beachten Sie, dass die beiden Schwefelatome dadurch oxidiert werden! Zwei derart verknüpfte Cysteine werden **Cystin** genannt.

Unter physiologischen Bedingungen bei etwa pH 7 liegen Aminosäuren normalerweise zweifach ionisiert als Zwitterionen vor: Die Carboxylgruppe ist deprotoniert, die Aminogruppe protoniert (Stryer, Abb. 2.6). Typische pK_s-Werte von Carboxyl- und Aminogruppe sowie von ionisierbaren Gruppen der Reste R finden wir im Stryer in der Tab. 2.1.

> ⓘ Beachten Sie, dass die genauen pK_s-Werte leicht variieren können – abhängig von der Temperatur, der Ionenstärke und dem lokalen Milieu, in dem die Aminosäuren vorliegen.

Die 20 unterschiedlichen Seitenketten der Proteine bilden einen großen Teil chemischer Eigenschaften ab und ermöglichen so die vielen unterschiedlichen Einsatzmöglichkeiten für Proteine.

2.2 Aufbau von Peptiden und Proteinen

2.2.1 Die Peptidbindung wird geknüpft

Stryer, Abb. 2.13

Wird die α-Aminogruppe einer Aminosäure mit der α-Carboxylgruppe einer zweiten Aminosäure verknüpft, entsteht eine Amidbindung, die sog. **Peptidbindung.** Dabei wird ein Wassermolekül freigesetzt; es handelt sich also um eine Kondensation (Stryer, Abb. 2.13). Das Gleichgewicht dieser Reaktion liegt auf der Seite der Hydrolyse, für die Bildung der Peptidbindung muss Energie aufgewendet werden. Die Peptidbindung selbst ist jedoch kinetisch überaus stabil: In wässriger Lösung hat sie eine Lebensdauer von fast 1000 Jahren. Im Organismus wird die Bildung der Peptidbindung, wie nahezu jede biochemische Reaktion, enzymatisch katalysiert.

2.3 Primärstruktur: Abfolge der Aminosäurereste in einem Peptid

Stryer, Abb. 2.14

Wir haben nun zwei Aminosäuren miteinander verknüpft und ein Dipeptid erhalten. Fügen wir weitere Aminosäuren hinzu, entstehen lineare Ketten, die **Oligopeptide,** aus denen mit weiteren Bausteinen schließlich lange Ketten, die **Polypeptide** entstehen. Die einzelnen Aminosäuren, aus denen diese Ketten aufgebaut sind, sind nun **Aminosäurereste** geworden. Beachten Sie, dass eine Peptidkette an einem Ende eine freie, ionisierte Aminogruppe (den **aminoterminalen** oder *N*-terminalen Aminosäurerest) trägt, am anderen Ende eine freie, ionisierte Carboxylgruppe, den **carboxyterminalen** oder *C*-terminalen **Aminosäurerest.** Im Stryer, Abb. 2.14, ist eine kurze Peptidkette abgebildet, ein Pentapeptid aus fünf Aminosäureresten.

> ❯ Konventionsgemäß gilt das aminoterminale Ende als Beginn der Aminosäurekette und wird links geschrieben, der carboxyterminale Rest gilt als Ende der Kette und wird rechts geschrieben (Stryer, Abb. 2.14). Eine Polypeptidkette hat somit eine Polarität, nämlich eine Laufrichtung vom *N*- zum *C*-terminalen Ende.

Stryer, Abb. 2.15

Die räumliche Struktur eines Polypeptids finden Sie im Stryer in Abb. 2.15: Das sog. Rückgrat des Peptids besteht aus regelmäßig wiederholten C–C- und

C–N-Bindungen. Die Wasserstoffatome und Seitenketten R an den α-C-Atomen stehen zu beiden Seiten des Rückgrats ab.

Polypeptidketten können sehr lang sein und Tausende von Aminosäureresten enthalten. Die molare Masse von Biomolekülen, so auch von Polypeptiden und Proteinen, wird in der Biochemie in **Dalton (d)** oder **Kilodalton (kd)** ausgedrückt: Ein Dalton entspricht etwa der Masse eines Wasserstoffatoms. Ein typisches Protein hat eine Masse von 50.000 g mol^{-1}, 50.000 d oder 50 kd.

> **Die genaue Abfolge von Aminosäureresten in einer Polypeptidkette, die Aminosäuresequenz, heißt Primärstruktur des Polypeptids oder Proteins. Sie ist in den Genen festgeschrieben und für die korrekte Funktion des Proteins unabdingbar.**

2.4 Polypeptide falten sich: Sekundärstruktur

In einem Peptid liegen die C=O- und die NH-Gruppe sowie die beiden α-C-Atome in einer Ebene. Die Peptidbindung ist also planar. Zwischen der C=O- und die NH-Gruppe ist damit Resonanz möglich, wobei das Sauerstoffatom der Carbonylgruppe eine negative Teilladung, das Stickstoffatom der Amidgruppe eine positive Teilladung trägt. Die einzelnen Resonanzstrukturen finden Sie im Stryer, S. 45. Die Peptidbindung besitzt partiellen Doppelbindungscharakter. Die freie Drehbarkeit um diese Bindung ist also behindert, was die Konformationen des Peptidrückgrats stark einschränkt. Bei der Ausbildung der Peptidbindung sind zwei Konfigurationen möglich: *cis* und *trans*. Aus sterischen Gründen sind nahezu alle Peptidbindungen in der *trans*-Konfiguration verknüpft (Stryer, Abb. 2.20).

Stryer, S. 45, Abb. 2.20

2.4.1 Erlaubte Konformationen

Betrachten wir nun die beiden Einfachbindungen in der Peptidkette genauer (Stryer, Abb. 2.22). Sie sind frei drehbar, jedoch ist nicht jede Konformation energetisch gleich günstig. Den Torsionswinkel, auch Diederwinkel genannt, zwischen dem N-Atom und dem α-Kohlenstoffatom bezeichnet man mit ϕ (phi), den zwischen dem α-Kohlenstoffatom und dem Carbonylkohlenstoffatom mit ψ (psi). Diesen Winkeln werden Werte zwischen –180° und +180° zugeordnet. Dabei blickt man entlang der Laufrichtung des Proteins, für ϕ also von N- zum α-C-Atom, für ψ vom α-C- zum Carbonyl-C-Atom. Ein Winkel nach rechts erhält einen positiven, nach links einen negativen Wert.

Stryer, Abb. 2.22.

Nicht alle Kombinationen aus ϕ und ψ kommen gleich häufig vor; viele Kombinationen scheiden aus sterischen Gründen sogar ganz aus. Das ist im Stryer in Abb. 2.23 gezeigt, die nach ihrem Erfinder Ramachandran-Plot genannt wird.

Stryer, Abb. 2.23.

Die Starrheit der Amidbindung und die Einschränkungen der Torsionswinkel ϕ und ψ führen dazu, dass eine neu synthetisierte Polypeptidkette nicht einfach in der ausgestreckten Form bleibt, sondern sich spontan faltet.

Bei der Erforschung der Proteine fand man zwei Strukturelemente, die in Proteinen immer wieder auftreten: die **α-Helix** und das **β-Faltblatt** (die Bezeichnungen α und β haben historische Gründe; die Helix wurde als erstes Strukturelement entdeckt, danach das Faltblatt). Später fand man weitere Strukturelemente, die β-Kehre und die Ω-Schleife. Zusammen bilden diese Strukturelemente die **Sekundärstruktur** des Proteins.

> **Peptidketten falten sich zu Sekundärstrukturen. Deren wichtigste Elemente sind die α-Helix und das β-Faltblatt.**

2.4.2 Struktur der α-Helix

Stryer, Abb. 2.24, 2.25

Ein Stück einer α-Helix ist im Stryer, Abb. 2.24, als Kugel-Stab-Modell und raumfüllendes Modell dargestellt. Es handelt sich um eine stabförmige Spirale, bei der das Rückgrat des Proteins nach innen weist, die Seitenketten dagegen schraubenförmig nach außen. Sie wird stabilisiert durch Wasserstoffbrücken zwischen den NH- und CO-Gruppen des Rückgrats, wobei die CO-Gruppe jeder Aminosäure eine H-Brücke zur NH-Gruppe derjenigen Aminosäure ausbildet, die in der linearen Kette vier Reste entfernt liegt (Stryer, Abb. 2.25). Die Länge einer vollständigen Windung entlang der Helixachse heißt **Ganghöhe**; sie umfasst 3,6 Aminosäurereste und ist 0,54 nm lang.

Eine Helix besitzt einen Drehsinn: Sie kann nach rechts (im Uhrzeigersinn) oder nach links (entgegen dem Uhrzeigersinn) gedreht sein. Aus sterischen Gründen sind alle α-Helices in Proteinen rechtsgängig: Hier behindern sich Proteinrückgrat und Seitenketten weniger als bei linksgängigen Helices. In Proteinmodellen sind α-Helices als spiralisierte Bänder dargestellt; im Stryer finden Sie zahlreiche Beispiele dazu.

Drehsinn einer Helix

Der Drehsinn beschreibt, in welcher Richtung eine helikale Struktur um ihre Achse gewunden ist. Der Drehsinn der α-Helix in Peptiden ist rechtsgängig. Das haben sie mit einigen Gegenständen des täglichen Bedarfs gemeinsam, zum Beispiel mit Schrauben und Korkenziehern. Auch diese gibt es nur in der rechtsgängigen Form. Sie können diese Gegenstände als Hilfsmittel benutzen, um sich die Drehrichtung einer α-Helix in Peptiden vorzustellen. Es spielt dabei keine Rolle, ob Sie von der Spitze der Schraube oder vom Schraubenkopf aus auf das Gewinde schauen – es dreht sich immer im Uhrzeigersinn von Ihnen weg.

Halten Sie nun einen Spiegel an die Schraube oder den Korkenzieher. Sie werden feststellen, dass das Spiegelbild gerade den entgegengesetzten Drehsinn besitzt. In der Tat sind Helices chiral – man bezeichnet dies als axiale Chiralität. Schrauben und Korkenzieher werden tatsächlich enantiomerenrein hergestellt.

Clayden, Kap. 14

Für die α-Helix eines natürlichen Polypeptids gilt das Gleiche: Das Spiegelbild wäre eine linksgängige Helix, aber aus D-Aminosäuren, denn auch von jeder Aminosäure würde man das Spiegelbild sehen. Für ein Peptid aus den natürlichen L-Aminosäuren gilt daher: Eine linksgängige Helix ist ein Diastereomer der rechtsgängigen Helix. Diastereomere sind Verbindungen mit unterschiedlichen Eigenschaften, beispielsweise unterschiedlicher Stabilität – und das ist der Grund, warum eine der beiden Drehrichtungen bevorzugt ist. Details zum Unterschied zwischen Enantiomeren und Diastereomeren können Sie auch im Clayden, Kap. 14, nachlesen.

Manche Aminosäuren passen sich in eine α-Helix nicht gut ein: Verzweigungen in der Seitenkette (wie bei Valin, Threonin oder Isoleucin) können aufgrund sterischer Hinderungen die Helix destabilisieren. Auch Aminosäurereste, die Wasserstoffbrücken ausbilden – wie z. B. Serin oder Asparagin – können die Helixstruktur stören, indem sie mit den CO- und NH-Gruppen des Rückgrats konkurrieren. Ein Sonderfall ist Prolin mit seiner Ringstruktur und der fehlenden NH-Gruppe – ein Prolinrest in der Aminosäurekette unterbricht die Helix.

2.4.3 β-Faltblattstruktur

Stryer, Abb. 2.30

Die β-Faltblattstruktur unterscheidet sich deutlich von der α-Helix: In ihr liegen fast völlig ausgestreckte Aminosäureketten – *β-Stränge* genannt – vor. Im Stryer,

Abb. 2.30, finden Sie eine Darstellung dazu. Beachten Sie die ausgestreckte Kette und vergleichen Sie nochmals mit der Struktur der α-Helix in Abb. 2.24!

Ein β-Faltblatt entsteht, wenn sich zwei oder mehrere solcher β-Stränge aneinanderlagern. Stabilisiert wird das Faltblatt wiederum durch Wasserstoffbrücken. Benachbarte Stränge können dabei in dieselbe Richtung verlaufen (paralleles β-Faltblatt) oder entgegengesetzt angeordnet sein (antiparalleles β-Faltblatt). Lesen Sie eventuell nochmals über die Laufrichtung von Polypeptidketten nach, falls Sie sich hier unsicher sind (s. ▶ Abschn. 2.3 sowie Stryer, Abschn. 2.2). β-Faltblatt-Strukturen können mehr als zehn β-Stränge enthalten, die parallel, antiparallel oder auch gemischt angeordnet sein können (Stryer, Abb. 2.31, 2.32 und 2.33).

In schematischen Darstellungen von Proteinen finden Sie β-Stränge als breite Pfeile, wobei die Pfeilspitze in Richtung des Carboxylendes weist (z. B. im Stryer, Abb. 2.35).

Stryer, Abschn. 2.2 und Abb. 2.31, 2.32 und 2.33.

Stryer, Abb. 2.35

2.4.4 Schleifen und Kehren

Die Polypeptidketten in einem Proteinknäuel müssen zwangsläufig oft ihre Richtung wechseln – in engen Kurven, die von sogenannten β-Kehren (Haarnadelkehren) oder Ω-Schleifen geformt werden (Stryer, Abb. 2.36). Kehren und Schleifen enthalten keine regelmäßigen, periodisch auftretenden Elemente wie α-Helix oder ß-Faltblatt. Auch sie werden durch Wasserstoffbrücken stabilisiert. β-Kehren und Ω-Schleifen liegen immer an der Oberfläche des Proteins (Stryer, Abb. 2.37).

Stryer, Abb. 2.36 und 2.37

2.4.5 Umeinander gewundene Helices: Superhelices

Es gibt Proteine, die für ihre Funktion besondere Arten von Helices benötigen. Es sind Faserproteine, die besondere Aufgaben in biologischen Faserstrukturen haben: **α-Keratin** ist der Hauptbestandteil von Wolle, Klauen und Haaren; **Kollagen** baut Haut, Knochen, Sehnen, Zähne und Haare auf.

α-Keratin besteht aus zwei rechtsgängigen α-Helices, die umeinander gewunden sind und eine linksgängige **Superhelix** bilden (Stryer, Abb. 2.38). Die beiden Helices werden durch Van-der-Waals-Kräfte und ionische Wechselwirkungen zusammengehalten. Zusätzlich kann eine Superhelix durch Disulfidbrücken von benachbarten Cysteinresten stabilisiert werden. Dadurch entstehen kovalente Querverbindungen zwischen den Helices, die die Superhelix zusätzlich festigen.

Stryer, Abb. 2.38

❓ Fragen

2. Haare bestehen hauptsächlich aus α-Keratin. Dieses Protein enthält Disulfidbrücken, die die Struktur von Haaren – glatt oder lockig – beeinflussen. Können Sie sich vorstellen, wie Dauerwellen gemacht werden?

Wolle oder Klauen: Struktur-Funktions-Beziehung in Helices
Die Bindungen zwischen den Helices wirken sich auf die physikalischen Eigenschaften von Wolle oder Klauen aus. Wolle ist dehnbar: Die Helices im α-Keratin von Wolle lassen sich strecken und ziehen sich wieder zusammen; dabei werden die schwachen Wechselwirkungen zwischen den Helices kurzzeitig gelöst. Die kovalenten Disulfidbindungen dagegen lassen sich nicht so einfach lösen! Hörner und Klauen enthalten sehr viele solcher Disulfidbindungen und sind deshalb hart und unflexibel.

2

Stryer, Abb. 2.40

Kollagen enthält drei helixförmige Polypeptidketten mit jeweils 1000 Aminosäureresten. Eine Kollagenhelix enthält pro Windung etwa drei Aminosäuren; jede dritte Aminosäureposition wird dabei von dem kleinen Glycin eingenommen (Stryer, Abb. 2.40). Zudem kommt immer wieder dieselbe Sequenz aus drei Aminosäuren vor: Glycin-Prolin-Hydroxyprolin. (Hydroxyprolin ist ein modifiziertes Prolin, in dem eines der Wasserstoffatome im Ring durch eine Hydroxylgruppe ersetzt ist). Wir kommen später auf diese und andere Modifikationen in Aminosäuren zurück.

In der Kollagenhelix gibt es *innerhalb* eines Strangs keine Wasserstoffbrücken. Die Helix wird stattdessen durch die sterische Abstoßung der Ringe von Prolin und Hydroxyprolin stabilisiert, die bei der Aufwindung der Helix einen möglichst großen Abstand voneinander suchen. Drei Kollagenhelices winden sich umeinander und bilden einen Superhelixstrang. Diese Superhelix wird wiederum durch Wasserstoffbrücken zwischen den einzelnen Helices stabilisiert. Daran beteiligt sind die NH-Gruppen der Peptidbindungen von Glycin der einen Kette und die CO-Gruppen an Resten der anderen Ketten. Auch die Hydroxylgruppen von Hydroxyprolin sind an der Bildung von Wasserstoffbrücken beteiligt.

Stryer, Abb. 2.42

Das Innere der Dreifachhelix ist dicht besetzt (Stryer, Abb. 2.42). Der einzige Aminosäurerest, der hier Platz hat, ist Glycin.

Krankheiten durch fehlerhaftes Kollagen

Zwei Krankheiten gehen auf fehlerhafte Strukturen von Kollagen zurück: Bei Skorbut enthalten die Kollagenmoleküle zu wenig Hydroxyprolin. Die Krankheit wird durch einen Mangel an Vitamin C ausgelöst. Bei der sog. Glasknochenkrankheit (Osteogenesis imperfecta) sind die Glycinreste im Innern der Kollagenhelix zum Teil durch andere Aminosäuren ersetzt. Dadurch entsteht fehlerhaftes Kollagen – stark brüchige Knochen sind die Folge. Wir haben hier zwei eindrucksvolle Beispiele, wie vermeintlich kleine Änderungen in der Proteinstruktur schwere Folgen nach sich ziehen!

2.4.6 Schwache Wechselwirkungen in Biomolekülen und hydrophober Effekt

Stryer, Abschn. 1.3

An dieser Stelle wollen wir uns genauer mit den schwachen, nichtkovalenten Wechselwirkungen befassen, die in Biomolekülen eine große Rolle spielen. Sie sind, isoliert gesehen, viel schwächer als kovalente Bindungen. Bei sehr großen Molekülen wie Proteinen oder Nucleinsäuren, die wir in ▶ Kap. 4 betrachten, spielen sie jedoch eine tragende Rolle – allein durch die Vielzahl solcher Interaktionen in Makromolekülen. Im Stryer, Abschn. 1.3, finden Sie dazu eine ausgezeichnete Beschreibung. Alle schwachen Wechselwirkungen sind elektrostatischer Natur. Wir unterscheiden:

Ionische Wechselwirkungen Anziehung oder Abstoßung zwischen entgegengesetzt oder gleich geladenen Ionen. Diese Wechselwirkung unterliegt dem Coulombschen Gesetz: Ihre Stärke nimmt mit dem Quadrat der Entfernung zwischen den beiden Ionen ab und ist zudem stark abhängig von der Dielektrizitätskonstante des Mediums. In Wasser beträgt z. B. die Anziehungskraft zwischen zwei Ionen, die einen Abstand von 0,3 nm haben, –5,8 kJ mol^{-1}.

Wasserstoffbrücken Anziehungskraft zwischen stark elektronegativen Atomen (z. B. Sauerstoff) und Wasserstoffatomen mit positiver Teilladung (etwa in einer Hydroxylgruppe). Stärke ca. 4–20 kJ mol^{-1}.

Van-der-Waals-Wechselwirkungen   Anziehende Kräfte zwischen Atomen, wenn die Elektronenverteilung um diese Atome vorübergehend asymmetrisch wird. Stärke ca. 2–4 kJ mol^{-1}.

Hydrophober Effekt   Dieser Effekt kommt zustande, wenn sich unpolare Moleküle in wässriger Umgebung befinden. Unpolare Moleküle können mit den polaren Wassermolekülen keine günstigen Wechselwirkungen eingehen; in wässriger Umgebung bilden die Wassermoleküle deshalb einen hoch geordneten „Käfig" um ein solches Molekül – die Entropie sinkt (Stryer, Abb. 1.12). Lagern sich jedoch mehrere unpolare Moleküle zusammen, werden einige Wassermoleküle aus diesem Verbund freigesetzt. Sie können mit den übrigen Wassermolekülen Wasserstoffbrücken ausbilden – dies ist nicht nur energetisch günstig (die Enthalpie steigt), auch die Entropie nimmt zu. Der hydrophobe Effekt hat also eine Enthalpie- und eine Entropiekomponente.

Stryer, Abb. 1.12

2.5 Anordnung der Polypeptidkette im Raum: Tertiärstruktur

Die Polypeptidkette mit allen ihren Sekundärstrukturen und eventuell zusätzlichen Disulfidbrücken faltet sich zu einer knäuelförmigen Struktur, der Tertiärstruktur. Die Triebkraft zur Ausbildung der Tertiärstruktur sind wiederum schwache Wechselwirkungen.

> ❯ Die Tertiärstruktur beschreibt die Raumstruktur des Proteins mit allen Elementen der Sekundärstruktur und eventuellen Disulfidbrücken.

Das erste Protein, dessen Struktur bis in atomare Details bestimmt werden konnte, war Myoglobin. Es ist ein relativ kleines Molekül, das Sauerstoff im Muskel transportiert. Zu diesem Zweck enthält Myoglobin eine sog. Hämgruppe, ein großes organisches Ringmolekül mit einem Eisenion im Zentrum. Ein raumfüllendes Modell ist im Stryer, Abb. 2.43 abgebildet. Ein großer Teil der Polypeptidkette des Myoglobins, etwa 70 %, nimmt die Form von α-Helices an, der Rest besteht aus Kehren und Schleifen, die die insgesamt acht Helices miteinander verbinden.

Stryer, Abb. 2.43

Auffällig war der Befund, dass das Innere von Myoglobin fast komplett von unpolaren Aminosäureresten belegt ist. An den Außenseiten des Proteins fand man dagegen überwiegend polare oder geladene Aminosäurereste. Dieser Befund beleuchtet ein fundamentales Prinzip der Proteinchemie.

> ❯ Wasserlösliche Proteine wie Myoglobin tragen an ihrer Oberfläche –zum wässrigen Milieu hin gerichtet – überwiegend hydrophile Reste; hydrophobe Reste sind dem Innern des Proteins zugewandt. Hydrophile Aminosäuren können so Wasserstoffbrücken zu Wassermolekülen des Cytosols ausbilden; zwischen hydrophoben Aminosäuren sind Van-der Waals-Wechselwirkungen und hydrophobe Effekte möglich.

Umgekehrt ist es bei Membranproteinen, die in Zellmembranen sitzen. Zellmembranen bestehen aus einer Doppelschicht von Lipiden, deren hydrophile Köpfe nach außen, deren hydrophobe Ketten dagegen nach innen gerichtet sind (mehr zum Aufbau von Membranen finden Sie im 2. Teil). Membranproteine müssen in dieser hydrophoben Umgebung funktionieren. Deshalb sind sie sozusagen „umgestülpt": An ihrer Oberfläche tragen sie überwiegend hydrophobe, im Innern dagegen hydrophile und geladene Reste. Die Triebkraft ist stets dieselbe: die Stabilisierung der Proteinstruktur durch Wechselwirkungen innerhalb der Polypeptidkette und mit der Umgebung des Proteins.

❓ Fragen

3. Welche Aminosäuren würden Sie nach dem soeben Gesagten im Innern von Membranproteinen erwarten, welche außen? Nennen Sie Beispiele!

2

Stryer, Abb. 2.45

Ein porenförmiges Protein
Porin ist ein Protein in Bakterienmembranen. Es hat eine röhrenförmige Struktur und bildet auf diese Weise eine Pore durch die Membran. An seiner Außenseite ist Porin mit hydrophoben Aminosäureresten ausgekleidet, die mit den Alkanketten der Membranlipide Wechselwirkungen eingehen können. Das Innere der Pore enthält geladene und polare Reste, die einen wassergefüllten Kanal umgeben (Stryer, Abb. 2.45). Dieser Kanal macht die Passage von Ionen oder kleinen geladenen Molekülen durch die Membran möglich.

Stryer, Abb. 2.46 und 2.47

■ **Strukturmotive**

Bestimmte Kombinationen von Sekundärstrukturen treten immer wieder auf; sie werden Strukturmotive oder **Supersekundärstrukturen** genannt. Dazu zählt etwa das Helix-Kehre-Helix-Motiv: Es besteht aus zwei α-Helices, die über einen locker gewundenen Peptidabschnitt miteinander verbunden sind. Ein weiteres häufiges Strukturmotiv ist die Domäne: Domänen sind kompakte, globuläre Bereiche, die perlenartig durch flexible Peptidabschnitte miteinander verknüpft sind. Sie können zwischen 30 und 400 Aminosäurereste enthalten (Stryer, Abb. 2.46 und 2.47).

2.6 Quartärstruktur

Es gibt sehr große Proteine, die aus mehreren einzelnen Polypeptidketten bestehen. Diese Polypeptidketten lagern sich zu einer großen Struktur zusammen, die wiederum durch schwache Wechselwirkungen stabilisiert wird. Damit ist eine weitere Organisationsebene erreicht, die Quartärstruktur. Die einzelnen Polypeptidketten darin heißen **Untereinheiten.**

❯ **Proteine aus mehreren einzelnen Polypeptidketten bilden eine Quartärstruktur. Diese umfasst die räumliche Anordnung der Untereinheiten relativ zueinander und die Art ihrer Wechselwirkungen untereinander.**

In einer Quartärstruktur werden die einzelnen Untereinheiten mit griechischen Buchstaben bezeichnet: α, β, γ usw. Es gibt relativ einfache Quartärstrukturen, die aus lediglich zwei identischen Polypeptidketten α bestehen – diese Struktur wird als α_2 bezeichnet. Andere Proteine haben komplexere Quartärstrukturen aus unterschiedlichen Sorten von Polypeptidketten. Das Hämoglobin des Menschen etwa besteht aus zwei unterschiedlichen Paaren von Untereinheiten α und β: Es liegt als $\alpha_2\beta_2$-Tetramer vor.

Stryer, Abb. 2.50

Flickenmantel des Schnupfenvirus
Viren verfügen nur über eine Minimalausstattung an Genen und Proteinen. Das menschliche Rhinovirus ("Schnupfenvirus") hat aus der Not eine Tugend gemacht: Es umhüllt sich mit einem Protein, das lediglich vier verschiedene Untereinheiten enthält – aber jede davon in 60-facher Ausgabe (Stryer, Abb. 2.50).

2.7 Modifikation von Proteinen

Die 20 Standardaminosäuren verleihen Proteinen eine ganze Bandbreite von Eigenschaften. Daneben hat die Natur weitere Mechanismen erfunden, um Proteine mit zusätzlichen Funktionen auszustatten: So kann z. B. an das freie

Aminoende eines Proteins eine Acetylgruppe gebunden werden – so wird das Protein vor Abbau geschützt. Häufig werden die Hydroxylgruppen von Serin, Tyrosin oder Threonin phosphoryliert: Diese Phosphat- (Phosphoryl-)gruppen (PO_4^{3-}) ändern die Aktivität des Proteins und können leicht wieder abgespalten werden. Sie wirken als „molekulare Schalter", die die Aktivität eines Proteins kurzzeitig an- oder abstellen. Beispiele für andere Modifikationen sind:

- Acetylgruppe am Aminoende: erschwerter Abbau des Proteins
- Hydroxylierung von Prolin: Stabilisierung von Kollagen
- γ-Carboxylierung von Glutamat: Regulierung der Blutgerinnung
- Anheftung von Kohlenhydraten an Asparagin: Protein wird hydrophiler
- Phosphorylierung von Serin, Threonin und Tyrosin: „molekulare Schalter" bei der Signalübertragung

■ **Proteinvorstufen**

Manche Proteine werden nach ihrer Biosynthese noch gespalten und zurechtgeschnitten. Dies geschieht z. B. bei Verdauungsenzymen. Sie werden als inaktive Vorstufen (Präproteine) synthetisiert und in dieser Form in der Bauchspeicheldrüse gespeichert. Erst im Dünndarm werden sie durch Spaltung einer Peptidbindung aktiviert. Präproteine machen es also möglich, die Verdauungsenzyme sozusagen „auf Vorrat zu halten" und später präzise und kontrolliert einzusetzen (mehr zu Verdauungsenzymen finden Sie im 3. Teil).

2.8 Zerstörung der Proteinstruktur, Verlust der Funktion

Wenn Sie morgens Ihr Frühstücksei kochen, betreiben Sie Proteinchemie: Durch die Hitze werden die Proteine des Eiklars zerstört. Die schwachen Wechselwirkungen werden dabei aufgebrochen; die Polypeptidkette verklumpt zu einem zufälligen Knäuel (*random coil* genannt). Die natürliche, **native Struktur** des Proteins geht dabei verloren, wir nennen diesen Vorgang auch **Denaturierung**. Dieselben Auswirkungen haben stark polare Substanzen sowie starke Säuren und Basen, generell: starke pH-Änderungen. Sie zerstören die nichtkovalenten Bindungen in Proteinen.

Stryer, Abb. 2.52

Nicht immer muss es so drastisch zugehen wie beim Eierkochen. Es gibt auch reversible Formen der Denaturierung: In den 1950er-Jahren behandelte Christian Anfinsen das Enzym Ribonuclease mit stark polaren Chemikalien, Harnstoff und Guanidiniumchlorid (Stryer, Abb. 2.52). Die vier Disulfidbrücken in Ribonuclease wurden durch Zugabe von β-Mercaptoethanol geöffnet: Diese Substanz reduziert die Cystine zu Cysteinen.

In dem denaturierten Enzym war keinerlei enzymatische Aktivität mehr messbar. Nun entfernte Anfinsen die Denaturierungsmittel durch Dialyse – und allmählich gewann die Ribonuclease ihre Aktivität zurück. Der Sauerstoff der Luft hatte die SH-Gruppen der Cysteine wieder zu Disulfidbrücken oxidiert, und das Enzym faltete sich wieder in seine native, aktive Form – es ließ sich **renaturieren** (Stryer, Abb. 2.54). Anfinsen schloss aus seinen Experimenten, dass das Protein allmählich wieder seine native Struktur einnahm. Die native Struktur eines Proteins ist also die Voraussetzung für die biologische Funktion.

Stryer, Abb. 2.54

> **Chaperone helfen bei der Faltung**
> Manche neu synthetisierten Proteine finden ihre korrekte Struktur nur schwer, denn es gibt viele energetisch ähnliche Faltungsmöglichkeiten. Helferproteine, sog. Chaperone, sorgen in der Zelle dafür, dass neue Proteine die „richtigen" Wechselwirkungen eingehen.

2

> **Krankheit durch fehlerhafte Faltung**
> Falsch gefaltete, verklumpte Proteine sind die Ursachen von schweren
> neurologischen Erkrankungen: Bei der Alzheimer- und der Parkinson-
> Krankheit werden lösliche Proteine in unlösliche Fibrillen umgewandelt, die
> sich als Plaques im Gehirn ablagern, ebenso bei BSE (bovine spongiforme
> Enzephalopathie) und der Creutzfeld-Jakob-Krankheit.

Heute sind wir einige Schritte weiter als Anfinsen und können sagen: Schon
die Primärstruktur, die Abfolge der einzelnen Aminosäuren in einem Protein,
ist Voraussetzung für die biologische Funktion – indem aus ihr die Sekundärstrukturen entstehen, die wiederum die Basis der Tertiär- und ggf. Quartärstruktur bilden. Aus der Aufklärung der verschiedenen Strukturebenen vieler
Proteine haben sich deshalb in den letzten Jahren wertvolle neue Erkenntnisse
ergeben. Die Methoden, die dabei zur Anwendung kamen, wollen wir in ▶ Kap. 3
betrachten.

? Fragen

4. Eine Kollegin war krank und ist mit dem Stoff noch nicht so weit wie Sie.
   Erklären Sie ihr den hydrophoben Effekt!
5. Wenn sich nichtkovalente Wechselwirkungen auf Knopfdruck ausschalten
   ließen: Welche Proteinstrukturen blieben übrig?

✓ Antworten

1. Nein: Cystein hat *(R)*-Konfiguration. Seine Thiol-Seitenkette (SH) hat
   nach den Cahn-Ingold-Prelog-Regeln eine höhere Priorität als die
   Carboxylgruppe.
2. Zur Erzeugung von Dauerwellen wird ein Reduktionsmittel angewendet.
   Dadurch werden die Disulfidbrücken in α-Keratin reduziert und geöffnet.
   Die Haare werden in eine neue Form gebracht; durch Auftragen eines
   Oxidationsmittels werden die Cysteinreste wiederum zu Disulfidbrücken
   oxidiert und in der neuen Form fixiert.
3. Bei Membranproteinen findet man im Innern z. B. Glycin, Valin, Alanin,
   Phenylalanin, Leucin oder Isoleucin. Nach außen gerichtete Aminosäuren
   könnten sein: Tyrosin, Serin, Threonin, Lysin, Arginin Histidin, Aspartat,
   Glutamat, Asparagin oder Glutamin.
4. Der hydrophobe Effekt kommt zustande, wenn sich hydrophobe
   Substanzen in wässriger Lösung zusammenlagern; dabei werden
   Wassermoleküle aus der zuvor hoch geordneten Hydrathülle frei und
   können an Wasserstoffbrücken teilnehmen. Die Energie sinkt; gleichzeitig
   steigt die Entropie an.
5. Die Primärstruktur bliebe übrig.

Reinigung und Analyse von Proteinen

© Springer-Verlag GmbH Deutschland, ein Teil von Springer Nature 2020
K. von der Saal, *Biochemie*, https://doi.org/10.1007/978-3-662-60690-2_3

3

Bei der Reinigung und Analyse von Proteinen stehen wir im Prinzip vor den gleichen Aufgaben wie bei der Isolierung kleiner Moleküle, die wir in vorausgegangen Modulen schon kennen gelernt haben: Wir müssen zuerst unerwünschte Bestandteile abtrennen (Reinigung), durch einen Test bestimmen, wie gut der Reinigungsschritt geklappt hat, und danach das gereinigte Protein vollständig charakterisieren (analysieren).

Proteine unterscheiden sich aber in vielen Eigenschaften stark von kleinen Molekülen (◘ Tab. 3.1). Deswegen müssen einige der Methoden, die wir aus der Chemie kleiner Moleküle kennen, sowohl bei der Reinigung als auch bei der Analyse angepasst werden. Manche Methoden können wir gar nicht anwenden; einige neue werden wir hier kennen lernen.

Dazu kommt, dass das zu analysierende Protein in biologischen Quellen – z. B. Blut, einer Bakterienkultur oder einem Pflanzenmaterial – meist in nur äußerst geringen Mengen und in Mischung mit vielerlei großen und kleinen Molekülen unterschiedlichster Typen vorliegt. Eine einzige Reinigungsmethode reicht deshalb niemals aus; stattdessen müssen verschiedene Reinigungsschritte nacheinander durchgeführt werden.

> **Der Erfolg jedes einzelnen Schrittes muss dabei kontrolliert werden – mit einem Test oder Assay, der genau auf das gesuchte Protein passt, indem er eine typische Eigenschaft dieses Proteins nachweist. Bei einem Enzym würde man z. B. seine katalytische Wirkung durch eine biochemische Reaktion untersuchen, d. h. seine enzymatische Aktivität, bei einem Antikörper seine Bindung an eine Zielstruktur. Nach jedem Reinigungsschritt sollte die Aktivität stärker werden.**

Manchmal kann es sehr diffizil sein, einen geeigneten Test zu entwickeln. Einige Möglichkeiten werden wir später besprechen; jetzt nehmen wir einfach an, für unser Protein liege bereits ein geeigneter Assay vor.

Stryer, Tab. 3.1

Werfen Sie bitte nun einen Blick auf ◘ Tab. 3.1 im Stryer, die eine Reinigungsprozedur in fünf Einzelschritten zeigt. Den ersten Schritt, die Homogenisierung, kennen Sie noch gar nicht. Der zweite Schritt, die Aussalzung, wird bei kleinen Molekülen sehr selten verwendet. Danach folgen drei chromatographische Verfahren, deren Details Ihnen ebenfalls neu sein dürften. Wie Sie hier sehen, blieben von 15 g Ausgangsmaterial gerade einmal 1,75 mg Protein übrig – dessen Aktivität und damit die Reinheit wurde aber durch die Reinigung um den Faktor 3000 erhöht!

Wir wollen die einzelnen Reinigungsschritte nun etwas genauer betrachten.

◘ Tab. 3.1	Unterschiede zwischen kleinen Molekülen und Proteinen	
	Kleine Moleküle	**Proteine**
Molare Masse	<1 kd	>10 kd
Ladungen	Keine bis ganz wenige	Viele
Stabilität in organischen Lösemitteln	Meist sehr gut	Meist sehr schlecht
Stabilität in Wasser	Oft sehr gut	Oft nur in einem engen pH-Bereich stabil
Stabilität bei hohen Temperaturen	Oft sehr gut	Meist sehr schlecht
Kristallisierbarkeit	Oft sehr gut	Meist schlecht

3.1 Präparative Verfahren – Reinigung

3.1.1 Homogenisieren – Freisetzung des Proteins aus der Zelle

In einem ersten Schritt müssen wir die Zellen zerstören, um das Protein freizu-
setzen. Dies geschieht beispielsweise mit Ultraschall oder mechanisch, wodurch
wir ein Homogenisat erhalten, das Zelltrümmer und Zellbestandteile enthält.
Bitte beachten Sie hier die Empfindlichkeit des Proteins: Beim Homogenisieren
entsteht Wärme, also arbeiten wir am besten in einem Eisbad. Der Stoffwechsel
der Zelle läuft auch nach dem Homogenisieren noch weiter, wir müssen daher
mit Änderungen des pH-Wertes rechnen und deshalb einen Puffer zufügen.

3.1.2 Zentrifugation – Fraktionieren gemäß der Dichte

Unser Homogenisat wird nun zentrifugiert; die dichteren Bestandteile setzen sich
dabei als Bodensatz (Pellet) ab. Der leichtere Überstand wird erneut bei höherer
Geschwindigkeit zentrifugiert, wieder erhalten wir ein Pellet und einen Überstand, der erneut zentrifugiert wird. Diese aneinander gereihten Zentrifugen-
schritte, eine sogenannte differenzielle Zentrifugation, liefert mehrere Fraktionen
abnehmender Dichte. Jede einzelne dieser Fraktionen enthält Hunderte von Proteinen und kann auf die Aktivität des gesuchten Proteins getestet werden. Die
Fraktion mit der größten Aktivität wählen wir nun als Ausgangsmaterial für alle
weiteren Reinigungsschritte.

3.1.3 Dialyse – Abtrennen kleiner Moleküle und Ionen

Durch Dialyse mithilfe einer semipermeablen Membran (etwa aus Zellulose) las-   Stryer, Abb. 3.2
sen sich Proteine von kleinen Molekülen und Salzen abtrennen (Stryer, Abb. 3.2).
Dieser Schritt wird oft auch zwischen den verschiedenen Reinigungsschritten
notwendig, um beispielsweise einen Puffer gegen einen anderen auszutauschen.

3.1.4 Aussalzen – Abtrennen löslicher Bestandteile

Durch eine hohe Salzkonzentration sinkt die Löslichkeit der meisten Proteine.
Unterschiedliche Proteine lassen sich bei unterschiedlichen Salzkonzentrationen
ausfällen und damit fraktionieren. Wir nehmen die einzelnen Fraktionen in Puffer auf und messen wiederum die Aktivität. Die Fraktion mit der größten Aktivität verwenden wir für den nächsten Schritt.

3.1.5 Chromatographie – Trennung aufgrund physikalisch-chemischer Eigenschaften

Die Säulenchromatographie ist Ihnen ja schon aus der Chemie vertraut. In der   Stryer, Abb. 3.6
Biochemie verwendet man spezielle Säulenmaterialien, die Proteine aufgrund
bestimmter physikalisch-chemischer Eigenschaften auftrennen können, sowie
wässrige Pufferlösungen als Eluenten. Für präparative Arbeiten gibt es Säulen mit
großem Durchmesser (einige Zentimeter); die Auswaschung (Eluierung) erfolgt
einfach durch Schwerkraft oder mittels Pumpen bis zu einem Druck von etwa
5 bar. Säulen mit kleineren Durchmessern liefern eine bessere Trennung, eignen
sich aber nur zur Trennung kleinerer Mengen oder für analytische Zwecke und

benötigen höhere Drücke (HPLC bis 400 bar). Bei noch kleineren Säulendurch-
messern (Kapillaren) und noch höherem Druck (bis 1000 bar) ist die Methode
nur noch analytisch einsetzbar. Hinter der Säule befindet sich gewöhnlich ein
Detektor, der die Absorption des Eluats bei einer bestimmten Wellenlänge
misst, meist bei 220 nm, der Absorption, die für die Peptidbindung charakteristisch ist (Stryer, Abb. 3.6). Einzelne Proteine lassen sich durch deutliche Peaks
(Absorptionsmaxima) nach unterschiedlichen Elutionszeiten erkennen.

- **Gelfiltrationschromatographie oder Molekularsieb – Trennung nach Molekülgröße**

Bei der **Gelfiltration** wird die Probe auf eine Säule aus porösen Kügelchen
(Dextran, Agarose oder Polyacrylamid) aufgetragen. Kleine Moleküle dringen
in die Poren ein, große Moleküle bleiben im wässrigen Medium dazwischen.
Große Moleküle passieren deshalb die Säule schneller, kleinere Moleküle langsamer; deshalb spricht man auch von **Größenausschlusschromatographie.**

- **Ionenaustauschchromatographie – Trennung nach Ladung**

Die Ionenaustauschchromatographie trennt Proteine aufgrund ihrer unterschiedlichen Nettoladungen. So bindet zum Beispiel ein Protein mit einer positiven Nettoladung bei pH 7 an eine Säule mit negativen Carboxylgruppen. Das
Protein kann dann mit einer NaCl-Lösung ausgewaschen (eluiert) werden, da
die Na^+-Ionen mit dem Protein um die Bindungsstellen der Säule konkurrieren. Ein negativ geladenes Säulenmaterial ist z. B. Carboxymethylcellulose; ein
positiv geladenes Material, das negativ geladene Proteine festhalten kann, ist
DEAE-Cellulose (Diethylaminoethylcellulose).

- **Affinitätschromatographie – Trennung aufgrund von Bindungsaffinitäten**

Manche Proteine haben große Affinität zu bestimmten chemischen Gruppen. Lectine z. B. sind Proteine, die Kohlenhydrate wie Glucose binden. Ein
Proteingemisch, das Lectine enthält, wird auf eine Säule gegeben, die kovalent
gebundene Glucose enthält. Die Glucosemoleküle wirken in diesem Fall als
„Köder": Sie binden die Lectine in unserem Gemisch und halten sie in der Säule
fest. Die Lectine können dann durch eine konzentrierte Glucoselösung wieder
ausgewaschen werden. Die **Affinitätschromatographie** ist umso effizienter, je
spezifischer die Bindung zwischen dem gesuchten Protein und dem „Köder" ist.
Häufig geht es bei dieser Methode nicht darum, das eigentliche Zielprotein zu
binden, sondern darum, gewisse Verunreinigungen zurückzuhalten.

3.2 Analytische Verfahren

Stryer, ◱ Tab. 3.1

Nach jedem einzelnen Reinigungsschritt prüfen wir mithilfe des eingangs
erwähnten Assays die Reinheit unseres gesuchten Proteins. Im Beispiel der
◱ Tab. 3.1 im Stryer wird die enzymatische Aktivität bestimmt (dabei wird die
Geschwindigkeit einer für das gesuchte Enzym typischen Reaktion bestimmt).
Wir sehen, dass die Aktivität pro Milligramm Protein, genannt spezifische Aktivi-
tät, mit jedem Reinigungsschritt deutlich zunimmt. Gut so – aber wann ist unser
Enzym rein genug? Dazu brauchen wir weitere Analysen, die uns zeigen, wie viele
andere Stoffe unsere Präparation noch enthält.

3.2.1 SDS-Polyacrylamidgelelektrophorese – Bestimmung der Reinheit

Stryer, Abb. 3.7

Hierbei bringen wir eine Probe unserer Präparation auf ein Polyacrylamid-
gel, das in einer wässrigen Pufferlösung liegt. An dessen Enden wird elektrische

Gleichspannung angelegt (Stryer, Abb. 3.7). Diese Methode ist die Polyacryl-amidgelelektrophorese, kurz PAGE genannt. Durch die Spannung wandern die Bestandteile der Präparation gemäß ihrer Ladung und Masse unterschiedlich schnell durch das Gel: Anionen zur Anode, Kationen zur Kathode.

Nun erhitzen wir die Präparation vor dem Auftragen auf das Gel in Gegenwart des Detergens Natriumdodecylsulfat (*sodium dodecyl sulfate*, SDS). Dadurch denaturieren die Proteine und nehmen eine ungeordnete Form an. Darüber hinaus binden viele der (negativ geladenen) SDS-Moleküle an die Proteine (etwa ein SDS-Molekül pro zwei Aminosäuren!), was die natürlich vorhandenen Ladungen der Proteine überkompensiert. Nach erfolgter Trennung durch die Elektrophorese werden die Proteine mit einem Farbstoff sichtbar gemacht.

> ❯ Mit diesem Trick gelingt es, alle Proteine der Präparation gleichmäßig negativ aufzuladen, sodass alle zur Anode wandern und die Trennung nur noch aufgrund der molaren Masse erfolgt.

Abb. 3.14 im Stryer zeigt das Ergebnis der einzelnen Reinigungsschritte aus Stryer, ◨ Tab. 3.1: Zu Beginn bestand unsere Präparation aus sehr vielen Proteinen mit ganz unterschiedlichen molaren Massen, nach der SDS-PAGE haben wir eine Präparation mit einheitlicher molaren Masse.

Stryer, Abb. 3.14 und ◨ Tab. 3.1

> ❗ Werfen Sie das Gel nicht weg, Sie werden es weiter unten noch benötigen!

3.2.2 Isoelektrische Fokussierung – Verfeinerung der Gelektrophorese

Proteine tragen geladene Seitenketten – positive wie negative. Die Ladungen hängen dabei vom pH-Wert ab. Nun gibt es für jedes Protein immer einen pH-Wert, bei dem sich positive und negative Ladungen gerade aufheben.

> ❯ An einem bestimmten pH-Wert heben sich alle Ladungen eines Proteins gegenseitig auf; die Nettoladung des Proteins ist hier gleich Null. Dieser pH-Wert ist der **isoelektrische Punkt (pI)** und charakteristisch für das jeweilige Protein.

Bei der isoelektrischen Fokussierung nutzen wir den isoelektrischen Punkt pI zur Abtrennung von Proteinen: Dazu stellen wir ein Elektrophoresegel mit einem pH-Gradienten her. Legen wir eine elektrische Spannung an, dann wandert das Protein gerade so weit, dass es zu seinem isoelektrischen Punkt gelangt. Dort hat es keine Ladung mehr und wird deshalb von der elektrischen Spannung nicht mehr beeinflusst. Mit dieser Methode lassen sich Proteine trennen, die sich nur um eine einzige Ladung unterscheiden!

Isoelektrische Fokussierung und SDS-PAGE lassen sich zu einer **zwei-dimensionalen Elektrophorese** koppeln (Stryer, Abb. 3.12) – damit können komplizierte Proteingemische direkt aufgetrennt werden.

Stryer, Abb. 3.12

3.2.3 Ultrazentrifugation – Bestimmung der molaren Masse

Hätten wir bei der Gelelektrophorese Proteine bekannter Masse als Standards mit aufgetragen, dann könnten wir schon jetzt die Masse unseres Proteins ungefähr abschätzen. Diese Masse können wir anhand der Sedimentationsgeschwindigkeit in einem Dichtegradienten genauer bestimmen (Stryer, Abb. 3.16). Damit das Protein schneller durch den Gradienten wandert, wird ein Schwerefeld mittels einer schnell laufenden Zentrifuge erzeugt.

Stryer, Abb. 3.16

Der Sedimentationskoeffizient (ausgedrückt in Svedberg-Einheiten, S) hängt ab von der Masse und Dichte eines Teilchens und gibt Auskunft darüber, wie schnell sich das Teilchen unter Einfluss der Zentrifugalkraft bewegt: Ein Svedberg entspricht 10^{-13} Sekunden. Je kleiner der S-Wert, desto langsamer bewegt sich das Teilchen. Größere und dichtere Moleküle sedimentieren im Allgemeinen schneller.

3.2.4 MALDI-TOF-Massenspektrometrie – Bestimmung der molaren Masse und der Aminosäuresequenz

Aus der Chemie ist uns bekannt, dass sich mithilfe der Massenspektrometrie die molare Masse (anhand des Molekülions) und die Zusammensetzung (anhand der Fragmentionen) einer Verbindung bestimmen lassen. Dazu wird die Verbindung in die Gasphase überführt, ionisiert, die Ionen werden in einem elektrischen Feld beschleunigt und durch ein Magnetfeld gemäß ihrem Masse/Ladungs-Verhältnis abgelenkt. Das Ausmaß der Ablenkung spiegelt das Masse/Ladungs-Verhältnis wider. Das geht in der Biochemie im Prinzip genauso. Die Methode ist für winzige Proteinmengen gut geeignet: Wir können beispielsweise die Bande unseres reinen Proteins aus der SDS-Polyacrylamidgel (Stryer, Abb. 3.14) ausschneiden und massenspektrometrisch untersuchen.

Stryer, Abb. 3.27 und 3.28

Problematisch ist jedoch die im Vergleich zu kleinen Molekülen viel höhere molare Masse von Proteinen. Bereits der erste Schritt, die Überführung in die Gasphase, gelingt nur durch einen Trick: Die Probe wird in eine Matrix aus organischen Substanzen eingebettet, die eine gute UV-Absorption haben und Protonen abgeben können (z. B. hydroxylierte Benzoesäuren oder Zimtsäuren). Durch eine Reihe von UV-Laserblitzen wird die Matrix verdampft, reißt dabei einige Proteinmoleküle mit und überträgt Protonen auf das Protein, das dadurch positiv geladen wird. Der erste Teil des Namens resultiert aus dieser Methode: **matrixunterstützte Laserdesorption-Ionisation** (*matrix-assisted laser desorption-ionisation*, MALDI). Die Ionen werden durch ein elektrisches Feld beschleunigt. Anstatt sie durch ein Magnetfeld abzulenken, misst man ihre Fluggeschwindigkeit nach Verlassen des elektrischen Feldes (Flugzeitanalyse, *time of flight*, TOF). Die Fluggeschwindigkeit ist proportional dem Masse/Ladungs-Verhältnis. Das Schema für ein solches Spektrometer finden Sie im Stryer in Abb. 3.27. Ein typisches Massenspektrum (Stryer, Abb. 3.28) zeigt, dass wir einfach und mehrfach geladene Molekülionen bekommen.

Stryer, Abb. 3.30

Um brauchbare Fragmentionen zu erhalten, schaltet man ein zweites Massenspektrometer hinter das erste (**Tandem-Massenspektroskopie**). Helium- oder Argonatome werden auf den bereits analysieren Strahl der Molekülionen geschossen, wodurch diese in Fragmente zerfallen. Diese Fragmente werden in dem zweiten Spektrometer untersucht. Anhand der Massen der Fragmente lässt sich die Aminosäuresequenz bestimmen (Stryer, Abb. 3.30).

3.2.5 Aminosäurezusammensetzung und Aminosäuresequenz (Edman-Abbau)

Die Aminosäuresequenz, also die Reihenfolge der Aminosäuren in einem Protein, ist aus mehreren Gründen interessant:

- Proteine mit derselben Funktion in unterschiedlichen Organismen haben ähnliche Aminosäuresequenzen – das Ausmaß der Ähnlichkeit spiegelt die Verwandtschaft zwischen den Spezies wider.
- Aminosäuresequenzen können die Funktionsmechanismen eines Proteins oder Enzyms beleuchten.
- Aminosäuresequenzen können Auskunft geben über die Lokalisierung eines Proteins in der Zelle.
- Aminosäuresequenzen geben Auskunft über modifizierte Aminosäuren.

Ein erster Schritt jedoch ist die Ermittlung der Aminosäurezusammensetzung, also die Identifizierung aller Aminosäuren in einem Protein. Aminosäurezusammensetzung und Aminosäuresequenz müssen zusammenpassen, wenn wir korrekt gearbeitet haben.

■ Ermittlung der Aminosäurezusammensetzung

Die Aminosäurezusammensetzung erhalten wir durch Hydrolyse unseres Präparats in 6 M HCl bei 110 °C über 24 h. Dabei wird das Protein in die einzelnen Aminosäuren zerlegt; diese wiederum werden durch Ionenaustauschchromatographie aufgetrennt. Das Puffervolumen, das nötig ist, um eine Aminosäure zu eluieren, dient zur Identifikation dieser Aminosäure.

Die genaue Menge der Aminosäuren lässt sich durch Reaktion mit zwei Farbstoffen, Ninhydrin oder Fluorescamin, bestimmen. Dabei entstehen gefärbte Derivate, deren Intensität UV-spektroskopisch bestimmt wird und zur Konzentration der Aminosäure proportional ist.

■ Ermittlung der Aminosäuresequenz durch Edman-Abbau

Beim Edman-Abbau wird die *N*-terminale Aminosäure markiert und vom Peptid abgespalten, ohne das Peptid zu zerstören. Dieser Schritt wird immer wieder wiederholt – so werden vom Aminoende her die Aminosäuren nacheinander abgespalten und identifiziert (Stryer, Abb. 3.29)

Stryer, Abb. 3.29

Unser Markermolekül ist Phenylisothiocyanat, das an die *N*-terminale Aminosäure bindet. Unter schwach sauren Bedingungen wird diese Aminosäure als sog. PTH-Derivat abgespalten und mittels UV-Detektion und HPLC identifiziert. Die nun um eine Aminosäure verkürzte Peptidkette wird wiederum mit Phenylisothiocyanat behandelt, das mit dem neuen N-Terminus reagiert, der wiederum als PTH-Derivat abgespalten und identifiziert wird.

Der Edman-Abbau lässt sich automatisieren und etwa 50 Mal wiederholen – das funktioniert nur deshalb, weil jede Abspaltung mit nahezu 100 % Ausbeute verläuft. Die Methode kommt mit winzigen Proteinmengen (im Picomolbereich) aus – tatsächlich können wir dafür eine ausgeschnittene Bande aus unserem SDS-Gel einsetzen! Größere Proteine lassen sich fragmentieren; die einzelnen Fragmente werden nun einem Edman-Abbau unterworfen. Aus den Ergebnissen der einzelnen Fragmente lässt sich auf die Sequenz des gesamten Proteins schließen.

3.2.6 Festphasensynthese – Aufbau eines Proteins

Ist die Aminosäuresequenz des gewünschten Proteins bekannt, können wir es vollsynthetisch aus den einzelnen Aminosäuren herstellen. Genauso wie beim Edman-Abbau müssen wir auch hier darauf achten, dass jeder Schritt mit möglichst 100 % Ausbeute verläuft. Um das zu gewährleisten, wird die erste Aminosäure zunächst an ein Harz gebunden (Stryer, Abb. 3.37). Dadurch kann man in allen weiteren Schritten beliebige Überschüsse an Reagenzien verwenden und eine quantitative Umsetzung erzwingen; die Reagenzien werden nach jedem Schritt durch Waschen des Harzes bequem entfernt. Nach der Verankerung der ersten Aminosäure (Schritt 1 in Abb. 3.37 im Stryer) wird deren N-Schutzgruppe abgespalten (Schritt 2) und dann die zweite Aminosäure gekoppelt (Schritt 3). Jetzt wiederholen sich die Schritte, bis das fertige Peptid durch saure Esterhydrolyse mittels HF vom Harz abgespalten wird.

Stryer, Abb. 3.37

❯ Beachten Sie, dass die Festphasensynthese mit der Synthese am Carboxylatende des Peptids beginnt, während der Edman-Abbau vom Aminoterminus aus erfolgt!

3

Die eingesetzten Aminosäuren tragen immer eine Schutzgruppe am N-Atom (hier *tert*-Butyloxycarbonyl), und die Carboxylgruppe ist aktiviert (hier als Dicyclohexylcarbodiimid, DCC). Diese Derivate sind stabil und als solche käuflich. Die Festphasensynthese kann etwa 50 Mal hintereinander durchgeführt werden, sodass Peptide aus bis zu 50 Aminosäuren in großen Mengen und großer Reinheit synthetisiert werden können. Größere Peptide lassen sich herstellen, indem zunächst kleinere Fragmente synthetisiert und dann zusammengesetzt werden.

3.2.7 Röntgenstrukturanalyse – Analyse des dreidimensionalen Aufbaus eines Proteins

Aus physikalischen Gründen ist die Auflösung von Lichtmikroskopen begrenzt: Sie liegt bei etwa der halben Wellenlänge des verwendeten Lichts. Blaues Licht hat eine Wellenlänge von 380 nm, UV-Licht bis zu 10 nm – das ist weit größer als typische Atomabstände (0,1 bis 0,2 nm). Um mit atomarer Auflösung Einblick in die dreidimensionale Struktur eines Proteins zu bekommen, sind also wesentlich kürze Wellenlängen nötig – die von Röntgenstrahlen. Da es aus physikalischen Gründen keine für Röntgenstrahlen geeignete Linsen (und damit auch kein „Röntgenmikroskop") gibt, muss man andere Wege gehen.

Stryer, Abb. 3.38, 3.39 und 3.40

Mithilfe der Röntgenstrukturanalyse lassen sich Proteinkristalle in atomarer Auflösung untersuchen. Das Protein muss also zunächst kristallisiert werden – ein durchaus anspruchsvolles Unterfangen, das nicht immer gelingt. Durchdringen Röntgenstrahlen einen solchen Kristall, werden einige wenige der Strahlen von den Elektronen des Proteins aus ihrer Bahn gelenkt (gebeugt). Die Beugung hängt dabei von der Elektronendichte ab: Wasserstoffatome mit nur einem Elektron haben praktisch keinen Einfluss, Kohlenstoffatome und schwerere Atome ergeben jedoch eine deutliche Beugung. Hinter dem Kristall werden die gebeugten Strahlen von einem Detektor (oder Film) aufgefangen (Stryer, Abb. 3.38). Durch die sich regelmäßig wiederholende Beugung an den immer gleich angeordneten Proteinmolekülen im Kristall entsteht wegen der Interferenz der Strahlen ein Muster von Reflexen (Stryer, Abb. 3.39). Aus diesen Reflexen wird die Verteilung der Elektronendichte berechnet (Stryer, Abb. 3.40 A). Eine Auflösung bis zu 0,2 nm ist möglich, es lassen sich tatsächlich atomare Details erkennen, beispielsweise das „Loch" in der Mitte eines Benzolrings. Im letzten Schritt wird dann die Sequenz des Peptids am Computer in die Elektronendichtekarte „eingebaut" (Stryer, Abb. 3.40 B).

Glücklicherweise sind die Strukturen von Proteinen im Kristall nicht wesentlich verschieden von denen in Lösung, sodass sich diese Analysenmethode sehr weit entwickelt hat: Die Bedingungen zur Kristallisation eines Proteins werden heute robotergestützt hundertfach parallel untersucht, die Röntgenuntersuchungen selbst an Synchrotronen vorgenommen, beispielsweise am DESY in Hamburg. Solche Synchrotrone liefern weit intensivere Röntgenstrahlen als konventionelle Quellen (etwa der Beschuss einer Kupferplatte mit Elektronen). Inzwischen sind die Daten von etwa 140.000 Proteinstrukturen in der *Protein Data Bank* (▶ www.rcsb.org/pdb) öffentlich zugänglich.

3.2.8 NMR-Spektroskopie – Analyse des dreidimensionalen Aufbaus des Proteins in Lösung

Stryer, Abb. 3.44

Sie werden vielleicht erstaunt sein, dass man so große Moleküle wie Proteine NMR-spektroskopisch sinnvoll untersuchen kann. In der Tat liefern Proteine äußerst unübersichtliche Spektren (Stryer, Abb. 3.44b); eine dreidimensionale Struktur lässt sich daraus zunächst gar nicht herleiten.

In der Organischen Chemie haben wir uns in der ^{1}H-NMR-Spektroskopie hauptsächlich mit den Aufspaltungsmustern beschäftigt, die durch in direkter Nachbarschaft gebundene Protonen verursacht werden (Stryer, Abb. 3.44 a). Es gibt jedoch einen Effekt, der in der Organischen Chemie selten zum Einsatz kommt, bei Proteinstrukturen aber eine überragende Bedeutung hat: der Kern-Overhauser-Effekt. Mit ihm kann man die Magnetisierung eines Protons auf ein räumlich benachbartes Proton übertragen.

Dabei kommt es tatsächlich nur auf die *räumliche Nähe* an und nicht, wie in der uns geläufigen NMR-Spektroskopie, auf die Bindungsabstände der Protonen (Stryer, Abb. 3.45). Mit dieser Methode, NOESY *(nuclear Overhauser enhancement spectroscopy)* genannt, ergeben sich zweidimensionale Spektren (Stryer, Abb. 3.46), die auf die relativen Abstände von Protonen schließen und aus denen sich schließlich dreidimensionale Proteinstrukturen errechnen lassen.

Stryer, Abb. 3.45 und 3.46

Tatsächlich ist das Verfahren noch aufwendiger als die Röntgenstrukturanalyse, und demgemäß beträgt die Anzahl der in der *Protein Data Bank* hinterlegten Strukturen nur etwa ein Zehntel der durch Röntgenstrukturanalyse ermittelten. Gentechnisch lassen sich heute aber spezifisch isotopenmarkierte Proteine herstellen, die solche Analysen beträchtlich erleichtern, sodass sich diese Methode weiter entwickeln wird.

❓ **Fragen**

1. Finden Sie die passenden Paare (Großbuchstabe/Kleinbuchstabe):

   A) SDS

   B) Enzym

   C) Zentrifugation

   D) Gelfiltration

   E) isoelektrischer Punkt

   F) Aminosäuresequenz

   a) Molekülgröße

   b) PAGE

   c) Assay

   d) isoelektrische Fokussierung

   e) Edman-Abbau

   f) Dichte

2. Welche beiden Methoden werden in der zweidimensionalen Elektrophorese gekoppelt?

3. Welche Methoden gibt es zur Bestimmung der molaren Masse von Proteinen?

4. Wie lässt sich die Aminosäuresequenz eines Proteins bestimmen? Nennen Sie zwei Methoden!

5. Nennen Sie den Unterschied zwischen Aminosäurezusammensetzung und Aminosäuresequenz eines Proteins.

✅ **Antworten**

1. Ab, Bc, Cf, Da, Ed, Fe.

2. SDS-PAGE und isoelektrische Fokussierung.

3. Ultrazentrifugation und MALDI-TOF-Massenspektrometrie.

4. Tandem-Massenspektrometrie und Edman-Abbau.

5. Aminosäurezusammensetzung: Identifizierung der Aminosäuren in einem Protein; Aminosäuresequenz: Reihenfolge der Aminosäuren in einem Protein.

Nucleinsäuren

© Springer-Verlag GmbH Deutschland, ein Teil von Springer Nature 2020
K. von der Saal, *Biochemie*, https://doi.org/10.1007/978-3-662-60690-2_4

4   Stryer, Kap. 1 und 4

Aus ► Kap. 2 wissen wir, wie wichtig die Struktur von Proteinen für ihre Funktion ist. Kein Wunder deshalb, dass die Natur den Bauplan für diese Struktur, die Abfolge von Aminosäuren in einer Peptidkette, wie einen Schatz hütet. Die Primärstruktur eines Proteins ist in seinem Gen festgeschrieben; die Gesamtheit aller Gene eines Organismus bildet sein Genom. Und damit kommen wir zu den Nucleinsäuren, die in zwei Arten auftreten: DNA ist der Stoff, aus dem die Gene sind. Mit DNA eng verwandt ist RNA – sie ist die Schlüsselsubstanz bei der Weitergabe der genetischen Information und der Biosynthese von Proteinen.

Wie Peptide und Proteine sind auch Nucleinsäuren lange, lineare Polymere. Und wie bei Proteinen sind es hier ebenfalls die Strukturen, die ausschlaggebend sind für die Funktion dieser Biomoleküle. Den Stoff für dieses Kapitel finden Sie im Stryer, Kap. 1 und 4.

4.1 Aufbau von DNA und RNA

Betrachten wir zunächst die Bausteine von DNA (**Desoxyribonucleinsäure**, engl. *deoxyribonucleic acid*) und RNA (**Ribonucleinsäure**): die **Nucleotide**. Jedes Nucleotid besteht aus drei unterschiedlichen Komponenten: einer von fünf möglichen Basen, einem Zucker sowie einer Phosphatgruppe ($-PO_4$).

❯ **DNA und RNA unterscheiden sich zweifach: zum einen durch den Zucker – Ribose bei RNA, Desoxyribose bei DNA; zum anderen durch eine der Basen.**

4.1.1 Ribose und Desoxyribose

Stryer, Abb. 4.2

Die allgemeine Struktur von Zuckern kennen wir bereits aus der Organischen Chemie. Ribose ist ein Zucker aus fünf C-Atomen und bildet einen Fünfring. Desoxyribose ist eine modifizierte Ribose; sie trägt im Unterschied zu Ribose an der 2'-Stellung ein Wasserstoffatom anstelle einer Hydroxylgruppe (Stryer, Abb. 4.2). (Konventionsgemäß werden die C-Atome der Ribose in Nucleinsäuren durch Zahlen mit einem hochgestellten Strich bezeichnet.)

Stryer, Abb. 4.3

In DNA und RNA sind zahlreiche Nucleotide zu linearen Ketten miteinander verknüpft. In diesen Ketten sind die Zuckerreste über eine Phosphatgruppe miteinander verbunden: die 3'-Hydroxylgruppe des einen Nucleotids ist mit einer Phosphatgruppe verestert, die wiederum mit der 5'-Hydroxylgruppe eines benachbarten Zuckers verknüpft ist. Die Zucker sind also über 3'-5'-Phosphodiesterbrücken verbunden und bilden mit den Phosphatgruppen das Rückgrat der Nucleinsäure (Stryer, Abb. 4.3.).

In dieser Abbildung sehen wir, dass jede Phosphatgruppe einer Nucleinsäure eine negative Ladung trägt. Diese Ladung macht die Nucleinsäure widerstandsfähiger gegenüber einem nucleophilen Angriff, etwa durch Hydroxidionen. Die Phosphodiesterbindung ist deshalb weniger empfindlich gegenüber Hydrolyse als andere Ester. Dies gilt für RNA und DNA gleichermaßen; zusätzlich jedoch wird DNA durch das Fehlen der Hydroxylgruppe weiter stabilisiert.

4.1.2 Basen, Nucleoside und Nucleotide

Stryer, Abb. 4.4

In Nucleinsäuren kommen fünf unterschiedliche organische Basen vor, die sich zwei Typen von Heterocyclen zuordnen lassen: **Adenin (A)** und **Guanin (G)** sind bicyclische Purine; **Cytosin (C)**, **Uracil (U)** und **Thymin (T)** gehören zu den monocyclischen Pyrimidinen (Stryer, Abb. 4.4).

❯ **Während Adenin, Guanin und Cytosin sowohl in RNA als auch in DNA vorkommen, findet sich Uracil nur in RNA, Thymin nur in DNA.**

Wird eine Base mit Ribose bzw. Desoxyribose verknüpft, entsteht ein Nucleosid: Bei den Purinen bildet dabei das N-9-Atom des Fünfrings, bei den Pyrimidinen das N-1-Atom des Sechsrings eine *N*-glykosidische Bindung zu dem C-1'-Atom des Zuckers (Stryer, Abb. 4.5).

Stryer, Abb. 4.5

Wird das Nucleosid mit einer Phosphatgruppe verbunden, bekommen wir das vollständige Nucleotid. Weil das Phosphat über eine Esterbindung mit der 5'-OH-Gruppe des Nucleosidzuckers verknüpft ist, sprechen wir auch von einem Nucleosid-5'-phosphat oder einem 5'-Nucleotid.

> **Wichtig**
> Base + Zucker → Nucleosid
> Nucleosid + Phosphat → Nucleotid

Die Namen und Kurzschreibweisen für Nucleoside oder Nucleotide mögen Ihnen zunächst ungewohnt sein; Sie werden sie in der biochemischen Literatur jedoch immer wieder antreffen und sollten wissen, was sich chemisch dahinter verbirgt. Betrachten Sie dazu ◘ Tab. 4.1, die die Benennungen der Nucleoside und Nucleotide in DNA zusammenfasst.

Entsprechendes gilt für die Benennung von Basen, Nucleosiden und Nucleotiden in RNA (◘ Tab. 4.2).

In DNA und RNA kommen nur Monophosphate vor. Freie Nucleotide – außerhalb von Nucleinsäuren – können ein, zwei oder drei Phosphatgruppen tragen; manche von ihnen haben im Stoffwechsel wichtige Funktionen.

❶ *Achtung:* Die einfache Bezeichnung Nucleotid außerhalb von Nucleinsäuren sagt erst einmal nichts über die Anzahl der Phosphatgruppen im Molekül aus. Es können eine, zwei oder drei sein.

ATP ist die biochemische Währung von Energie
Das Nucleotid Adenosin-5'-triphosphat (kurz ATP) ist die universelle „Energiewährung" aller Lebewesen. Wir werden bei unseren Erläuterungen des Stoffwechsels immer wieder auf dieses Molekül stoßen. Seine Struktur ist im Stryer, Abb. 4.6, abgebildet.

Stryer, Abb. 4.6

◘ **Tab. 4.1** Basen, Nucleoside und Nucleotide in DNA

Base	Nucleosid (Base + Desoxyribose)	Nucleotid (Base + Desoxyribose + Phosphatgruppe)
Adenin	Desoxyadenosin	Desoxyadenylat (Desoxyadenosinphosphat)
Guanin	Desoxyguanosin	Desoxyguanylat (Desoxyguanosinphosphat)
Cytosin	Desoxycytidin	Desoxycytidylat (Desoxycytidinphosphat)
Thymin	Thymidin	Thymidylat (Thymidinphosphat)*

*Hier entfällt der Zusatz „Desoxy", weil Thymin nur in DNA vorkommt

◘ **Tab. 4.2** Basen, Nucleoside und Nucleotide in RNA

Base	Nucleosid (Base + Ribose)	Nucleotid (Base + Ribose + Phosphatgruppe)
Adenin	Adenosin	Adenylat (Adenosinphosphat)
Guanin	Guanosin	Guanylat (Guanosinphosphat)
Cytosin	Cytidin	Cytidylat (Cytidinphosphat)
Uracil	Uridin	Uridylat (Uridinphosphat)

*Hier entfällt der Zusatz „Desoxy", weil Thymin nur in DNA vorkommt

4

Stryer, Abb. 4.7

Da Nucleinsäuren sehr lang sein können, hat sich für die Basenabfolge eine Kurzschreibweise etabliert: pApCpG – oder noch kürzer ACG – steht für ein DNA-Trinucleotid aus folgenden Bausteinen: Desoxyadenylat, Desoxycytidylat und Desoxyguanylat, die jeweils über eine Phosphodiesterbrücke (abgekürzt p) miteinander verknüpft sind. Die entsprechende Kurzstruktur für dieses Trinucleotid ist im Stryer, Abb. 4.7 gezeigt. Später, im Alltag der Biochemie, werden Sie jedoch bald merken, dass Sie es meist nur mit den Einbuchstabenabkürzungen zu tun haben.

> ❗ *Achtung* – **Nucleinsäuren haben, ebenso wie Polypeptide, eine Laufrichtung oder Polarität. Das eine Ende der Kette trägt eine 5′-OH-Gruppe (die manchmal mit einer Phosphatgruppe verbunden ist), das andere Ende eine 3′-OH-Gruppe (die ebenfalls phosphoryliert sein kann).**

> ❯ **Konventionsgemäß wird die Basensequenz in 5′ → 3′-Richtung geschrieben. Die Basensequenz ACG ist also keinesfalls identisch mit der Basensequenz GCA!**

Nucleinsäurestränge können sehr lang sein: Eine asiatische Hirschart enthält in ihrem Genom Stränge aus über eine Milliarde Nucleotide. Ausgestreckt hätte ein solches DNA-Molekül eine Länge von mehr als 30 cm! Die Länge eines DNA-Strangs (oder eines DNA-Doppelstrangs, s. ▶ Abschn. 4.2) wird in „Basen" oder „Kilobasen" (1000 Basen) angegeben, abgekürzt b oder kb.

4.2 DNA-Doppelhelix und spezifische Basenpaarung

Stryer, Tab. 4.1 und Abb. 4.11

In der Mitte des 20. Jahrhunderts wurden bahnbrechende Erkenntnisse zur DNA gewonnen. Schon seit 1944 war bekannt, dass DNA das Material ist, aus dem die Gene bestehen. Zu Beginn der 1950er-Jahre fand Erwin Chargaff, dass jeweils zwei der vier DNA-Basen stets in gleichen Mengenverhältnissen auftreten: Sowohl das Verhältnis von Adenin zu Thymin als auch das von Cytosin zu Guanin ist bei allen untersuchten Arten nahezu gleich eins (Stryer, Tab. 4.1). Es muss also einen Zusammenhang geben zwischen A und T sowie zwischen C und G. Röntgenstrukturanalysen von Maurice Wilkins und Rosalind Franklin ergaben zudem, dass DNA aus zwei Ketten besteht, die regelmäßig umeinander gewunden sind. Ausgehend von diesen drei Befunden stellten James Watson und Francis Crick im Jahr 1953 ihr heute weltberühmtes Modell der DNA-Doppelhelix vor (Stryer, Abb. 4.11).

Die DNA-Doppelhelix besteht demnach aus zwei einzelnen Helices, die sich umeinander winden. Die beiden Einzelstränge einer Doppelhelix haben dabei unterschiedliche Laufrichtungen. Es gibt verschiedene Formen der DNA-Doppelhelix; in der Natur haben wir es normalerweise mit der sog. B-Form zu tun, einer rechtsgängigen Doppelhelix.

Stryer, Abb. 4.12

Tragendes Element der DNA-Doppelhelix sind die Basenpaare, die sich zwischen je einem Purin und einem Pyrimidin ausbilden, also zwischen Adenin und Thymin sowie zwischen Guanin und Cytosin. Zusammengehalten werden die Basenpaare durch Wasserstoffbrücken (Stryer, Abb. 4.12).

Stryer, Abb. 1.5 und 4.12

Die Basenpaarung ist höchst spezifisch: Eine stabile Doppelhelix entsteht nur, wenn sich die richtigen Partner im Doppelstrang gegenüberstehen: einem Adenin in einem der beiden Stränge stets ein Thymin im anderen Strang (bzw. ein Uracil in RNA), einem Cytosin stets ein Guanin. Die Basensequenzen der beiden Einzelstränge müssen also **komplementär** zueinander sein (Stryer, Abb. 1.5 und 4.12).

> ❯ **Wichtig**
> **Komplementäre Basenpaare sind:**
> **Adenin – Thymin**
> **Adenin – Uracil**
> **Guanin – Cytosin**

4.2.1 Die Bildung der Doppelhelix – eine energetische Betrachtung

Einzelne DNA-Stränge in einer wässrigen Lösung haben zahlreiche Freiheitsgrade: Sie können sich frei bewegen, rotieren und verschiedene Konformationen einnehmen. Schließen sich zwei Stränge zur Doppelhelix zusammen, sind diese Freiheiten stark eingeschränkt. Die Bildung der Doppelhelix geht also mit einer Zunahme an Ordnung einher, die Entropie sinkt (Stryer, Abschn. 1.3, Abb. 1.15).

Stryer, Abschn. 1.3
Abb. 1.15

Dennoch lagern sich zwei DNA-Stränge mit komplementären Basenabfolgen in einer wässrigen Lösung spontan zu einer Doppelhelix zusammen. Experimentell fand man, dass dabei eine enorme Wärmemenge freigesetzt wird: ca. 250 kJ mol^{-1}. Wie kommt dieser Energiegewinn zustande und welche Faktoren spielen dabei mit? Wieder sind es schwache Wechselwirkungen, die die Doppelhelix stabilisieren.

Schwache Wechselwirkungen und hydrophobe Effekte in der Doppelhelix

Hydrophobe Effekte

Die unpolaren Basen der Doppelhelix sind nach innen gerichtet, während die polaren Oberflächen der Helices (Zucker und Phosphatgruppen) dem wässrigen Milieu ausgesetzt sind. Dadurch entstehen hydrophobe Effekte, die die Doppelhelix stabilisieren.

Van-der-Waals-Wechselwirkungen

Innerhalb der Doppelhelix sind die Basen nahezu genau übereinander gestapelt. Zwischen den gestapelten Basen sind dadurch optimale Van-der-Waals-Wechselwirkungen möglich.

Wasserstoffbrücken

Dagegen tragen die Wasserstoffbrücken zwischen den gepaarten Basen netto wenig zum Energiegewinn bei, denn in den ungepaarten Strängen bestanden bereits Wasserstoffbrücken zu den Wassermolekülen der Lösung, die für die Doppelhelix aufgegeben werden mussten.

Ausgleich von Abstoßungseffekten

Jeder DNA-Strang trägt eine negativ geladene Phosphatgruppe – bei der Bildung der Doppelhelix können deshalb Abstoßungseffekte entstehen. Die hohe Dielektrizitätskonstante von Wasser wirkt hier ausgleichend; zudem interagieren in der Zelle positiv geladene Na$^+$- und Mg^{2+}-Ionen mit den Phosphatgruppen und neutralisieren die Ladungen zum Teil.

? **Fragen**

1. Sie haben einen DNA-Abschnitt mit folgender Basensequenz: GCAGTT
   a. Schreiben Sie den dazu komplementären DNA-Abschnitt, konventionsgemäß in 5′ → 3′-Richtung.
   b. Schreiben Sie den dazu komplementären RNA-Abschnitt, konventionsgemäß in 5′ → 3′-Richtung.

4.2.2 Furchen in der Doppelhelix

Eine DNA-Doppelhelix besitzt zwei Vertiefungen: die große und die kleine Furche (Stryer, Abb. 4.17). Jede Furche enthält Gruppen, die Wasserstoffbrücken bilden und über diese spezifische Wechselwirkungen mit gewissen Proteinen eingehen können – Proteinen, die bestimmte Nucleotidsequenzen in den Furchen

Stryer, Abb. 4.17

4

erkennen und dort andocken. Beim Ablesen der Gene und bei der Regulation der Biosynthese von Proteinen spielen solche DNA-bindenden Proteine eine überaus wichtige Rolle, wie wir im 6. Teil dieses Buches noch genauer sehen werden.

4.2.3 DNA-Struktur und Chromosomen

Bei Eukaryoten bildet die DNA lange, lineare Doppelstränge, die zusammen mit Proteinen zu Chromosomen verdichtet und verpackt sind. Dagegen besitzen Bakterien einen einzigen DNA-Doppelstrang, der ringförmig zu einem einzigen Chromosom geschlossen ist. Ein solches ringförmiges DNA-Molekül kann sich zu einer Superhelix verdrillen; man sagt auch, es ist **superspiralisiert.** In dieser Form ist die DNA kompakter und findet in der Bakterienzelle besser Platz. Eine ringförmige DNA ohne Superhelixstruktur nennt man entspannt.

> **Chromosomen des Menschen**
> Menschliche Körperzellen enthalten 23 Chromosomenpaare, insgesamt 46 Chromosomen. In den Keimzellen (Ei- und Samenzelle) ist dieser Chromosomensatz halbiert. Bei der Befruchtung, dem Verschmelzen von Ei- und Samenzelle, wird wieder der vollständige Chromosomensatz hergestellt.

4.2.4 Struktur der RNA

Anders als DNA liegt RNA normalerweise als Einzelstrang vor. Auch hier entstehen Basenpaare, jedoch *innerhalb* eines Strangs. So bildet auch einzelsträngige RNA definierte Strukturen aus, die für ihre Funktionen wichtig sind, etwa in Ribosomen – das sind Komplexe aus RNA und Proteinen, an denen die Biosynthese von Proteinen abläuft. Mehr dazu werden wir im 6. Teil erfahren.

4.2.5 Schmelzen der DNA

Stryer, Abb. 4.25

Die Wasserstoffbrücken zwischen den beiden Einzelsträngen der Doppelhelix lassen sich reversibel aufbrechen – durch Erhitzen oder Zugabe von Säure oder Base, die die Basen ionisieren. Dieses Schmelzen der Doppelhelix lässt sich photometrisch verfolgen: DNA-Basen zeigen eine charakteristische Extinktion bei 260 nm. In Einzelstrang-DNA mit ihrer lockeren Basenstapelung ist diese Extinktion stärker als bei den dicht gestapelten Basen in einer Doppelhelix; dieser Effekt heißt **Hypochromie.** Die Extinktion nimmt also während des Schmelzens zu (Stryer, Abb. 4.25).

Das Schmelzen der DNA setzt bei einer bestimmten Temperatur relativ plötzlich ein. Die **Schmelztemperatur** T_m ist definiert als diejenige Temperatur, bei der die Hälfte der Doppelhelix aufgeschmolzen ist. Sobald die Temperatur wieder sinkt, vereinen sich die beiden komplementären Nucleinsäurestränge spontan wieder zur Doppelhelix. Diese Renaturierung (*annealing* genannt) ist für die biologische Funktion der DNA überaus wichtig, wie wir später sehen werden.

> **Hybride Doppelhelices verraten genetische Verwandtschaft**
> Schmelzen und spontane Renaturierung lassen sich experimentell nutzen, um Sequenzähnlichkeiten in der DNA verschiedener Genome zu untersuchen: Man kann DNA-Moleküle aus den Genomen verschiedener Organismen schmelzen und miteinander renaturieren lassen. Sind sich die Sequenzen ähnlich, bilden sich hybride Doppelhelices, deren Einzelstränge von verschiedenen Organismen stammen. Je mehr Übereinstimmung zwischen

den DNA-Sequenzen herrscht, desto größer ist das Ausmaß der Hybridisierung – und desto näher sind die beiden Organismen miteinander verwandt.

4.3 Biologische Funktion der DNA-Doppelhelix

Die DNA-Doppelhelix ist ein Geniestreich der Natur und für ihre Aufgabe bestens gerüstet: Jeder Strang der Doppelhelix dient als Matrize für den Gegenstrang und ist sozusagen eine Art komplementärer Sicherheitskopie. Damit kann die Information, die in der DNA steckt, beliebig oft präzise abgelesen werden. Zum anderen erlaubt die DNA-Doppelhelix eine praktisch fehlerfreie Verdoppelung von DNA beim Wachstum und bei der Teilung von Zellen.

4.3.1 Verdoppelung der DNA

Zellen vermehren sich durch Teilung; zuvor müssen die DNA-Moleküle fehlerfrei kopiert werden, damit jede Tochterzelle mit dem vollständigen Satz an Genen ausgestattet werden kann. In der Doppelhelix ist die Basensequenz jedes Strangs durch die Sequenz des komplementären Strangs festgelegt. Bei der Verdoppelung eines DNA-Moleküls öffnet sich der Doppelstrang; jeder Einzelstrang dient nun als Matrize für die Synthese eines Tochterstrangs (Stryer, Abb. 1.7). Dieser Vorgang wird **Replikation** genannt. Weil die so verdoppelte DNA aus je einem Elternstrang und je einem neu synthetisierten Tochterstrang besteht, nennt man die Replikation **semikonservativ**.

Stryer, Abb. 1.7

4.3.2 Ablesen der genetischen Information

Die Umsetzung der genetischen Information wird **Genexpression** genannt; dabei entstehen RNA-Moleküle und Proteine.

Um die genetische Information nutzbar zu machen, müssen Gene „gelesen" werden: Die Basensequenz der DNA wird dabei in eine Basensequenz aus RNA kopiert **(Transkription)**. Dazu wird die Doppelhelix enzymatisch an bestimmten Stellen kurzzeitig geöffnet. Die freigelegten DNA-Sequenzen dienen nun als Matrize für die Synthese einer komplementären RNA. Diese RNA wird Boten- oder **Messenger-RNA (mRNA)** genannt. Die Basensequenz der mRNA wiederum wird in die Aminosäuresequenz eines Proteins „übersetzt" **(Translation)**. Dabei wirken zwei andere RNA-Typen mit: Die **ribosomale RNA (rRNA)** bildet zusammen mit Proteinen eine große Struktur, das **Ribosom,** an dem die Neusynthese von Proteinen stattfindet. Die **Transfer-RNA (tRNA)** wiederum hat die Aufgabe, die richtigen Aminosäuren herbeizuschaffen.

❯ Die genetische Information „fließt" also von DNA zu RNA zu Protein.

Wie diese Vorgänge genau ablaufen, welche Enzyme daran beteiligt sind und wie sie kontrolliert werden, wollen wir im 6. Teil näher betrachten.

4.4 Der genetische Code

Das Genom eines Organismus enthält die Baupläne für die Gesamtheit seiner Proteine, codiert in Form von Basensequenzen. Dabei codieren jeweils drei Basen, ein sog. Basentriplett oder **Codon,** eine Aminosäure. Zusätzlich enthält der genetische Code die Baupläne für die rRNA- und tRNA-Moleküle, die an der Genexpression beteiligt sind.

4

4.4.1 Der genetische Code ist degeneriert

Es gibt 20 Standardaminosäuren, aber 64 Codons. Die meisten Aminosäuren werden also durch mehr als ein Codon verschlüsselt – der genetische Code ist damit zu einem hohen Ausmaß degeneriert. Codons, die für dieselbe Aminosäure stehen, werden Synonyme genannt. Sie unterscheiden sich meist nur in der letzten Base des Tripletts. Neben den Codons, die für eine Aminosäure stehen, gibt es Start- und Stoppcodons, die Beginn und Ende des späteren Polypeptids festlegen.

Die Degeneration des genetischen Codes gibt eine zusätzliche Sicherheit beim korrekten Zusammenbau eines Proteins. Zudem ist der Code so konstruiert, dass der Austausch eines einzelnen Nucleotids in einem Triplett zu einem Synonym oder aber zu einer Aminosäure mit ähnlichen Eigenschaften führt.

Stryer, Tab. 4.5

Der genetische Code ist im Stryer, Tab. 4.5 abgebildet. Er gilt nahezu universell – in den unterschiedlichsten Organismen codieren dieselben Basentripletts also dieselben Aminosäuren, mit nur wenigen Ausnahmen.

Die Tatsache, dass der genetische Code quasi universell gilt – von den einfachsten Bakterien bis hin zu Säugetieren und dem Menschen – spricht dafür, dass er sich früh in der Evolution entwickelt hat und über Jahrmilliarden praktisch unverändert blieb. Viele lebenswichtige Biomoleküle wurden in der Evolution bewahrt – so wie die Standardaminosäuren, die wir ebenfalls in allen Lebensformen finden.

4.4.2 Eukaryotische Gene werden von Introns unterbrochen

Bei Prokaryoten bilden die Codons für ein bestimmtes Protein eine zusammenhängende Kette aus Basentripletts. Komplizierter ist es bei höheren Organismen: Eukaryotische Gene sind Mosaike, bei denen codierende Sequenzen (**Exons**) von z. T. langen nichtcodierenden Sequenzen (**Introns**) unterbrochen werden. Die Introns werden später bei der Synthese des Proteins wieder herausgeschnitten. Man nimmt an, dass Introns Überbleibsel der Evolution sind – den sich rasch vermehrenden Prokaryoten gingen sie vielleicht irgendwann verloren.

Stryer, Abb. 4.42

Heute glaubt man, dass Introns durchaus einen Vorteil mit sich bringen: Viele Exons codieren bestimmte Struktur- oder Funktionsbereiche von Proteinen. Es könnte sein, dass neue Proteine in der Evolution durch die Neuverteilung von Exons entstanden sind – dieser Vorgang heißt *exon shuffling* (Stryer, Abb. 4.42). In Bereichen von Introns kann die DNA unbeschadet aufbrechen und neu zusammengesetzt werden. Außerdem richten Mutationen – Veränderungen in der Sequenz der Basen, die etwa durch UV-Licht ausgelöst werden – im Bereich von Introns deutlich weniger Schaden an als in Exons. Die Mosaikstruktur aus Introns und Exons bietet dem Gen also einen zusätzlichen Schutz.

Fassen wir die wichtigsten Fakten zum genetischen Code und zur Genexpression nochmals zusammen.

> **Wichtig**
> Ein Triplett aus drei Basen codiert eine Aminosäure.
> Der genetische Code ist degeneriert: Die meisten Aminosäuren besitzen mehr als ein Codon.
> Der genetische Code gilt nahezu universell.
> Bei der Transkription wird die DNA-Basensequenz des genetischen Codes in die RNA-Sequenz von Messenger-RNA (mRNA) umgeschrieben.
> Bei der Translation wird die Basensequenz der mRNA in die Aminosäuresequenz eines Proteins übersetzt. Dabei ist Transfer-RNA (tRNA) beteiligt. Die Translation findet an einem Komplex aus Proteinen und ribosomaler RNA (rRNA) statt.

Die meisten Gene von Eukaryoten sind von Introns unterbrochen, nichtcodierenden Sequenzen, die nach der Transkription herausgeschnitten werden.

▪ RNA-Gene in Viren

Viren bestehen aus wenigen Genen, die in einer Proteinhülle stecken. Sie zählen nicht zu den Lebewesen, weil sie keinen Stoffwechsel haben und sich nicht selbstständig vermehren können – dazu nämlich brauchen sie einen anderen Organismus. Sie entern eine Zelle und nisten sich in deren Erbgut ein. In der Folge zwingen sie die Wirtszelle, die Virusgene zu vervielfältigen. Auf diese Weise üben sie ihre oft krank machenden Wirkungen aus.

Die Gene vieler Viren bestehen aus DNA, es gibt aber auch Viren, deren Gene aus RNA sind.

AIDS-Virus

Das Genom des menschlichen Immunschwächevirus HIV, das AIDS auslöst, besteht aus RNA. Gelangt das HI-Virus in eine Zelle, wird seine RNA durch ein virales Enzym, die Reverse Transkriptase, in DNA umgeschrieben, in das Genom des Wirts integriert und mit dieser zusammen repliziert. Beim HI-Virus fließt also die genetische Information von RNA zu DNA; solche RNA-Viren heißen deshalb auch Retroviren.

✔ Antworten

1. a) AACTGC; b) AACUGC.

Zusammenfassung

• Grundlagen des Lebens

Unter den Lebewesen unterscheiden wir zwischen Prokaryoten und Eukaryoten. Prokaryoten bestehen aus lediglich einer einfachen Zelle, die nicht weiter unterteilt ist. Zu ihnen gehören z. B. Bakterien. Alle biochemischen Vorgänge laufen bei ihnen im Cytoplasma, dem Innenraum der Zelle ab. Höher entwickelte Organismen nennt man Eukaryoten. Auch hier gibt es Einzeller wie z. B. Hefe; die Zelle enthält jedoch unterschiedliche Zellkammern, Organellen genannt, die unterschiedliche Aufgaben haben. Vielzeller wie höhere Tiere, Pflanzen oder Menschen haben darüber hinaus ihre Zellen in unterschiedliche Gewebe mit Arbeitsteilung organisiert.

Alle Lebewesen teilen sich im Wesentlichen dieselben Biomoleküle und biochemische Vorgänge laufen prinzipiell gleich in allen Lebewesen statt.

• Proteine

Proteine sind die vielseitigsten Biomoleküle. Sie sind bei allen Lebewesen aus demselben Satz von 20 Standardaminosäuren aufgebaut. Dies sind α-Aminosäuren, bei denen das α-C-Atom eine Amino- und eine Carboxylgruppe trägt, ferner ein H-Atom und eine variable Seitenkette R. Das α-C-Atom ist ein Chiralitätszentrum (außer bei Glycin mit R=H), wobei nur L-Aminosäuren in Proteinen auftreten. Die 20 unterschiedlichen Seitenketten verleihen Proteinen ihre vielfältigen chemischen Eigenschaften. Manche Proteine enthalten zusätzlich kovalent modifizierte Aminosäuren.

In Proteinen sind viele Aminosäuren durch eine Peptidbindung zu langen Ketten verknüpft. Die Reihenfolge der Aminosäuren heißt Aminosäuresequenz oder Primärstruktur des Proteins. Sie ist genetisch festgelegt. Eine Kette aus Aminosäuren nimmt eine bestimmte Sekundärstruktur an; dabei entstehen typische Formen wie z. B. α-Helix und β-Faltblatt. Die Tertiärstruktur beschreibt die komplette Raumstruktur eines Proteins mit allen Sekundärstrukturelementen. Proteine, die aus mehreren einzelnen Polypeptidketten bestehen, haben eine weitere Organisationsebene, die

4

Quartärstruktur, in der die räumliche Beziehung dieser Ketten, der sog. Untereinheiten, festgelegt ist.

Sekundär-, Tertiär- und Quartärstruktur von Proteinen werden durch die Primärstruktur vorgegeben und durch eine Vielzahl von schwachen, nichtkovalenten Wechselwirkungen sowie Disulfidbrücken stabilisiert. Die Struktur eines Proteins ist für seine Funktion unerlässlich. Durch Hitze oder chemische Agenzien können Sekundär-, Tertiär- und Quartärstruktur und damit die Funktion des Proteins reversibel oder irreversibel zerstört werden (Denaturierung).

• Reinigung und Analyse von Proteinen

Proteine liegen in biologischen Materialien wie z. B. Blut oder Gewebe nur in äußerst geringen Mengen vor. Aufgrund von Eigenschaften wie Löslichkeit, Größe, Ladung oder ihrer Affinität zu anderen Molekülen können sie gereinigt und charakterisiert werden. Mithilfe eines Assays – einer charakteristischen biochemischen Reaktion des gesuchten Proteins – wird der Erfolg der Reinigung kontrolliert.

Die SDS-Polyacrylamidgelelektrophorese (SDS-PAGE) trennt unter denaturierenden Bedingungen Proteine nach ihrer Masse, die isoelektrische Fokussierung Proteine nach ihrem isoelektrischen Punkt pI, bei dem die Nettoladung eines Proteins null ist. In der zweidimensionalen (2D-) Elektrophorese werden beide Methoden kombiniert; so können komplexe Proteingemische getrennt werden.

Mithilfe von MALDI-TOF- und Tandem-Massenspektrometrie lassen sich molare Masse und Aminosäuresequenz von Proteinen ermitteln. Die Aminosäurezusammensetzung erhält man durch Hydrolyse eines Proteins in HCl. Mithilfe des Edman-Abbaus lässt sich ein Protein aus bis zu 50 Aminosäuren automatisch sequenzieren; umgekehrt kann ein Protein von bis zu 50 Aminosäuren durch Festphasensynthese automatisch synthetisiert werden.

Durch NMR-Spektroskopie und Röntgenkristallographie wurden die Raumstrukturen zahlreicher Proteine ermittelt.

• Nucleinsäuren

Unter den Nucleinsäuren unterscheiden wir DNA (Desoxyribonucleinsäure) und RNA (Ribonucleinsäure). Beide sind aus Nucleotiden aufgebaut. Nucleotide wiederum enthalten eine heterozyklische Base (Adenin, Thymin, Guanin und Cytosin bei DNA sowie Adenin, Uracil, Guanin und Cytosin bei RNA), den C_5-Zucker Ribose (RNA) oder Desoxyribose (DNA) sowie Phosphat. DNA speichert das Genom einer Zelle, die Gesamtheit ihrer Gene. RNA ist bei der Verdoppelung und Weitergabe der genetischen Information beteiligt. Einige Nucleotide (z. B. ATP) haben auch wichtige Funktionen im Stoffwechsel.

DNA liegt in Zellen als Doppelhelix vor; dabei winden sich zwei DNA-Einzelstränge schraubenförmig umeinander. Die Doppelhelix wird durch Wasserstoffbrücken zwischen den Basen stabilisiert; dabei paart spezifisch stets Adenin mit Thymin, Guanin mit Cytosin. Die beiden Einzelstränge einer Doppelhelix müssen dazu von komplementärer Basensequenz sein. Durch die Basenpaarung dient jeder Strang als Matrize für den anderen Strang – dies ist die Grundvoraussetzung für die exakte Verdoppelung (Replikation) und Weitergabe der genetischen Information. Bei der Umsetzung des genetischen Programms (Genexpression) ist auch RNA beteiligt: Durch Umschrift der DNA (Transkription) entsteht eine RNA-Sequenz in Form von Messenger-RNA (mRNA), die in der anschließenden Translation in eine Proteinsequenz übersetzt wird. Dabei wirken Transfer-RNA (tRNA) und ribosomale RNA (rRNA) mit.

Ein Gen enthält die Information für die Primärstruktur eines Proteins, wobei eine charakteristische Sequenz aus drei Basen (Basentriplett) eine der 20 Standardaminosäuren codiert. Dieser genetische Code ist degeneriert – d. h. viele Aminosäuren haben mehrere Codes –, und er ist im Wesentlichen in allen Organismen gleich.

Weiterführende Literatur

Weiterführende Literatur

Berg JM, Tymoczko JL, Gatto Jr. GJ, Stryer L (2018) Biochemie 8. Aufl. Springer Spektrum, Heidelberg

Clayden J, Greeves N, Warren S (2013) Organische Chemie. Springer Spektrum, Heidelberg

Müller-Esterl, W (2018) Biochemie 3. Aufl. Springer Spektrum, Heidelberg

Lottspeich F, Engels JW (Hrsg.) (2012) Bioanalytik. 3. Aufl. Springer Spektrum, Heidelberg

Hoffmann R (2015) Verbunden werden auch die Schwachen mächtig. Spektrum der Wiss. 1/2015: 72–76 (Der Nobelpreisträger schreibt über nichtkovalente Wechselwirkungen.)

Fritsche O (2015) Biologie für Einsteiger. Prinzipien des Lebens verstehen. Springer Spektrum, Heidelberg

Biomoleküle II

Inhaltsverzeichnis

▪ Voraussetzungen

In diesem Teil kommen wir zu den nächsten beiden großen Klassen von Biomolekülen: Kohlenhydraten und Lipiden (Fetten). Kohlenhydrate und Lipide sind nicht nur die Energiespeicher eines Organismus, sie haben darüber hinaus andere wichtige Rollen: Kohlenhydrate als Strukturbildner und bei der Kommunikation von Zellen untereinander, Lipide beim Aufbau von Membranen, die alle Zellen umhüllen.

Bevor Sie mit dem Stoff hier beginnen, sollten Sie sich vergewissern, dass Sie wichtige Konzepte der Organischen Chemie beherrschen, die Sie vor allem in Kap. 42 im Clayden finden. Insbesondere gehört dazu:

– Chiralität, Konfiguration und Benennung von optischen Isomeren,
– verschiedene Formen von Isomeren: Stereoisomere, Enantiomere, Diastereomere, Epimere,
– organische Strukturchemie.

Lernziele

In diesem Teil werden Sie mit Kohlenhydraten und Lipiden vertraut, zwei weiteren großen Klassen von Biomolekülen. Vor allem bei den Kohlenhydraten werden Sie dabei auf Kenntnisse aus der Organischen Chemie aufbauen und diese Kenntnisse nochmals wiederholen und festigen.

Wie bereits im ersten Teil werden Sie hier ein weiteres Mal erfahren, wie wichtig die dreidimensionale Struktur für die Funktion von Biomolekülen ist. Den Strukturen von Kohlenhydraten und Lipiden werden wir deshalb breiten Raum geben. Sie werden die wichtigsten Kohlenhydrate und Lipidklassen kennen lernen. Biologische Membranen, aus Lipiden zusammengesetzt, sind mehr als bloße Zellhüllen. Sie werden ihren Aufbau erfahren und – davon ausgehend – ihre Funktionsweise verstehen. Beispiele und Exkurse geben Ihnen auch hier spannende Einblicke in reelle Lebensvorgänge.

Stryer, Kap. 11 und 12

Den Stoff dieses Teils finden Sie im Stryer in Kap. 11 und 12.

Kohlenhydrate

© Springer-Verlag GmbH Deutschland, ein Teil von Springer Nature 2020
K. von der Saal, *Biochemie*, https://doi.org/10.1007/978-3-662-60690-2_5

Einen Großteil der Energie, die wir für unsere Lebensvorgänge brauchen, gewinnen wir aus den Kohlenhydraten der Nahrung – aus Brot, Kartoffeln, Reis und Getreide. Bei der Verdauung werden diese Kohlenhydrate rasch in kleinere Bestandteile zerlegt, nämlich in einfache Zucker, aus denen der Körper Energie gewinnt. Der Name Kohlenhydrate ist historisch bedingt: Ihre empirische Summenformel ist $C_n(OH_2)_n$ (also „Hydrate des Kohlenstoffs"); sie war schon bekannt, bevor die genaue chemische Struktur aufgeklärt war.

Neben ihrer Funktion als Energiequellen sind Kohlenhydrate wichtige Strukturbildner – ein Beispiel ist Cellulose, die Struktursubstanz der Pflanzen. Darüber hinaus weiß man heute, dass Kohlenhydrate spannende Akteure im Organismus sind. Sie übermitteln biochemische Informationen und ermöglichen, dass Zellen miteinander kommunizieren.

> Kohlenhydrate sorgen dafür, dass ein Spermium in die Eizelle eindringen kann oder ein Virus in eine Wirtszelle, und sie bilden die Grundlage der verschiedenen Blutgruppen.

Diese Vielfalt von Funktionen wird durch die Vielfalt von Kohlenhydratstrukturen möglich. Befassen wir uns also mit den Strukturen von Kohlenhydraten – zunächst denen der einfachen Zucker (Monosaccharide).

5.1 Monosaccharide, die einfachsten Kohlenhydrate

Monosaccharid ist ein anderes Wort für Einfachzucker; einige Beispiele für einfache Zucker kennen Sie bereits aus der Organischen Chemie. Chemisch gesehen, sind Zucker Aldehyde oder Ketone, aber auch gleichzeitig Alkohole, weil sie im Molekül noch zusätzlich Hydroxylgruppen tragen. Aldehydzucker heißen **Aldosen**, Ketozucker entsprechend **Ketosen**. Die wichtigsten Monosaccharide sind Pentosen (5 C-Atome) und Hexosen (6 C-Atome). **Glucose** („Traubenzucker") ist eine Aldo-Hexose; **Fructose** („Fruchtzucker") eine Keto-Hexose. Ribose, eine Pentose, kennen Sie bereits als Baustein von Nucleinsäuren (1. Teil, ► Kap. 4).

5.1.1 Stereochemie von Monosacchariden

Kohlenhydrate treten in zahlreichen isomeren Formen auf, und obendrein enthalten sie ein oder mehrere asymmetrische Zentren. Sie zeigen also eine reiche Stereochemie. Und weil die Stereochemie so grundlegend für das Verständnis der Kohlenhydratchemie ist, wollen wir hier die wichtigsten Begriffe nochmals zusammenfassen.

■ **Begriffe aus der Stereochemie**

Konstitutionsisomere
Konstitutionsisomere haben dieselbe Summenformel, jedoch sind die Atome im Molekül unterschiedlich miteinander verknüpft.

Stereoisomere
Stereoisomere weichen in ihrer räumlichen Anordnung voneinander ab, z. B. wenn Substituenten an verschiedenen Seiten einer C=C-Doppelbindung stehen; dadurch entstehen *cis*- und *trans*-Isomere.

Enantiomere

Enantiomere sind ein Sonderfall von Stereoisomeren. Es sind optische Isomere, die sich wie Bild und Spiegelbild verhalten.

Diastereomere

Diastereomere sind Isomere von optisch aktiven Molekülen, die sich *nicht* wie Bild und Spiegelbild verhalten. Sie treten auf, wenn ein Molekül mehrere chirale Zentren hat. Bei n chiralen Zentren gibt es 2^n mögliche Diastereomere.

Epimere

Epimere sind Diastereomere, die sich nur in der Konfiguration an *einem* chiralen Zentrum unterscheiden (z. B. die Epimere D-Glucose und D-Mannose, die an C-2 eine unterschiedliche Konfiguration haben).

Anomere

Anomere entstehen durch eine chemische Reaktion, bei der ein neues asymmetrisches Zentrum gebildet wird, z. B. wenn eine offenkettige Aldose sich zu einem Ring schließt. Wir kommen später darauf zurück.

Beispiele für diese unterschiedlichen isomeren Formen finden Sie im Stryer in Abb. 11.1.

Stryer, Abb. 11.1

> ❯ Konventionsgemäß basiert die Bezeichnung D- oder L- auf der Konfiguration des asymmetrischen Kohlenstoffatoms, das *am weitesten* von der Aldehyd- oder Ketogruppe entfernt liegt.

Monosaccharide bei Wirbeltieren – und damit auch unsere wichtigsten Zucker – treten meist in der D-Form auf. Wenn wir im Folgenden also von Glucose reden, ist stets D-Glucose gemeint, entsprechendes gilt für Mannose (D-Mannose) oder Galactose (D-Galactose), zwei weitere häufige Hexosen. Die Strukturen häufiger Monosaccharide sind im Stryer in Abb. 11.2 dargestellt.

Stryer, Abb. 11.2

5.1.2 Zucker bilden ringförmige Strukturen

In wässriger Lösung – so auch in einer Zelle – liegen Monosaccharide meist ringförmig vor. Dieser Ringbildung liegt eine intramolekulare Reaktion zugrunde: Die Aldehyd- oder Ketogruppe reagiert mit einer Hydroxylgruppe zu einem cyclischen Halbacetal oder Halbketal. Der Ringschluss ist reversibel, sodass sich ein thermodynamisches Gleichgewicht zwischen offener und geschlossener Form einstellt. Als Produkte der Ringbildung treten Fünf- oder Sechsringe auf, kleinere oder größere Ringe sind thermodynamisch wenig stabil und spielen daher in wässriger Lösung keine Rolle.

Bei Glucose ist es die OH-Gruppe an C-5, die so mit der Aldehydgruppe an C-1 reagiert. Dabei entsteht ein Sechsring, der wegen seiner Ähnlichkeit mit dem Heterocyclus Pyran als **Pyranose** bezeichnet wird. Im Fall der Glucose entsteht so eine Glucopyranose. Ein Ringschluss zwischen der Hydroxylgruppe an C-4 mit der Aldehydgruppe würde einen Fünfring ergeben. Für die Glucose ist dieser aber thermodynamisch weniger stabil und wird deshalb in wässriger Lösung nicht beobachtet.

Anders bei der Fructose: Die Ketogruppe an C-2 von Fructose kann mit der OH-Gruppe an C-5 reagieren und ein Halbketal bilden. Dabei entsteht ein Fünfring, der aufgrund seiner Ähnlichkeit mit dem Heterocyclus Furan **Furanose** heißt. Im Fall der Fructose entsteht so Fructofuranose. Aber auch hier ist im thermodynamischen Gleichgewicht in wässriger Lösung ein Sechsring bevorzugt: Durch Ringschluss zwischen der Ketogruppe und der Hydroxylgruppe an C-6 bildet sich die Fructopyranose.

Stryer, Abb. 11.3

Stryer, Abb. 11.4 und 11.5

▪ **Bildung von Anomeren**

Durch die Ringbildung entsteht ein neues asymmetrisches Kohlenstoffatom, und damit sind zwei neue isomere Formen möglich, die als α und β bezeichnet werden und **Anomere** sind. Die beiden Anomere der Glucopyranose sind im Stryer in Abb. 11.3 als sog. Haworth-Projektionen abgebildet, bei der das anomere C-Atom konventionsgemäß rechts steht. Bei α-D-Glucopyranose steht die OH-Gruppe am anomeren Kohlenstoffatom (dem C-1-Kohlenstoffatom) unterhalb der Ebene des Sechsrings, bei β-D-Glucopyranose oberhalb.

Bei Fructofuranose und Fructopyranose ist C-2 das anomere Kohlenstoffatom. Die beiden möglichen Anomere werden wieder mit α und β bezeichnet. Bei den α-Formen steht wiederum die OH-Gruppe am anomeren Kohlenstoffatom unterhalb, bei den β-Formen oberhalb der Ringebene. Sie finden diese Strukturen in Abb. 11.4 und 11.5 im Stryer.

> **Überblick**
>
> Im Gleichgewicht in wässriger Lösung liegt Glucose nur zu einem verschwindend geringen Anteil, zu weniger als einem Prozent, in der offenkettigen Form vor. Im Gleichgewicht besteht Glucose zu etwa einem Drittel aus dem α-Anomer, zu etwa zwei Dritteln aus dem β-Anomer. Fructose liegt in Lösung hauptsächlich als β-Pyranose vor; in gebundener Form (z. B. in Saccharose, ▶ Abschn. 5.3.1) überwiegt die Furanoseform.

Fassen wir nochmals zusammen:

❯ **Wichtig**

Zucker können intramolekular cyclische Halbacetale oder Halbketale bilden. Dabei entstehen Pyranosen (Sechsringe) oder Furanosen (Fünfringe). Bei der Ringbildung entsteht ein neues asymmetrisches Zentrum: bei Aldosen an C-1, dem C-Atom, das zuvor die Aldehydgruppe trug, bei Ketosen an dem C-Atom, das zuvor die Ketogruppe trug (meist C-2). Damit sind zwei neue isomere Formen möglich, die Anomere genannt werden. Die beiden möglichen Anomere werden mit α oder β gekennzeichnet: Bei α-Furanosen und α-Pyranosen steht die OH-Gruppe am anomeren C-Atom unterhalb, bei β-Furanosen und β-Pyranosen oberhalb der Ringebene.

> β-D-Fructopyranose kommt in Honig vor und ist eine der süßesten chemischen Verbindungen, die wir kennen. Die Fünfring-Variante, β-D-Fructofuranose, ist viel weniger süß. Durch Erhitzen wandelt sich die Pyranose- in die Furanoseform um; die Lösung wird weniger süß.

5.1.3 Konformation von Pyranosen und Furanosen

In der oben erwähnten Haworth-Projektion wird der Sechsring von Zuckern eben dargestellt. Aus der Organischen Chemie wissen wir jedoch, dass Sechsringe nicht eben (planar) sind, sondern Sessel- oder Wannenkonformation einnehmen. In diesen Strukturen können die Substituenten an den Ringkohlenstoffatomen in zwei Stellungen vorkommen: axial und äquatorial. Axiale Substituenten stehen nahezu senkrecht zur gedachten Ringebene und behindern sich leicht gegenseitig. Äquatoriale Substituenten, die seitlich abstehen, haben dagegen mehr Platz.

Aus sterischen Gründen ist die Sesselkonformation der α-D-Glucopyranose begünstigt, da hier alle axialen Positionen von den kleinen Wasserstoffatomen eingenommen werden. Die OH-Gruppen nehmen hier die äquatorialen Plätze ein (Stryer, Abb. 11.7).

Stryer, Abb. 11.7

Auch Furanoseringe sind nicht planar: Sie liegen in der sog. Briefumschlag-(*envelope*-)Konformation vor, bei der sich vier Ringatome nahezu in einer Ebene befinden und das fünfte Ringatom außerhalb der Ebene.

5.1.4 Reduzierende und nichtreduzierende Zucker

Zwischen der α- und β-Form der Glucopyranose besteht ein Gleichgewicht, wobei sich die beiden Anomere über die offenkettige Form ineinander umwandeln. Ein geringer Anteil von Glucose liegt also offenkettig mit einer freien Aldehydgruppe vor – und damit zeigt Glucose einige der typischen Eigenschaften von Aldehyden. So reagiert Glucose z. B. mit Kupfer(II)-Ionen, wobei die Kupferionen zu Cu(I) reduziert werden. Glucose wird selbst zu Gluconsäure oxidiert.

Generell bezeichnet man Kohlenhydrate, die mit Kupfer(II)-Ionen reagieren, als **reduzierende Zucker;** Kohlenhydrate, die nicht damit reagieren, als **nichtreduzierende Zucker.**

> Eine Lösung mit Kupfer(II)-Ionen heißt auch **Fehlingsche Lösung.** Die Reaktion von Zuckern mit dieser Lösung ist ein einfacher Nachweis für Glucose und andere reduzierende Zucker – genauer: auf eine freie Aldehydgruppe dieser Zucker.

Aldehydreaktionen der Glucose
Die Reaktivität der Aldehydgruppe von Glucose und anderen Aldosen führt im Körper zu ungewollten, oft schädlichen Produkten. Beispielsweise reagiert Glucose mit Hämoglobin: Es entsteht eine Schiff-Base zwischen dem Aldehyd und der α-Aminogruppe einer Untereinheit des Hämoglobins. Durch Umlagerung bildet sich eine irreversible Verknüpfung zwischen Hämoglobin und Glucose. Diese Reaktionen laufen spontan, d. h. ohne die Hilfe von Enzymen, ab.
Bei unbehandelten Diabetikern ist der Anteil des glucosylierten Hämoglobins deutlich erhöht – man kann diesen Parameter zur langfristigen Kontrolle der Einstellung des Diabetes verwenden.
Mit anderen Proteinen bilden sich ähnliche Reaktionsprodukte, die unter dem Namen *advanced glycation endproducts* (AGE) zusammengefasst werden. Ihnen wird eine Beteiligung an Alterungsprozessen, Arteriosklerose und weiteren Erkrankungen zugeschrieben.
Es gibt aber auch erfreuliche Reaktionen dieses Typs, außerhalb des Körpers: Beim Kochen und Braten sorgen die Reaktion zwischen reduzierenden Zuckern und Aminosäuren und anschließende Umlagerungen für die Bräunung und für den typischen Geruch und Geschmack der Speisen (Maillard-Reaktion).

5.2 Glykosidische Bindungen

Viele Zucker sind in der Natur über das anomere Kohlenstoffatom mit anderen Molekülen verbunden, was die Bandbreite ihrer chemischen Eigenschaften erheblich erweitert. Häufige Reaktionspartner sind z. B. Alkohole, Amine oder Phosphate. Bei einer *O*-glykosidischen Bindung ist das anomere C-Atom mit einem

Sauerstoffatom, z. B. eines Alkohols, eines anderen Zuckers oder einer Phosphatgruppe verknüpft. Entsprechend entsteht durch Verbindung mit dem Stickstoffatom eines Amins eine **N-glykosidische** Bindung.

> **Glykosidische Bindungen in DNA und RNA**
> *N*-glykosidische Bindungen kennen Sie bereits aus dem 1. Teil: In DNA und RNA sind die Basen auf diese Art mit Ribose bzw. Desoxyribose miteinander verbunden (1. Teil, ▸ Abschn. 4.1.2).
> Im Stoffwechsel werden Zucker häufig *O*-glykosidisch mit Phosphatgruppen verknüpft (phosphoryliert) und auf diese Weise aktiviert. Einige weitere Beispiele finden Sie im Stryer, Abb. 11.10.

Stryer, Abb. 11.10

5.3 Komplexe Kohlenhydrate

Monosaccharide, die über *O*-glykosidische Bindungen miteinander verknüpft sind, können komplexe Strukturen aufbauen. In **Disacchariden** sind zwei, in **Oligosacchariden** mehrere, in **Polysacchariden** viele Monosaccharide glykosidisch miteinander verknüpft. Beachten Sie, dass bei jeder Ausbildung einer glykosidischen Bindung Wasser abgespalten wird. Höhere Saccharide entstehen also durch Kondensation.

5.3.1 Disaccharide

> Das bekannteste Disaccharid ist unser normaler Haushaltszucker (auch Saccharose genannt), der aus Zuckerrohr und Zuckerrüben gewonnen wird. Ein Saccharosemolekül besteht aus je einem Rest Glucose und Fructose.

In **Saccharose** ist das anomere Kohlenstoffatom des Glucoserestes (C-1) mit dem Sauerstoffatom an C-2 des Fructoserestes O-glykosidisch verbunden. Die Konfiguration ist α bei der Glucose, β bei der Fructose. Wir nennen diese Bindung α-1,2-glykosidisch – α nach der Konfiguration am anomeren C-Atom, das die glykosidische Bindung eingeht. Der exakte chemische Name von Saccharose ist α-D-Glucopyranosyl-(1→2)-β-D-Fructofuranose (Stryer, Abb. 11.12).

Stryer, Abb. 11.11 und 11.12

Ein weiteres Beispiel eines Disaccharids ist **Maltose** („Malzzucker"), das aus zwei Glucoseresten zusammengesetzt ist (Stryer, Abb. 11.11): Zwischen den beiden D-Glucoseeinheiten besteht eine O-glykosidische Bindung zwischen der α-Form von C-1 der einen D-Glucoseeinheit und dem Sauerstoffatom von C-4 der anderen Glucoseeinheit. Wir nennen diese Bindung deshalb α-1,4-glykosidisch oder – chemisch exakt: α-D-Glucopyranosyl-(1→4)-α-D-Glucopyranose.

> ❯ Beachten Sie, dass die in Abb. 11.11 im Stryer rechts stehende Glucoseeinheit immer noch eine offenkettige Form annehmen kann und damit ein reduzierendes Ende besitzt! Wie Proteine und Nucleinsäuren haben auch also auch Kohlenhydrate eine Polarität, nämlich ein nichtreduzierendes und ein reduzierendes Ende.

Weil Monosaccharide mehrere Hydroxylgruppen tragen, gibt es viele Möglichkeiten, glykosidische Bindungen einzugehen. Häufige Disaccharide mit ihrer genauen Benennung, darunter auch Lactose („Milchzucker"), finden Sie ebenfalls im Stryer in Abb. 11.12.

> **Generell gilt: Ob eine glykosidische Bindung mit α oder β bezeichnet wird, hängt davon ab, ob die glykosidische Bindung am anomeren Kohlenstoffatom der einen Moleküleinheit zum O- (oder N-)Atom der zweiten Moleküleinheit in der Haworth-Projektion nach unten (α) oder oben (β) zeigt.**

Lactoseintoleranz

Das Disaccharid Lactose, ein Hauptbestandteil der Muttermilch, wird im Darm von Säuglingen und Kleinkindern mithilfe des Enzyms Lactase in die Monosaccharide Glucose und Galactose gespalten, die ins Blut übergehen und in den Zellen metabolisiert werden. Viele Erwachsene sind intolerant gegenüber Lactose. Sie können keine Lactase mehr produzieren und den Milchzucker aus der Nahrung deshalb nicht mehr verdauen. Die Lactose sammelt sich im Darm an und wird von Darmbakterien zu unverträglichen Produkten abgebaut, die Bauchkrämpfe und Durchfall hervorrufen.

> **❗ Im Stryer in Abb. 11.11 und 11.12 finden Sie die Bindungen des glykosidischen Sauerstoffatoms zu den beiden Zuckerresten mit rechten Winkeln dargestellt. Dies ist lediglich eine Konvention, die die Formel anschaulicher macht; keinesfalls sollen die Ecken – wie in der Schreibweise der organischen Chemie – für Kohlenstoffatome stehen!**

Stryer, Abb. 11.11 und 11.12

5.3.2 Polysaccharide

Nahezu alle Organismen verwerten Glucose als wichtigste Energiequelle. Glucose kann jedoch nicht als Monosaccharid gespeichert werden: Hohe Konzentrationen würden das osmotische Gleichgewicht von Zellen stören. Deswegen speichern Organismen den Nährstoff als Polymer, genauer: als Polysaccharid, das osmotisch nicht aktiv ist.

In Polysacchariden sind viele Monosaccharideinheiten miteinander verknüpft. Homopolymere sind Polysaccharide, die nur aus nur einer Sorte Monosacchariden bestehen, entsprechend sind Heteropolymere aus unterschiedlichen Monosacchariden aufgebaut. Betrachten wir nun einige wichtige Polysaccharide.

▪ Glykogen

Bei Tier und Mensch ist Glykogen die wichtigste Speicherform der Glucose. Glykogen ist ein verzweigtes Polymer aus zahlreichen Glucoseeinheiten, die meist über α-1,4-glykosidische Bindungen verknüpft sind. Durch α-1,6-glykosidische Bindungen entstehen Verzweigungen (Stryer, Abb. 11.13). Mehr zum Glykogenstoffwechsel erfahren wir im 5. Teil.

Stryer, Abb. 11.13

▪ Stärke

Der Glucosevorrat der Pflanzen ist Stärke, die in zwei Formen auftritt: **Amylose** ist die unverzweigte Form. Sie wird durch Glucoseeinheiten in α-1,4-glykosidischer Bindung aufgebaut. Eine verzweigte Form ist **Amylopektin**, die zusätzlich α-1,6-glykosidische Bindungen besitzt. Sie ist dem Glykogen sehr ähnlich, hat jedoch einen geringeren Verzweigungsgrad.

5

Stryer, Abb. 11.14

> **Ein Glucosepolymer, geeignet zur Ernährung**
> Wir Menschen nehmen mehr als die Hälfte unserer Kohlenhydrate in Form von
> Stärke zu uns – etwa in Getreide, Kartoffeln oder Reis. Diese Stärke verdauen
> wir mithilfe des Enzyms α-Amylase, das von den Speicheldrüsen und dem
> Pankreas ausgeschieden wird und die Stärkemoleküle rasch hydrolysiert. In der
> Leber bauen wir uns daraus einen Vorrat an Glykogen auf, der den Bedarf an
> Glucose für eins bis zwei Tage deckt.

- **Cellulose**

Cellulose ist das wichtigste Polysaccharid der Pflanzen, die damit ihre Strukturen aufbauen. Pflanzenfasern wie z. B. Baumwollsamen bestehen aus Cellulose. Cellulose ist ein unverzweigtes Polymer aus Glucoseeinheiten, die
jedoch – anders als Glykogen und Stärke – β-1,4-glykosidisch verbunden sind.
Die Strukturen von Cellulose, Stärke und Glykogen sehen Sie im Stryer in
Abb. 11.14.

> ❯ α oder β – ein kleiner Unterschied mit großen Folgen: Celluloseketten
> mit ihren β-1,4-Bindungen ordnen sich parallel an und bilden
> Wasserstoffbrücken untereinander aus; so entstehen stützende Stränge,
> die optimal zum Aufbau fester Fasern sind. Durch die α-1,4-Bindungen in
> Glykogen und Stärke hingegen entstehen hohle Helices, die gut zugänglich
> für abbauende Enzyme wie α-Amylase sind. Aus diesen Nährstoffspeichern
> kann bei Bedarf rasch Glucose mobilisiert werden!

> **Ein Glucosepolymer, ungeeignet zur Ernährung**
> Cellulose ist eine der häufigsten organischen Verbindungen der Erde – jedes
> Jahr entstehen 10^{15} kg dieser Substanz, synthetisiert von Pflanzen. Zusammen
> mit Lignin bildet Cellulose z. B. den Hauptbestandteil von Holz. Säugetiere
> besitzen keine Enzyme, die Cellulose abbauen können; deswegen können sie
> dieses Polymer nicht verdauen. Kühe und andere Wiederkäuer können sich
> dennoch von Gras ernähren – mithilfe von Mikroorganismen in ihren Mägen,
> die die Cellulose abbauen.

5.4 Glykoproteine

Kohlenhydrate können auch kovalent an Proteine gebunden sein – so entstehen
Glykoproteine. Diese Glykosylierung ist also eine Form der Modifikation von
Proteinen, die diesen weitere Eigenschaften und damit Funktionen verleiht. Wir
unterscheiden drei Klassen:
- (einfache) Glykoproteine
- Proteoglykane
- Mucoproteine (Mucine).

5.4.1 Einfache Glykoproteine

Glykoproteine stecken oft in Zellmembranen, wo sie die Erkennung von Zellen
untereinander vermitteln – etwa wenn ein Spermium an eine Eizelle bindet. Auch
das Blutserum enthält zahlreiche Glykoproteine.

Stryer, Abb. 11.15

Bei Glykoproteinen macht der Proteinanteil den größten Gewichtsanteil aus.
Die Kohlenhydrate von Glykoproteinen sind entweder *N*-glykosidisch an das
Stickstoffatom der Amidgruppe in der Seitenkette von Asparagin gebunden oder

O-glykosidisch an das Sauerstoffatom der Seitenkette von Serin oder Threonin (Stryer, Abb. 11.15). Alle *N*-glykosidisch gebundenen Oligosaccharide besitzen eine gemeinsame Grundstruktur: ein Pentasaccharid aus drei Mannose- und zwei *N*-Acetylglucosaminresten, das mit dem englischen Wort *core* bezeichnet wird. An diese Grundstruktur können zusätzliche Kohlenhydrateinheiten gebunden sein – so kommt die große Vielfalt von Oligosaccharidmustern in Glykoproteinen zustande.

Doping mit einem Glykoprotein

Das Glykoprotein Erythropoetin (EPO) (Stryer, Abb. 11.17) ist ein Hormon: Es wird von der Niere ausgeschieden und regt die Produktion der roten Blutzellen (Erythrozyten) an. Die vier Oligosaccharidketten des Proteins erhöhen seine Stabilität im Blut, indem sie seinen Abbau verhindern. Gentechnisch erzeugtes („rekombinantes") menschliches EPO wird bei Anämien eingesetzt, die z. B. durch Chemotherapie bei Krebs entstehen. Solches EPO wird aber zuweilen auch als Dopingmittel missbraucht, da es die Zahl der roten Blutkörperchen und damit die Sauerstoffkapazität des Blutes erhöht. Gentechnisch erzeugte EPO-Formen lassen sich jedoch nachweisen, weil sich ihr Glykosylierungsmuster von dem natürlichen EPO des betreffenden Sportlers unterscheidet. Der Nachweis erfolgt mithilfe der isoelektrischen Fokussierung (s. 1. Teil, ▶ Abschn. 3.2.2).

Stryer, Abb. 11.17

5.4.2 Proteoglykane

Proteoglykane dienen als Gleitmittel und Strukturbildner in Bindegewebe. Bei ihnen ist eine bestimmte Klasse von Polysacchariden, nämlich **Glykosaminoglykane,** an Proteine gebunden. Der Kohlenhydratanteil bei Proteoglykanen ist sehr viel höher als bei Glykoproteinen; er kann bis zu 95 % betragen.

Zusammen mit dem Protein Kollagen bilden Glykosaminoglykane einen wesentlichen Bestandteil von Knorpel. Sie sind allgemein in der Natur weit verbreitet: So ist z. B. Chitin im Exoskelett von Insekten oder Krebsen ebenfalls ein Glykosaminoglykan. Nach Cellulose ist **Chitin** das zweithäufigste Polysaccharid in der Natur.

Die Eigenschaften von Proteoglykanen werden wesentlich von ihrem Kohlenhydratanteil bestimmt: Glykosaminoglykane enthalten sich wiederholende Disaccharideinheiten, die Derivate von Aminozuckern enthalten. Einige dieser Einheiten – etwa Heparin, Keratansulfat oder Hyaluronat – sind im Stryer in Abb. 11.19 dargestellt. Die Aminozucker (die rechts abgebildeten Komponenten der Disaccharide) tragen negativ geladene Carboxyl- oder Sulfatgruppen, durch die sie mit Wassermolekülen wechselwirken können. Proteoglykane können somit Wasser binden – eine wichtige Eigenschaft für ihre Funktion als Gleitmittel. Durch die Bindung von Wasser wirken die Proteoglykane des Knorpels wie Stoßdämpfer, die bei Druck Wasser abgeben und bei Entspannung Wasser wieder aufnehmen können.

Stryer, Abb. 11.19

5.4.3 Mucine (Mucoproteine)

Auch Mucine haben einen hohen Kohlenhydratanteil, der bis zu 80 % der Masse dieser Glykoproteine betragen kann. Bei Mucinen ist *N*-Acetylgalactosamin *O*-glykosidisch an Serin- und Threoninreste des Proteins geknüpft. Die Formel für *N*-Acetylgalactosamin finden Sie im Stryer, Abb. 11.10. Es handelt sich um einen Aminozucker, bei dem eine Hydroxylgruppe durch eine acetylierte

Stryer, Abb. 11.10

Aminogruppe ersetzt ist. Mucine sind Gleitmittel und kommen vor allem im Speichel, im Schleim der Atemwege und im Verdauungstrakt vor.

> Bei einer Bronchitis und bei Cystischer Fibrose (Mucoviszidose) werden Mucine im Übermaß gebildet.

❗ **Im Stryer, aber auch in anderer biochemischer Fachliteratur, finden Sie zuweilen die Begriffe „Konjugation" oder „konjugiert", etwa dass Kohlenhydrate mit einem Protein „konjugiert" sind. In der Biochemie bedeutet dies im Allgemeinen einfach „kovalent verbunden" – und hat nichts zu tun mit konjugierten Doppelbindungen und Konjugation in der Organischen Chemie.**

5.4.4 Bildung von komplexen Kohlenhydraten und Glykoproteinen

Komplexe Kohlenhydrate wie Glykogen, aber auch Glykoproteine, entstehen durch die Wirkung von speziellen Enzymen, den Glykosyltransferasen (wörtlich „Überträger von Glykosylgruppen"). Diese Enzyme stellen glykosidische Bindungen her, wobei für jede Art von Bindung ein bestimmtes Enzym zuständig ist. Sie übertragen Kohlenhydratreste auf alle möglichen anderen Moleküle: auf andere Kohlenhydrate, auf Serin-, Threonin- und Asparaginreste von Proteinen, aber auch auf Lipide und Nucleinsäuren.

Stryer, Abb. 11.26

Für diese Reaktion muss das zu übertragende Kohlenhydrat aktiviert werden. Dies geschieht durch Bindung an UDP (Uridindiphosphat). Die Bindung an ein Nucleotid ist eine verbreitete Strategie bei Biosynthesen, der wir noch öfter begegnen werden. In Abb. 11.26 im Stryer ist ein Glykosyltransfer an einen beliebigen Akzeptor X dargestellt – hier ist UDP-Glucose das aktivierte Kohlenhydrat.

5.4.5 Blutgruppen basieren auf Glykoproteinen

Stryer, Abb. 11.27

Jede Blutgruppe des Menschen – A, B oder 0 (Null) – ist nach einem von drei unterschiedlichen Kohlenhydraten benannt, die an Glykoproteine und Glykolipide an der Oberfläche der roten Blutkörperchen (Erythrozyten) gebunden sind. Ihre Strukturen basieren auf einer gemeinsamen Trisaccharideinheit, dem sog. 0-Antigen („Null-Antigen"). Bei den Blutgruppen A und B ist ein zusätzliches Monosaccharid an dieses 0-Antigen gebunden: *N*-Acetylgalactosamin bei A und Galactose bei B. Eine schematische Darstellung finden Sie in Abb. 11.27 im Stryer.

> **Kohlenhydratstukturen und Bluttransfusion**
> Die verschiedenen Blutgruppen müssen vor allem bei Bluttransfusionen und Transplantationen beachtet werden: Bekäme ein Patient Blut oder ein Organ mit einer anderen Blutgruppe, so würden die Kohlenhydratstrukturen (Antigene) des Spenders vom Immunsystem des Patienten als „fremd" eingestuft; die fremden Erythrozyten würden zerstört. Ein schwerer Schock mit Organversagen und Kreislaufkollaps wäre die Folge. Die Übertragung von Blut der Gruppe 0 ist dagegen bei allen Patienten verträglich, weil das 0-Antigen auch bei den Blutgruppen A und B enthalten und damit nicht „fremd" ist.

5.5 Lectine

Lectine sind Proteine, die Glykoproteine nichtkovalent binden. Sie *erkennen* bestimmte Kohlenhydratstrukturen auf diesen Glykoproteinen und gehen mit ihnen nichtkovalente bindende Wechselwirkungen ein. Normalerweise besitzen Lectine mehrere Erkennungsstellen für verschiedene Kohlenhydratgruppen.

Bei der Übertragung biochemischer Informationen ist oft wichtig, dass Zellen mit anderen Zellen Kontakt aufnehmen. Solche Zell-Zell-Kontakte sind z. B. essenziell, wenn es um den Aufbau ganzer Gewebe geht. Lectine fördern solche Kontakte zwischen Zellen. Viele Lectine befinden sich auf den Oberflächen von Zellen. Sie können mit Kohlenhydratstrukturen interagieren, die auf der Oberfläche anderer Zellen präsentiert werden – dabei entstehen nichtkovalente Bindungen, die die Spezifität sichern (nur bestimmte Partner werden gebunden) und auch leicht wieder gelöst werden können.

Eine große Klasse von Lectinen bei Tieren sind die sog. calciumabhängigen Lectine (C-Lectine). Hier ist ein Calciumion an Glutamatreste des Proteins gebunden. Durch Wechselwirkungen mit den Hydroxylgruppen der Kohlenhydrate schafft das Calciumion eine Verbindung zwischen Protein und Kohlenhydrat. Zusätzlich bilden die Glutamat- und andere Reste des Lectins Wasserstoffbrücken zu den OH-Gruppen des Kohlenhydrats aus.

Lectine erkennen Kohlenhydratstrukturen

Selectine sind Lectine, die bei Entzündungen Zellen des Immunsystems an verletzte Stellen binden. Ein Selectin ist auch an der Einnistung des Embryos in die Schleimhaut der Gebärmutter beteiligt. Das Selectin wird vom Embryo produziert und bindet an ein Oligosaccharid auf der Oberfläche der Gebärmutterschleimhaut. Daraufhin werden weitere Vorgänge ausgelöst, die die Einnistung der Embryos möglich machen.

Ein anderes Lectin, Hämagglutinin, wird von einem Grippevirus produziert. Hämagglutinin erkennt Kohlenhydratstrukturen an Glykoproteinen seiner Wirtszelle, bindet daran und kann so in die Zelle eindringen. Diese Bindung ist spezifisch – das Virusprotein erkennt nur bestimmte Kohlenhydratmuster. Diese Spezifität könnte dafür verantwortlich sein, dass Virusinfektionen artspezifisch sind und leicht innerhalb einer Art übertragen werden. So wird das Vogelgrippevirus leicht von Vogel zu Vogel übertragen, sehr selten jedoch von Vogel zu Mensch.

❓ Fragen

1. In welcher Beziehung stehen α-D- und β-D-Glucose? Können beide Formen ineinander übergeführt werden?
2. Was wird mit dem Fehling-Test nachgewiesen?
3. Ist Lactose (Stryer, Abb. 11.12) ein reduzierender Zucker? Begründen Sie Ihre Antwort.
4. Identifizieren Sie die anomeren Kohlenstoffatome von a) Glucose und b) Fructose!
5. Durch welchen Typ chemischer Reaktion und durch welche Art von Bindung werden komplexe Kohlenhydrate aufgebaut?

✅ Antworten

1. α-d- und β-d-Glucose sind Anomere, die über die offenkettige Form ineinander umgewandelt werden können.
2. Reduzierende Zucker haben eine freie Aldehydgruppe, die mit Cu(II)-(Fehling-) Lösung reagiert, z. B. Glucose. Nichtreduzierende Zucker haben keine freie Aldehydgruppe und reagieren nicht; dazu gehören z. B. Fructose

5

Stryer, Abb. 11.12

oder Aldosen, deren anomeres C-Atom eine glykosidische Bindung eingegangen ist.

3. Lactose (Stryer, Abb. 11.12) ist ein reduzierender Zucker, weil der rechts stehende Glucoserest mit Cu(II) reagieren kann.

4. a) Glucose: C-1; b) Fructose: C-2

5. Durch Kondensationsreaktionen, in denen *O*-glykosidische Bindungen zwischen Monosacchariden ausgebildet werden.

Lipide und Zellmembranen

© Springer-Verlag GmbH Deutschland, ein Teil von Springer Nature 2020
K. von der Saal, *Biochemie*, https://doi.org/10.1007/978-3-662-60690-2_6

Lipide sind wasserunlösliche Biomoleküle. Sie dienen als Nährstoffe mit hohem Brennwert, als Signalmoleküle und biochemische Botenstoffe und als Bausteine für biologische Membranen. Vor allem diese letztgenannte Eigenschaft wollen wir hier gründlich untersuchen.

Stryer, Kap. 12
Den Stoff für dieses Kapitel finden Sie im Stryer in Kap. 12.

6.1 Fettsäuren und Lipide

Alle Zellen sind von Membranen umgeben, die aus Lipiden aufgebaut sind. Wichtige Bestandteile von Lipiden sind Fettsäuren. Die hydrophoben Eigenschaften der Fettsäuren machen den Zusammenschluss von Lipiden zu Membranen möglich. Befassen wir uns also zunächst mit der Struktur von Fettsäuren.

Fettsäuren sind Carbonsäuren mit einer langen Kohlenwasserstoffkette variabler Länge und einer Carboxylgruppe an einem Ende. Fettsäuren enthalten also eine hydrophobe Komponente (die Kohlenwasserstoffkette) und einen hydrophilen Teil, die Carboxylgruppe. Sie sind damit **amphipathisch.** Zusätzlich können Fettsäuren eine oder mehrere C=C-Doppelbindungen enthalten; in diesen Fällen sind sie **ungesättigt.** In der Organischen Chemie haben Sie schon einiges über Carbonsäuren und Fettsäuren erfahren, sodass wir uns hier darauf beschränken, die wichtigsten Fakten darüber zusammenzufassen.

6.1.1 Benennung von Fettsäuren

Fettsäuren werden nach der Anzahl ihrer Kohlenstoffatome benannt. Zum Beispiel ist Octadecansäure eine Fettsäure aus 18 C-Atomen (der dazugehörige Kohlenwasserstoff ist Octadecan).

Eine C_{18}-Fettsäure mit einer Doppelbindung heißt Octadec**en**säure, mit zwei Doppelbindungen Octadeca**dien**säure, mit drei Doppelbindungen Octadeca**trien**säure.

Fettsäuren können in Kurzschreibweise beschrieben werden: Octadecansäure wird als 18:0 abgekürzt, das heißt also als gesättigte C_{18}-Fettsäure mit null Doppelbindungen. Entsprechend steht 18:2 für eine C_{18}-Fettsäure mit zwei Doppelbindungen, also für Octadecadiensäure, Octadecatriensäure ist eine 18:3-Fettsäure.

Die Kohlenstoffatome einer Fettsäure werden vom Carboxylende her nummeriert. Das C-Atom der Carboxylgruppe ist C-1. Die C-Atome 2 und 3 heißen oft auch α und β. Das letzte Kohlenstoffatom der Kette ist stets das **ω-Kohlenstoffatom** (griech. Buchstabe omega; unabhängig von der Länge der Kette).

Die Doppelbindungen von Fettsäuren können *cis*- oder *trans*-Konfiguration haben. Die Stellung einer Doppelbindung wird mit Δ (griech. Buchstabe Delta) und einer hochgestellten Zahl bezeichnet: *cis*-Δ^9 bezeichnet z. B. eine *cis*-Doppelbindung zwischen den Kohlenstoffatomen 9 und 10, *trans*-Δ^2 eine *trans*-Doppelbindung zwischen den Kohlenstoffatomen 2 und 3.

Da Fettsäuren bei physiologischem pH-Wert ionisiert vorliegen, werden sie in der Biochemie als Carboxylate benannt, nicht als Säure (z. B. spricht man nicht von Palmitinsäure, sondern von Palmitat.)

Stryer, Abb. 12.2 und Tab. 12.1
Im Stryer in Abb. 12.2, den Randformeln darunter und in Tab. 12.1 finden Sie Beispiele wichtiger Fettsäuren, die Ihnen das Gesagte nochmals illustrieren.

6.1.2 Eigenschaften von Fettsäuren

Natürlich vorkommende Fettsäuren haben normalerweise eine gerade Anzahl von Kohlenstoffatomen. Dies geht auf ihren Aufbau aus C_2-Einheiten zurück, auf den wir im 5. Teil eingehen. Am häufigsten sind C_{16}-und C_{18}-Fettsäuren. Die Fettsäuren in Tieren sind fast immer unverzweigt; die Kohlenwasserstoffkette kann gesättigt sein oder eine oder mehrere Doppelbindungen enthalten.

Doppelbindungen in Fettsäuren besitzen meist *cis*-Konfiguration. Bei mehrfach ungesättigten Fettsäuren sind die Doppelbindungen durch eine oder mehrere Methylengruppen ($-CH_2-$) voneinander getrennt; die Doppelbindungen natürlicher Fettsäuren sind also nicht konjugiert.

Ungesättigte Fettsäuren haben einen niedrigeren Schmelzpunkt als gesättigte Fettsäuren mit gleicher Anzahl von Kohlenstoffatomen; auch die Kettenlänge beeinflusst den Schmelzpunkt.

> **Je mehr Doppelbindungen eine Fettsäure enthält, desto niedriger ist ihr Schmelzpunkt. Ebenso gilt: Je länger die Kette, desto höher der Schmelzpunkt.**

Kurze Ketten und Doppelbindungen erhöhen also die Fluidität (den flüssigen Charakter) der Fettsäuren.

Stearat, eine 18:0-Fettsäure, schmilzt bei 69,6 °C; Oleat, eine 18:1-Fettsäure bei 13,4 °C. Höher ungesättigte C_{18}-Fettsäuren, z. B. Linoleat und Linolenat, schmelzen noch niedriger.

6.2 Membranlipide

Es gibt drei Hauptgruppen von Lipiden in biologischen Membranen:
- Phospholipide,
- Glykolipide,
- Cholesterin.

6.2.1 Phospholipide

Phospholipide treten in allen biologischen Membranen auf. Sie bestehen aus vier Komponenten: Einem Basismolekül (im Stryer „Plattform" genannt), an das eine oder mehreren Fettsäuren geknüpft sind, dazu ein phosphorylierter Alkohol.

Das Basismolekül wichtiger Phospholipide ist **Glycerin**, ein C_3-Polyalkohol mit drei Hydroxylgruppen: $HOCH_2-CH(OH)-CH_2OH$.

■ **Phospholipide auf der Basis von Glycerin: Phosphoglyceride**

Phospholipide auf der Basis von Glycerin heißen Phosphoglyceride. Ein Phosphoglycerid enthält ein Glycerinrückgrat, das mit zwei Fettsäureketten und einem phosphorylierten Alkohol verknüpft ist. Eine schematische Struktur sehen Sie im Stryer in Abb. 12.3.

Stryer, Abb. 12.3

Phosphoglyceride sind Ester: die Hydroxylgruppen an C-1 und C-2 von Glycerin sind mit den Carboxylgruppen zweier Fettsäuren verestert, die Hydroxylgruppe an C-3 dagegen mit Phosphorsäure. Das einfachste Phosphoglycerid ist Phosphatidat (Diacylglycerin-3-phosphat), dessen Struktur Sie im Stryer in Abb. 12.4 finden.

Stryer, Abb. 12.4

Phosphatidat kommt nur in geringen Mengen in biologischen Membranen vor, es ist jedoch wichtig als Ausgangsmolekül für die Biosynthese weiterer Phosphoglyceride, wobei die Phosphatgruppe mit der Hydroxylgruppe einer oder mehrerer Alkohole verestert wird. Beispiele von Phosphoglyceriden, die so entstehen, finden Sie im Stryer in Abb. 12.5.

Stryer, Abb. 12.5

■ **Phospholipide auf der Basis von Sphingomyelin**

Stryer, Abb. 12.6

Ein weiteres Phospholipid in Membranen ist Sphingomyelin. Es ist kein Phosphoglycerid, beruht also nicht auf einem Glycerinrückgrat, sondern auf **Sphingosin**, einem Aminoalkohol mit einer langen, ungesättigten Kohlenwasserstoffkette (Stryer, Abb. 12.6). Bei Sphingomyelin bildet die Aminogruppe des Sphingosinrückgrats eine Amidbindung zu einer Fettsäure; die primäre Hydroxylgruppe des Sphingosins ist mit Posphorylcholin verestert.

6.2.2 Glykolipide

Stryer, Abschn. 12.2, S. 411

Neben den Phospholipiden sind Glykolipide die zweite große Klasse von Membranlipiden. Wie Sphingomyelin sind sie von Sphingosin abgeleitet, sie enthalten jedoch eine oder mehrere Kohlenhydrateinheiten. Im Unterschied zu Sphingomyelin ist die primäre Hydroxylgruppe des Sphingosins an Kohlenhydrate gebunden. Bei **Cerebrosiden** ist dieses Kohlenhydrat Glucose oder Galactose. Die Struktur eines Cerebrosids finden Sie im Stryer in Abschn. 12.2, S. 411.

Ganglioside sind komplexere Glykolipide, die verzweigte Ketten mit mehreren Kohlenhydrateinheiten enthalten. Cerebroside und Ganglioside kommen vor allem in Nervengewebe vor.

6.2.3 Cholesterin

Cholesterin, der dritte Typ von Membranlipiden, ist ein Sonderfall. Es gehört zur Klasse der Steroide. Die Formel dafür finden Sie ebenfalls im Stryer in Abschn. 12.2, S. 411. Cholesterin kommt in der Membran von Säugetierzellen vor; in manchen Nervenzellen macht es ein Viertel der Membranlipide aus.

❯ Die Strukturen der verschiedenen Lipide mögen auf den ersten Blick verwirrend sein. Allen gemeinsam ist jedoch der amphipathische Charakter mit einem hydrophoben (unpolaren) und einem hydrophilen (polaren) Molekülteil.

6.3 Biologische Membranen

Biologische Membranen sind hochfunktionelle Barrieren aus Lipiden, die alle Zellen und Organellen umhüllen. Sie bilden eine Barriere zwischen der Zelle und ihrer Umwelt, schützen den Inhalt der Zelle und schützen vor dem Eindringen unerwünschter Stoffe von außen. Membranen umkleiden auch Organellen, die hoch spezialisierten Kompartimente in den Zellen von Eukaryoten.

Aber Membranen sind mehr als das: Ähnlich moderner Sportkleidung umhüllen sie nicht nur, sie sind auch hoch funktional. Ihre Funktionen werden von Proteinen vermittelt, die in den Membranen stecken und nur bestimmten Molekülen den Durchtritt erlauben.

6.3.1 Lipiddoppelschichten

Stryer, Abb. 12.10

Die polaren Molekülteile von Lipiden können mit Wasser günstige Wechselwirkungen eingehen, die langen unpolaren Teile meiden Wasser. Zwischen ihnen sind jedoch hydrophobe Effekte möglich. In wässrigen Medien – wie sie im Zellinneren vorliegen – lagern sich Lipide deshalb zu Doppelschichten zusammen. Lipiddoppelschichten sind bimolekulare, blattartige Schichten, bei denen die hydrophoben Moleküle innerhalb einer Schicht interagieren können und dabei einen hydrophoben Innenraum schaffen. Die hydrophilen Köpfe der Lipide ragen nach außen ins wässrige Medium, wo sie ihrerseits Bedingungen für günstige Wechselwirkungen finden. Beachten Sie dazu die Abb. 12.10 im Stryer.

> ❯ Lipiddoppelschichten entstehen in wässriger Lösung spontan durch Selbstaggregation. Die treibende Kraft dahinter sind hydrophobe Effekte – ähnlich wie bei der Faltung von Proteinen und der Basenstapelung in Nucleinsäuren (s. 1. Teil, ▶ Abschn. 4.2.1). Van-der-Waals-Kräfte zwischen den Kohlenwasserstoffketten fördern die enge Packung der Ketten. Die polaren Köpfe der Lipide können zusätzlich Wasserstoffbrücken mit den Wassermolekülen der Umgebung ausbilden. All diese nichtkovalenten Wechselwirkungen verstärken sich gegenseitig; Lipiddoppelschichten sind damit kooperative Strukturen.
> ❯ Lipiddoppelschichten sind normalerweise undurchlässig für Ionen und die meisten polaren Moleküle. Eine Ausnahme ist Wasser, das biologische Membranen aufgrund seiner geringen Größe und der fehlenden Ladung leicht passieren kann.

Transportprozesse durch biologische Membranen hindurch sind also streng kontrolliert; sie müssen über spezifische Membranproteine vermittelt werden. Sogar ein so wichtiger Nährstoff wie Glucose gelangt nur mithilfe eines spezifisches Transportermoleküls in die Zelle (mehr dazu im 4. Teil). Mit Membranproteinen wollen wir uns im folgenden Abschnitt befassen.

Liposomen

Liposomen sind kleine, kugelförmige Gebilde (Durchmesser bis 1000 nm), die von einer Lipiddoppelschicht umhüllt sind und im Innern Wasser enthalten. Sie entstehen, wenn Phospholipide in einer wässrigen Lösung suspendiert und mit Ultraschall behandelt werden. Im wässrigen Innenraum eines Liposoms können kleine Moleküle eingeschlossen werden. Liposomen finden bereits breite Anwendung in der Kosmetikindustrie, wo sie als Transportsysteme für kosmetische Wirkstoffe (z. B. Vitamine) dienen, sowie in der Krebstherapie, wo z. B. in Liposomen eingeschlossene Chemotherapeutika zu ihrem Wirkort gelangen.

6.3.2 Membranproteine

Eingangs haben wir betont, dass Zellmembranen funktionale Strukturen sind. Diese Funktionen werden durch Proteine vermittelt, die in die Lipiddoppelschicht eingebettet sind. Membranproteine haben die unterschiedlichsten Aktivitäten: sie arbeiten als Transporter, als Ionenpumpen, Ionenkanäle, Rezeptoren oder Enzyme. Wichtige Membranproteine werden wir kennen lernen, wenn wir uns näher mit dem Stoffwechsel befassen. Membranen mit unterschiedlichen Funktionen enthalten normalerweise auch unterschiedliche Membranproteine.

Membranproteine können verschiedenartig angeordnet sein: **Integrale Membranproteine** durchziehen meist die ganze Lipiddoppelschicht und interagieren intensiv mit den Kohlwasserstoffketten der Membranlipide. Sie heißen auch Transmembranproteine. **Periphere Membranproteine** ragen aus der Membran heraus. Über elektrostatische Kräfte und Wasserstoffbrücken inter-

Stryer, Abb. 12.16

6

agieren sie mit den polaren Köpfen der Membranlipide und mit der wässrigen Umgebung der Membran. Manche peripheren Membranproteine sind an integrale Membranproteine gekoppelt oder über eine kovalent gebundene Seitenkette (z. B. einer Fettsäure) in der Lipiddoppelschicht verankert. Im Stryer in Abb. 12.16 finden Sie eine Darstellung all dieser Varianten.

Membranproteine können aus der Lipiddoppelschicht herausgelöst werden – je fester das Protein gebunden ist, desto harscher die Bedingungen. Periphere Membranproteine lassen sich durch konzentrierte Salzlösungen oder Änderung des pH-Werts herauslösen. Dagegen können integrale Membranproteine nur mithilfe von Detergenzien oder organischen Lösungsmitteln freigesetzt werden, die mit ihnen um die hydrophoben Wechselwirkungen mit der Lipiddoppelschicht konkurrieren. Identifiziert werden Membranproteine durch SDS-PAGE (s. 1. Teil, ▶ Abschn. 3.2.1).

6.3.3 Bewegung in der Lipiddoppelschicht: Das Flüssigmosaikmodell

Membranen sind keine reglosen Gebilde: Die Lipide und viele Membranproteine sind darin permanent in Bewegung, indem sie in der Lipiddoppelschicht rasch lateral (seitlich) diffundieren. Die Beweglichkeit von Proteinen ist dabei recht unterschiedlich: Membranproteine können nahezu immobil sein, wenn sie durch bestimmte Wechselwirkungen an der Diffusion gehindert werden; andere Membranproteine sind nahezu so beweglich wie Lipidmoleküle.

> Ein Phospholipidmolekül diffundiert in einer Sekunde durchschnittlich über eine Strecke von zwei Mikrometern – das entspricht etwa der Länge eines Bakteriums! Die Viskosität einer biologischen Membran entspricht damit etwa der von Olivenöl.

Stryer, Abb. 12.29

Durch diese laterale Beweglichkeit ihrer Komponenten gleicht eine Membran mit den eingebetteten Proteinen einem Mosaik, dessen Muster sich ständig verändert: Wir sprechen von Flüssigmosaikmodell. Während jedoch die laterale Diffusion von Lipiden und Membranproteinen rasch und häufig ist, ist die transversale Diffusion eines Lipidmoleküls von einer Membranseite auf die andere (Flip-Flop genannt) äußerst selten. Bei Membranproteinen wurde noch nie ein Flip-Flop beobachtet (Stryer, Abb. 12.29).

■ Lipide beeinflussen die Fluidität von Membranen

Stryer, Abb. 12.30 und 12.31

Bei geringer Fluidität liegen die Fettsäureketten in einer Lipiddoppelschicht geordnet und relativ starr vor; bei höherer Fluidität sind sie relativ ungeordnet und „flüssig". Ein gewisser Grad an Flüssigcharakter (Fluidität) ist jedoch wesentlich für die Funktion von biologischen Membranen. Der Wechsel vom geordneten in den ungeordneten Zustand geschieht recht plötzlich, wenn die Temperatur einen bestimmten Wert T_m übersteigt, der **Schmelztemperatur** genannt wird. Diese Schmelztemperatur hängt ab von der Art der Fettsäureketten in den Membranlipiden und ihrem Sättigungsgrad. Gesättigte Fettsäuren fördern den starren Zustand: Sie bestehen aus langen, geraden Ketten, die in ausgestreckter Form sehr gut miteinander interagieren können. Eine *cis*-Doppelbindung, wie sie in ungesättigten Fettsäuren normalerweise vorliegt, hat dagegen einen Knick in der Kette zur Folge: Die hoch geordnete Packung der Ketten wird gestört und T_m sinkt (Stryer, Abb. 12.30 und 12.31).

Auch die Länge der Fettsäurekette wirkt sich auf die Schmelztemperatur aus: Je länger die Kette, desto stärker die Wechselwirkungen zwischen den Ketten und desto höher die Schmelztemperatur.

Jede zusätzliche CH$_2$-Gruppe in der Kette leistet einen Beitrag von etwa –2,1 kJ mol^{-1} zur freien Enthalpie zweier benachbarter Kohlenwasserstoffketten.

Auch Cholesterin beeinflusst wesentlich die Fluidität von Membranen: Seine polare Hydroxylgruppe kann eine Wasserstoffbrücke zu den polaren Kopfgruppen der Phospholipide ausbilden (Stryer, Abb. 12.32). Cholesterin lagert sich so in die Membran, dass seine Längsachse senkrecht zur Membranebene steht. Der unpolare Kohlenwasserstoffteil von Cholesterin kommt auf diese Weise zwischen den Fettsäureketten zu liegen, unterbricht deren Wechselwirkungen untereinander und versteift so die Ketten. Auf diese Weise senkt Cholesterin die Fluidität der Membran. Tatsächlich dient Cholesterin bei Tieren als wichtiger Regulator für die Fluidität von Membranen.

Stryer, Abb. 12.32

In manchen eukaryotischen Zellen macht Cholesterin etwa 20 % der Gesamtlipide aus.

Fassen wir nochmals zusammen:

❯ **Ungesättigte Fettsäuren und kurze Kohlenwasserstoffketten erhöhen die Fluidität einer Membran; Cholesterin dagegen senkt die Fluidität.**

6.3.4 Biologische Membranen sind asymmetrisch

Biologische Membranen bestehen aus zwei Schichten, und sie haben zwei Oberflächen mit unterschiedlichen Bestandteilen. Damit sind sie strukturell und funktionell asymmetrisch.

Pumpen in der Membran
Die funktionelle Asymmetrie wird besonders klar durch die Aktion eines Transportproteins, das nahezu in allen Zellmembranen höherer Organismen vorkommt: die Na$^+$-K$^+$-Pumpe. Ihre Aufgabe ist es, Natriumionen aus der Zelle hinaus und Kaliumionen in die Zelle hineinzupumpen – beides entgegen dem natürlichen Konzentrationsgefälle.

Diese Asymmetrie bleibt stets erhalten, weil die Bestandteile von Membranen, wie oben besprochen, nur seitlich innerhalb einer Schicht diffundieren und nicht von einer Seite auf die andere wechseln können. Außerdem entstehen biologische Membranen stets durch Erweiterung bestehender Membranen – auch dabei wird die Asymmetrie bewahrt.

6.3.5 Organellen und innere Membranen

Die Membran, die eine Zelle – eine Körperzelle oder eine Bakterienzelle – umgibt, wird auch **Plasmamembran** genannt, weil sie den Zellinnenraum (das Cytoplasma) von der Umgebung abschirmt. Zudem sind auch alle Organellen in eukaryotischen Zellen von Membranen aus Lipiddoppelschichten umhüllt. Mitochondrien und Chloroplasten sind sogar von zwei Membranen, einer äußeren und einer inneren – also insgesamt von zwei mal zwei Lipidschichten – umgeben. Auf diese Weise werden abgeschirmte Kammern (Kompartimente) geschaffen, in denen gewisse Stoffwechselreaktionen kontrolliert ablaufen können. In den folgenden Teilen werden wir darauf wieder zurückkommen.

6.3.6 Eintritt von Molekülen in eine Zelle: Rezeptorvermittelte Endocytose

Stryer, Abb. 12.36

Eine Zelle ist nie völlig isoliert von ihrer Umgebung. Leben – das beinhaltet den Austausch von Stoffen mit anderen Zellen des Organismus oder mit der Umwelt. Ein Molekül, z. B. ein Protein, wird von einer Zelle aufgenommen, indem es an ein anderes Protein (den Rezeptor) an der Oberfläche der Zellmembran bindet. Daraufhin stülpt sich die Membran in der Nähe des gebundenen Proteins ein: eine Art „Membranknospe" entsteht, die sich schließlich abkapselt und ein Vesikel mit dem Rezeptor-Protein-Komplex in der Zelle freisetzt (Stryer, Abb. 12.36). Dieser Vorgang wird rezeptorvermittelte Endocytose genannt. Auf diese Weise gelangen z. B. Hormone, Transportproteine oder Antikörper in eine Zelle, leider aber auch Viren oder Gifte (Toxine).

> **Eisenaufnahme nur durch Endocytose**
> Ein Beispiel für rezeptorvermittelte Endocytose ist die Aufnahme von Eisenionen in eine Zelle. Eisen ist ein wichtiges Spurenelement, das z. B. für die Funktion von Hämoglobin und Myoglobin im Muskel (s. 1. Teil, ▶ Kap. 2) essenziell ist. Freie Eisenionen sind jedoch für Zellen toxisch. Der Transport von Eisenionen aus dem Darm (wo sie aus der Nahrung aufgenommen werden) zu den Zellen, wo sie gebraucht werden, wird deshalb streng kontrolliert.
> Im Blut ist Eisen an das Protein Transferrin gebunden. Zellen, die Eisen brauchen, enthalten in ihrer Zellmembran ein Rezeptorprotein für Transferrin. Die Komplexbildung zwischen Transferrin und seinem Rezeptor setzt die rezeptorvermittelte Endocytose in Gang, in deren Verlauf der Transferrin-Rezeptor-Komplex in eine Zelle aufgenommen wird. Dort wird das Transferrin aus dem Komplex entlassen, entlädt seine Eisenfracht und gelangt auf umgekehrten Weg wieder aus der Zelle heraus.

Umgekehrt können Vesikel, die in einer Zelle entstehen, mit der Zellmembran verschmelzen (fusionieren) und ein Molekül aus der Zelle de facto hinauswerfen – dies geschieht z. B. bei der Reizleitung zwischen Nervenzellen.

> Nervenreize werden über sog. Neurotransmitter zwischen Nervenzellen weitergeleitet: Diese Signalmoleküle werden aus der einen Nervenzelle in den synaptischen Spalt, einen Zwischenraum zwischen zwei Nervenzellen, ausgeschüttet und von der gegenüber liegenden Nervenzelle aufgenommen.

❓ Fragen
1. Lipide sind von unterschiedlichster Struktur. Was ist all diesen Strukturen gemeinsam?
2. Weshalb bezeichnet man eine Membran als *flüssig*, weshalb als *Mosaik?*
3. Manche Glykoproteine, die Kohlenhydratreste tragen (s. ▶ Abschn. 5.4), sind Membranproteine. Wo in der Membran würden Sie ein solches Glykoprotein vermuten? Ist es peripher oder integral? Was ist über die Lage des Kohlenhydratrestes zu sagen?

✓ Antworten

1. Alle Lipide enthalten hydrophile und hydrophobe Moleküleile und sind amphipathisch.
2. In Membranen können sich Lipide und Membranproteine wie in einer Flüssigkeit relativ rasch lateral (seitlich) innerhalb einer Doppelschicht bewegen. Das Muster der Membranproteine bildet zusammen mit den Lipiden ein Mosaik.
3. Aufgrund der polaren Kohlenhydratreste sitzen Glykoproteine stets an der Oberfläche der Membran, wo die Kohlenhydratgruppen nach außen, ins wässrige Medium ragen und dort an Wasserstoffbrücken teilnehmen können.

Zusammenfassung

• Kohlenhydrate

Kohlenhydrate der allgemeinen Formel $C_n(OH_2)_n$ tragen eine Aldehyd- oder eine Ketogruppe sowie zahlreiche Hydroxylgruppen im Molekül. Im Organismus dienen sie als Energiespeicher und Strukturbildner und vermitteln Erkennungsvorgänge zwischen Zellen.

Die einfachsten Kohlenhydrate sind Monosaccharide. Glucose (Traubenzucker) ist ein C_6-Aldehydzucker und damit eine Aldohexose; Fructose (Fruchtzucker) ist eine C_6-Ketose. Monosaccharide besitzen ein oder mehrere asymmetrische Zentren. Die Bezeichnung D- oder L- bezieht sich auf die Konfiguration des C-Atoms, das am weitesten von der Aldehyd- oder Ketogruppe entfernt ist. Monosaccharide bei Wirbeltieren treten meist in der D-Form auf.

In wässriger Lösung liegen Monosaccharide überwiegend als cyclische Halbacetale oder Halbketale vor. Dabei entstehen zwei neue isomere Formen, Anomere genannt, die mit α oder β bezeichnet werden und miteinander über die offenkettige Form im Gleichgewicht stehen. Der Fehling-Test ist ein einfacher Test auf freie Aldehydgruppen in einem Zucker.

In Di-, Oligo- oder Polysacchariden sind zwei, mehrere oder viele Monosaccharide durch O-glykosidische Bindungen miteinander verknüpft. So entstehen die Glucosespeicherformen Glykogen (bei Tieren) oder Stärke (bei Pflanzen). Cellulose, ein weiteres Glucosepolymer, ist der wichtigste Strukturbildner bei Pflanzen. Durch O- oder N-glykosidische Bindungen zu anderen Molekülen, z. B. zu Phosphat oder Aminen, entstehen Derivate von Kohlenhydraten.

Glykoproteine enthalten glykosidisch gebundene Kohlenhydratreste. Oft dient die Kohlenhydratkomponente der Zell-Zell-Erkennung. Proteoglykane und Mucoproteine sind Glykoproteine mit hohem Kohlenhydratanteil; sie sind Bestandteile von Knorpel oder Schleim. Lectine sind Proteine, die Kohlenhydratstrukturen erkennen und nichtkovalent binden.

• Lipide und Zellmembranen

Lipide dienen im Organismus als Bausteine für Zellmembranen und als Energiespeicher. Lipide enthalten Fettsäuren – Carbonsäuren mit Kohlenwasserstoffketten variabler Länge und einer Carboxylgruppe am Ende. Ungesättigte Fettsäuren enthalten eine oder mehrere Doppelbindungen in der Kohlenwasserstoffkette, die meist *cis*-Konfiguration haben.

Es gibt drei Hauptgruppen von Membranlipiden: Phospholipide, Glykolipide und Cholesterin. Allen Lipiden gemeinsam ist ein hydrophober und ein hydrophiler Molekülteil; sie sind also amphipathisch.

Zu den Phospholipiden gehören die Phosphoglyceride. Bei ihnen trägt das Grundmolekül Glycerin zwei Fettsäureketten sowie einen phosphorylierten Alkohol.

Sphingomyeline enthalten als Grundgerüst Sphingosin, einen Aminoalkohol mit einer langen, ungesättigten Kohlenwasserstoffkette. Glykolipide bauen ebenfalls auf Sphingosin auf, das an ein oder mehrere Kohlenhydratgruppen geknüpft ist. Cholesterin gehört zur Molekülklasse der Steroide.

In wässriger Umgebung lagern sich Lipide spontan zu Doppelschichten zusammen, bei denen die hydrophilen Köpfe nach außen, die hydrophoben Molekülteile nach innen zeigen. Biologische Membranen sind aus solchen Lipiddoppelschichten aufgebaut. Sie umhüllen alle Zellen und Organellen. Einige Organellen sind von Lipidmonoschichten umgeben.

Membranen bilden hoch funktionelle Barrieren. Sie sind undurchlässig für Ionen und polare Moleküle. Die Funktionalität von Membranen wird durch Proteine vermittelt, die in die Membran eingebettet sind. Das Flüssigmosaikmodell beschreibt den fluiden Charakter von Membranen, in denen die Lipide und Proteine lateral frei beweglich sind. Die Fluidität hängt ab von den Eigenschaften der Lipide und Fettsäuren: Kurze und ungesättigte Ketten erhöhen die Fluidität, lange und gesättigte Ketten sowie Cholesterin erniedrigen sie.

Membranproteine sorgen für eine kontrollierte Passage von Molekülen wie z. B. Glucose durch die Membran. Proteine und einige andere Moleküle gelangen durch rezeptorvermittelte Endocytose in die Zelle: Ein Protein bindet dabei an der an ein Membranprotein (Rezeptor) an der Außenseite der Zelle. Die Membran stülpt sich an dieser Stelle mit dem Protein-Rezeptor-Komplex ein und schnürt sich ab. So entsteht ein Vesikel, in dem der Komplex ins Innere der Zelle gelangt, wo das Protein freigesetzt wird.

Weiterführende Literatur

Weiterführende Literatur

Berg JM, Tymoczko JL, Gatto Jr. GJ, Stryer L (2018) Biochemie 8. Aufl. Springer Spektrum, Heidelberg

Clayden J, Greeves N, Warren S (2013) Organische Chemie. Springer Spektrum, Heidelberg

Müller-Esterl, W (2018) Biochemie 3. Aufl. Springer Spektrum, Heidelberg

Lis H, Sharon N (1993) Kohlenhydrate und Zellerkennung. Spektrum der Wiss. (Heft 3)

Stoffwechsel I

Inhaltsverzeichnis

■ **Voraussetzungen**

In diesem Teil werden Sie Einblick nehmen in den Auf-, Um- und Abbau von Biomolekülen und die Umwandlung von Energie in lebenden Organismen – kurz gesagt: in die Prinzipien des Stoffwechsels. Dabei spielen Enzyme eine entscheidende Rolle. Diese Biokatalysatoren sind meistens Proteine; mit ihren Besonderheiten werden Sie hier zunächst vertraut gemacht. Um die Wirkmechanismen von Enzymen verstehen zu können, brauchen Sie außerdem gute Kenntnisse aus der Organischen und Physikalischen Chemie über:

- die Hauptsätze der Thermodynamik,
- Kinetik,
- Reaktionsmechanismen,
- Oxidationsstufen, Redoxreaktionen,
- Chiralität.

Lernziele

Im ersten Teil haben Sie sich mit dem Aufbau von Proteinen beschäftigt. Hier lernen Sie eine wichtige Klasse von Proteinen kennen, die Enzyme. Enzyme sind Katalysatoren: Sie beschleunigen Reaktionen, die im Reagenzglas nur bei hoher Temperatur oder unter harschen Bedingungen ablaufen würden, so sehr, dass lebende Organismen bei Umgebungstemperatur die kompliziertesten chemischen Verbindungen schnell und gezielt herstellen können. Zaubern jedoch können auch Enzyme nicht: Wie alle Katalysatoren unterliegen sie den Gesetzen der Thermodynamik – sie können eine Reaktion nur beschleunigen, wenn diese prinzipiell auch von selbst ablaufen kann, d. h. die Reaktionsprodukte müssen eine geringere freie Enthalpie haben als die Edukte. Die Lage des Gleichgewichts selbst ist aber nur durch die Differenz der freien Enthalpien von Edukten und Produkten bestimmt und unabhängig vom Katalysator – dieser beschleunigt lediglich die Einstellung des Gleichgewichts. Die Beschleunigung durch Enzyme kann aber ungeahnte Ausmaße annehmen: Reaktionen, die bei Raumtemperatur Jahrhunderte dauern würden, laufen in wenigen Augenblicken ab. Diese Beschleunigung der Gleichgewichtseinstellung durch Enzyme wird mit den Methoden der Enzymkinetik beschrieben, die Sie in diesem Kapitel lernen werden.

Enzyme können sehr selektiv sein: Sie setzen dann nur ein einziges Ausgangsmaterial oder sehr wenige, eng verwandte Verbindungen um. Die anfallenden Produkte sind immer sehr rein, überwiegend sind die Reaktionen sogar enantioselektiv. Nebenreaktionen kommen nur in Spuren vor, sodass der in einem Syntheselabor praktisch immer notwendige Schritt der Reinigung entfällt. Wie dies möglich ist, werden Sie am Beispiel einiger gut untersuchter Enzyme erfahren.

Die mithilfe von Enzymen hergestellten Stoffe werden aber nicht immer in gleichen Mengen benötigt. Denken Sie beispielsweise an Wachstumshormone, die vor allem in der Kindheit und Jugend gebraucht werden, oder an den Ovulationszyklus der Frau, der einmal pro Monat abläuft. Oder – ganz banal: Sie rennen dem Bus hinterher, der Ihnen vor der Nase davongefahren ist. Dabei haben Sie in Sekunden eine große Menge ihres Energievorrats in Form von Glucose verbraucht. Jetzt atmen Sie heftig, um diesen Vorrat wieder aufzufüllen. Beim Rennen sind Sie gestolpert und haben sich die Haut aufgeschürft: Das Blut gerinnt in der Wunde – aber nur dort. An allen diesen Vorgängen sind Enzyme beteiligt. Ihre Aktivitäten müssen also ganz fein auf die jeweiligen Bedürfnisse abgestimmt sein. Die Natur hält verschiedene Möglichkeiten bereit, Enzyme rasch an- und wieder abzuschalten.

Sie werden schließlich auch sehen, dass fehlerhaft gebaute Enzyme direkte Ursachen von Krankheiten sein können, und wie man diese Krankheiten durch künstliche Hemmstoffe der defekten Enzyme behandeln kann.

Um eine thermodynamisch ungünstige Reaktion möglich zu machen, lässt sie sich mit einer weiteren, thermodynamisch günstigen Reaktion koppeln. Der Energieverlust der ersten Reaktion wird dabei durch die zweite Reaktion überkompensiert. Dazu hält jede Zelle sehr energiereiche Moleküle bereit. Das wichtigste davon, Adenosintriphosphat (ATP), liegt in nahezu allen Zellen in der vergleichsweise hohen Konzentration von 5 mM vor. Es ist sozusagen die biochemische „Energiewährung", mit der die Natur thermodynamisch ungünstige Reaktionen bezahlt.

Dieses ATP entsteht durch die Oxidation von Nahrungsbestandteilen wie Kohlenhydraten und Lipiden durch Luftsauerstoff zu Kohlendioxid. Um die Oxidationskraft des Sauerstoffs an jeder Stelle nutzen zu können, haben sich sehr früh in der Evolution Redoxcarrier gebildet, beispielsweise das Nicotinamidadenindinucleotid, dessen oxidierte Form als NAD^+ und dessen reduzierte Form als NADH abgekürzt wird. Weil es von Enzymen bei der Katalyse von Redoxreaktionen verwendet wird, nennt man es Coenzym. Ein Carrier für Carboxylgruppen, insbesondere für die Acetylgruppe, ist das Coenzym A. Carriermoleküle haben sich oft aus Vitaminen entwickelt.

Mit dem Stoff dieses Teils erlernen Sie die Grundlagen für die nächsten beiden Teile, in denen es um den eigentlichen Stoffwechsel geht: den Abbau von Nahrungsmolekülen, die Gewinnung von Energie und den Aufbau von Biomolekülen.

Den Stoff für diesen Teil finden Sie im Stryer hauptsächlich in den Kap. 8, 9 und 15.

Stryer, Kap. 8, 9 und 15

Enzyme – Struktur und Eigenschaften

© Springer-Verlag GmbH Deutschland, ein Teil von Springer Nature 2020
K. von der Saal, *Biochemie*, https://doi.org/10.1007/978-3-662-60690-2_7

7

Aus dem ersten Teil sind Sie bereits mit den vielfältigen Strukturen von Proteinen vertraut. Zahlreiche, aber nicht alle Proteine sind Enzyme, und nicht alle Enzyme sind Proteine! Als Biokatalysatoren wirken Enzyme im Prinzip genauso wie chemische Katalysatoren, die Sie bereits kennen: Sie beschleunigen chemische Reaktionen, ohne selbst dabei verändert zu werden. Um zu verstehen, wie Enzyme im Prinzip funktionieren, müssen wir zwei Fragen beantworten:

1. Unter welchen Voraussetzungen können (bio-)chemische Reaktionen überhaupt spontan ablaufen?
2. Wie schnell laufen (bio-)chemische Reaktionen ab?

7.1 Thermodynamik – Voraussetzungen für chemische Reaktionen

Die Antworten finden wir mithilfe der Thermodynamik. Diese unterscheidet zwischen einem System und seiner Umgebung. Ein System ist die Materie innerhalb eines definierten Raumes, die Umgebung der Rest des Universums. Bei einem isolierten System findet keinerlei Austausch mit der Umgebung statt. Ein geschlossenes System tauscht nur Energie mit der Umgebung aus. Das ist etwa der Fall in einem Reaktionskolben, in dem eine biochemische Reaktion abläuft – die Reaktionswärme wird an die Umgebung abgegeben. Ein offenes System tauscht sowohl Energie als auch Materie mit der Umgebung aus. Das trifft für alle Lebewesen zu.

7.1.1 Energiebilanz

❯ Energie kann weder geschaffen werden noch verloren gehen. Sie tritt lediglich in verschiedenen Formen auf, die ineinander umgewandelt werden können. Das ist der 1. Hauptsatz der Thermodynamik.

Ein System besitzt eine **Innere Energie U:** U ist die Summe aller kinetischen und potenziellen Energien der Moleküle, einschließlich ihrer Atombausteine, ihrer Elektronen und Atomkerne. Diese kennen wir nicht im Detail, sodass wir uns mit Differenzmessungen begnügen: Das System kann Arbeit **w** an der Umgebung verrichten (oder umgekehrt), und es kann Wärme **q** mit der Umgebung austauschen. Arbeit bedeutet hier makroskopisch etwa das Heben von Lasten, mikroskopisch beispielsweise die Bildung und Trennung von chemischen Verbindungen oder der Transport von Molekülen gegen ein Konzentrationsgefälle. Der erste Hauptsatz der Thermodynamik drückt die Änderung der Inneren Energie ΔU als ▶ Gl. 7.1 aus:

$$\Delta U = q + w \tag{7.1}$$

Wenn wir eine biochemische Reaktion in einem Glaskolben untersuchen, so ist dieser gewöhnlich oben offen und wir arbeiten unter Atmosphärendruck, den wir als konstant annehmen. Bei der Reaktion können aber Gase entstehen oder verbraucht werden (beispielsweise Sauerstoff oder Kohlendioxid), wodurch sich das Gasvolumen ändert. Entsteht ein Gas, dehnt sich das Volumen aus, es wird Volumenarbeit V gegen den Atmosphärendruck geleistet. Man spricht daher bei chemischen Reaktionen anstelle der Inneren Energie U lieber von der **Enthalpie H,** bei der die Volumenarbeit als Korrekturterm pV berücksichtigt wird (▶ Gl. 7.2):

$$H = U + pV \tag{7.2}$$

Die Einheit der Enthalpie ist Joule (J).

> Wird vom System Wärme freigesetzt, so ist die Änderung der Enthalpie
> $\Delta H < 0$, man spricht von einem **exothermen** Prozess; wird Wärme
> aufgenommen, ist $\Delta H > 0$: ein **endothermer** Prozess.

Damit können wir die Energie einer biochemischen Reaktion bilanzieren. Was aber bestimmt die Richtung, in der die Reaktion abläuft?

7.1.2 Zunehmende Unordnung als Triebkraft biochemischer Reaktionen

In der Natur beobachten wir immer wieder spontane Prozesse: Beispielsweise kühlt der Inhalt einer Kaffeekanne ab, bis er die gleiche Temperatur wie die Umgebung hat. Zugegebener Zucker löst sich auf. Dieses und viele andere Beispiele zeigen, dass sowohl Energie als auch Materie danach streben, sich möglichst ungeordnet zu verteilen: Die Zuckermoleküle waren im Kristall regelmäßig angeordnet, sie verteilen sich im Kaffee. Der umgekehrte Prozess wird nie beobachtet. Gleiches gilt für die Temperatur des Kaffees: Anfangs bestand eine Temperaturdifferenz zur Umgebung, die Wärmemenge verteilte sich an die Umgebung, bis nach einiger Zeit die Temperaturdifferenz verschwunden ist. Auch hier wird nie beobachtet, dass der Kaffee sich spontan erwärmt.

Die treibende Kraft spontaner Vorgänge ist das Bestreben von Materie und Energie sich ungeordnet zu verteilen. Das Maß für die Verteilung ist die **Entropie S.**

> Bei spontanen Prozessen nimmt die Entropie zu. Dies ist der 2. Hauptsatz
> der Thermodynamik.

Die Änderung der Entropie bei spontanen Prozessen bezieht sich dabei immer auf die Summe der Änderungen der Entropie des Systems und der Umgebung.

Spontan und trotzdem erhöhte Ordnung?
Ein Beispiel eines spontanen Prozesses, bei dem die Ordnung zunimmt, ist die Bildung einer DNA-Doppelhelix aus den Einzelsträngen (Stryer, Abb. 1.15), die wir schon im ersten Teil, ▶ Abschn. 4.2.1, besprochen haben.
Hier wird lokal die Ordnung, die des Systems, tatsächlich größer. Wir müssen aber auch die Entropieänderung der Umgebung mit einbeziehen: Es wird so viel Wärme frei (die man mit einem Kalorimeter messen kann) und an die Umgebung abgegeben, dass die Unordnung insgesamt zunimmt. Damit ist auch hier $\Delta S > 0$, der Prozess ist spontan.

Stryer, Abb. 1.15

Wir müssen daher immer beide Entropieänderungen betrachten, die des Systems und der Umgebung. Ende des 19. Jahrhunderts zeigte J. W. Gibbs, dass man beide Berechnungen in einer Formel vereinigen kann (▶ Gl. 7.3).

$$\Delta G = \Delta H - T \Delta S \tag{7.3}$$

G ist die **Freie Enthalpie**, ihre Einheit ist Joule. T ist die absolute Temperatur mit der Einheit K (Kelvin), die Einheit der Entropie S ist $J\,K^{-1}$.

Nun haben wir eine Antwort auf unsere erste Frage gefunden, wann eine Reaktion spontan abläuft.

> Wichtig
> (Bio-)chemische Reaktionen laufen spontan ab, wenn $\Delta G < 0$ ist. Solche
> Reaktionen nennt man **exergon**. Wenn $\Delta G > 0$ ist, dann ist die Reaktion nicht
> spontan, man nennt sie **endergon**.
> *Spontan* heißt jedoch nicht unbedingt *schnell!* Über die *Geschwindigkeit* von
> Reaktionen machen wir hier noch keine Aussagen.

7

⚠ Lassen Sie sich nicht verwirren: Die Begriffe „Gibbs'sche freie Enthalpie",
„Gibbs-Energie" (wie es die IUPAC empfiehlt) und „Freie Enthalpie" (wie es
im Clayden und Stryer heißt) sind identisch.

7.1.3 In welche Richtung und wie weit läuft eine biochemische Reaktion?

Nun können wir das Gelernte auf eine enzymatische Reaktion anwenden. In
einem Reaktionsgefäß untersuchen wir eine allgemeine biochemische Reaktion,
bei der zwei Substanzen A und B zu zwei Produkten C und D mithilfe des
Enzyms E umgesetzt werden. A und B – bzw. Ausgangssubstanzen von Enzymen generell – heißen in der Biochemie **Substrate**. Wir beschreiben diese
Umsetzung als Gleichgewichtsreaktion (▶ Gl. 7.4) (Stryer, Abschn. 8.2):

$$A + B + E \rightleftharpoons C + D + E \tag{7.4}$$

Die Gleichgewichtskonstante K dieser Reaktion enthält die Enzymkonzentration nicht, denn diese ist auf beiden Seiten der Reaktionsgleichung
gleich groß (▶ Gl. 7.5):

$$K = [C][D]/[A][B] \tag{7.5}$$

Uns interessiert die Lage des Gleichgewichts am Ende der Reaktion. Wir möchten, dass möglichst viel der Produkte entsteht und möglichst wenig von den Substraten übrigbleibt: K soll also möglichst groß sein.

Die Lage des Gleichgewichts wird durch die Differenz der freien Enthalpien
ΔG der Substrate und Produkte beschrieben (▶ Gl. 7.6).

❯ **Wichtig**

$$\Delta G = -RT \ln K = -2,303 RT \log K \tag{7.6}$$

**Dabei gilt: Gaskonstante $R = 8,314$ J K^{-1} mol^{-1} und T = absolute Temperatur
in Kelvin (K)**

Mithilfe von ▶ Gl. 7.6 können wir unsere biochemische Reaktion verfolgen.
Unmittelbar nachdem wir A und B zusammengeben, läuft die Reaktion an. Nun
entstehen so lange die Produkte C und D, bis das thermodynamische Gleichgewicht erreicht ist. Mikroskopisch läuft die Reaktion nun vorwärts und rückwärts
gleich schnell; makroskopisch tritt keine Änderung der Konzentrationen mehr auf.

■ **Standardbedingungen schaffen Vergleichbarkeit**

Nun hängt ΔG auch ab von den Reaktionsbedingungen (Temperatur, pH-Wert,
Konzentrationen der Reaktanden usw.), weshalb man diese Faktoren normiert:
Alle Konzentrationen werden auf 1,0 M gesetzt und die Reaktion wird bei 25 °C
durchgeführt. Biochemische Reaktionen führt man meist in Wasser durch,
dessen Konzentration man ebenfalls willkürlich auf 1,0 M setzt. Beachten
Sie, dass das nur eine Konvention ist und in der organischen Chemie andere
Bedingungen als Standard definiert sind! Die Änderungen der freien Enthalpie
unter Standardbedingungen bezeichnet man als ΔG^0 (sprich „Delta G Null").
Da biochemische Reaktionen selten bei einer Protonenkonzentration von 1 M
ablaufen (pH = 0), gibt man meist die bei pH = 7 erhaltenen Werte an und
bezeichnet diese als $\Delta G^{0'}$, also mit zusätzlich hochgestelltem Strich.

❯ $\Delta G^{0'}$ **ist die Änderung der freien Enthalpie unter biochemischen Standardbedingungen: bei 25 °C, Konzentrationen der Reaktanden 1 M und pH = 7.**

⚠ Beachten Sie, dass das nur eine Konvention ist, die Vergleichbarkeit der
Daten herstellen soll. Die unter physiologischen Bedingungen erhaltenen

Werte für die Änderung der freien Enthalpie können davon abweichen, beispielsweise weil ein anderer pH-Wert vorliegt, oder weil die Reaktion bei einer anderen Temperatur, etwa bei 37 °C, abläuft, oder weil die Konzentrationen der Substrate nicht 1 M sind.

Mit ▶ Gl. 7.6 können wir berechnen, dass die Differenz der freien Enthalpien zwischen Substraten und Produkten gar nicht besonders groß sein muss: Schon bei $\Delta G^{0\prime} = -10$ kJ mol^{-1} liegt das Gleichgewicht zu 98 % auf der Seite der Produkte (Stryer, Tab. 8.3).

Stryer, Tab. 8.3

7.1.4 Thermodynamik des Übergangszustandes

Um das Gelernte anzuwenden, möchten wir nun ein Protein hydrolysieren: Tabellen sagen uns, dass $\Delta G^{0\prime}$ stark negativ ist und damit das Gleichgewicht ganz auf der Seite der freien Aminosäuren liegt. Im Gleichgewicht wird vom Protein fast nichts übrigbleiben. Also lösen wir das Protein in Wasser – und es passiert nichts! Wir können gar nicht so lange warten, bis die Thermodynamik zu ihrem Recht kommt, selbst wenn wir das wollten, denn die Halbwertszeit dieser Reaktion liegt in der Größenordnung von Jahrhunderten bis Jahrtausenden!

Hier wird der Unterschied zwischen *spontan* und *schnell* deutlich: Die Reaktion kann zwar von selbst, ohne Einwirkung von außen, stattfinden, verläuft aber extrem langsam.

Der Grund dafür ist, dass Substrate und Produkte thermodynamisch gar nicht direkt miteinander verbunden sind, wie das obige Gleichung impliziert: Um miteinander zu reagieren, müssen sich die Substratmoleküle, in unserem Fall Protein und Wassermoleküle, so anordnen, dass sich die reaktiven Gruppen in der richtigen Lage gegenüber stehen; eventuell müssen sie dazu sogar energetisch ungünstige Konformationen einnehmen! Kurz gesagt: Zunächst entsteht ein Übergangszustand X‡ und zu diesem geht es energetisch bergauf.

Der Übergangszustand reagiert weiter zu den Produkten, kann jedoch auch wieder in die Ausgangssubstanzen (Substrate) zerfallen. Allgemein können wir das in der Reaktionsgleichung ▶ Gl. 7.7 ausdrücken:

$$A + B \rightleftharpoons X^{\ddagger} \rightleftharpoons C + D \tag{7.7}$$

Den Übergangszustand können wir nicht isolieren, aber wir können seine Existenz vermuten und für thermodynamische Zwecke wie ein richtiges Molekül behandeln. Um ihn als Übergangszustand kenntlich zu machen, bezeichnen wir ihn mit einem hoch gestellten Doppelplus. Die Gleichgewichtskonstante für die Bildung des Übergangszustand $K^{\ddagger}$ (d. h. für den ersten Teilschritt von ▶ Gl. 7.7) ist also (▶ Gl. 7.8):

$$K^{\ddagger} = [X^{\ddagger}]/[A][B] \tag{7.8}$$

Mit dieser Gleichgewichtskonstanten können wir die Änderung der freien Enthalpie bei der Bildung des Übergangszustandes $\Delta G^{0\ddagger}$ berechnen (analog ▶ Gl. 7.6). Schauen Sie sich dazu Abb. 8.3 im Stryer an.

Stryer, Abb. 8.3

Wir sehen, dass $\Delta G^{0\ddagger}$ positiv ist: Das Energieniveau des Übergangszustands liegt energetisch höher als das der Substrate. Das Gleichgewicht liegt damit fast ganz auf der Seite der Substrate, und nur ganz wenig vom Übergangszustand wird gebildet. Nur diese kleine Menge kann weiterreagieren zu den Produkten. Das Energieniveau des Übergangszustands ist der Grund, warum viele Reaktionen nur sehr langsam ablaufen.

Damit haben wir eine Antwort auf die zweite Frage gefunden, wie schnell eine Reaktion abläuft.

❯ Die Geschwindigkeit (bio-)chemischer Reaktionen hängt von der Differenz der freien Enthalpien der Substrate und des Übergangszustandes ($\Delta G^{0\ddagger}$) ab.

7.2 Enzyme als Katalysatoren

Mit den bisherigen Überlegungen zur Thermodynamik von chemischen Gleichgewichten und Übergangszuständen können wir verstehen, wie Enzyme die Geschwindigkeiten von biochemischen Reaktionen beschleunigen – unter pH- und Temperaturbedingungen, wie sie in Organismen vorliegen, sodass Leben möglich wird.

7.2.1 Katalysatoren senken die freie Enthalpie des Übergangszustandes

Stryer, Abb. 8.3

Wir möchten nun in unserem Beispiel die Proteinhydrolyse erzwingen und denken an unsere Ausbildung in Organischer Chemie (Clayden, Kap. 10): Wir greifen zu drastischen Mitteln, beispielsweise zu 6 M Salzsäure, die wir bei 110 °C 24 h einwirken lassen. Jetzt gelingt die Hydrolyse!

Ein Blick auf Abb. 8.3 im Stryer zeigt, was wir thermodynamisch bewerkstelligt haben: Unter den sauren Bedingungen wurde die Carbonylgruppe am Sauerstoffatom protoniert und damit die freie Enthalpie des Übergangszustands abgesenkt. In der Folge haben wir die Reaktionszeit von Jahrhunderten auf einige Stunden verkürzt! Die Säure wirkt als Katalysator.

Solche drastischen Bedingungen sind in der Natur aber nur in Ausnahmefällen möglich; normalerweise muss man sich mit Temperaturen etwa von Raumtemperatur bis zu 37 °C und einem pH-Wert um den Neutralpunkt begnügen. Und doch läuft die Hydrolyse von Proteinen unter den natürlichen Bedingungen in Gegenwart geeigneter Enzyme, den **Proteasen**, sogar noch rascher ab!

7.2.2 Die Reaktionsgeschwindigkeit ist abhängig von der Enzym- und der Substratkonzentration

Stryer, Abb. 8.8

Wie man sich die Wechselwirkungen zwischen Enzym und seinem Substrat vorstellen kann, hat Emil Fischer in Berlin schon 1894 formuliert: *Enzym und Glukosid (das Substrat) müssen wie Schloss und Schlüssel zueinander passen, um eine chemische Wirkung aufeinander ausüben zu können.* Dieses **Schlüssel-Schloss-Modell** der Enzym-Substrat-Bindung ist im Stryer in Abb. 8.8 dargestellt.

Am Beispiel der enzymatischen Hydrolyse eines Proteins können wir das Schlüssel-Schloss-Modell durch eine Serie relativ einfacher Experimente genauer untersuchen.

> **Enzymatische Hydrolyse eines Proteins**
> Wir stellen eine Lösung bekannter Konzentration des Proteins (Substrat S) in wässriger Pufferlösung her und halten die Temperatur der Lösung durch einen Thermostaten konstant. In einem zweiten Gefäß stellen wir eine Stammlösung des Enzyms (E) her. Nun pipettieren wir eine kleine Menge der Enzymlösung zur Proteinlösung und starten gleichzeitig eine Stoppuhr. Sofort beginnt die Umsetzung und es entsteht das Produkt P. Wir bestimmen die Produktkonzentration zu verschiedenen Zeitpunkten, beispielsweise durch analytische HPLC.

Es ist sehr wichtig, bei diesem Experiment unter möglichst konstanten Bedingungen zu arbeiten! Die Temperatur halten wir durch den Thermostaten auf etwa 0,1 °C genau konstant. Um Änderungen des pH-Wertes während der kinetischen Messung zu vermeiden, verwenden wir eine Pufferlösung.

■ Puffer halten den pH-Wert stabil

Um den pH-Wert stabil zu halten, setzen wir einen Puffer ein. Ein Puffer ist eine wässrige Lösung eines Salzes und der zugehörigen Säure. Bei Ihrem Studium der Allgemeinen Chemie haben Sie gelernt, wie man titriert und wie Puffer funktionieren. Wenn Sie sich unsicher sind, lesen Sie in Abschn. 1.3 im Stryer nach. Dort ist in Abb. 1.17 gezeigt, dass sich bei der Zugabe einer Säure der pH-Wert in Wasser drastisch, in einer Lösung von Natriumacetat aber nur wenig ändert. Die geringste Änderung tritt im Bereich des pK_s-Wertes des Puffers auf, was in Abb. 1.18 gezeigt wird.

Stryer, Abschn. 1.3 und Abb. 1.17, 1.18

> ### ❯ Wichtig
>
> Den Zusammenhang zwischen pH-Wert und der jeweiligen Konzentration des Puffersalzes [A] und der Puffersäure [HA] zeigt die **Henderson-Hasselbalch-Gleichung** ▶ Gl. 7.9:
>
> $$pH = pK_s + \log([A]/[HA]) \tag{7.9}$$

Mit ihrer Hilfe können wir den pH-Wert einstellen, der für unser Enzym geeignet ist. Weil man gerne im Bereich des pK_s-Wertes arbeitet, hat man für den pH-Bereich von 6 bis 8 eine Serie von Puffersubstanzen entwickelt, die nach ihrem Erfinder als Good-Puffer bezeichnet werden.

❓ Fragen

Essigsäure hat bei 25 °C einen $pK_s = 4{,}76$.

1. Wie stellen Sie daraus eine 100 mM Pufferlösung von pH = 4,76 her?
2. Welches Verhältnis von Essigsäure zu Natriumacetat müssen Sie nehmen, um eine Pufferlösung von pH = 5,0 zu erhalten?

Puffer in Organismen

Puffer spielen auch in unserem Körper eine große Rolle. Der pH-Wert des Blutes wird stabil bei 7,4 gehalten. Verantwortlich dafür ist das gelöste Kohlendioxid, das mit seinen Salzen Hydrogencarbonat und Carbonat im Gleichgewicht steht. Als zweibasische Säure hat Kohlensäure zwei pK_s-Werte (6,3 und 10,3). Weiterhin spielen Phosphat (Phosphorsäure mit drei pK_s-Werten) und gelöste Proteine (als amphotere Substanzen, denn sie haben sowohl saure als auch basische Reste) eine Rolle als Puffer. Ohne diese Puffer würde schon die geringste körperliche Anstrengung durch die im Muskel erzeugte Milchsäure zu einer drastischen Änderung des pH-Wertes im Blut, damit zu einer Inaktivierung vieler Enzyme und zum Tode führen!

In unserem Magen nutzen wir unwirtlich niedrige pH-Werte zu unseren Gunsten aus: Unsere Magensäure (HCl) schafft einen pH-Wert von 2: Keime, die in unseren Magen gelangen, können mit ihren eigenen Puffern nicht dagegenhalten und werden abgetötet.

❓ Fragen

3. Enzyme, die Proteine hydrolysieren (sog. Proteasen), sind selbst Proteine. Sie stellen für das Experiment eine Stammlösung der Protease her. Die Protease wird anfangen, sich selbst zu hydrolysieren. Das müssen Sie verhindern, denn Sie müssen sicherstellen, dass Sie in allen weiteren Experimenten genau die gleichen Enzymmengen verwenden. Was könnten Sie tun?

■ Enzym-Substrat-Komplex: Kinetischer Nachweis

Mit unserem Beispielexperiment können wir nun untersuchen, wie eine enzymatische Reaktion im Detail abläuft. Äußere Einflüsse halten wir konstant. Die Substratkonzentration kennen wir. Um den zweiten Reaktionspartner, Wasser, brauchen wir uns nicht zu kümmern, weil sich dessen Konzentration bei der Reaktion nicht ändert. Die Enzymkonzentration halten wir konstant und viel kleiner als die Substratkonzentration. Den Einfluss des Produkts auf die Reaktionsgeschwindigkeit werden wir minimieren, indem wir nur die Reaktionsgeschwindigkeit ganz am Anfang der Reaktion bestimmen, wenn noch kein oder wenig Produkt entstanden ist.

Das ist ganz typisch für wissenschaftliches Arbeiten: Wir halten die Umgebungseinflüsse möglichst konstant und untersuchen nur die Änderung eines Parameters, hier den Einfluss der Substratkonzentration auf die Reaktionsgeschwindigkeit. Auch bei der Auswertung der Messergebnisse werden wir noch einige Annahmen machen. Sie werden sehen, dass wir Parameter bekommen, mit denen wir die Reaktion zwischen Enzymen und Substraten, später auch mit Hemmstoffen von Enzymen (Inhibitoren) gut beschreiben können. Wir müssen uns nur immer im Klaren sein, dass die hergeleiteten kinetischen Gleichungen und die Parameter nur unter den gewählten Voraussetzungen gültig sind!

Stryer, Abb. 8.10a

Wir tragen nun die Messergebnisse – die Produktkonzentrationen bei verschiedenen Zeiten – in ein Diagramm ein, die Zeit auf der x-Achse und die Produktkonzentration auf der y-Achse, und verbinden die einzelnen Messpunkte. So erhalten wir Abb. 8.10a im Stryer.

Wir haben bis jetzt nur eine der im Diagramm gezeigten Linien erhalten, beispielsweise die mit $[S]_1$ bezeichnete. Wiederholen wir jetzt das Experiment, indem wir eine etwas höhere Konzentration des Substrats einsetzen: Dann erhalten wir die zweite, mit $[S]_2$ bezeichnete Kurve, usw. Die Steigung jeder Kurve beschreibt jetzt die Reaktionsgeschwindigkeit (Änderung der Produktkonzentration pro Zeiteinheit) für die jeweils eingesetzte Substratkonzentration. Sie werden an Abb. 8.10a bemerken, dass Sie bei hohen Produktkonzentrationen keine Geraden mehr erhalten. Das kann daran liegen, dass das Produkt zum Substrat zurückreagiert oder das Enzym hemmt, kurz: es stört die Reaktion und macht die Interpretation der Ergebnisse schwierig. Deshalb erleichtern wir uns das Leben und betrachten nur die Reaktionsgeschwindigkeiten ganz am Anfang, wenn noch kein Produkt vorhanden ist. Diese Anfangsgeschwindigkeiten werden mit V_0 bezeichnet.

Stryer, Abb. 8.10b und Abb. 8.11

In einem zweiten Diagramm tragen wir nun die Angangsgeschwindigkeiten V_0 gegen die Substratkonzentration [S] auf und erhalten die Kurve im Stryer, Abb. 8.10b, die nochmals in Abb. 8.11 gezeigt wird.

In den Abb. 8.10b und 8.11 wurden Experimente bei zehn unterschiedlichen Substratkonzentrationen durchgeführt und die Einzelergebnisse durch die Kurve verbunden.

Nun können wir eine Aussage darüber treffen, wie die Reaktionsgeschwindigkeit V_0 von der Substratkonzentration abhängt. Bei niedrigen Substratkonzentrationen steigt die Reaktionsgeschwindigkeit V_0 zunächst etwa linear mit der Substratkonzentration an. Das wäre typisch für eine Reaktion 1. Ordnung. Die Zunahme wird aber bald geringer und die Reaktionsgeschwindigkeit erreicht irgendwann einen Grenzwert, ab dem sich eine weitere Konzentrationserhöhung kaum mehr in einer Erhöhung der Geschwindigkeit äußert. V_0 strebt einer maximalen Geschwindigkeit V_{max} entgegen, die nicht überschritten wird. Das ist jetzt eine Reaktion 0. Ordnung; V_{max} ist unabhängig von der Substratkonzentration. Erinnern Sie sich, was Sie in der Kinetik gelernt haben: In einer unkatalysierten Reaktion würde man keinen Grenzwert der Reaktionsgeschwindigkeit beobachten. Details zur Kinetik finden Sie in Teil 5.

Wiederholen wir jetzt nochmal die ganze Serie von Experimenten bei einer höheren Enzymkonzentration. Natürlich bildet sich jetzt das Produkt entsprechend schneller und wir erhalten einen höheren Wert für V_{max}. Die Substratkonzentration, bei der gerade die halbmaximale Reaktionsgeschwindigkeit $V_{max}/2$ erreicht wird, ist aber die gleiche wie beim vorhergehenden Experiment! Diese Konzentration trägt heute den Namen **Michaelis-Konstante** K_M. Sie spiegelt offensichtlich eine Eigenschaft der Enzym-Substrat-Wechselwirkung wider.

7.2.3 Enzym-Substrat-Komplex im vorgelagerten Gleichgewicht

Solche Versuchsreihen haben Leonor Michaelis und Maud Menten vor über 100 Jahren in Berlin durchgeführt. Das kinetische Modell, das diese Reaktionen beschreibt, trägt ihre Namen. Um die Hyperbel der Abb. 8.10b im Stryer zu erklären, nahmen sie ein rasches vorgelagertes Gleichgewicht zwischen Enzym und Substrat zu einem Enzym-Substrat-Komplex ES an (▶ Gl. 7.10). k_1 ist die Geschwindigkeitskonstante der Bildung von [ES]; k_{-1} die Geschwindigkeitskonstante der Rückreaktion zu den Edukten. ES reagiert mit der Geschwindigkeitskonstanten k_2 zum Produkt P weiter, wobei das Enzym wieder freigesetzt wird:

$$\text{E} + \text{S} \underset{k_{-1}}{\overset{k_1}{\rightleftharpoons}} \text{ES} \overset{k_2}{\rightleftharpoons} \text{P} + \text{E} \tag{7.10}$$

Die Geschwindigkeit der Bildung des Produkts P wird dann durch die Konzentration des Enzym-Substrat-Komplexes bestimmt (▶ Gl. 7.11):

$$V = k_2\,[\text{ES}] \tag{7.11}$$

Bei niedriger Substratkonzentration bildet sich nur wenig des ES-Komplexes und die Reaktion zum Produkt ist langsam. Die Erhöhung der Substratkonzentration macht sich zunächst durch einen Anstieg der ES-Konzentration bemerkbar, wodurch auch die Geschwindigkeit der Produktbildung steigt. Bei hohen Substratkonzentrationen ist fast das gesamte Enzym im ES-Komplex gebunden; weitere Erhöhungen der Substratkonzentration führen kaum noch zu einer Erhöhung der Konzentration des ES-Komplexes; eine weitere Steigerung von V ist also kaum noch möglich.

7.2.4 Struktur von Enzym-Substrat-Komplexen

Enzym-Substrat-Komplexe sind durchaus reale Verbindungen: Setzt man Substanzen ein, die eine ähnliche Struktur haben wie das natürliche Substrat des Enzyms, so binden diese Strukturanaloga zwar an das Enzym und bilden einen Komplex damit, reagieren aber nicht weiter. Solche ES-Komplexe lassen sich isolieren und beispielsweise durch Röntgenstrukturanalysen untersuchen.

Damit ließen sich atomare Details der Struktur vieler Enzyme aufklären. Es zeigte sich, dass Substrate immer an einer definierten Stelle am Enzym binden – praktisch immer in einem Hohlraum oder Spalt, in dem ganz besondere Bedingungen herrschen. Die eigentliche chemische Reaktion findet im sog. aktiven Zentrum des Enzyms statt. Der Hohlraum, der das aktive Zentrum enthält, ist oft hydrophob. In diese unpolare Umgebung ragen einige polare Seitenketten des Enzyms hinein und gewinnen dadurch einmalige Eigenschaften: So haben saure Seitenketten einen höheren, Basen einen niedrigeren pK_s-Wert als in wässriger Umgebung. Das ist ganz essenziell für die Effektivität des katalytischen Mechanismus.

7

❯ Im **aktiven Zentrum** des Enzyms findet die Umsetzung des Substrats statt. Hier herrschen oft ganz besondere Eigenschaften, hervorgerufen durch die Umgebung, die das Enzym mit seinen Seitenketten bietet.

7.2.5 Eigenschaften von Enzym-Substrat-Komplexen

Stryer, Tab. 8.3

Wie die Thermodynamik die Lage des Gleichgewichts zwischen E, S und ES determiniert, wissen Sie jetzt schon: Es kommt nur darauf an, wie groß ΔG ist. Vorzeichen und Größe von ΔG hängen vom Enzym und dem Substrat ab und davon, welche Wechselwirkungen sie im ES-Komplex eingehen.

Die Kräfte, die Enzym und Substrat zusammenhalten, sind die gleichen, die auch für die Struktur des Proteins verantwortlich sind und die Sie im ersten Teil kennengelernt haben. Es sind schwache, nichtkovalente Wechselwirkungen: Wasserstoffbrücken, ionische und Van-der-Waals-Wechselwirkungen. Jede einzelne von ihnen liefert nur einen kleinen Beitrag zur Änderung der freien Enthalpie ΔG des ES-Komplexes. Ein Blick auf Stryer, Tab. 8.3 zeigt aber, dass nur $5{,}6 \, \text{kJ} \, \text{mol}^{-1}$ nötig sind, um das Gleichgewicht zwischen E, S und ES um den Faktor 10 zu verschieben! Das ist in etwa die Größenordnung einer einzigen dieser Wechselwirkungen!

❯ Kleine Änderungen von ΔG haben große Änderungen der Gleichgewichtskonstante zur Folge!

Wenn wir nun im obigen Beispiel dem Enzym ein zweites Substrat S′ anbieten, das dem Substrat S stark ähnelt, aber im Komplex ES′ nur eine dieser Wechselwirkungen nicht ausbilden kann, so ist es schon um etwa den Faktor 10 benachteiligt: Die Konzentration des ES′-Komplexes ist um etwa den Faktor 10 geringer als die des ES-Komplexes. Aufgrund der Beziehung in ▶ Gl. 7.11 verhalten sich auch die Reaktionsgeschwindigkeiten entsprechend: Bietet man dem Enzym gleichzeitig die Substrate S und S′ an, so wird S also wesentlich rascher umgesetzt werden. Die Vielzahl der Wechselwirkungen, die durch die exakt aufeinander abgestimmten Strukturen von Enzymen und ihren Substraten möglich werden, macht letztendlich die hohe Selektivität von Enzymen aus.

❯ Viele genau aufeinander abgestimmte Wechselwirkungen im Enzym-Substrat-Komplex sind die Ursache für die hohe Selektivität vieler Enzyme.

7.2.6 Vom Enzym-Substrat-Komplex zum Produkt

Bisher haben wir nur den ersten Schritt der enzymatischen Katalyse beschrieben. Wie geht es nach der Bildung des ES-Komplexes weiter? Wie kommen wir zum Übergangszustand der Reaktion und danach zum Produkt?

Stryer, Abb. 8.8 und 8.9

Linus Pauling hat bereits 1948 das Schlüssel-Schloss-Modell von Emil Fischer verbessert: Er formulierte, dass nicht Substrat- und Enzymstruktur einander komplementär sein müssen, sondern Enzymstruktur und Struktur des Übergangszustands. Heute weiß man, dass Enzyme keine starren Schlösser bilden, sondern ihre Struktur anpassen können – man nennt dies *induced fit* (induzierte Anpassung). Schauen Sie sich dazu im Stryer Abb. 8.8 und 8.9 an.

Solche Strukturunterschiede zwischen dem Enzym in freier Form und in ES-Komplexen hat man in der Tat beobachtet. Wir können daher spekulieren, dass im Übergangszustand kleine Strukturänderungen des Enzyms dem Substrat helfen, sich in das Produkt zu verwandeln.

❯ Das gesamte Spektrum möglicher Wechselwirkungen wird nur ausgebildet, wenn das Enzym an den Übergangszustand der Reaktion bindet.

Nun schauen wir uns am Beispiel des Verdauungsenzyms Chymotrypsin an, wie eine enzymatische Peptidhydrolyse im Detail abläuft (Stryer, Abschn. 9.1).

Stryer, Abschn. 9.1

Im Stryer, Abb. 9.7, ist die spezielle Anordnung der Seitenketten dreier Aminosäuren in der katalytischen Tasche von Chymotrypsin hervorgehoben, nämlich von Aspartat102, Histidin57 und Serin195. Wegen deren überragender Bedeutung bei der Katalyse nennt man diese spezielle Anordnung die **katalytische Triade**.

Stryer, Abb. 9.7

Interessant ist hier die Nummerierung der Aminosäuren: Man beginnt am Aminoterminus des Enzyms und zählt entlang der Peptidkette. Wie Sie in Abb. 9.7 sehen, liegen die drei auf der Kette weit entfernt voneinander stehenden Aminosäuren im intakten Protein räumlich ganz dicht beieinander. Bedingt durch die räumliche Nähe kann die Carboxylatgruppe von Asp102 das Imidazol von His57 deprotonieren. Dadurch steigt der pK_s-Wert von His57 von etwa 6 (Stryer, Tabelle im Einband hinten) auf etwa 11 an. Das reicht vielleicht nicht ganz, um die Hydroxylgruppe des Serins zu deprotonieren (Alkohole haben einen pK_s-Wert von etwa 15), erleichtert aber die Aufnahme eines Protons von Ser195 während der Katalyse beträchtlich!

In Abb. 9.8 im Stryer ist nun der gesamte Ablauf der Katalyse beschrieben.

Stryer, Tabelle im Einband hinten und Abb. 9.8

Im ersten Schritt gelangt die zu spaltende Peptidbindung in die Nähe der Hydroxylgruppe von Ser195, dessen Sauerstoffatom das Carbonyl-C-Atom der Peptidbindung angreift und dessen Proton vom His57 übernommen wird. Die zuvor planare Anordnung um die Peptidbindung befindet sich jetzt in einem tetraedrischen Übergangszustand, wobei das vormalige Carbonylsauerstoffatom eine negative Ladung trägt. Das ist sicherlich eine energetisch nicht sonderlich stabile Konfiguration!

Das Enzym hat eine raffinierte Möglichkeit gefunden, diese energetisch ungünstige Zwischenstufe zu stabilisieren: Die negative Ladung wird durch zwei räumlich in der Nähe liegende NH-Gruppen aufgefangen, die zu Ser95 und Gly193 gehören (Stryer, Abb. 9.9). Man nennt diese besondere Anordnung des Enzyms eine Oxyaniontasche.

Stryer, Abb. 9.9

Vergleich zwischen chemischer und enzymatischer Katalyse

Das Enzym setzt zwei Methoden ein, um die freie Enthalpie des Übergangszustandes abzusenken: Zum einen wird Ser195 als gutes Nucleophil eingesetzt, um die Carbonylgruppe der Amidbindung anzugreifen (Basenkatalyse), zum anderen wird die negative Ladung am Sauerstoffatom durch die Oxyaniontasche kompensiert (Säurekatalyse). Auch bei einer chemischen Hydrolyse können wir ein gutes Nucleophil zum Angriff auf die Carbonylgruppe der Amidbindung einsetzen, indem wir eine starke Base verwenden, etwa Natronlauge (OH⁻). Die negative Ladung am Carbonylsauerstoffatom könnten wir ebenfalls stabilisieren, indem wir nämlich in starken Säuren arbeiten (Clayden, Kap. 10). Leider gelingt nicht beides zur gleichen Zeit: *Wir* müssen uns entscheiden; das Enzym aber macht beides und die Reaktion kann dadurch bei Körpertemperatur ablaufen.

Kehren wir zu Chymotrypsin zurück:

Im weiteren Reaktionsverlauf hat sich nun ein Serinester gebildet, und das abgespaltene Amin kann das Enzym ungehindert verlassen (Schritt 4). Schließlich wird, quasi in einer Wiederholung der bisherigen Sequenz, der Serinester hydrolysiert (Schritte 5 bis 8). Lassen Sie sich durch Abb. 9.8 nicht zur Annahme verleiten, dass die Einzelschritte nur in Richtung der Pfeile gehen könnten: Jeder der Teilschritte ist reversibel! Nur weil bei der Gesamtreaktion zwischen den Substraten Wasser und Peptid zu freien Aminosäuren die Änderung der freien Enthalpie so stark negativ ausfällt, läuft die Reaktion praktisch bis zur vollständigen Hydrolyse durch!

Stryer, Abb. 9.3 und 9.8

> ### Chromogene Substrate erleichtern kinetische Messungen
>
> Wenn Sie sich Abb. 9.8 im Stryer genauer ansehen, kommen Sie vielleicht zu dem Schluss, die NH-Gruppe der zu spaltenden Amidbindung habe keine herausragende Bedeutung für den katalytischen Mechanismus. Richtig! Man kann künstliche Substrate herstellen, die anstelle der Amidbindung eine Estergruppe enthalten. Diese werden genauso gespalten wie Amide. Abb. 9.3 im Stryer zeigt ein solches Substrat: *N*-Acetyl-L-phenylalanin-*p*-nitrophenylester.
>
> Das Besondere daran: Durch die Esterhydrolyse entsteht der gelbe Farbstoff *p*-Nitrophenolat, weshalb man von **chromogenen Substraten** spricht. Wir können damit in kinetischen Experimenten die Konzentration des Produkts ganz leicht, ohne Aufarbeitung, rein photometrisch noch während der laufenden Reaktion bestimmen! Das erleichtert die Untersuchung enzymatischer Reaktionen ungemein. Daraus ist sogar eine ganze Industrie entstanden, denn bei bekannter Spezifität kann man rasch und quantitativ Enzyme in Körperflüssigkeiten bestimmen und damit Krankheiten diagnostizieren. Koppelt man die Enzyme an Antikörper, dann lassen sich Antigene bestimmen und damit herausfinden, mit welchen Krankheitserregern man in Kontakt war oder ist. Auf diesem Prinzip beruht z. B. der HIV-Test.

7.2.7 Weitere enzymatische Mechanismen

Stryer, Abb. 9.17

Es gibt eine ganze Gruppe von Enzymen, die genau den gleichen Aufbau des katalytischen Zentrums haben wie Chymotrypsin, sich aber in den anderen Teilen der Bindetasche unterscheiden und damit für andere Aminosäuren spezifisch sind. Auch gibt es Proteasen mit anderen aktiven Zentren (Stryer, Abb. 9.17).

So kann Serin durch Cystein ersetzt sein, man spricht dann von Cysteinproteasen. Bei manchen Proteasen wird das Wassermolekül durch eine Aspartatseitenkette aktiviert (Aspartylproteasen) und wieder andere besitzen metallorganische katalytische Zentren (Metalloproteasen). Damit hat die Natur ein breites Spektrum an Proteasen für alle nur denkbaren Notwendigkeiten zur Verfügung!

7.3 Michaelis-Menten-Kinetik enzymatischer Reaktionen

Stryer, Abb. 8.4, 8.10 und 8.11

Unser oben beschriebenes kinetisches Experiment, das uns die hyperbolische Abhängigkeit der Reaktionsgeschwindigkeit von der Substratkonzentration gezeigt hat, können wir, wie oben gezeigt, durch chromogene Substrate erheblich vereinfachen. Wir haben dabei viele Datenpunkte gesammelt. Aber wie kommen wir jetzt zu einer mathematischen Beschreibung der Hyperbel (Stryer, Abb. 8.4, 8.10 und 8.11), aus der wir geeignete Parameter zur Beschreibung der Reaktion erhalten?

7.3.1 Michaelis-Konstante K_M, der erste wichtige Parameter

Stryer, Abschn. 8.4

Eine clevere Vereinfachung der Kinetik des Enzym-Substrat-Komplexes war die Annahme eines Fließgleichgewichts *(steady state)*: Während der Katalyse bleibt die Konzentration des ES-Komplexes immer dann konstant, wenn die Bildung und der Zerfall dieses Komplexes gleich schnell erfolgen (Stryer, Abschn. 8.4).

Wie im Stryer beschrieben, erhält man damit die Michaelis-Konstante K_M:

> **Wichtig**
>
> **Die Michaelis-Konstante K_M ist die Substratkonzentration, bei der die Umsetzung gerade mit der Hälfte der maximal möglichen Geschwindigkeit V_{max} abläuft (▶ Gl. 7.12):**

$$K_M = (k_{-1} + k_2)/k_1 \tag{7.12}$$

Dabei ist k_1 wieder die Geschwindigkeitskonstante der Hinreaktion, k_{-1} die der Rückreaktion des vorgelagerten Gleichgewichts und k_2 die Geschwindigkeitskonstante des Zerfalls des Übergangszustands zum Produkt.

Die Michaelis-Konstante hat als Dimension die Konzentration (meist in µM) und ist der erste wichtige Parameter zur Beschreibung von Enzym-Substrat-Wechselwirkungen. Jeder Kombination zwischen einem Enzym und einem Substrat kann man eine Michaelis-Konstante zuordnen. Wenn k_2 viel kleiner als k_{-1} ist, dann ist K_M einfach die Dissoziationskonstante des ES-Komplexes. Je kleiner die Michaelis-Konstante ist, desto weiter liegt das Gleichgewicht auf der Seite des ES-Komplexes (und desto schneller kann die Gesamtreaktion voranschreiten).

Die Bedeutung der Michaelis-Konstanten zeigt die Tatsache, dass man sie für alle Enzymreaktionen als Erstes bestimmt, da sie für alle Beurteilungen von Enzymen, Substraten, Inhibitoren etc. benötigt wird.

Versuchen Sie nicht, K_M relativ einfach aus ihren Daten in Stryer, Abb. 8.11, abzuleiten, indem Sie $V_{max}/2$ aus V_{max} „per Auge und Hand" abschätzen. Meistens liegt man da ziemlich daneben (wenn Sie das nicht glauben, führen Sie bitte die Aufgabe 21 im Stryer, Kap. 8 durch, Sie werden staunen!). Es hilft nichts – Sie müssen sich zur Michaelis-Menten-Gleichung vorarbeiten:

Stryer, Abb. 8.11 und Aufgabe 21 in Kap. 8

> **Wichtig**
>
> **Die Michaelis-Menten-Gleichung beschreibt für viele Enzyme die hyperbolische Abhängigkeit der Anfangsgeschwindigkeit V_0 von der Substratkonzentration (▶ Gl. 7.13):**

$$V_0 = V_{max}[S]/([S] + K_M) \tag{7.13}$$

Damit können wir jetzt K_M und V_{max} berechnen: Wir setzen einfach unsere Messwertepaare V_0 und [S] in ▶ Gl. 7.13 ein und benutzen am besten ein Computerprogramm, das uns durch nichtlineare Regression die Parameter K_M und V_{max} berechnet.

Graphische Auswertung der Michaelis-Menten-Kinetik: Das Lineweaver-Burk-Diagramm

Ein historisches Verfahren zur Ermittlung von K_M und V_{max} ist im Stryer in Abb. 8.12 gezeigt.

Dazu wird die Michaelis-Menten-Gleichung invertiert (▶ Gl. 7.14):

Stryer, Abb. 8.12

$$1/V_0 = K_M/V_{max} \cdot 1/S + 1/V_{max} \tag{7.14}$$

Diese doppeltreziproke Darstellung heißt heute noch nach ihren Autoren **Lineweaver-Burk-Diagramm.** Wir haben jetzt eine lineare Gleichung der Form $y = a\,x + b$ vor uns, bei der wir a und b als Schnittpunkte der Geraden mit der x- und y-Achse erhalten. Wir tragen die experimentellen Ergebnisse also als 1/[S] auf der x-Achse gegen $1/V_0$ auf der y-Achse auf und können dann die gesuchten Werte leicht ermitteln. Durch die doppeltreziproke Darstellung werden aber Messfehler stark verzerrt gewichtet: Waren die Fehler an jedem Messpunkt etwa gleich groß, so sind nun auf der rechten Seite der Geraden der Abb. 8.12 die Fehlerbalken erheblich größer als auf der linken, und das wird bei der linearen Regression nicht richtig berücksichtigt. Heute werden daher V_{max} und K_M durch computergestützte nichtlineare Regression ermittelt, man stellt aber das Ergebnis trotzdem in einem Lineweaver-Burk-Diagramm dar. Die

> Darstellung gewährt nämlich einen einmalig einfachen Blick auf die Regulation
> der Aktivitäten von Enzymen, wie wir später sehen werden.

? Fragen

4. Sie haben die zeitabhängige enzymatische Umsetzung eines Substrats
   S zu einem Produkt P verfolgt. Sie haben fünf Experimente mit
   unterschiedlichen Anfangskonzentrationen des Substrats durchgeführt
   und alle anderen Bedingungen konstant gehalten. Mit den Ergebnissen
   haben Sie eine Abbildung analog Abb. 8.10a im Stryer erhalten. Daraus
   haben Sie die Anfangsgeschwindigkeiten V_0 bestimmt.

Enzymatische Umsetzung des Substrats S zum Produkt P in Gegenwart einer bekannten Konzentration des Enzyms E. Es wurden fünf unterschiedliche Substratkonzentration [S] eingesetzt

Experiment Nr	[S] (mM)	V_0 (mM min^{-1})
1	5,2	0,11
2	10,4	0,205
3	20,8	0,35
4	41,6	0,50
5	83,3	0,575

a) Erstellen Sie mit den Daten der Tabelle ein Diagramm, indem Sie [S] an der
   x-Achse und V_0 an der der y-Achse auftragen.

Stryer, Abb. 8.10 und 8.11

b) Erstellen Sie das Lineweaver-Burk-Diagramm (x-Achse: 1/[S]; y-Achse: 1[V_0])
   und bestimmen Sie daraus graphisch V_{max} und K_M (analog Abb. 8.11 im
   Stryer).

7.3.2 k_{kat}/K_M ist ein Maß für die katalytische Effizienz

Stryer, Tab. 8.4

Mit K_M und V_{max} können wir sehr gut die Interaktion zwischen Enzym und
Substrat beschreiben. K_M kennen wir schon. Tab. 8.4 im Stryer gibt typische
Werte der Michaelis-Konstanten wieder und zeigt, dass diese je nach Enzym
und Substrat sehr unterschiedlich sein können.

In lebenden Systemen sind Enzym und physiologisches Substrat fein aufeinander abgestimmt: der K_M-Wert ist meist ähnlich hoch wie die Konzentration
des physiologischen Substrats. Ein Blick auf Stryer, Abb. 8.11, sagt uns, welchen
Vorteil dies hat: Eine Erhöhung oder Verminderung der Substratkonzentration
führt zu einer entsprechend erhöhten oder verminderten Umsetzungs-
geschwindigkeit, wodurch die Substratkonzentration quasi „automatisch" in
engen Grenzen gehalten wird. Weil Enzyme also selten substratgesättigt sind, eig-
net sich aber V_{max} nicht besonders gut zur ihrer Beschreibung.

Wenn ein Enzym mit Substrat gesättigt ist, liegt das gesamte Enzym im
ES-Komplex vor. Bei Experimenten entspricht das der gesamten eingesetzte
Enzymmenge E_T und wir können schreiben (▸ Gl. 7.15):

$$V_{max} = k_2 \, [E_T] \tag{7.15}$$

Stryer, Tab. 8.5

Die Geschwindigkeitskonstante k_2, oft als k_{kat} bezeichnet, beschreibt dann
die Anzahl der Substratmoleküle, die maximal pro Zeiteinheit in das Produkt umgewandelt werden können. Deshalb nennt man k_{kat} die **Wechselzahl**

(turnover number) des Enzyms. Im Stryer in Tab. 8.5 finden Sie einige typische Wechselzahlen.

Wie Sie sehen, liegen die Wechselzahlen für viele Enzyme und ihre physiologischen Substrate bei 1 bis 10^4 (Einheit: s^{-1}); einige Enzyme erreichen noch weit höhere Werte.

Leider bezieht sich k_{kat} auf die Sättigung des gesamten Enzyms mit Substrat, ein Zustand, der unter physiologischen Bedingungen praktisch nie erreicht wird. Man verwendet daher als Maß für die **katalytische Effizienz** lieber den Quotienten k_{kat}/K_M mit der Einheit $s^{-1}\,M^{-1}$. Mit diesem Parameter betrachtet man die Umsatzzahl nicht losgelöst von der Affinität zwischen Enzym und Substrat.

Hohe Umsatzzahlen allein nützen nichts, wenn der Nachschub ausbleibt, weil es an der Bindung zwischen Enzym und Substrat mangelt. Das sehen Sie an einem schönen Beispiel, wenn Sie im Stryer die Tab. 8.5 und 8.7 vergleichen:

Stryer, Tab. 8.5, Tab. 8.7

Carboanhydrase hat zwar eine wesentlich höhere Wechselzahl als Acetylcholinesterase, aber die katalytische Effizienz letzterer ist höher! Einige Enzyme sind sogar so effizient, dass sie wirklich fast jedes Substratmolekül umsetzen, dem sie in Lösung begegnen: Sie sind „kinetisch perfekt".

? Fragen

5. Bei einer Autofahrt werden Sie von der Polizei angehalten; Ihnen wird eine Blutprobe entnommen. Aus dieser einen Messung rechnet die Justizbehörde den Alkoholspiegel aus, den Sie zwei Stunden zuvor hatten. Warum ist das möglich – obwohl Sie hier doch lernen, dass in der Enzymkinetik nur multiple Messungen eine Aussage über den Konzentrationsverlauf ermöglichen?
Hinweis: Auch die Justizbehörde muss sich an wissenschaftliche Grundsätze halten. Das bedeutet, dass sowohl die Abb. 8.11 im Stryer als auch die
▶ Gl. 7.15 beachtet werden müssen. Was sind also die enzymkinetischen Voraussetzungen, damit diese eine Messung aussagekräftig ist?

■ Bestimmung kinetischer Parameter für alle Substrate

Bisher haben wir nur die Enzymreaktion mit einem einzigen Substrat betrachtet. Bei Chymotrypsin konnten wir das tun, weil das zweite Substrat Wasser ist, dessen Konzentration so hoch ist, dass sie sich durch den enzymatischen Einbau in die Produkte nicht ändert. In anderen Fällen kann man auch für das zweite Substrat die kinetischen Parameter K_M, V_{max} und k_{kat} bestimmen; lediglich die kinetischen Experimente dazu werden umständlicher.

7.3.3 Selektivität eines Enzyms

Tab. 8.6 im Stryer zeigt einige Werte für die Umsetzung der oben besprochenen chromogenen Substrate *N*-Acetyl-ʟ-Aminosäure-*p*-nitrophenylester durch Chymotrypsin.

Stryer, Tab. 8.6

Daraus können wir entnehmen, dass die Umsetzung umso effizienter verläuft, je größer die hydrophobe Seitenkette der Aminosäure ist. Die Unterschiede sind beträchtlich!

Der Grund dafür ist die Größe der enzymatischen Tasche und die Anordnung der Aminosäureseitenketten im Bindungsbereich des Substrats. Die Bindetasche ist deutlich größer als das bisher besprochene katalytische Zentrum, und sie ist in Chymotrypsin hauptsächlich hydrophob. Das führt dazu, dass Substrate mit hydrophoben Seitenketten wesentlich besser gebunden werden als solche mit hydrophilen oder geladenen Seitenketten. Deshalb wird die Amidbindung bevorzugt an Aminosäuren mit hydrophoben Seitenketten gespalten, aber kaum an Aminosäuren mit anderen Seitenketten. Chymotrypsin ist also selektiv ist für hydrophobe Aminosäuren.

7.3.4 Enzymkatalysierte Reaktionen verlaufen enantioselektiv

Enzyme sind in der Regel Proteine, die aus L-Aminosäuren aufgebaut sind. Deshalb sind diese Enzyme selbst enantiomerenrein. Das Enantiomer eines Enzyms müsste aus lauter D-Aminosäuren aufgebaut sein! Auch die katalytische Tasche eines Enzyms ist chiral. Bietet man einem Enzym sein Substrat als Racemat an, dann kann nur eines der beiden Enantiomere gut in der Tasche binden. Der $\Delta G^{\ddagger}$-Wert für den Übergangszustand der Reaktion des „richtigen" Enantiomers ist niedriger als der des „falschen" Enantiomers. Kurzum: Die katalytische Effizienz k_{kat}/K_M der Reaktion für das „richtige" Enantiomer ist wesentlich größer als die für das „falsche" Enantiomer. In den meisten Fällen ist der Unterschied so groß, dass das „falsche" Enantiomer praktisch gar nicht umgesetzt wird.

Die gleichen Überlegungen treffen auch zu, wenn bei einer enzymatischen Reaktion ein enantiomerenreines Produkt aus einem achiralen Substrat entsteht. Dieser Vorgang ist manchmal schwerer verständlich; wir wollen ihn deshalb hier näher betrachten.

Nehmen wir als Beispiel die enzymatische Substitution eines H-Atoms in einer Methylengruppe durch eine Gruppe X:

Bei dieser Reaktion wird das achirale Kohlenstoffatom der CH_2-Gruppe durch die Einführung der Gruppe X chiral. Auf den ersten Blick scheinen die beiden Wasserstoffatome der Methylengruppe identisch zu sein. Wir müssen uns deshalb fragen, zu welchem Zeitpunkt der Reaktion das Enzym eigentlich „erkennt", welches der beiden Wasserstoffatome der CH_2-Gruppe es ersetzen soll? Die Antwort ist: Schon bei der Bindung des Substrats an das Enzym! Das Enzym kann tatsächlich die beiden H-Atome der Methylengruppe unterscheiden. Der Grund ist, dass die katalytische Tasche des Enzyms chiral ist und sich im Enzym jedes der beiden H-Atome in einer etwas anderen Umgebung wiederfindet. Für das Enzym sind die beiden Wasserstoffatome nicht identisch!

> ❯ In chiraler Umgebung unterscheiden sich zwei gleiche chemische Gruppen an einem Kohlenstoffatom, wenn es durch den formalen Austausch einer der Gruppen chiral wird. Man nennt ein solches Kohlenstoffatom prochiral.

Chirale Lösungsmittel

Dieses Prinzip ist nicht auf Enzyme beschränkt. Die chirale Umgebung kann beispielsweise auch ein chirales Lösungsmittel sein. Untersuchen Sie das Substrat der obigen Abbildung in einem achiralen Lösungsmittel ^{1}H-NMR-spektroskopisch, so erhalten Sie für die Methylengruppe ein Singulett, d. h. die beiden Wasserstoffatome unterscheiden sich *nicht*. Führen Sie die gleiche Messung in einem chiralen Lösungsmittel durch (z. B. Weinsäureester), so beobachten Sie zwei Dubletts: die beiden H-Atome sind verschieden, und darüber hinaus führt jetzt die Kopplungskonstante der Methylengruppe zur Aufspaltung in Dubletts.

7.3.5 Allosterische Enzyme gehorchen nicht der Michaelis-Menten-Kinetik

Es gibt eine Reihe von Enzymen, die bei den hier vorgestellten experimentellen Bedingungen keine Hyperbeln wie Abb. 8.11 liefern, sondern sigmoide Kurven, wie das in Abb. 8.13 im Stryer beschrieben ist.

Solche Enzyme gehorchen nicht der Michaelis-Menten-Kinetik. In diesem Fall macht es keinen Sinn, mit Computerhilfe daraus K_M und V_{max} zu bestimmen; wir würden zwar Zahlenwerte erhalten, diese sind aber nutzlos.

Sigmoide Kurven sind ein Hinweis auf ein kooperatives Verhalten mehrerer enzymatischer Zentren: Die Bindung eines Substratmoleküls erleichtert (oder erschwert) die Bindung an ein zweites enzymatisches Zentrum. Man nennt solche Enzyme **allosterisch**; sie spielen insbesondere im Stoffwechsel eine große Rolle, weil sie durch ihre multiplen Bindungsstellen sehr fein reguliert werden können.

Stryer, Abb. 8.11 und 8.13

7.4 Regulation von Enzymen

Bisher haben wir gesehen, dass die Reaktionsgeschwindigkeit durch die Konzentration des Substrats beeinflusst wird. In biologischen Systemen ist es aber oft notwendig, die Reaktionsgeschwindigkeit unabhängig von der Substratkonzentration zu steuern. Natürlich kann dazu bei erhöhtem Bedarf einfach mehr Enzym hergestellt werden. Dies braucht jedoch Zeit, in manchen Fällen zu viel Zeit – denken Sie etwa an die Blutgerinnung, die innerhalb weniger Minuten einsetzen muss, oder an Verdauungsenzyme, die gleich nach der Nahrungsaufnahme in großen Mengen benötigt werden. Andererseits müssen manche enzymatischen Reaktionen auch rasch abgeschaltet werden können; dafür hält die Natur Hemmstoffe, sog. **Inhibitoren** bereit. Beides wollen wir nun genauer untersuchen.

7.4.1 Aktivierung von Enzymen

Chymotrypsin und viele andere Verdauungsenzyme werden im Pankreas bereitgehalten und nach der Nahrungsaufnahme in den Dünndarm ausgeschüttet. Aber das kann nur funktionieren, wenn das Chymotrypsin im Pankreas nicht aktiv ist! Die Enzyme selbst und eine große Anzahl der Zellbestandteile des Pankreas sind ja selbst Proteine und würden durch aktive Proteasen zerlegt werden. Deshalb werden nur katalytisch inaktive Vorstufen der Enzyme bereitgehalten, sog. **Zymogene**. Zumindest deren Nomenklatur ist einfach: Man hängt die Endung „-ogen" an den Namen der aktiven Verbindung. Chymotrypsinogen ist also die inaktive Lagerform des Chymotrypsins.

Aktivierung der Verdauungsenzyme

In Abschn. 10.4 im Stryer ist der Mechanismus der Aktivierung beschrieben. Betrachten Sie Abb. 10.20 im Stryer: Chymotrypsinogen ist inaktiv und wird bei Bedarf in den Dünndarm ausgeschüttet. Dort spaltet Trypsin (ebenfalls eine Serinprotease) ein Peptid aus 15 Aminosäuren von dessen Aminoterminus ab, es entsteht eine bereits aktive Vorform des Chymotrypsins, π-Chymotrypsin. Der Trick dabei ist, dass in Chymotrypsinogen die Bindetasche nicht voll ausgebildet ist, sondern erst nach der Abspaltung des Peptids entsteht. Abb. 10.21 im Stryer zeigt, wie sich – ausgelöst durch die Wanderung des neuen Aminoterminus Ile16 – die Tasche ausbildet und damit das

Stryer, Abschn. 10.4; Abb. 10.20 bis 10.22

7

Stryer, Abb. 10.25

Enzym aktiviert wird. Dieses π-Chymotrypsin wird noch weiter aktiviert: Es spaltet an sich selbst zwei Dipeptide ab; so entsteht α-Chymotrypsin, das eigentliche Enzym. Es besteht aus den drei gezeigten Peptidketten, die durch Disulfidbrücken zusammengehalten werden, die in ▸ Abb. 10.20 nicht eingezeichnet sind.

Die erste Spaltung wird durch Trypsin ausgelöst, das in Form des (inaktiven) Trypsinogens zusammen mit Chymotrypsin und weiteren Verdauungsenzymen vom Pankreas ausgeschüttet wird. Im Dünndarm wartet eine aktive, sehr wählerische Protease, die Enteropeptidase. Sie ist so spezifisch, dass sie nur eine einzige Peptidbindung spaltet, nämlich eine Lys-Ile-Peptidbindung in Trypsinogen. Ähnlich wie für Chymotrypsin gezeigt, entsteht dadurch erst Trypsin, das wiederum alle anderen Verdauungsenzyme aus ihren Zymogenen freisetzt (Stryer, Abb. 10.22).

Aktivierung der Blutgerinnung

Ein ähnlicher Mechanismus tritt bei der Blutgerinnung auf (Stryer, Abb. 10.25). Die meisten daran beteiligten Proteasen heißen aus historischen Gründen *Faktoren* und sind mit einer römischen Ziffer (für die Zymogene) bzw. zusätzlich mit einem tiefgestellten „a" für die aktive Protease versehen. Beispielsweise katalysiert der Faktor XIII$_a$ die Bildung einer Peptidbindung zwischen den endständigen Gruppen eines Glutamats (der Carbonsäure) und eines Lysins (dem Amin), vernetzt und stabilisiert damit das Blutgerinnsel. Die Reihenfolge der Ziffern spiegelt die Reihenfolge ihrer Entdeckung wider und nicht die Stellung in der Gerinnungskaskade. Während die Verdauungsenzyme alle von einem Enzym, dem Trypsin, aktiviert werden, aktivieren die Proteasen der Gerinnungskaskade nur jeweils ein Zymogen, diese Kaskade läuft also ganz geordnet ab. Als letzte Protease wird Thrombin aus seinem Zymogen freigesetzt (das aus historischen Gründen Prothrombin heißt). Thrombin stellt aus dem Substrat Fibrinogen Fibrin her, das schließlich das Gerinnsel bildet.

7.4.2 Inhibierung von Enzymen

Die oben beschriebenen Aktivierungsmechanismen sorgen für eine rasche Bereitstellung der Enzyme, sind aber irreversibel. Aber natürlich müssen Enzyme nicht nur aktiviert, sondern auch desaktiviert werden. Denken Sie nur daran, was passieren würde, wenn eine kleine Menge aktives Trypsin in den Pankreas geraten würde, oder wenn die Blutgerinnung nicht auf die Verletzung beschränkt bliebe, sondern auf den Blutkreislauf übergehen würde!

Dafür hat die Natur Inhibitoren bereitgestellt. Diese können auf vielfältige Weise enzymatische Reaktionen beeinflussen. Es kann sich dabei um große Moleküle handeln, oft Proteine, die nur für den Zweck der Inhibierung vom eigenen Organismus hergestellt werden oder von fremden Organismen eingeschleust werden. Es kann sich auch um kleine Moleküle handeln, z. B. um ein Produkt einer Reaktionssequenz, das ein Enzym am Anfang der Sequenz inhibiert.

Pankreastrypsin-Inhibitor

Im Pankreas gibt es kleine Mengen eines Proteins namens Pankreastrypsin-Inhibitor, das wie im Schlüssel-Schloss-Modell an Trypsin bindet und den Zugang zur Enzymtasche blockiert. Mit einer Dissoziationskonstante von 0,1 pM (was einer freien Standardbildungsenthalpie von −75 kJ mol^{-1}

entspricht) ist es einer der stärksten Inhibitoren, die man kennt. Was ist die Rolle dieses Proteins und weshalb bindet es so stark an Trypsin?

Eigentlich sollte ja im Pankreas gar kein Trypsin enthalten sein, sondern nur Trypsinogen. Bereits Spuren von Trypsin würden dort die Aktivierung aller Verdauungsenzyme auslösen – mit fatalen Folgen: Der Pankreas selbst würde aufgelöst! Dies darf unter keinen Umständen geschehen und dafür sorgt der Pankreastrypsin-Inhibitor.

- **Kinetik der Enzyminhibierung**

Kinetisch kann man Inhibitoren I ähnlich betrachten wie Substrate: Die Bindung an das Enzym führt zu einem Enzym-Inhibitor-Komplex EI. Dessen Dissoziationskonstante heißt K_i (▶ Gl. 7.16):

$$K_i = [E][I]/[EI] \tag{7.16}$$

❯ **Je kleiner der Wert von K_i, desto stabiler ist der Enzym-Inhibitor-Komplex**

Um K_i experimentell zu bestimmen, führen wir im Prinzip das gleiche Experiment durch wie oben zur Bestimmung von K_M und V_{max} beschrieben, wiederholt es aber mehrfach in Gegenwart unterschiedlicher Konzentrationen des Inhibitors. Wir erhalten dann nicht nur eine Kurve wie in Abb. 8.11 im Stryer, sondern für jede Inhibitorkonzentration eine eigene Kurve (Stryer, Abb. 8.16).

Stryer, Abb. 8.16

Die Inhibitionskonstante erhält man zusammen mit K_M und V_{max} durch nichtlineare Regression. Trägt man die Messwerte im Lineweaver-Burk-Diagramm auf, kann man auf den ersten Blick sehen, welchen Typ von Inhibitor man vor sich hat. Das ist der Vorteil der doppeltreziproken Darstellung!

- **Verschiedene Typen von Inhibitoren**

Inhibitoren können, müssen aber nicht an der gleichen Stelle binden wie das Substrat! Schauen Sie sich dazu bitte in Abschn. 8.5 im Stryer die Abb. 8.14 an.

Stryer, Abschn. 8.5 und Abb. 8.14

In Abb. 8.14b bindet ein Inhibitor an der gleichen Stelle wie vorher das Substrat – es bildet sich ein Gleichgewicht zwischen Enzym und Inhibitor auf der einen und dem Enzym-Inhibitor-Komplex auf der anderen Seite, genauso wie wir das zwischen E, S und ES kennengelernt haben. An ein Enzymmolekül kann aber nur entweder der Inhibitor oder das Substrat binden, nie beide gleichzeitig. Substrat und Inhibitor wetteifern miteinander, weshalb man diesen Typ **kompetitiver Inhibitor** nennt.

❯ **Eine kompetitive Hemmung kann durch genügend hohe Substratkonzentrationen aufgehoben werden.**

Da bei genügend hoher Substratkonzentration praktisch kein Inhibitor mehr bindet, Kann der gleiche Wert für V_{max} erreicht werden wie in Abwesenheit des Inhibitors. In Gegenwart des Inhibitors braucht man aber höhere Substratkonzentrationen als in dessen Abwesenheit, weshalb scheinbar K_M mit steigender Inhibitorkonzentration ansteigt. Schauen Sie sich dazu das Lineweaver-Burk-Diagramm im Stryer, Abb. 8.19 an: Weil V_{max} unbeeinflusst blieb, ist auch der Schnittpunkt mit der y-Achse unverändert; scheinbar wird K_M größer; es ändert sich daher der Schnittpunkt mit der x-Achse.

Stryer, Abb. 8.19

Abb. 8.20 im Stryer zeigt das Lineweaver-Burk-Diagramm eines unkompetitiven Inhibitors. Hier bindet der Inhibitor an den Enzym-Substrat-Komplex ES. Der ternäre Komplex ESI bildet kein Produkt mehr. Im Gleichgewicht ist jedoch noch ein wenig des ES-Komplexes vorhanden, der Produkt liefert.

Abb. 8.21 im Stryer zeigt einen weiteren Inhibitortyp: den **nicht-kompetitiven** Inhibitor.

Stryer, Abb. 8.20 und 8.21

Stryer, Abb. 8.14d

Die experimentell bestimmten Geraden schneiden sich auf der x-Achse; die Michaelis-Konstante K_M wird also vom Inhibitor nicht beeinträchtigt. Weil aber K_M ein Maß für die Bindungsstärke zwischen Substrat und Enzym ist, müssen wir hier annehmen, dass der nichtkompetitive Inhibitor gar nicht in der Bindetasche des Enzyms bindet, sondern an einer anderen Stelle. Weil er aber Einfluss auf V_{max} hat, wird er wohl auch Einfluss auf die Struktur des Enzyms genommen haben. Vergleichen Sie dazu Abb. 8.14d im Stryer.

> **Wichtig**
> **Unkompetitve Inhibitoren** binden an den Enzym-Substrat-Komplex. **Nichtkompetitive Inhibitoren** binden an einer anderen Stelle als das Substrat. Dadurch wird eine Strukturveränderung am Enzym ausgelöst, sodass das Substrat nicht mehr an das Enzym binden kann.

Neben kompetitiven, nichtkompetitiven und unkompetitiven Inhibitoren gibt es auch Mischformen.

Stryer, Abb. 8.15

> **Methotrexat, ein kompetitiver Inhibitor**
> Inhibitoren müssen keine großen Moleküle sein – schließlich ist das aktive Zentrum selbst klein, und es genügt ja, dieses zu blockieren. Im Stryer, Abb. 8.15, sehen Sie oben das Substrat der Dihydrofolat-Reduktase, darunter den strukturell äußerst ähnlichen kompetitiven Inhibitor Methotrexat. Das Enzym reduziert die (rot eingezeichnete) Imingruppe des Substrats zum Amin, kann aber das aromatische System des Inhibitors nicht reduzieren. Die Reaktion bleibt hier stehen.

■ **Feedback-Inhibierung durch das Produkt**

An unserem Beispiel von Methotrexat sehen Sie auch, warum wir die oben beschriebenen enzymatischen Messungen immer nur bis zu einer kleinen Menge des Produkts durchführen: Das Produkt der Dihydrofolat-Reduktase-Reaktion sieht ja dem Substrat noch sehr ähnlich. Damit besteht aber die Gefahr, dass es wie dieses in der katalytischen Tasche bindet, also zum Inhibitor wird. In der Tat ist die Inhibierung durch das Produkt (**Feedback-Inhibierung**) ein Mechanismus zur Steuerung der Enzymaktivität. Das herauszufinden ist gar nicht so einfach: Wenn wir die Messungen in Gegenwart bekannter Mengen des Produkts durchführen, kann die Reaktion allein schon deshalb langsamer verlaufen, weil wir dem thermodynamischen Gleichgewicht zwischen Substrat und Produkt immer näherkommen!

■ **Irreversible Inhibitoren**

Stryer, Abb. 9.2

Als weitere Gruppe von Inhibitoren sind die **irreversiblen Inhibitoren** zu nennen. Sie haben gesehen, dass bei der Proteolyse durch Chymotrypsin im ersten Schritt ein Serinester entsteht. Verwendet man als Substrat aber Diisopropylphosphofluoridat (DIPF, Stryer, Abb. 9.2), bildet sich ein Phosphorsäureester des Serins, der so stabil ist, dass er nicht hydrolysiert wird.

Stryer, Abb. 8.26 und 8.31

Jedes Enzymmolekül, das mit DIPF reagiert, wird blockiert. Diese irreversible Reaktion führt dazu, dass die Konzentration des katalytisch aktiven Enzyms mit der Zeit abnimmt. Ein weiteres wichtiges Beispiel ist die Inhibierung einer bakteriellen Transpeptidase durch Penicillin (Stryer, Abb. 8.26). Hier acyliert der gespannte Lactamring des Penicillins ebenfalls ein Serin im katalytischen Zentrum des Enzyms (Stryer, Abb. 8.31).

Diese Inhibitoren lassen sich nicht durch die besprochenen kinetischen Modelle beschreiben: Es gibt hier keine Inhibitionskonstante K_i, denn diese beschreibt ja die Dissoziation des EI-Komplexes, die hier jedoch nicht stattfindet. Zur Herleitung der Michaelis-Menten-Kinetik sind wir davon ausgegangen, dass die Gesamtkonzentration an Enzym konstant ist; auch das ist hier nicht der Fall.

> **Irreversible Inhibitoren lassen sich nicht durch die Michaelis-Menten-Kinetik beschreiben**

Wie das oben erwähnte Penicillin sind auch viele andere Medikamente Enzyminhibitoren.

Screening von Inhibitoren zur Arzneistoffentwicklung
Viele Arzneistoffe sind Enzyminhibitoren; ihre Suche und Optimierung wird von Biochemikern und Pharmakologen intensiv erforscht. Im Prinzip funktioniert die Suche nach Inhibitoren genau so wie in diesem Kapitel besprochen, nämlich durch Messung der Reaktionsgeschwindigkeit in Abhängigkeit von Substrat- und Inhibitorkonzentrationen. Benötigt man zur Charakterisierung eines einzigen Inhibitors schon eine ganze Menge Einzelmessungen, so wird es noch viel aufwendiger (und langweiliger), wenn man Tausende von Einzelverbindungen untersuchen muss. Hier kommen Pipettierroboter zum Einsatz, die mehrere hundert Einzelmessungen starten können, sowie Photometer, die diese vielen Reaktionen parallel erfassen.
Hat man einige brauchbare Kandidaten identifiziert, versucht man u. a. mithilfe der Röntgenstrukturanalyse, den Enzym-Inhibitor-Komplex zu verstehen, um die Bindungsstärke weiter zu verbessern. Einen kompetitiven Inhibitor würde man strukturell möglichst dem Übergangszustand der Enzymkatalyse angleichen, denn das garantiert eine optimale Bindung an das Zielenzym, wie Sie hier gelernt haben. Einige erfolgreiche Beispiele finden Sie im Stryer, Kap. 9, Abb. 9.18 bis 9.20).

Stryer, Abb. 9.18 bis 9.20

7.5 Nomenklatur von Enzymen

Die Nomenklatur der Enzyme ist aus historischen Gründen nicht einheitlich. Manche haben Trivialnamen (Trypsin, Chymotrypsin, Faktor XIIIa). Häufig verwendet man im Namen das Substrat und den Reaktionstyp (Citrat-Isomerase). Inzwischen ist die Klassifizierung vereinheitlicht. Man teilt Enzyme jetzt in sechs Reaktionstypen ein und verwendet zur Klassifizierung eine vierstellige EC-Nummer (EC steht dabei für *enzyme commission*) (Stryer, Tab. 8.8).

Stryer, Tab. 8.8

Die erste Ziffer der EC-Nummer bezeichnet den Reaktionstyp, der mit den weiteren Ziffern immer feiner unterteilt wird (◘ Tab. 7.1).

◘ Tab. 7.1   EC-Nummern einiger in unseren Teilen besprochenen Enzyme

Klasse	Beispiele und EC-Nummern
1. Oxidoreduktasen (reduzieren oder oxidieren)	Alkohol-Dehydrogenase (EC 1.1.1.1), Dihydrofolat-Reduktase (EC 1.5.1.3), Glycerinaldehyd-3-phosphat-Dehydrogenase (EC 1.2.1.12)
2. Transferasen (übertragen Gruppen)	Faktor XIIIa (EC 2.3.2.13), Adenylat-Kinase (EC 2.7.4.3), Glycogen-Phosphorylase (EC 2.4.1.1), Citrat-Synthase (2.3.3.1)
3. Hydrolasen (hydrolysieren)	Chymotrypsin (3.4.21.2), Trypsin (3.4.21.4), Thrombin (3.4.21.5), Enteropeptidase (EC 3.4.21.9)
4. Lyasen (spalten Substrate)	Aconitase (4.2.1.3), Fumarase (4.2.1.2)
5. Isomerasen (isomerisieren)	Glucose-6-phosphat-Isomerase (5.3.1.9), Triosephosphat-Isomerase (5.3.1.1)
6. Ligasen (synthetisieren)	Succinyl-CoA-Synthetase (mit GTP als Substrat: EC 6.2.1.4, mit ATP als Substrat: EC 6.2.1.5)

✓ Antworten

1. Nach der Henderson-Hasselbalch-Gleichung ► Gl. 7.9 wird bei äquimolaren Mengen von Acetat und Essigsäure log([A]/[HA]) = 0 und damit ist pH = pK_s. Manchmal bereitet die Bedeutung der Konzentrationsangabe („100 mM") Schwierigkeiten. Ist damit gemeint, dass man 100 mMol Essigsäure und 100 mMol Natriumacetat einwiegt und mit Wasser auf 1 L auffüllt, oder je 50 mMol von beiden? Letzteres trifft zu. Praktisch stellt man sich besser zwei Vorräte an Lösungen her, d. h. hier beispielsweise je 1 L einer 100 mM Essigsäurelösung und einer 100 mM Natriumacetatlösung. Um die gewünschte Pufferlösung zu erhalten, mischt man je 500 mL der beiden Lösungen.

2. Nach ► Gl. 7.9 muss log([A]/[HA]) = 0,24 sein. Daraus ergibt sich [A]/[HA] = 1,74 als Verhältnis von Acetat zu Essigsäure. Dieses Verhältnis erhalten Sie leicht durch Mischung von 174 mL der 100 mM Lösung von Natriumacetat mit 100 mL der 100 mM Essigsäure-Lösung.

3. Sie müssten die Stammlösung des Enzyms kühlen, z. B. durch ein Eisbad. Eine weitere Möglichkeit ist, das Enzym in saurer Lösung aufzubewahren. Bei einem niedrigen pH-Wert sind die meisten Enzyme inaktiv. Da Sie nur eine geringe Enzymmenge zur Substratlösung geben, stören die Temperatur (wegen der Thermostatisierung der Substratlösung) und die Säure (wegen des Puffers der Substratlösung) die kinetische Untersuchung nicht.

4. Kinetische Messungen: Diese Daten stammen aus: Michaelis L, Menten ML (1913) Die Kinetik der Invertinwirkung. Biochemische Zeitschrift 49: 333–369. In diesem Artikel analysierten Michaelis und Menten die Kinetik der Hydrolyse von Saccharose zu Glucose und Fructose und leiteten ihre kinetische Gleichung ab. Zu Übungszwecken wurde hier nur ein Teil der Daten entnommen. Die Experimente waren wesentlich umfangreicher.

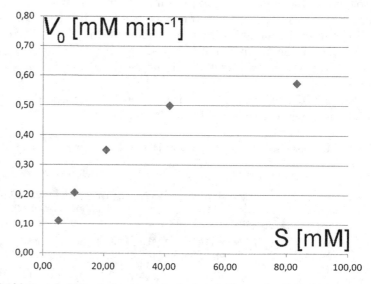

a) Abhängigkeit der Anfangsgeschwindigkeit V_0 von der Substratkonzentration

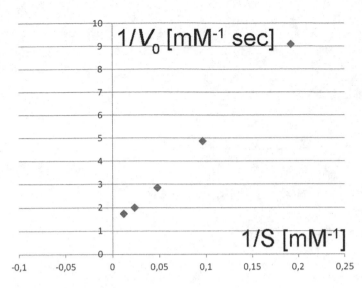

b) Lineweaver-Burk-Plot

Wie in Abb. 8.12 im Stryer gezeigt, erhält man aus den Achsenabschnitten etwa die Werte $K_M = 40$ mM und $V_{max} = 0{,}8$ mmol min^{-1}.

Stryer, Abb. 8.12

5. In Abb. 8.11 im Stryer sehen Sie, dass nur bei V_{max} die Geschwindigkeit unabhängig von der Substratkonzentration ist. Das ist bei Ethanol als Substrat tatsächlich der Fall. Erst bei irrelevant kleinen Ethanolkonzentrationen ($< 0{,}1$ Promille) kommt man in den nichtlinearen Bereich der Abbildung.

Stryer, Abb. 8.11

Promille ist die Konzentrationsangabe g kg^{-1}, d. h. 1 ‰ Ethanol (molare Masse 46) sind 1 g Ethanol in 1 kg Blut, was ungefähr einer 20 mM Lösung entspricht. Der K_M-Wert der Alkohol-Dehydrogenase beträgt unter physiologischen Bedingungen aber nur um die 1 mM. Weil die Gesamtmenge des Enzyms im Körper bei allen Menschen ganz ähnlich ist, ist nach ▶ Gl. 7.11 die Abbaugeschwindigkeit im relevanten Bereich konstant und liegt bei ungefähr 0,1 bis 0,2 Promille pro Stunde.

Stoffwechsel – allgemeine Prinzipien

© Springer-Verlag GmbH Deutschland, ein Teil von Springer Nature 2020
K. von der Saal, *Biochemie*, https://doi.org/10.1007/978-3-662-60690-2_8

Jeder Organismus ist in der Lage, komplizierte Moleküle aus einfachen Vorstufen herzustellen. Dazu sind viele biochemische Reaktionen notwendig, die nicht spontan ablaufen. Beispielsweise stellen Lebewesen Proteine her – das ist die Umkehr der gerade besprochenen Hydrolyse. Sie haben gelernt, dass die Hydrolyse von Peptiden spontan (wenn auch äußerst langsam) abläuft. Die umgekehrte Reaktion ist also nicht spontan – um sie dennoch durchzuführen, ist Energie nötig.

Stryer, Abschn. 15.1

Diese Energie stammt aus der Umwelt des Organismus: Pflanzen holen sich die notwendige Energie aus dem Sonnenlicht, Tiere hingegen oxidieren ihre Nahrung – Pflanzen oder andere Tiere – mit dem Sauerstoff der Luft und beziehen daraus Energie. Die Oxidation von Nährstoffen zu Kohlendioxid und Wasser zur Energiegewinnung bezeichnet man als **Katabolismus,** die energieverbrauchenden Reaktionen zum Aufbau komplexer Moleküle aus einfachen Vorstufen als **Anabolismus** (Stryer, Abschn. 15.1). Katabole und anabole Wege zusammen bilden den Gesamtstoffwechsel **(Metabolismus).**

Stryer, Abb. 15.2

Diese Stoffwechselwege sind hoch komplex. Abb. 15.2 im Stryer zeigt einen kleinen Ausschnitt aus einem sehr vereinfachten Schema.

Mit wichtigen Stoffwechselwegen werden wir uns in den folgenden zwei Teilen beschäftigen. Zur Vorbereitung dazu wollen wir hier einige Grundlagen beschreiben:

- Wie gelingt es Organismen, nichtspontane Reaktionen durchzuführen?
- Wie werden die bei Oxidationen anfallenden und bei Reduktionen benötigten Elektronen übertragen?
- Wie werden kleine chemische Bausteine übertragen?
- Was sind die Schlüsselreaktionen des Stoffwechsels?
- Wie werden Stoffwechselwege reguliert?

8.1 Viele Enzyme arbeiten mit Cofaktoren

Zahlreiche Enzyme brauchen für ihre Aktivität kleinere Moleküle oder Metallionen – wir sprechen von Cofaktoren oder Coenzymen. **Prosthetische Gruppen** sind Cofaktoren, die kovalent an das Enzym gebunden sind. Cofaktoren binden wie Substrate an Enzyme und können daher als Cosubstrate betrachtet werden; im Unterschied zu echten Substraten können dieselben Cofaktoren jedoch mit unterschiedlichen Enzymen zusammenarbeiten, die dann meist ähnliche Mechanismen haben.

Bei unserer Diskussion des Stoffwechsels werden wir immer wieder auf dieselben Cofaktoren oder prosthetischen Gruppen stoßen. Wichtige Beispiele sind etwa Coenzym A (CoA) oder Thiaminpyrophosphat (eine andere Bezeichnung lautet Thiamindiphosphat), deren Rollen wir in den nächsten Abschnitten kennen lernen.

Stryer, Tab. 8.2

Viele Cofaktoren leiten sich von Vitaminen ab. Im Stryer in Tab. 8.2 finden Sie eine Aufstellung wichtiger Beispiele.

8.2 Verwandlung von endergonen in exergone Reaktionen

Clayden, Kap. 10

Im organischen Syntheselabor haben wir bereits gelernt, nichtspontane Reaktionen durchzuführen: Ein Amid können wir herstellen, indem wir zunächst die Carbonsäure „aktivieren", beispielsweise durch Herstellung des Säurechlorids mittels Thionylchlorid ($SOCl_2$) (▶ Gl. 8.1) (Clayden, Kap. 10).

$$CH_3-COOH + SOCl_2 \rightarrow CH_3-COCl + SO_2 + HCl$$

(8.1)

Thionylchlorid ist ein energiereiches Molekül, dadurch läuft diese Reaktion spontan ab ($\Delta G < 0$). Ein Teil der Energie des Thionylchlorids wird auf das Säurechlorid übertragen. Dessen Energieniveau ist jetzt so hoch, dass nun auch die Umsetzung mit dem Amin spontan verläuft (▶ Gl. 8.2):

$$CH_3-COCl + R-NH_2 \rightarrow CH_3-CONH-R + HCl \qquad (8.2)$$

Im thermodynamischen Sinn haben wir dabei Folgendes gemacht: Wir haben eine energetisch ungünstige Reaktion (die Bildung des Amids aus Amin und Carbonsäure, ▶ Gl. 8.3) mit einer thermodynamisch günstigen gekoppelt (die Hydrolyse von Thionylchlorid, ▶ Gl. 8.4):

$$CH_3-COOH + R-NH_2 \rightarrow CH_3-CONH-R + H_2O \qquad (\Delta G > 0) \qquad (8.3)$$

$$SOCl_2 + H_2O \rightarrow SO_2 + 2\,HCl \qquad (\Delta G << 0) \qquad (8.4)$$

> ❯ Eine **endergone** Reaktion wird möglich, indem sie so an eine **exergone** Reaktion gekoppelt wird, dass die Summe der Änderung der freien Enthalpien beider Reaktionen negativ ist.

Der erste und zweite Hauptsatz der Thermodynamik betrachten nämlich keine Einzelschritte, sondern immer „das System" im Verhältnis zu seiner „Umgebung". Eine einzelne chemische Reaktion im Kolben wäre „das System" und könnte spontan ablaufen, wenn freie Enthalpie an „die Umgebung" abgegeben wird. Genauso können im Kolben zwei nacheinander ablaufende Reaktionen spontan sein, solange die Summe der Änderung der freien Enthalpien der Einzelschritte negativ ist.

8.3 Ein Carrier für Energie: ATP

Aus der organischen Synthesechemie kennen Sie eine ganze Anzahl von „Aktivierungsreagenzien". Praktisch wird für jede wichtige Reaktion ein maßgeschneidertes Aktivierungsreagenz entwickelt. Die Natur dagegen beschränkt sich (sicher sehr zu Ihrer Erleichterung) weitgehend auf ein einziges Aktivierungsreagenz: **Adenosintriphosphat (ATP).** Sie überlässt es dann maßgeschneiderten Enzymen, dies für die verschiedensten Reaktionen zu benutzen. Die Strukturformel von ATP finden Sie im Stryer, in Abb. 15.3.

Stryer, Abb. 15.3

Sie haben wahrscheinlich erkannt, dass ATP zwei Anhydridbindungen der Phosphorsäure enthält (zwischen den mit α und β bzw. mit β und γ bezeichneten P-Atomen). Aus der Organischen Chemie wissen wir, dass Carbonsäureanhydride mit Wasser spontan und rasch zu den Carbonsäuren reagieren (Clayden, Kap. 10). Diese Hydrolyse läuft bei Phosphorsäureanhydriden nur langsam ab und muss durch Enzyme katalysiert werden. ATP wird dabei zu **Adenosindiphosphat (ADP)** und **Adenosinmonophosphat (AMP)** hydrolysiert. Beide Hydrolyseschritte sind stark exergon:

$$ATP + H_2O \rightleftharpoons ADP + P_i \qquad \Delta G^{0'} = -30{,}5\,\text{kJ}\,\text{mol}^{-1}$$

$$ATP + H_2O \rightleftharpoons AMP + PP_i \qquad \Delta G^{0'} = -45{,}6\,\text{kJ}\,\text{mol}^{-1}$$

Bitte beachten Sie die in der Biochemie geläufige Schreibweise für Phosphat (P_i) und Pyrophosphat (andere Bezeichnung: Diphosphat, PP_i). Der Index i steht dabei für engl. *inorganic* – anorganisch.

Unter physiologischen Bedingungen sind die Änderungen der freien Enthalpien der ersten beiden ATP-Hydrolyseschritte mit $\Delta G^0 \sim -50\,\text{kJ}\,\text{mol}^{-1}$ sogar noch etwas stärker exergon. Was können wir damit anfangen? Werfen Sie dazu noch einmal den Blick auf Tab. 8.3 im Stryer.

Stryer, Tab. 8.3

Diese Tabelle zeigt den Zusammenhang zwischen der Änderung der freien Enthalpie und der Gleichgewichtskonstanten einer Reaktion. Die erwähnten -50 kJ mol^{-1} sind so viel, dass sie hier schon gar nicht mehr aufgeführt sind. Ein $\Delta G^{0'}$ von $-5,69 \text{ kJ mol}^{-1}$ ist mit einer Änderung der Gleichgewichtskonstanten um den Faktor 10 verbunden. Daraus lässt sich berechnen, dass die Koppelung der ATP-Hydrolyse an eine endergone Reaktion deren Gleichgewicht um den Faktor 10^8 verschieben kann! Und wenn das nicht reicht, dann koppelt die Natur zwei oder mehr (allgemein: n) ATP-Hydrolyseschritte an die Reaktion. In die Gleichgewichtskonstante geht die Anzahl n in die Potenz ein; die Gleichgewichte werden daher um die Faktoren $10^{n \cdot 8}$ verschoben.

> ❯ Eine thermodynamisch ungünstige Reaktionsfolge kann durch Kopplung mit einer ausreichenden Zahl von ATP-Hydrolyseschritten in eine thermodynamisch günstige Reaktionsfolge umgewandelt werden.

Beachten Sie, dass der Begriff *Reaktionsfolge* in diesem Satz sehr weit gefasst werden kann: Er umfasst nicht nur den Aufbau komplizierter Verbindungen, sondern reicht von Konformationsänderungen bis hin zu Muskelkontraktionen und ganzen Bewegungsabläufen wie dem Umblättern der Seiten in diesem Teil durch Ihre Hand. Kurz gesagt: Die Hydrolyse von ATP ist für fast alles verantwortlich, was im Körper Energie kostet; ATP ist eine Art universeller biochemischer Energiewährung. Dementsprechend wird dafür gesorgt, dass die ATP-Konzentration in Zellen mit etwa 5 mM konstant relativ hoch ist und bleibt.

8.3.1 Aktivierung eines Reaktionspartners durch Übertragung der Phosphatgruppe aus ATP

Beachten Sie, dass die Hydrolyse von ATP nicht in einem Schritt verläuft, denn dann wäre die gesamte freie Energie ja nutzlos an die Umgebung abgegeben. Die Kopplung an eine endergone Reaktion bedeutet vielmehr die Aktivierung eines Reaktionspartners durch die Übertragung einer Phosphatgruppe von ATP unter Freisetzung von ADP. In einem weiteren Schritt wird dann der durch Phosphorylierung aktivierte Reaktionspartner zum gewünschten Produkt umgesetzt und erst dabei wird die Phosphatgruppe freigesetzt.

Stryer, Abb. 15.3

Reaktionen von ATP

Sehr häufig werden wir Reaktionen begegnen, bei denen die γ-Phosphatgruppe von ATP auf einen Reaktionspartner übertragen und ADP freigesetzt wird. Wenn wir uns aber die Struktur von ATP anschauen (Stryer, Abb. 15.3), erkennen wir, dass die hohe Energie der Phosphorsäureanhydridbindung zwei Mal genutzt werden kann: Jede der beiden Phosphorsäureanhydridbindungen in ATP kann gespalten werden; sowohl P_i als auch PP_i (Pyrophosphat) können auf Reaktionspartner übertragen werden. Durch die Übertragung von P_i wird ADP freigesetzt; durch Übertragung von PP_i entsteht AMP.

Beispielsweise wird Thiaminpyrophosphat, ein wichtiger Cofaktor des Pyruvat-Dehydrogenase-Komplexes, durch Übertragung von Pyrophosphat auf Thiamin unter Freisetzung von AMP hergestellt. Das verantwortliche Enzym ist die Thiaminpyrophosphokinase.

Dagegen wird im 1. Schritt der Biosynthese von Asparagin aus Aspartat der AMP-Rest auf den Reaktionspartner übertragen und PP_i freigesetzt.

In gleicher Weise kann PP_i auch von einem ADP-Molekül auf ein anderes übertragen werden, um bei ATP-Mangel rasch für Nachschub zu sorgen (▶ Gl. 8.5):

$$2\,ADP \rightarrow AMP + ATP \qquad (8.5)$$

Die Gleichgewichtskonstante liegt etwa bei 1, die Gleichgewichtseinstellung wird durch die Adenylat-Kinase katalysiert.

■ **Manche Enzyme werden durch Phosphorylierung aktiviert**

ATP hilft nicht nur, endergone Reaktionen in exergone zu verwandeln. Manche Enzyme werden durch Phosphorylierung mittels ATP aktiviert. In solchen Fällen löst die negative Ladung der Phosphatgruppe in dem Enzym eine Strukturänderung aus, die den aktiven Zustand herstellt. Enzyme, die mittels ATP andere Enzyme an bestimmten Serin- oder Tyrosinresten phosphorylieren, heißen **Kinasen** (▶ Gl. 8.6):

$$R{-}OH + ATP \rightarrow R{-}O{-}PO_3^{2-} + ADP \qquad (8.6)$$

Die Aktivierung ist reversibel: Der inaktive Zustand wird durch ein anderes Enzym, eine **Phosphatase**, wiederhergestellt, die die Phosphatgruppe wieder abspaltet.

8.3.2 Weitere energiereiche Phosphate

Ihnen wird nicht entgangen sein, dass Adenosinphosphate den RNA-Baustein Adenosin enthalten. In Abb. 15.3 im Stryer ist der blau gezeichnete Molekülteil Adenin, der schwarz gezeichnete Teil ist Ribose. In der Tat gibt es auch die analogen Phosphate der anderen drei RNA-Bausteine Guanosin, Uridin und Cytidin, doch haben diese für den Metabolismus nicht die überragende Bedeutung der Adenosinderivate. Wichtiger sind jedoch einige andere aktive Phosphate, die Sie in Tab. 15.1 im Stryer finden, insbesondere Phosphoenolpyruvat (PEP), **Kreatinphosphat** und 1,3-Bisphosphoglycerat. Diese drei, deren chemische Formeln Sie in Abb. 15.6 im Stryer finden, sind auf einem so hohen thermodynamischen Niveau, dass sie ihre Phosphatgruppen sogar auf ADP übertragen können und damit zur ATP-Synthese beitragen!

Die Konzentration von Kreatinphosphat ist mit 25 mM noch höher als die von ATP. Kreatinphosphat ist sozusagen ein Pufferspeicher für energiereiches Phosphat, das rasch ADP zu ATP umwandeln kann und damit hilft, den ATP-Spiegel aufrecht zu erhalten. Die Kinase, die diese Reaktion katalysiert, heißt dementsprechend Kreatin-Kinase.

Ein Wort zur biochemischen Nomenklatur: Wir werden häufig dem Begriff *energiereiches Phosphat* begegnen. Damit sind energiereiche Moleküle gemeint, die Phosphatgruppen übertragen können, beispielsweise die in Tab. 15.1 gezeigten Verbindungen. Dagegen enthält die anorganische Phosphatgruppe P_i, die durch Hydrolyse energiereicher Phosphate entsteht, keine nutzbare Energie mehr.

> ATP ist der unmittelbare Donator freier Energie, aber nicht die Speicherform.

ATP ist rasch aufgebraucht
Ein Beispiel soll das Gesagte verdeutlichen (Stryer, Abb. 15.7):
Sie versuchen, einen Bus zu erreichen, der gleich losfahren will und legen einen Spurt ein. Bereits nach einer Sekunde ist der ATP-Vorrat in Ihren Muskeln aufgebraucht! Sie können nur deshalb weiterlaufen, weil sofort aus Kreatinphosphat neues ATP hergestellt wird. Aber nach vier Sekunden ist auch das Kreatinphosphat zu Ende und Sie stellen jetzt ATP durch Oxidation

Stryer, Tab. 15.1 und Abb. 15.3, 15.6

Stryer, Abb. 15.7

> von Glucose her, erst anaerob, schließlich aerob, das heißt, unter Sauerstoff-
> verbrauch. Sie müssen dazu heftig atmen! Wenn Sie den Bus erreicht oder
> wenn Sie aufgegeben haben, müssen Sie trotzdem noch eine Weile heftig
> weiteratmen; dann werden ihre Speicher für energiereiches Phosphat wieder
> aufgefüllt.

Insgesamt haben wir zu jedem Zeitpunkt nur ungefähr 100 bis 200 g ATP in
unserem Körper. Wir verbrauchen aber täglich eine Energie von etwa 10.000 kJ,
die wir durch die Nahrung zu uns genommen haben. In der Tat brauchen wir
einen großen Teil davon nur zur Synthese von ATP! Aber nur damit wir am
Leben bleiben, wird ATP ständig verbraucht, sodass im Gleichgewicht nur die
genannten 100 bis 200 g vorhanden sind. Die Erzeugung von ATP ist daher eine
der wichtigsten Funktionen des Katabolismus.

? Fragen
1. Berechnen Sie, wie viel Gramm ATP (molare Masse 507 g mol^{-1}) Sie mithilfe
   der täglich aufgenommenen Nahrungsmenge aus ADP und P$_i$ maximal
   herstellen können.

8.3.3 ATP-Synthese

Stryer, Abb. 15.8

Die Kohlenstoffatome von Nahrungsmitteln, hauptsächlich von Kohlenhydraten und Fetten, werden zu Kohlendioxid und Wasser oxidiert. Die dabei
gewonnene Energie treibt die Synthese von ATP aus ADP und P$_i$ an (Stryer,
Abb. 15.8).

Stryer, Abb. 15.12

Die Energiegewinnung aus Nährstoffen lässt sich in drei Stufen einteilen, die
tatsächlich auch räumlich getrennt ablaufen (Stryer, Abb. 15.12).

- **Erste Stufe: Verdauung**

In der ersten Stufe, der Verdauung im Darm, werden große Nahrungsmoleküle
zu kleinen, monomeren Molekülen abgebaut: Proteine werden in die einzelnen
Aminosäuren zerlegt; Kohlenhydrate werden in die einzelnen Zucker gespalten,
beispielsweise Stärke zu Glucose oder Lactose zu Glucose und Galactose. Fette
werden in Fettsäuren und Glycerin verwandelt. Die Monomeren werden von
den Darmzellen absorbiert und ins Blut abgegeben. Von dort gelangen sie zu
den Zellen des Körpers. Damit ist der erste Schritt beendet; Energie wurde hier
nicht gewonnen.

- **Zweite Stufe: Abbau der Monomeren zu Acetyl-Coenzym A**

Die zweite Stufe läuft im Cytosol von Zellen ab. Die Monomeren werden zu
einem Essigsäurederivat abgebaut, dem **Acetyl-Coenzm A,** kurz Acetyl-CoA
genannt. Dabei wird schon ein wenig ATP gewonnen.

- **Dritte Stufe: Oxidation von Acetyl-Coenzym A**

Die Hauptmenge an ATP entsteht aber erst in der dritten Stufe, die in den
Mitochondrien der Zellen abläuft. Hier wird die über Acetyl-CoA eingeschleuste Essigsäure vollständig zu Kohlendioxid und Wasser oxidiert.

Details dazu werden Sie erst im nächsten Teil lernen.

8.4 Redoxreaktionen

Untersuchen wir nun, wie in Organismen Redoxreaktionen durchgeführt werden
und wie die anfallenden Elektronen transportiert werden.

Die Stufe 2 des Katabolismus-Schemas (Stryer, Abb. 15.12) ist in Abb. 15.1 etwas detaillierter dargestellt.

Stryer, Abb. 15.12 und 15.1

Das Schema beginnt mit Glucose, einem der wichtigsten Energielieferanten aus der Nahrung: Glucose wird in der sog. Glykolyse zu Pyruvat (Brenztrauben-säure) abgebaut, aus dem das schon erwähnte Essigsäurederivat Acetyl-CoA entsteht. Aus einem Mol Glucose entstehen dabei zwei Mol Pyruvat. Wenn wir die Reaktionsgleichung genauer betrachten, stellen wir fest, dass etwas an der Stöchiometrie nicht stimmt. Zwar sind in zwei Molekülen Pyruvat noch alle sechs C-Atome und alle sechs O-Atome der Glucose vorhanden, aber es sind vier der zwölf H-Atome abhandengekommen – die Oxidationszahlen der Kohlenstoff-atome haben sich geändert!

8.4.1 Oxidationszahlen

Um in den folgenden Teilen den Überblick über die Oxidationszustände bio-logischer Moleküle zu behalten, können wir uns an den Oxidationszahlen der Kohlenstoffatome orientieren. Typische Oxidationszahlen von Kohlenstoffatomen sind in ◘ Tab. 8.1 aufgeführt:

In manchen Fällen erkennen Sie vielleicht nur schwer, welche Gruppe vor-liegt. In der Glucose liegt beispielsweise C-1 (in der Formel oben in Abb. 15.1 die rechte Ecke) in der Oxidationsstufe des Aldehyds vor: Durch den Ringschluss mit dem Sauerstoffatom an C-5 entstand aus dem Aldehyd ein Acetal, die Oxidations-zahl von C-1 (+1) hat sich dadurch aber nicht geändert. Dann haben wir noch vier sekundäre Alkohole und einen primären Alkohol (−1). Addieren wir alle Oxidationszahlen der Kohlenstoffatome, erhalten wir für Glucose die Oxidations-zahl von Null.

Schauen Sie sich jetzt Pyruvat an: eine Methylgruppe (−3), ein Keton (+2) und eine Carbonsäure (+3). In der Summe haben wir eine Oxidationszahl von +2.

Pyruvat steht damit auf einer höheren Oxidationsstufe als das Ausgangs-material. Bei den zehn Schritten von Glucose zum Pyruvat sind insgesamt vier Protonen und vier Elektronen abhandengekommen. Sie können sich sicher den-ken, dass der Luftsauerstoff diese aufgenommen hat, um daraus zwei Mol Wasser zu machen. Im Prinzip ja – aber: Die genannten Reaktionen finden im Cyto-sol statt, während die Reaktionen mit Luftsauerstoff nur in den Mitochondrien ablaufen. Glucose kommt mit dem Luftsauerstoff gar nicht in Berührung! Die Lösung erfahren wir im folgenden Abschnitt.

◘ **Tab. 8.1**   Beispiele für Oxidationszahlen von Kohlenstoffatomen

Oxidationszahl	Beispiel	
	Name	Formel
−4	Methan	CH_4
−3	Methylgruppe, mit C verknüpft	$H_3C–C$
−2	Alken	$H_2C=C$
−1	Primärer Alkohol	$C–CH_2–OH$
0	Sekundärer Alkohol	$C-CH(OH)–C$
+1	Aldehyd	$C–CH(=O)$
+2	Keton	$C–C(=O)–C$
+3	Carbonsäure	$C–COOH$
+4	Kohlendioxid	CO_2

8.4.2 NAD⁺/NADH – Redoxcarrier, Zwischenspeicher und Überträger von Elektronen

Stryer, Abb. 15.13

Des Rätsels Lösung liegt in Überträgern von Redoxäquivalenten (Redoxcarriern). Ähnlich wie ATP ein Carrier für Phosphatgruppen und Energie ist, so übertragen die Redoxcarrier Wasserstoffatome und Elektronen zu der finalen Senke, dem Luftsauerstoff.

Einer der wichtigsten Carrier ist **Nicotinamidadenindinucleotid (NAD⁺)** (Stryer, Abb. 15.13).

Gezeigt ist die oxidierte Form. Diese kann ein Hydridion und damit zwei Elektronen aufnehmen, wobei sie zu **NADH** reduziert wird. Das Hydridion tritt an der mit Pfeil markierten Stelle ein. Die bei der Umwandlung von Glucose zu Pyruvat frei gewordenen vier Elektronen werden auf zwei Moleküle NAD⁺ übertragen. Diese nehmen zwei Hydridionen auf, und die noch fehlenden zwei Protonen werden in die wässrige Umgebung abgegeben.

> ❓ **Fragen**
> 2. Zeichnen Sie die Strukturformel der reduzierten Form des Nicotinamid-adenindinucleotids (NADH).

NADH überträgt anschließend in den Mitochondrien das Hydridion auf Luftsauerstoff und wird dadurch reoxidiert. Diese Oxidation liefert mit $\Delta G^{0'} = -220\ \text{kJ mol}^{-1}$ so viel Energie, dass damit mehrere energiereiche Phosphorsäureanhydridbindungen von ATP geknüpft werden können.

Die Summengleichung der Umwandlung von Glucose zu zwei Mol Pyruvat ist also ▶ Gl. 8.7:

$$C_6H_{12}O_6 + 2\,NAD^+ + 2\,ADP + 2\,P_i \rightarrow 2\,CH_3C(O)COOH$$
$$+ 2\,NADH + 2\,H^+ + 2\,ATP + 2\,H_2O \tag{8.7}$$

Damit hat sich der Kreis geschlossen: NADH wird von Luftsauerstoff zu NAD⁺ oxidiert. NAD⁺ seinerseits oxidiert Glucose in einem mehrstufigen Prozess zu zwei Mol Pyruvat, und es bleibt noch genügend Energie übrig, um ATP herzustellen. Dieses ATP wiederum dient als Energiewährung in fast allen endergonen Reaktionen, sowohl im Tier- als auch im Pflanzenreich.

8.4.3 Weitere Redoxcarrier

Stryer, Abb. 15.13, 15.14 und 15.15

Einige weitere Redoxcarrier bedürfen noch der Erwähnung: In Abb. 15.13 finden Sie neben NAD⁺ auch **NADP⁺** abgebildet. Die Redoxreaktion verläuft damit genau so wie bei NAD⁺. Der zusätzliche Phosphatrest an der Ribose dient nur als „Marker", um das Molekül in andere Bereiche der Zelle zu lenken – für Oxidationen in der Biosynthese. NAD⁺ dient hauptsächlich der Erzeugung von ATP. In Abb. 15.14 im Stryer finden Sie **Flavinadenindinucleotid (FAD)** in seiner oxidierten Form, das wie NAD⁺ zwei Elektronen, aber im Gegensatz zu diesem auch zwei Protonen aufnimmt und zu **FADH₂** reduziert wird (Stryer, Abb. 15.15).

Die Redoxeigenschaften von NAD⁺/NADH und FAD/FADH₂ sind etwas unterschiedlich. FAD wird hauptsächlich bei der Oxidation von Alkanen zu Alkenen eingesetzt.

8.5 Thioester zur Übertragung von Carbonsäureäquivalenten

Nach dem oben genannten organisch-chemischen Beispiel der Aktivierung einer Carbonsäure durch Thionylchlorid haben Sie vielleicht erwartet, dass die Natur auch dafür ATP einsetzt. Das geschieht aber nur selten – etwa im ersten Schritt der Biosynthese einiger Aminosäuren aus Glutamat (wir gehen darauf im fünften Teil ein).

Wesentlich häufiger finden wir in der Biochemie Carbonsäuren, die als Thioester aktiviert sind. Insbesondere Acetylgruppen werden sehr oft als Thioester übertragen. Der Carrier ist hier **Coenzym A** (Stryer, Abb. 15.16).

Stryer, Abb. 15.16

8.5.1 Coenzym A als Carrier von C_2-Äquivalenten

Die durch Bindung an Coenyzm A aktivierte Acetylgruppe wird als **Acetyl-CoA** bezeichnet.

Thioester sind reaktiver als normale Ester; deshalb lässt sich die Acetylgruppe leicht von Acetyl-CoA abspalten. Die freie Enthalpie der Hydrolyse von Acetyl-CoA ist mit $-31{,}4\,kJ\,mol^{-1}$ stark negativ und ähnlich groß wie die der Hydrolyse von ATP. Acetyl-CoA ist also eine aktivierte Essigsäure, aber kinetisch stabil genug, um in der wässrigen Umgebung der Zelle nicht spontan zu hydrolysieren.

Essigsäure (Acetat) lässt sich mit Coenzym A nach ▶ Gl. 8.8 zu Acetyl-CoA umsetzen:

$$CH_3-COOH + ATP + CoA-SH$$
$$\rightarrow CoA-S-C(O)-CH_3 + AMP + PP_i \tag{8.8}$$

In Aufgabe 16 am Ende von ▶ Kap. 15 im Stryer werden Sie aufgefordert, die freie Enthalpie dieser Reaktion zu berechnen. Tun Sie das; die notwendigen Angaben finden Sie auch hier in diesem Teil.

Werfen Sie nun nochmals einen Blick auf Abb. 15.1 im Stryer!

Stryer, Abb. 15.1

Sie sehen hier, dass im Glucosestoffwechsel Acetyl-CoA direkt aus Pyruvat hergestellt wird, unter Abspaltung von CO_2 (nicht gezeigt). Beim Vergleich der Oxidationszahlen von Pyruvat mit denen von Acetyl-CoA und CO_2 werden Sie sehen, dass hier wieder eine Oxidation stattgefunden hat. Diese liefert so viel Energie, dass das energiereiche Acetyl-CoA entsteht, ohne dass dafür ein Mol ATP geopfert werden muss.

8.5.2 Bausteine von Carriermolekülen stammen oft von Vitaminen

Eine Zusammenfassung der hier besprochenen Carrier und weitere Beispiele finden Sie in Tab. 15.2 im Stryer.

Stryer, Tab. 15.2

Die Natur hat also ein elegantes System aus relativ wenigen Molekülen aufgebaut, die für die unterschiedlichsten Aufgaben des Metabolismus verwendet werden. Das ist nur möglich, weil für fast jede Reaktion maßgeschneiderte Enzyme existieren. Interessant ist, dass viele der Carrier sich von Vitaminen ableiten, vor allem von Vitaminen der B-Reihe. Tab. 15.3 gibt einen Überblick, und typische Strukturen finden Sie in Stryer, Abb. 15.17.

Stryer, Tab 15.3 und Abb. 15.17

Vitamine sind essenzielle Substanzen, die wir nicht selbst herstellen können, sondern mit der Nahrung aufnehmen müssen. Ein Mangel an bestimmten Vitaminen führt zu den in Tab. 15.3. angegebenen Krankheiten. Vielleicht können wir Vitamine nicht selbst synthetisieren, weil sie so komplexe Strukturen haben. Dadurch ist der Syntheseaufwand beträchtlich – es ist wohl effizienter, sich geeignete Nahrungsmittel mit hohem Vitamingehalt zu suchen.

> **ADP als Bestandteil vieler Carriermoleküle**
> Ihnen ist sicher schon aufgefallen, dass ADP in allen besprochenen Carriertypen vorkommt: in ATP, NADH, FAD und Coenzym A.

8

Diese Carrier spielen in praktisch allen Lebewesen die gleiche Rolle. Darüber hinaus ist die Verwandtschaft zu den Bestandteilen der RNA offensichtlich. Dies hat zu Spekulationen über eine entwicklungsgeschichtlich frühe „RNA-Welt" beigetragen, die vor der Entwicklung von Proteinen bestand und deren Erbe wir in allen Lebewesen vorfinden.

8.6 Schlüsselreaktionen des Stoffwechsels

Stryer, Tab. 15.5

Obschon die Stoffwechselwege vielfältig und komplex sind, reichen sechs Schlüsselreaktionen aus, um die meisten Reaktionsfolgen zu verstehen. Einen Überblick gibt Tab. 15.5 im Stryer.

- Oxidationen und Reduktionen werden häufig mittels NAD^+ bzw. seiner reduzierten Form NADH oder FAD bzw. dessen reduzierten Form $FADH_2$ durchgeführt. Beispiele dafür sind die Einführung einer C=C-Doppelbindung aus einem gesättigten Kohlenwasserstoff mithilfe von FAD oder die Oxidation einer Hydroxylgruppe zu einem Keton durch NAD^+ und umgekehrt.
- Als Ligationsreaktionen bezeichnet man in der Biochemie Reaktionen, bei denen eine neue Bindung geknüpft wird. Beispiel dafür ist die Synthese von Oxalacetat aus Pyruvat und Kohlendioxid.
- Bei Isomerisierungen werden Atome innerhalb eines Moleküls neu angeordnet. So wird im Citratzyklus etwa Citrat zu Isocitrat isomerisiert, d. h. eine tertiäre Hydroxylgruppe wird zu einer sekundären. Der Grund dafür ist, dass in der Folge die nun sekundäre Hydroxylgruppe zum Keton oxidiert wird, was im Citrat nicht möglich gewesen wäre.
- Unter Gruppenübertragungsreaktionen fasst man unterschiedliche Reaktionen zusammen – etwa Phosphorylierungsreaktionen durch ATP.
- In Hydrolysereaktionen werden Bindungen durch Wasser gespalten. Die Hydrolyse von Peptidbindungen haben wir ausführlich besprochen.
- Funktionelle Gruppen können an Doppelbindungen addiert werden – und umgekehrt können Doppelbindungen durch Abspaltung funktioneller Gruppen entstehen. Enzyme, die diesen Reaktionstyp katalysieren, nennt man Lyasen. Ein Beispiel aus der Glykolyse ist die Umwandlung der C_6-Einheit Fructose-1,6-bisphosphat in die beiden C_3-Einheiten Dihydroxyacetonphosphat und Glycerinaldehyd-3-phosphat (die wir im 4. Teil näher besprechen werden). Diese Reaktion ist reversibel; in der Organischen Chemie spricht man von einer Aldoladdition.

8.7 Regulation von Stoffwechselprozessen

Sie können sich vorstellen, wie rasch, aber genau und flexibel Stoffwechselprozesse reguliert werden müssen, um allen Lebenssituationen gerecht zu werden. Diese Regulation geschieht hauptsächlich über

- die Enzymmenge,
- die Enzymaktivität
- und die Verfügbarkeit von Substraten.

8.7.1 Regulation über die Menge des Enzyms

Die Enzymmenge wird über die Geschwindigkeiten der Synthese und des Abbaus reguliert. Rascher kann die Enzymmenge erhöht werden, wenn bereits eine inaktive Vorform gespeichert wird, die nur noch in die enzymatisch aktive Form überführt werden muss. In diesem Teil haben wir am Beispiel der Verdauungsenzyme gesehen, wie das funktioniert.

8.7.2 Reversible allosterische Inhibierung

Bei der Regulation der Enzymaktivität spielt die reversible allosterische Inhibierung eine herausragende Rolle, insbesondere die Inhibierung einer Reaktionssequenz durch das entstehende Produkt (Feedback-Inhibierung, ▶ Abschn. 7.4.2). Ein anderes Beispiel dieser Regulationsform besteht in der reversiblen Phosphorylierung eines Enzyms. Eine inaktive oder wenig aktive Form eines Enzyms wird durch die Phosphorylierung eines Serinrestes in die katalytisch aktive Form überführt. Auch das haben wir schon oben gesehen (▶ Abschn. 8.3.1).

Allosterische Hemmung durch ATP

Entscheidende Enzyme an Schlüsselstellen des Metabolismus werden sogar durch mehrere dieser Mechanismen beeinflusst. Werfen Sie dazu einen Blick auf Abb. 21.10 im Stryer, die zwei Formen der Glykogen-Phosphorylase zeigt. Dieses Enzym katalysiert die Freisetzung von Glucose aus Glykogen und ist damit ganz entscheidend für die Bereitstellung des wichtigsten Ausgangs-materials für die ATP-Synthese, Glucose. Dementsprechend genau ist seine Aktivität reguliert. Das Enzym liegt meist in der rechts gezeigten Form als Phosphorylase b vor. Es enthält eine Bindestelle für Adenosinphosphate, die nur dazu dient, das Konzentrationsverhältnis von ATP zu AMP zu messen. Im Ruhezustand, etwa vor dem Fernseher, ist Ihr Speicher an energiereichem Phosphat gefüllt und die Bindungsstelle an Phosphorylase b ist mit ATP besetzt. Diesen Zustand der Phosphorylase bezeichnet man als T-Zustand, die Phosphorylase ist jetzt nicht aktiv. Die Bindung von ATP ist eine typische allosterische Hemmung! Wenn Sie nun aufstehen und zum Kühlschrank gehen, um sich ein Bier zu holen, wird ATP zu AMP und PP_i hydrolysiert, um damit Muskelarbeit zu verrichten. Der AMP-Spiegel steigt, der ATP-Spiegel sinkt; AMP kann nun ATP von seiner Bindungsstelle an der Phosphorylase b verdrängen. Dadurch wird die Phosphorylase b in den aktiven R-Zustand überführt. Jetzt setzt das Enzym aus Glykogen Glucose frei, deren Abbau in der Glykolyse neues ATP ergibt. Das geht so lange, bis Sie mit Ihrem Bier wieder am Sessel angekommen sind. Nach kurzer Zeit ist das alte Niveau der ATP-Konzentration erreicht; ATP bindet wieder an das Enzym, das dadurch wieder in den inaktiven T-Zustand übergeht.

Angenommen, Sie erschrecken plötzlich, weil beispielsweise Ihre Pizza angebrannt ist und Rauch aus dem Ofen dringt! Dann passiert Dramatisches: Durch den Schrecken wird Adrenalin freigesetzt. Dieses und die sofort einsetzende Muskelspannung führen dazu, dass zwei Serinreste der Phosphorylase b phosphoryliert werden. Die in Abb. 21.10 rot und blau markierten Helices verschieben sich, und Phosphorylase a entsteht (die Phosphoserinreste sind durch Pfeile markiert). So gelangt das Enzym – unabhängig von der ATP-Konzentration – in den aktiven R-Zustand. Das ganze Geschehen läuft innerhalb eines Augenblicks ab! Glucose wird bereitgestellt, obwohl noch genügend ATP vorhanden ist. In diesem Fall „spürt" Ihr Organismus durch den Adrenalinausstoß, dass Sie gleich losspurten und dabei ihre energiereichen Phosphate schnell verbrauchen werden. Sie erleben somit *live* das Resultat einer Enzymaktivierung durch Phosphorylierung.

Stryer, Abb. 21.10

8.7.3 Regulation über die Energieladung

Kehren Sie jetzt entspannter zu Abb. 15.20 zurück. Die sog. **Energieladung** beeinflusst Enzyme des katabolen und anabolen Stoffwechselweges. Sie ist defi-niert wie in ▶ Gl. 8.9:

$$\text{Energieladung} = ([\text{ATP}] + 0,5[\text{ADP}])/([\text{ATP}] + [\text{ADP}] + [\text{AMP}])$$

(8.9)

Sie kann Werte zwischen 1 (nur ATP ist vorhanden) und 0 annehmen (nur AMP ist vorhanden). In den meisten Zellen beträgt die Energieladung etwa 0,8 bis 0,95.

Durch hohe ATP-Konzentrationen werden einige Enzyme des Katabolismus (der ja zur Herstellung von ATP dient) phosphoryliert und damit gehemmt, wie eben am Beispiel der Phosphorylase b gezeigt. Umgekehrt werden manche Enzyme des Anabolismus (der ATP verbraucht), durch hohe ATP-Konzentrationen phosphoryliert und damit aktiviert.

8.7.4 Regulation über die Verfügbarkeit von Substraten

Der vierte Steuerhebel setzt an der Verfügbarkeit von Substraten an. So finden beispielsweise gegenläufige Reaktionen in unterschiedlichen Organellen der Zelle statt: Fettsäuren werden in den Mitochondrien abgebaut, aber im Cytosol synthetisiert. Der Substratfluss selbst kann gut an Stellen kontrolliert werden, an denen ein Übergang von einem Kompartiment oder von einem Gewebe in ein anderes erfolgt. Beispielsweise kann Glucose nicht ohne Weiteres aus dem Blut in Zellen gelangen; es muss aktiv durch die Zellmembran hindurch transportiert werden. Die Aufnahme von Glucose in die Zellen und damit die zelluläre Glucosekonzentration wird durch das Hormon Insulin gesteuert.

✅ **Antworten**

1. $\Delta G^0 = 30,5$ kJ mol^{-1} für die Herstellung von ATP aus ADP und P$_i$. Mit 10.000 kJ könnten Sie also maximal 328 Mol ATP herstellen, die 166 kg wiegen. Nehmen Sie unter physiologischen Bedingungen an, dass $\Delta G = 50$ kJ mol^{-1} für die Synthese notwendig sind; dann könnten Sie immer noch 200 Mol herstellen, das entspricht etwa 100 kg ATP. Bedingt durch Verluste auf den Synthesewegen, reduziert sich dieser unglaubliche Wert ein wenig; man nimmt aber an, dass ein Mensch täglich etwa sein eigenes Körpergewicht an ATP synthetisiert.

2.

Strukturformel von NADH

Zusammenfassung

Ein Charakteristikum lebender Organismen ist ihr Stoffwechsel: Nahrung wird aufgenommen, sie wird abgebaut und ihre Bausteine werden biosynthetisch in komplizertere Strukturen umgewandelt. Der Abbau energiereicher Nährstoffe liefert die Energie, mit der alle Lebensprozesse in Gang gehalten werden. Die Reaktionen des Stoffwechsels laufen unter schonenden Bedingungen ab, gleichzeitig aber schnell und hoch spezifisch. Dafür verantwortlich sind Enzyme.

- **Biochemische Reaktionen unterliegen der Thermodynamik**

Die Änderung der freien Enthalpie, ΔG, ist bei spontan ablaufenden Reaktionen negativ. Zur Charakterisierung der Reaktionen bestimmt man die freie Enthalpie unter Standardbedingungen $\Delta G^{0\prime}$, in der Biochemie meist bei pH 7.

- **Enzyme senken die freie Enthalpie des Übergangszustandes**

Selbst wenn eine biochemische Reaktion spontan ablaufen könnte, geschieht dies nur sehr langsam, wenn die freie Enthalpie des Übergangszustandes dieser Reaktion, $\Delta G^{\ddagger}$, positiv ist. Enzyme beschleunigen biochemische Reaktionen, indem sie die freie Enthalpie des Übergangszustands erniedrigen. Dabei ändert sich nicht das thermodynamische Gleichgewicht zwischen Substraten und Produkten.

- **Kinetische Messungen liefern Parameter zur Beschreibung der Enzym-Substrat-Wechselwirkungen**

Viele, aber nicht alle Enzyme gehorchen der Michaelis-Menten-Kinetik. Im ersten Schritt der enzymatischen Katalyse bildet sich ein Enzym-Substrat-Komplex, der überwiegend durch ionische Wechselwirkungen, Van-der-Waals-Kräfte und Wasserstoffbrücken stabilisiert wird. Diese Wechselwirkungen können sehr spezifisch sein: Oft wird nur ein einziges Substrat unter nahe verwandten Verbindungen gebunden und dann zum Produkt umgesetzt. Die katalytischen Zentren sind oft chiral, sodass bei manchen enzymatischen Reaktionen chirale Produkte entstehen, selbst wenn das Substrat achiral ist.

Die Kinetik vieler enzymatischer Reaktionen wird durch die Michaelis-Menten-Gleichung beschrieben. Wichtige Parameter sind: V_{max}, die Reaktionsgeschwindigkeit bei völliger Substratsättigung; die Michaelis-Konstante K_M, die Substratkonzentration, bei der die Reaktionsgeschwindigkeit die Hälfte von V_{max} ist; die Wechselzahl k_{kat}, die angibt, wie viele Substratmoleküle pro Zeiteinheit von einem katalytischen Zentrum umgesetzt werden. k_{kat}/K_M ist ein Maß für die Effektivität eines Enzyms.

Allosterische Enzyme gehrochen nicht der Michaelis-Menten-Kinetik. Sie haben mehrere enzymatische Zentren, die kooperativ zusammenarbeiten: Die Bindung eines Substrats erleichtert (oder erschwert) die Bindung weiterer Substrate an ein zweites enzymatisches Zentrum.

- **Enzymhemmung durch Inhibitoren**

Kleine Moleküle können Enzyme auf vielfältige Weise hemmen: Ein kompetitiver Inhibitor besetzt reversibel die gleiche Bindestelle wie das Substrat; durch erhöhte Substratkonzentration kann er verdrängt werden. Unkompetitive Inhibitoren binden nur an den bereits vorhandenen Enzym-Substrat-Komplex und verlangsamen die Umsetzung des Substrats. Bei nichtkompetitiver Hemmung erniedrigt der Inhibitor die Wechselzahl. Unkompetitive und nichtkompetitive Inhibitoren können nicht durch eine erhöhte Substratkonzentration aufgehoben werden. Irreversible Inhibitoren reagieren mit dem Enzym und binden so fest daran, dass es für die Bindung von Substrat nicht mehr zur Verfügung steht.

- **Kopplung endergoner und exergoner Reaktionen**

Endergone Reaktionen werden möglich, wenn sie mit exergonen Reaktionen gekoppelt werden, sodass die Summe der Änderungen der freien Enthalpien beider Reaktionen negativ ist. Eine stark exergone Reaktion ist z. B. die Hydrolyse von ATP, das daher sehr häufig für eine solche Kopplung eingesetzt wird.

- **ATP als universelle Energiewährung**

ATP besitzt zwei energiereiche Phosphorsäureanhydridbindungen. Es kann daher auf mehrfache Weise andere Biomoleküle aktivieren: durch Übertragung einer Phosphatgruppe (ADP wird frei), durch Übertragung von ADP (P_i wird frei) oder durch Übertragung von Pyrophosphat, PP_i, das anschließend noch zu 2

P$_i$ hydrolysiert wird (AMP wird frei). Durch die Kopplung einer Reaktion an die ATP-Hydrolyse wird das thermodynamische Gleichgewicht um den Faktor 10^8 verschoben.

8

• Redoxcarrier übertragen Elektronen

Biochemische Redoxreaktionen werden durch Redoxcarrier ausgeführt. Bei der Oxidation von Stoffwechselprodukten nehmen sie Elektronen als Zwischenspeicher auf und reduzieren in einem zweiten Schritt damit andere Stoffwechselprodukte oder Sauerstoff. Das System aus oxidiertem und reduziertem Nicotinamidadenindinucleotid (NAD$^+$/NADH) dient in erster Linie der Gewinnung von ATP im Katabolismus, während NADP$^+$/NADPH und FAD/FADH$_2$ in erster Linie im Anabolismus als Reduktionsmittel eingesetzt werden.

• CoA als Carrier für Acetylgruppen

Thioester sind reaktive, energiereiche Verbindungen. Insbesondere Coenzym A wird als Carrier für Acetylgruppen genutzt. Viele Carriermoleküle stammen von Vitaminen ab.

• Schlüsselreaktionen des Metabolismus

Obwohl der Metabolismus vielfältig und komplex ist, lassen sich wenige, immer wiederkehrende Reaktionen beschreiben: Redoxreaktionen, Ligationen, Isomerisierungen, Gruppenübertragungen, Hydrolysereaktionen und nucleophile Additionsreaktionen an aktivierte Doppelbindungen.

• Regulation des Stoffwechsels

Die Aktivität von Enzymen an entscheidenden Stellen des Stoffwechsels wird streng reguliert. Dies geschieht über die Menge des Enzyms, durch reversible allosterische Aktivierung oder Hemmung, die Regulierung über die Energieladung der Zelle oder über Konzentrationen von Substraten und Produkten.

Weiterführende Literatur

Weiterführende Literatur

Berg JM, Tymoczko JL, Gatto Jr. GJ, Stryer L (2018) Biochemie 8. Aufl. Springer Spektrum, Heidelberg

Müller-Esterl, W (2018) Biochemie 3. Aufl. Springer Spektrum, Heidelberg

Bisswanger H (2015) Enzyme. Struktur, Kinetik und Anwendungen. Wiley VCH, Weinheim

Stoffwechsel II

Inhaltsverzeichnis

■ **Voraussetzungen**

In diesem 4. Teil geht es um die Frage, wie in lebenden Organismen Energie gewonnen wird. Die Grundlagen dazu haben wir im 3. Teil gelegt; das dort Gelernte werden Sie hier anwenden. Darüber hinaus brauchen Sie gute Kenntnisse aus der Organischen Chemie und Physikalischen Chemie, besonders zu:

— Reaktionsmechanismen,
— Oxidationsstufen,
— Redoxreaktionen,
— Chiralität,
— Thermodynamik.

Lernziele

Leben ist ein Zustand, der weit vom thermodynamischen Gleichgewicht entfernt ist. Um diesen Zustand aufrecht zu halten, sind wir auf die dauernde Zufuhr von Energie über die Nahrung angewiesen. In diesem Teil werden wir erfahren, wie die Nahrung verarbeitet wird, um die darin enthaltende Energie zu verwerten und zu speichern. Wir werden uns also hauptsächlich mit dem Abbau von Nahrungsmitteln beschäftigen; die Synthese wichtiger Stoffklassen ist dem folgenden Teil vorbehalten.

Zunächst beschäftigen wir uns mit der Glykolyse. Dieser Stoffwechselweg beschreibt den Abbau eines Mols der Hexose Glucose zu zwei Mol des C_3-Bausteins Pyruvat. Glucose ist in vielen Nahrungsmitteln enthalten, oft als Polymer wie Stärke oder versteckt im Haushaltszucker. In vielen Zellen ist die Glykolyse ein Hauptweg zur Energiegewinnung. Einige Zelltypen wie Erythrozyten (rote Blutzellen) und Nervenzellen können beispielsweise keine Fette verarbeiten und leben praktisch ausschließlich von Glucose. Details zur Glykolyse finden Sie im Stryer in Kap. 16.

Im Anschluss daran beschäftigen wir uns mit dem Citratzyklus. Das Pyruvat, das bei der Glykolyse entsteht, wird in diesem Zyklus zu Kohlendioxid oxidiert. Dabei erhalten wir einen Teil der in Glucose gespeicherten Energie in Form von ATP. Das Oxidationsmittel, das im Citratzyklus verbraucht wird, ist NAD^+, es entsteht NADH. Im Stryer finden Sie dies in Kap. 17.

Die Elektronen von NADH, das im Citratzyklus entsteht, werden schließlich in der oxidativen Phosphorylierung auf Sauerstoff übertragen. Es entsteht Wasser, und wir erhalten hier den größten Teil der in der Glucose gespeicherten Energie als ATP zurück. Im Stryer finden Sie dies in Kap. 18.

Beim Studium dieses Teils werden Sie nicht nur erfahren, *was* geschieht, sondern oft auch, *wo* es geschieht – etwa im Cytosol, im Mitochondrium, in der Mitochondrienmembran oder im Innern eines Mitochondriums. Denn zum Verständnis der hier behandelten Abläufe sollten Sie sich auch über den Ort des Geschehens im Klaren sein! Ob eine biochemische Reaktion in wässriger Umgebung abläuft (im Cytosol) oder in lipophiler Umgebung (in der Membran) dient der Kontrolle und Optimierung vieler Abläufe; viele Beispiele dafür werden Sie hier finden.

Stryer, Kap. 16, 17 und 18

Den Lehrstoff, mit dem Sie sich in diesem Teil befassen, finden Sie im Stryer in den Kap. 16 bis 18.

Ein bisschen Energie durch Glykolyse

© Springer-Verlag GmbH Deutschland, ein Teil von Springer Nature 2020
K. von der Saal, *Biochemie*, https://doi.org/10.1007/978-3-662-60690-2_9

Stryer, Abb. 15.2

Die vielfältigsten enzymkatalysierten Reaktionen in unserem Körper halten uns am Leben. Einige Tausend Enzyme sind nur für den Metabolismus zuständig, die Gesamtheit abbauender (kataboler) und aufbauender (anaboler) Stoffwechselreaktionen. Diese Reaktionen fasst man zu verschiedenen Stoffwechselwegen zusammen – die sicher in die Hunderte gehen. Werfen Sie bitte einen Blick auf Abb. 15.2 im Stryer, die dazu einen gewissen Eindruck gibt.

Aber keine Sorge – wir werden uns hier exemplarisch mit einem kleinen Ausschnitt zufrieden geben: der Glykolyse und dem **Citratzyklus** (Zitronensäurezyklus). In Abb. 15.2 stellen die senkrechte blaue Linie die Glykolyse und der blaue Kreis den Citratzyklus dar. Die Knoten sind die enzymatischen Einzelschritte. In manche blauen Knoten münden andere Stoffwechselwege – Glykolyse und Zitronensäurezyklus sind zentrale Stellen des gesamten Stoffwechselnetzwerks.

Weshalb haben wir gerade diese beiden Stoffwechselwege herausgesucht? Zum einen sind sie im Detail bekannt, zum anderen aber haben sie grundlegende Bedeutung: Sie liefern nicht nur einen großen Teil der Energie, sondern auch Ausgangsmaterialien für wichtige Molekülgruppen wie Aminosäuren, Nucleotide und Lipide.

Stryer, Abb. 15.12

Der Katabolismus läuft in drei Stufen ab (Stryer, Abb. 15.12):

1. Im ersten Schritt, der Verdauung, werden Nahrungsbestandteile in kleinere Einheiten zerlegt: Fette zu Fettsäuren und Glycerin, Polysaccharide (komplexe Kohlenhydrate) zu Glucose und anderen Zuckern, Proteine zu Aminosäuren.

2. Diese Einzelbausteine werden im zweiten Schritt vom Darm resorbiert und im Blutkreislauf zu den Zellen transportiert, wo sie weiter abgebaut werden. Dabei entstehen in der Hauptsache der C_2-Baustein **Acetyl-Coenzym A** (Acetyl-CoA) und etwas Energie in Form von ATP.

3. In der dritten Stufe wird Acetyl-CoA vollständig zu Kohlendioxid oxidiert, wobei wiederum etwas ATP und acht Reduktionsäquivalente (in Abb. 15.12 als $8\ e^-$ bezeichnet) entstehen. Daraus werden dann in der oxidativen Phosphorylierung mit Sauerstoff aus der Atemluft Wasser und die Hauptmenge des ATP erzeugt. Der dritte Schritt findet in den Mitochondrien statt.

Die Glykolyse findet im 2. Schritt des Katabolismus statt. Sie spielt eine überragende Rolle! Diese äußert sich nicht nur in der genauen Kontrolle des Blutzuckerspiegels in unserem Organismus, auch unser Gehirn arbeitet praktisch ausschließlich mit Glucose.

> **Blickfang**
>
> Täglich setzt das menschliche Gehirn etwa 120 g Glucose um!

❯ **In der Glykolyse wird ein Mol Glucose durch zwei Mol NAD⁺ zu zwei Mol Pyruvat oxidiert. Ein Teil der dabei frei werdenden Energie wird in Form von zwei Mol ATP gespeichert. Die Summenformel lautet (▶ Gl. 9.1):**

$$C_6H_{12}O_6 + 2\ NAD^+ + 2\ ADP + 2\ P_i \rightarrow 2\ CH_3C(=O)COOH$$
$$+\ 2\ NADH + 2\ H^+ + 2\ ATP + 2\ H_2O$$

(9.1)

Die Glykolyse wurde schon früh in der Evolution „erfunden". Sie kommt nicht nur in Säugetierzellen oder in **aerob** (mithilfe von Sauerstoff) wachsenden Mikroorganismen, sondern schon in sauerstofffrei (**anaerob**) lebenden Organismen vor, die früher entstanden.

■   **Glykolyse in Anwesenheit von Sauerstoff**

Das bei der Glykolyse entstandene ATP wird als Triebkraft zur Lebenserhaltung eingesetzt, während NADH zu NAD⁺ oxidiert wird und damit für das nächste Mol Glucose zur Verfügung steht. In unseren Zellen geschieht dieser letztgenannte Schritt meistens mithilfe von Sauerstoff.

■ **Glykolyse in Abwesenheit von Sauerstoff**

In Abwesenheit von Sauerstoff reduziert NADH Pyruvat zu Lactat (Milchsäure)   Stryer, Abb. 16.1
(Stryer, Abb. 16.1). Das geschieht auch in unseren Muskelzellen bei sportlicher
Anstrengung, falls nicht genügend Sauerstoff dort ankommt.

> ❯ **Durch Glykolyse lässt sich also vollkommen sauerstofffrei Energie gewinnen!**

Genau der gleiche Stoffwechselweg, die **Milchsäuregärung,** läuft auch in vielen
Bakterien ab und wird beispielsweise bei der Joghurt- oder Sauerkrautherstellung
genutzt.

Der Begriff **Gärung** bezeichnet generell die sauerstofffreie Verwertung von
Glucose. Eine weitere Form der Gärung ist die **alkoholische Gärung** durch Hefen,
bei der Pyruvat zu Ethanol und Kohlendioxid reduziert wird.

> ❓ **Fragen**
> 1. Zeigen Sie anhand der Oxidationszahlen der einzelnen Kohlenstoffatome,
>   dass es sich bei der alkoholischen Gärung, der Umwandlung von Pyruvat
>   zu Ethanol und Kohlendioxid, tatsächlich um eine Reduktion handelt. Sie
>   können dazu ◧ Tab. 8.1 aus dem 3. Teil verwenden.

Die beiden Reaktionsmöglichkeiten des Pyruvats zu Milchsäure oder Ethanol
zeigen, dass es sich bei der Glykolyse tatsächlich um einen geschlossenen Stoffwechselweg handeln kann. Bakterien und Hefen geben dabei die Produkte (Lactat
oder Ethanol) einfach an die Umgebung ab. Beim Menschen gelangt das in Muskeln erzeugte Lactat zunächst ins Blut und wird dann in der Leber zum Aufbau
von Glucose verwendet (Gluconeogenese). Bei uns ist die Erzeugung von Lactat
also eine Art Notbehelf, um sauerstoffarme Zustände zu überbrücken.

Betrachten wir nun die Einzelschritte der Glykolyse genauer.

9.1 Aufnahme der Glucose aus der Nahrung: Glucosetransporter

Ein Großteil der Glucose, die wir brauchen, stammt aus der Nahrung. Dort   Stryer, Tab. 16.4
kommt sie meist nicht frei vor, sondern als Disaccharid in Form von Saccharose, Galactose, Maltose oder in polymerer Form als Stärke (Teil 2, ▶ Kap. 5).
In der Darmwand werden diese Saccharide durch Enzyme in die Einzelbausteine umgewandelt und schließlich vom Blut resorbiert. Von hier aus gelangen
sie in alle Zellen des Körpers. Dafür müssen sie die Zellmembranen passieren.
Da Zellmembranen für polare Substanzen wie Glucose undurchlässig sind, enthalten sie spezielle **Glucosetransporter** (Stryer, Tab. 16.4).

Glucosetransporter sind Proteine, die die Doppelmembranen der Zelle durchdringen und ein Art Pore bilden, die auf ihrer Innenseite mit polaren Gruppen
ausgekleidet ist. Ihre spezielle Form ist genau auf Glucose abgestimmt: Glucose
bindet auf der Außenseite der Membran und wird aktiv hindurch geschleust. Auf
diese Weise wird verhindert, dass andere polare Moleküle als blinde Passagiere
mit in die Zelle gelangen.

Mithilfe der Glucosetransporter gelangt also die Glucose vom Darm ins Blut.
Dieser Transport verbraucht überraschenderweise keine zusätzliche Energie,
sondern funktioniert allein aufgrund des Konzentrationsgradienten: Wäre die
Glucosekonzentration im Blut höher als im Darm, würde die Glucose wieder in
den Darm zurückwandern.

Vom Blut aus gelangt die Glucose in die Zellen. Das funktioniert ebenfalls
über Glucosetransporter. In den Zellen wird Glucose dann weiterverarbeitet:
zu Glykogen polymerisiert (in Muskel- und Leberzellen), zur Synthese von Tri-
glyceriden verwendet (in Fettzellen), oder eben in der Glykolyse verbrannt.

- **Kontrolle des Blutzuckerspiegels**

Der Blutzuckerspiegel wird von dem Hormon **Insulin** fein reguliert. Einige Arten von Glucosetransportern reagieren auf Insulin durch vermehrtes Einschleusen der Glucose in die Zellen. Manchmal aber verlieren diese Transporter im Laufe des Lebens ihre Empfindlichkeit für das Hormon; der Glucosespiegel im Blut wird dann so hoch, dass der Glucosefluss umgekehrt wird und Glucose aus den Zellen ins Blut wandert. In diesem Fall wird Glucose im Urin nachweisbar – ein **Diabetes** ist entstanden. Andere Glucosetransporter sind insulin-unabhängig und dienen wohl der Grundversorgung der Zellen.

9.2 Erster Teil der Glykolyse: Vorbereitung

Stryer, Abb. 16.2

Die Glykolyse lässt sich in zwei Abschnitte teilen: Im ersten Teil wird die C_6-Einheit Glucose in zwei C_3-Einheiten gespalten. Dabei wird Energie nicht gewonnen, sondern sogar verbraucht. Nach dieser Vorbereitungsphase wird im zweiten Teil so viel Energie gewonnen, dass der Verlust im ersten Teil überkompensiert wird. Die zwei Teilabschnitte und alle chemischen Reaktionen der Glykolyse sind in Abb. 16.2 im Stryer gezeigt.

- **Vorbereitungsphase: Spaltung der C_6-Einheit Glucose in zwei C_3-Einheiten**

Stryer, Tab. 15.1

Die Glykolyse beginnt mit einer Überraschung: Gleich im ersten Schritt wird ein Mol ATP verbraucht! Glucose wird phosphoryliert zu Glucose-6-phosphat. Das ist ein Phosphorsäureester, der energiereicher ist als die Glucose: Tab. 15.1 im Stryer gibt ein $\Delta G^{0'}$ von $-13{,}8$ kJ mol^{-1} für seine Hydrolyse an. Mit diesem Schritt ist die Glucose vorbereitet worden für weitere Reaktionen, die sonst thermodynamisch ungünstig wären. Ein wichtiger Aspekt ist aber auch, dass Glucose-6-phosphat – im Gegensatz zu Glucose – die Zelle nicht mehr verlassen kann, denn Glucosetransporter lassen dieses Molekül nicht passieren. Die Glucosekonzentration in der Zelle wird durch die Phosphorylierung also niedriger gehalten als im Blut; weitere Glucosemoleküle werden entlang des Glucosegradienten aus dem Blut in die Zelle transportiert und gehen nicht auf dem umgekehrten Weg der Zelle wieder verloren.

> **Der erste Schritt der Glykolyse ist die Umwandlung von Glucose zu Glucose-6-phosphat. Dadurch ist Glucose in der Zelle gefangen und wird für die Folgeschritte chemisch aktiviert.**

Im zweiten Schritt wird Glucose-6-phosphat zu Fructose-6-phosphat isomerisiert. Dazu ist kein Redoxäquivalent wie NAD^+ nötig; auch ATP wird weder erzeugt noch verbraucht. Beachten Sie, dass dadurch aus einer Aldose eine Ketose wird! Wenn wir die offenkettigen Formen der beiden Moleküle zeichnen, werden wir leicht erkennen, dass es sich um eine intramolekulare Redoxreaktion handelt. Das verantwortliche Enzym, Glucose-6-phosphat-Isomerase, hat dennoch einiges zu tun: Es muss den Sechsring öffnen, in der geöffneten Form ein Hydridion von der 5-OH-Gruppe auf die 6-CO-Gruppe übertragen (das geschieht über eine Endiol-Zwischenstufe) und anschließend den Fünfring schließen.

Stryer, Tab. 16.1

Ein Blick auf Tab. 16.1 im Stryer zeigt uns, dass im Gleichgewicht keines der beiden Moleküle sonderlich bevorzugt ist.

Im dritten Schritt wird die Energie unseres Moleküls, das jetzt Fructose-6-phosphat ist, nochmals erhöht, indem es eine zweite Phosphatgruppe an C-1 erhält. Dabei wird ATP verbraucht; es entsteht Fructose-1,6-bisphosphat (F-1,6-BP).

> **Unter Einsatz von ATP entsteht aus Fructose-6-phosphat Fructose-1,6-bisphosphat. Hier sind wir an einer zentralen Stelle der Glykolyse angelangt. Das verantwortliche Enzym, die Phosphofructokinase, wird streng reguliert. Ihre Aktivität bestimmt die Geschwindigkeit der Glykolyse insgesamt.**

Im vierten Schritt wird nun die C_6-Einheit in zwei C_3-Einheiten gespalten. In einer Retro-Aldoladdition zerfällt Fructose-1,6-bisphosphat zu Dihydroxyaceton-phosphat (DHAP) und Glycerinaldehyd-3-phosphat (GAP). Das verantwortliche Enzym ist eine **Aldolase.**

❓ Fragen

Clayden, Kap. 26

2. Formulieren Sie die möglichen Enolatzwischenstufen der Aldoladdition von DHAP und GAP. Protonieren Sie diese Enolatzwischenstufen zu den Endiolen. Fällt Ihnen etwas auf?
   Wenn Sie unsicher sind, lesen Sie im Clayden, Kap. 26, den Mechanismus der Aldoladdition nach.

Damit ist der erste Teil der Glykolyse fast abgeschlossen. Der zweite Teil beginnt mit einer Reaktion von GAP. Für DHAP gibt es keinen eigenen Stoff-wechselweg; sondern dieses Molekül wird ebenfalls in GAP überführt (Schritt 5 in Tab. 16.1). (Dadurch erspart sich die Natur viele enzymatische Reaktionen und wir uns zusätzlichen Lehrstoff.) Diese Gleichgewichtsreaktion zwi-schen GAP und DHAP wird durch eine **Triosephosphat-Isomerase** (TIM) katalysiert. Der Mechanismus der Gleichgewichtsreaktion ist im Stryer in Abb. 16.5 gezeigt.

Stryer, Tab. 16.1 und Abb. 16.5

Im ersten Schritt abstrahiert Glu165 der TIM ein Proton von C-1 von DHAP. Dabei entsteht ein Enolat, wie Sie es auch in Aufgabe 2 formuliert haben (nicht in Abb. 16.5 gezeigt). Dieses Enolat wird gleich durch His95 protoniert zum Endi-ol-Zwischenprodukt. In Schritt 2 holt sich His95 wieder ein Proton, aber von der anderen Hydroxylgruppe, sodass ein isomeres Enolat entsteht. Dieses wird dann von Glu165 an C-2 protoniert, und schon ist GAP fertig.

Wieder zeigt Tab. 16.1 im Stryer, wo wir energetisch stehen: Das Gleich-gewicht befindet sich auf der Seite von DHAP. Dieses wird nicht in einem anderen Stoffwechselweg benutzt, aber häuft sich trotzdem nicht an. Denn die Glykolyse setzt ja GAP weiter um, das über diese Gleichgewichtsreaktion ständig nachgeliefert wird.

Auch die Natur muss sich mit Nebenreaktionen herumschlagen

Nun gibt es ein Problem mit der chemischen Stabilität des Endiol-Zwischen-produkts. Dieses spaltet leicht die Phosphatgruppe ab (nichtenzymatisch), und übrig bleibt das hoch reaktive Methylglyoxal. Methylglyoxal kann allerlei Unheil anrichten, weil es (nichtenzymatisch!) mit Proteinen und DNA reagiert. Bei einem Diabetes trägt es zu diabetischen Spätschäden bei.

In einer Lösung von DHAP läuft die Abspaltung der Phosphatgruppe 100-mal schneller ab als die Isomerisierung zu GAP. Triosephosphat-Isomerase sorgt jedoch dafür, dass sich kein Dihydroxyaceton anhäuft, indem sie die Gleichgewichtseinstellung enorm beschleunigt, nämlich um den Faktor 10^{10}. TIM ist ein Beispiel für ein kinetisch perfektes Enzym. Der geschwindigkeits-bestimmende Schritt ist dabei die diffusionskontrollierte Begegnung zwischen Enzym und Substrat: Jedes Substratmolekül, dem TIM in Lösung begegnet, wird auch umgesetzt.

Die Struktur von TIM finden Sie im Stryer in Abb. 16.4.

Stryer, Abb. 16.4

TIM besteht aus acht α-Helices (blau) und acht β-Strängen (rot), was zusammen eine fassartige Struktur ergibt $(\alpha\beta\text{-}barrel)$. In Abb. 16.4 schauen wir von oben in das Fass hinein, die β-Stränge bilden die Innenwand. Dieses Strukturelement findet man häufig, so auch in der Aldolase, Enolase und Pyruvat-Kinase. Die Abbildung beruht auf einer Röntgenstrukturanalyse, die wir dreidimensional betrachten und drehen können (▶ www.rcsb.org, dann den in Abb. 16.4 angegebenen Code „2YPI" im Suchfeld angeben und „3D-view" anklicken).

Fragen

3. Welche Ihnen bereits bekannten Stoffwechselprodukte könnten aus Methylglyoxal in einem Schritt hergestellt werden?

9.3 Zweiter Teil der Glykolyse: Energiegewinnung

Wir haben bis jetzt aus einem Mol Glucose zwei Mol GAP erhalten und dabei zwei Mol ATP verbraucht. Im zweiten Teil der Glykolyse wird endlich einen Überschuss an ATP erzielt!

Den Anfang macht gleich eine Oxidation, nämlich die des Aldehyds GAP zum Carbonsäurederivat 1,3-Bisphosphoglycerat (1,3-BPG) (Schritt 6 in Tab. 16.1). Das verantwortliche Enzym ist Glycerinaldehyd-3-phosphat-Dehydrogenase. An der chemischen Struktur des Produkts erkennen wir bereits, dass mindestens zwei Reaktionen auftreten. Zuerst wird die Aldehydgruppe von GAP zur Carbonsäure oxidiert (▶ Gl. 9.2), anschließend wird diese mit Phosphorsäure in das gemischte Anhydrid umgewandelt (▶ Gl. 9.3).

$$OHC-CH(OH)-CH_2-OPO_3^{2-} + NAD^+ + H_2O \rightarrow$$
$$HOOC-CH(OH)-CH_2-OPO_3^{2-} + NADH + H^+ \tag{9.2}$$

$$HOOC-CH(OH)-CH_2-OPO_3^{2-} + P_i$$
$$\rightarrow {}^{2-}O_3PO-OC-CH(OH)-CH_2-OPO_3^{2-} + H_2O \tag{9.3}$$

Ein Blick auf Tab. 16.1 zeigt uns, dass wir dabei kaum Energie gewinnen: Substrat und Endprodukt sind miteinander im Gleichgewicht. Genau das wird hier aber zum Problem für den Mechanismus der Gesamtreaktion. Wie Sie wissen, wird bei Oxidationen meist eine beträchtliche Energiemenge frei. So auch hier: Der erste Schritt ist mit $\Delta G^{0'} = -50\ kJ\ mol^{-1}$ stark exergon. Das Gleichgewicht liegt damit fast ganz auf der rechten Seite der Reaktionsgleichung, der Carbonsäure. Da in der Summe laut Tab. 16.1 kaum Energie frei oder verbraucht wird, ist der zweite Schritt um etwa die gleiche Energiemenge endergon. Das Gleichgewicht liegt in dieser Reaktionsgleichung auf der linken Seite und damit ebenfalls auf der Seite der Carbonsäure. Mit der Carbonsäure würde also die Glykolyse enden, wenn nichts weiter unternommen wird. Wir könnten natürlich daran denken, an Stelle des Phosphats wieder ein Mol ATP zu opfern und damit das Gleichgewicht des zweiten Schritts in Richtung 1,3-BPG zu verschieben. Aber damit wäre der Energiegewinn des ersten Schritts ja verpufft!

Stryer, Tab. 16.1 und Abb. 16.8

Was die Natur hier unternimmt, finden Sie im Stryer in Abb. 16.8.

Im allerersten Schritt reagiert die Aldehydgruppe von GAP (rot gezeichnet) mit einer Cysteinseitenkette (schwarz) im katalytischen Zentrum zu einem Thiohalbacetal. Im zweiten Schritt erfolgt die Oxidation durch NAD$^+$ (blau). Es entsteht ein Thioester, auf den im letzten Schritt die Phosphatgruppe übertragen wird. Formal haben wir dabei in ▶ Gl. 9.2 das Wasser durch Cystein (R–SH) ersetzt und erhalten ▶ Gl. 9.4:

$$OHC-CH(OH)-CH_2-OPO_3^{2-} + NAD^+ + R-SH$$
$$\rightarrow R-S-OC-CH(OH)-CH_2-OPO_3^{2-} + NADH + H^+ \tag{9.4}$$

Die freie Carbonsäure kommt in der Sequenz gar nicht vor. Das ist das Entscheidende dabei! Wie Sie im vorhergehenden Teil gelernt haben, sind Thioester nämlich ähnlich energiereiche Verbindungen wie ATP (für die Hydrolyse von Acetyl-CoA ist $\Delta G^{0'} = -31,4\ kJ\ mol^{-1}$, für die Hydrolyse von ATP ist $\Delta G^{0'} = -30,5\ kJ\ mol^{-1}$).

Abb. 16.6a im Stryer zeigt nochmals deutlich den Unterschied zwischen der hypothetischen (▶ Gl. 9.2) und der tatsächlich ablaufenden Reaktion (▶ Gl. 9.4, Abb. 16.6b).

Stryer, Abb. 16.6

Durch das Thioester-Zwischenprodukt haben wir das hohe Energieniveau von GAP auf das 1,3-BPG hinübergerettet, ohne in das „Loch" der freien Carbonsäure zu fallen.

Die Glykolyse kann damit nahtlos weitergehen: 1,3-BPG nutzt nun die energiereiche Anhydridbindung aus und überträgt eine Phosphatgruppe auf ADP, wobei ATP und 3-Phosphoglyerat entstehen (Schritt 7 in Tab. 16.1). Das verantwortliche Enzym ist **Phosphoglycerat-Kinase.** Zum ersten Mal in der Glykolyse wird Energie in Form von ATP gespeichert! Haben Sie mitgezählt? Wir haben bereits zwei Mol ATP verbraucht; bedenken Sie jedoch, dass aus einem Mol Glucose zwei Mol 1,3-BPG entstanden sind. Daher haben wir bereits jetzt das gesamte verbrauchte ATP zurückgewonnen.

Vergleichen Sie jetzt die chemische Formel von 3-Phosphoglycerat mit unserem Ziel, dem Pyruvat: Wir haben es fast geschafft.

Schritt 8 ist aber erst einmal wieder eine Umlagerung: Die **Phosphoglycerat-Mutase** katalysiert eine Phosphatgruppen-Übertragung zu 2-Phosphoglycerat. In Schritt 9 wird dann Wasser abgespalten mithilfe einer **Enolase.** Es entsteht Phosphoenolpyruvat (PEP). Dieses überträgt dann im zehnten Schritt der Glykolyse die Phosphatgruppe auf ADP. Das verantwortliche Enzym ist die **Pyruvat-Kinase.**

> ❯ Mit diesem letzten Schritt haben wir endlich einen ATP-Überschuss erhalten:
> Aus einem Mol Glucose haben wir zwei Mol Pyruvat und zwei Mol ATP
> gewonnen.

Schauen wir uns die letzten drei Schritte noch etwas detaillierter an:

Die Mutase in Schritt 8 überträgt scheinbar die Phosphatgruppe vom C-3-Sauerstoffatom auf das C-2-Sauerstoffatom des Phosphoglycerats. In Wirklichkeit finden aber zwei Reaktionen statt: Die Mutase besitzt selbst eine Phosphatgruppe, die sie zunächst auf die freie C2-Hydroxylgruppe überträgt, sodass 2,3-Bisphosphoglyerat entsteht. Hier wirkt sie als Kinase. Gleich danach erhält sie aber die andere Phosphatgruppe zurück, sodass 2-Phosphoglycerat entsteht. Diese Reaktion ist jetzt die einer Phosphatase.

Die Dehydratisierung im 9. Schritt hat eine Konsequenz, die man leicht übersehen kann. Ein Blick auf Tab. 16.1 zeigt, dass die Reaktion praktisch im Gleichgewicht ist. Trotzdem liegt PEP auf einem energetisch höheren Niveau als die Vorstufe 2-Phosphoglycerat – die Differenz wurde durch das frei gewordene Wasser aufgebracht. Erst damit haben wir ein Energieniveau erreicht, das eine effektive Phosphorylierung von ADP durch PEP ermöglicht: Der $\Delta G^{0'}$-Wert eines gewöhnlichen Phosphorsäureesters wäre mit $-13\,\text{kJ}$ mol^{-1} viel zu gering dazu, während der von PEP mit $-61{,}9\,\text{kJ}\,\text{mol}^{-1}$ mehr als ausreichend ist. Der strukturelle Grund für den hohen Energiegehalt von PEP liegt in der Enolform begründet, die in PEP durch die Phosphorsäureesterbindung nicht tautomerisieren kann. Nach der Übertragung der Phosphatgruppe auf ADP wird Pyruvat in der Enolform frei und tautomerisiert zur Ketoform.

Stryer, Tab. 16.1

❓ Fragen

4. Nehmen Sie an, es gäbe die Mutase in Schritt 8 nicht, sondern 3-Phosphoglycerat würde dehydratisiert. Was wäre das Primärprodukt und welche Verbindung entstünde daraus nach Übertragung der Phosphatgruppe auf ADP?

5. Berechnen Sie den Wirkungsgrad der Glykolyse anhand der ΔG-Werte der Tab. 16.1 (letzte Spalte). Nehmen Sie für die Hydrolyse von ATP den ΔG-Wert von $-50\,\text{kJ}\,\text{mol}^{-1}$ unter physiologischen Bedingungen an.

Betrachten Sie nochmals die Gesamtreaktion der Glykolyse (▶ Gl. 9.1): die Edukte ADP und P_i erhalten wir durch die Hydrolyse von ATP zurück, wenn dieses in Folgereaktionen verwendet wird. Die zwei Mol NAD^+ erhalten wir durch Oxidation von NADH zurück. Als Oxidationsmittel kann Sauerstoff dienen, das werden wir im letzten Kapitel dieses Teils bei der oxidativen Phosphorylierung besprechen. Unter sauerstoffarmen Bedingungen dient Pyruvat selbst als Oxidationsmittel, es entsteht Lactat (Milchsäure). Dies geschieht beispielsweise bei körperlicher Anstrengung in unseren Muskeln.

9.4   Regulation der Glykolyse

Mit der Milchsäure können wir nun nichts Rechtes anfangen; sie wird zur Leber transportiert. Dort wird sie zu Pyruvat oxidiert und daraus wieder Glucose hergestellt (Gluconeogenese). Diese Glucose wird schließlich zu Glykogen polymerisiert und in dieser Form gespeichert. Mit Gluconeogenese und der Synthese von Glykogen werden wir uns intensiver erst im nächsten Teil beschäftigen, doch lohnt es sich schon hier, sich über einige Aspekte ihrer Thermodynamik klar zu werden. Dies hilft uns beim Verständnis der Regulation der Glykolyse.

Oberflächlich betrachtet könnte man zur Gluconeogenese einfach die gleichen Enzyme nehmen, die auch die Glykolyse bedienen, denn wir haben gelernt, dass jeder Einzelschritt einer Katalyse reversibel ist. Es gibt aber thermodynamische Probleme mit den Schritten 10, 3 und 1 der Glykolyse (Stryer, Tab. 16.1).

Wegen der stark negativen ΔG-Werte sind diese Reaktionen praktisch irreversibel. Für die Gluconeogenese müssen sie daher durch andere Reaktionen ersetzt werden.

? **Fragen**

6. Wie viel Mol ATP müsste man einsetzen, damit Schritt 10 der Glycolyse rückwärts läuft und nennenswerte Mengen PEP aus Pyruvat entstehen?

Sie können sich sicher vorstellen, dass es einer strengen Regulation bedarf, wenn es zwei Stoffwechselwege gibt, die gegeneinander laufen, so wie die Glykolyse und die Gluconeogenese.

Enzymatische Schritte, bei denen die freie Enthalpie ΔG stark negative Werte annimmt, eignen sich als Regulationsstellen eines Stoffwechselweges besonders gut. In der Glykolyse sind das die Schritte 1, 3 und 10.

9.4.1   Regulation der Hexokinase

Die Hexokinase in Schritt 1 wird beispielsweise durch ihr Reaktionsprodukt Glucose-6-phosphat gehemmt. Das hat zur Folge, dass die Reaktion langsamer oder ganz abgeschaltet wird, wenn gerade wenig oder kein Glucose-6-phosphat umgesetzt wird. Das ist in Muskelzellen der Fall, wenn wenig oder keine Energie verbraucht wird. Das Substrat, Glucose, kann jederzeit und unkontrolliert die Muskelzelle über die Glucosetransporter verlassen. Die intrazelluläre Glucosekonzentration steht daher mit der im Blut im Gleichgewicht. Leberzellen nehmen in solchen Phasen Glucose aus dem Blut auf und speichern sie als Glykogen, sodass die Konzentration der Glucose im Blut einigermaßen konstant bleibt, selbst wenn man gerade Nahrung zu sich nimmt.

9.4.2   Regulation der Phosphofructokinase

Die nächste – und wichtigste – Kontrollstelle ist Schritt 3, die Reaktion der Phosphofructokinase.

9

Stryer, Tab. 16.1

> Die Phosphofructokinase ist (in Säugetieren) das wichtigste Kontrollelement
> der Glykolyse. Ein hoher ATP-Spiegel hemmt das Enzym allosterisch, ein
> hoher AMP-Spiegel hebt den Einfluss von ATP wieder auf (Reaktion auf die
> Energieladung der Zelle). Ein erniedrigter pH-Wert verstärkt die Inhibition
> durch ATP (dann wurde wahrscheinlich Lactat erzeugt; Schäden für die Zelle
> durch den erniedrigten pH-Wert werden so vermieden).

Wie sich die allosterische Hemmung durch ATP in der Enzymkinetik wider-
spiegelt, zeigt Abb. 16.17 im Stryer.

Stryer, Abb. 16.17

Bei niedriger ATP-Konzentration hängt die Reaktionsgeschwindigkeit von
der Fructose-6-phosphat-Konzentration in einer Weise ab, die sich mit der
Michaelis-Menten-Kinetik beschreiben lässt: Wir erhalten eine Hyperbel (grün
gekennzeichnet). Bei hoher ATP-Konzentration erhalten wir jedoch eine sigmoide Kurve (rot), die typisch für eine allosterische Inhibition ist. Der Inhibitor
bindet hier nicht an das aktive Zentrum, sondern an einer anderen Stelle des
Enzyms, wodurch sich die Struktur des aktiven Zentrums so verändert, dass die
Reaktionsgeschwindigkeit sinkt.

> Bitte beachten Sie, dass ATP an der Phosphofructokinase zwei Funktionen
> erfüllt! Einmal ist es ein Substrat, das an das aktive Zentrum bindet und
> dort Fructose-6-phosphat phosphoryliert. Kinetisch können wir hier eine
> Michaelis-Konstante zuordnen. Unabhängig davon kann ATP aber an die
> allosterische Stelle binden und dort als Inhibitor wirken. Die Bindungsstärke
> wird durch eine Inhibitionskonstante ausgedrückt. Sie ist nicht nach der
> Michaelis-Menten-Gleichung bestimmbar, weil diese keine sigmoiden,
> sondern nur hyperbolische Kurven beschreibt.

Rasche Herstellung von ATP aus ADP
Die ADP-Konzentration hat auf die kinetischen Eigenschaften der Phosphofructokinase keinen direkten Einfluss. Auf den ersten Blick erscheint dies
seltsam. Es gibt jedoch in den Zellen das Enzym Adenylat-Kinase, das die
Disproportionierung von zwei Mol ADP zu je einem Mol ATP und AMP
katalysiert. Damit wird (indirekt) in anderen Kinase-Reaktionen auch die
zweite Phosphorsäureanhydridbindung des ATP ausgenutzt. Aus diesem
Grund wird die Energieladung der Zelle durch den Quotienten der ATP und
AMP-Konzentrationen bestimmt und nicht durch den von ATP und ADP (3. Teil,
▶ Abschn. 8.7.3).

Der dritte Schritt der Glykolyse ist also deutlich stärker reguliert als der erste. Der
Grund dafür ist, dass es sich hier um den eigentlichen Start der Glykolyse handelt. Das Produkt der ersten Reaktion, Glucose-6-phosphat, kann in Muskelzellen
nämlich auch zur Herstellung von Glykogen verwendet werden, wenn auch die
Hauptmenge des Glykogens in der Leber gebildet wird. Ab dem 3. Schritt dient
die Glykolyse in den Muskelzellen aber nur noch einem Ziel, der Bereitstellung
von Energie in Form von ATP. Dementsprechend wird diese sogenannte Schrittmacherreaktion allein auf den Energiebedarf abgestimmt.

In anderen Zelltypen ist die Phosphofructokinase sogar noch weitergehend
reguliert.

■ **Regulation der Phosphofructokinase in der Leber**
In der Leber reguliert auch Zitronensäure (Citrat) die Phosphofructokinase allosterisch: Citrat verstärkt die Hemmwirkung von ATP; diese Substanz
ist Bestandteil des Citratzyklus, den wir im nächsten Abschnitt besprechen
werden. Pyruvat mündet in den Citratzyklus; dort wird ebenfalls Energie
gewonnen, aber es werden auch Synthesebausteine für anabole Synthesewege

bereitgestellt. Eine hohe Citratkonzentration heißt, dass die Energieladung hoch ist und genügend Synthesebausteine vorhanden sind. Durch eine hohe Citratkonzentration kann die Glykolyse praktisch zum Erliegen kommen. Das spielt in Muskelzellen keine große Rolle, wohl aber in der Leber. Unter diesen Bedingungen wird die Gluconeogenese aktiviert und überschüssige Glucose als Glykogen gespeichert.

Ein weiteres Molekül hat in der Leber als allosterischer Regulator der Glykolyse eine große Bedeutung: Fructose-2,6-bisphosphat (F-2,6-BP). Verwechseln Sie das nicht mit dem Produkt der Phosphofructokinase-Reaktion, F-1,6-BP! F-2,6-BP wird durch eine andere Kinase hergestellt, und seine einzige Aufgabe ist die eines Signalmoleküls. Es wird nur bei einer hohen Konzentration von Fructose-6-phosphat hergestellt, bindet dann an die Phosphofructokinase, erhöht deren Affinität zu Fructose-6-phosphat, senkt die inhibitorische Wirkung von ATP und beschleunigt so die Umsetzung.

Diese Regulation ist gerade in der Leber von Bedeutung: Eine hohe Konzentration von Glucose bewirkt eine hohe Fructose-6-phosphat-Konzentration, und die Glykolyse in der Leber kann darauf mit erhöhter Geschwindigkeit antworten.

9.4.3 Regulation der Pyruvat-Kinase

Auch bei der Pyruvat-Kinase, dem zehnten und letzten Schritt der Glykolyse, finden wir diese Regulationstypen wieder. ATP hemmt die Pyruvat-Kinase allosterisch, eine hohe Konzentration an F-1,6-BP (das Produkt der gerade besprochenen Phosphofructokinase) aktiviert die Pyruvat-Kinase.

Die Regulationsmechanismen der Glykolyse im Muskel sind in Abb. 16.18 im Stryer zusammengefasst.

Wir haben gesehen, dass die Regulation der Glykolyse gerade an den Enzymen ansetzt, die in der Gluconeogenese durch andere Enzyme ersetzt sind. Das macht die wechselseitige Regulation der beiden entgegengesetzten Stoffwechselwege einfach: Die Enzyme der Gluconeogenese werden reziprok zu denen der Glykolyse beeinflusst. Dies ist im Stryer, Abb. 16.29, zusammenfassend dargestellt. Damit ist gewährleistet, dass die beiden entgegengesetzten Stoffwechselwege nicht in nennenswertem Umfang gleichzeitig ablaufen.

> **Wichtig**
> Die Glykolyse liefert Energie, ohne dass dabei ein äußeres Oxidationsmittel notwendig wäre: Bei der Umwandlung von einem Mol Glucose zu zwei Mol Lactat (oder zu zwei Mol Ethanol und zwei Mol Kohlendioxid) werden in der Summe lediglich Sauerstoff- und Wasserstoffatome verschoben. In Einzelschritten vorkommende Oxidationen werden durch eine entsprechende Anzahl Reduktionen kompensiert.
> In Gegenwart von Sauerstoff wird jedoch aus Pyruvat keine Milchsäure hergestellt, sondern es wird vollständig zu Kohlendioxid und Wasser oxidiert. Das geschieht in einem zweistufigen Prozess, dem Citratzyklus und der oxidativen Phosphorylierung. Diese werden wir in den nächsten Kapiteln besprechen.

> **Antworten**
> 1. Oxidationszahlen:
>   Pyruvat: Methylgruppe, −3; Keton,+2, Carboxylat, +3; Summe: +2
>   Ethanol und CO_2: Methylgruppe, −3; primärer Alkohol, −1; CO_2, +4;
>   Summe: 0
>   Zur Reduktion von Pyruvat zu Ethanol und CO_2 sind zwei Elektronen nötig.

Stryer, Abb. 16.18

Stryer, Abb. 16.29

2.

DHAP und GAP liefern das gleiche Endiol

3. Pyruvat durch Oxidation; Milchsäure durch intramolekulare Redoxreaktion. Beide Wege sind bekannt, letztere spielt eine größere Rolle bei der Entfernung des Methylglyoxals, das immer als Nebenreaktion der Triose-Isomerase entsteht.

4. Primärprodukt: phosphoryliertes Enol des Malonatsemialdehyds; anstelle von Pyruvat würde Malonatsemialdehyd, eine β-Ketocarbonsäure, als Endprodukt der Glykolyse entstehen.
Im Stoffwechsel der Aminosäure β-Alanin entsteht diese Substanz tatsächlich und wird von einer Malonatsemialdehyd-Dehydrogenase zu Kohlendioxid und Acetyl-CoA abgebaut – also genau zu denselben Produkten, die auch aus Pyruvat entstehen. Die β-Ketocarbonsäure ist reaktiver als Pyruvat. Dessen Konzentration in menschlichem Blut beträgt immerhin ca. 50 μM; durch die vorgeschaltete Mutasereaktion wird eine ähnlich hohe Konzentration einer β-Ketocarbonsäure vermieden.

5. Bei der Umwandlung der Glucose zu Pyruvat: Die Summe der Werte im Stryer, Tab. 16.1 beträgt $-96{,}2$ kJ mol^{-1} unter Berücksichtigung der Stöchiometrie. Es entstehen 2 Mol ATP, die zusammen 100 kJ binden. $100/(196{,}2) = 51$ %. 49 % der Energie treiben also die Reaktion in Richtung Pyruvat, 51 % sind in ATP gefangen.
Bei dieser Betrachtung blieb unberücksichtigt, dass auch 2 Mol NADH erhalten wurden. Dessen Oxidation in der oxidativen Phosphorylierung liefert weiteres ATP.   **Stryer, Tab. 16.1**

6. Schritt 10 kann praktisch nicht rückwärts laufen, denn ein $\triangle G$-Wert von $-16{,}7$ kJ mol^{-1} sagt uns, dass das Gleichgewicht um etwa dem Faktor 1000 auf der rechten Seite liegt (schauen Sie den Zusammenhang zwischen $\triangle G$-Werten und der Gleichgewichtskonstanten in Tab. 8.3 im Stryer nach). Um das Gleichgewicht umzukehren, müssen wir nicht nur das in Schritt 10 entstandene ATP opfern, sondern noch ein zweites Mol ATP.   **Stryer, Tab. 8.3**

Etwas mehr Energie aus dem Citratzyklus

© Springer-Verlag GmbH Deutschland, ein Teil von Springer Nature 2020
K. von der Saal, *Biochemie*, https://doi.org/10.1007/978-3-662-60690-2_10

Der Citratzyklus ist die zentrale Drehscheibe des Metabolismus. Er ist nach dem Produkt seiner ersten Reaktion, Zitronensäure, benannt, wird aber manchmal auch allgemeiner als „Tricarbonsäure-Zyklus" oder nach seinem Entdecker als „Krebs-Zyklus" bezeichnet.

> **Wichtig**
>
> **Im Citratzyklus wird die Acetylgruppe von Acetyl-CoA auf Oxalacetat übertragen und dann in sieben weiteren enzymatischen Schritten vollständig zu Kohlendioxid oxidiert, wobei wieder Oxalacetat frei wird. Es handelt sich also um einen Kreisprozess. Die bei der Oxidation frei gewordenen Elektronen werden über NADH in der anschließenden oxidativen Phosphorylierung zur ATP-Synthese verwendet. Die Energiemenge, die auf diese Weise im Citratzyklus gewonnen wird, ist ungefähr zehnfach höher als die der Glykolyse.**
> **Acetyl-CoA stammt aus dem Abbau von Kohlenhydraten, Fettsäuren und Aminosäuren. Einige Zwischenprodukte des Zyklus sind Ausgangsstoffe für komplexere Moleküle.**

> **Fragen**
>
> 1. Bei der Glykolyse erhielten wir aus einem Mol Glucose zwei Mol Pyruvat und zwei Mol NADH. Wie viel Mol NADH können aus der Umwandlung von Pyruvat zu Kohlendioxid noch entstehen? Wie lautet die Gesamtbilanz der Umwandlung von Glucose zu CO_2?

10.1 Acetyl-Coenzym A – Übergang zum Citratzyklus

Acetyl-CoA ist also der zentrale Eingang zum Citratzyklus. Betrachten wir deshalb zunächst, wie Acetyl-CoA aus Pyruvat, dem Endprodukt der Glykolyse, entsteht.

Stryer, Abb. 15.1

Wir haben gesehen, dass die Glykolyse in sich geschlossen ablaufen kann, indem das entstandene NADH durch Oxidation im letzten Schritt zurückgewonnen wird. Pyruvat wird dabei zu Milchsäure reduziert. Aus Pyruvat lässt sich aber erheblich mehr Energie gewinnen, wenn es vollständig zu Kohlendioxid und Wasser oxidiert wird. Dies geschieht nicht mehr im Cytosol der Zellen, sondern in den Mitochondrien. Pyruvat wird dort zunächst zu Acetyl-CoA und Kohlendioxid oxidiert. In Abb. 15.1 im Stryer sind die beiden Wege (Reduktion zu Milchsäure, Oxidation zu Acetyl-CoA) dargestellt.

> **Fragen**
>
> 2. Zeigen Sie anhand der Oxidationszahlen, dass es sich bei der Umwandlung von Pyruvat zu Acetyl-CoA (Acetat) und Kohlendioxid um eine Oxidation handelt. Sie können dazu Tab. 8.1 aus dem 3. Teil verwenden.

Stryer, Abschn. 17.1

Wie Sie sich vielleicht denken können, geschieht auch hier die Oxidation durch NAD^+, und es wird wieder eine Menge Energie frei, die in Form des Thioesters gespeichert wird. Decarboxylierung, Oxidation und Übertragung auf CoA geschehen nacheinander im **Pyruvat-Dehydrogenase-Komplex** (PDH-Komplex). Dies wird in Abschn. 17.1 im Stryer besprochen.

> **Die Summenformel der durch den Pyruvat-Dehydrogenase-Komplex katalysierten Reaktion lautet:**

$$CH_3C(=O)COOH + CoA + NAD^+ \rightarrow CH_3C(=O){-}CoA + CO_2 + NADH \qquad (10.1)$$

Ein riesiges Multienzym: Der Pyruvat-Dehydrogenase-Komplex

Der PDH-Komplex ist mit ca. 7800 kd einer der größten bekannten Multienzymkomplexe. Er besteht im Grunde aus drei Enzymen, die alle mehrfach vorkommen (Stryer, Tab. 17.1).

Stryer, Tab. 17.1

Die Pyruvat-Dehydrogenase (E_1) kommt im Komplex etwa 22-mal vor, die Dihydrolipoyl-Transacetylase (E_2) 60-mal und die Dihydroprolyl-Dehydrogenase (E_3) 6-mal. An der Reaktion sind außerdem fünf Coenzyme beteiligt: Thiaminpyrophosphat (TPP, Thiamindiphosphat), Liponsäure und FAD in den Katalysezentren und CoA und NAD^+ als Substrate.

Der erste Schritt, die Decarboxylierung von Pyruvat, wird durch E_1 katalysiert (Abb. 17.6 im Stryer).

Stryer, Abb. 17.6

Dabei spielt die Säurestärke des Thiazolrings von TPP (pK_s-Wert etwa 10,1) eine entscheidende Rolle: Das Carbanion des Thiazols (die korrespondierende Base, ein gutes Nucleophil) greift die Carbonylgruppe des Pyruvats an (Schritt 1), gefolgt von einer Protonierung des nun negativ geladenen Carbonylsauerstoffatoms (Schritt 2). Die Additionsverbindung verliert Kohlendioxid (Schritt 3), und wir erhalten Hydroxyethyl-TPP (unprotoniert als neutrale Verbindung oder protoniert als Kation, Schritt 4). Beachten Sie, dass bisher noch keine Oxidation stattgefunden hat: Die „Hydroxyethyl-Gruppe" befindet sich erst auf der Oxidationsstufe des Acetaldehyds.

Die Oxidation geschieht durch Liponamid, ebenfalls durch E_1 katalysiert. Liponamid besitzt in der oxidierten Form eine Disulfidbindung, in der reduzierten Form ist diese geöffnet (zwei Sulfhydrylgruppen). Wie wir sehen, öffnet sich bei der Übernahme der „Hydroxyethyl-Gruppe" die Disulfidbindung (sie wird reduziert), wobei der Acetaldehyd zur Essigsäure oxidiert wird. Wir erhalten die Essigsäure als Thioester. Die bei der Oxidation frei werdende Energie ist zum großen Teil in dieser energiereichen Thioesterbindung enthalten.

Das nächste Enzym des Pyruvat-Dehydrogenase-Komplexes, E_2, katalysiert nun die Übertragung der Acetylgruppe auf Coenzym A. Bei dieser Umesterung entstehen Acetyl-CoA und die reduzierte Form des Liponamids, Dihydroliponamid. Um den Katalysezyklus zu vollenden, muss dieses wieder oxidiert werden. Das geschieht mithilfe des nächsten Enzyms des Pyruvat-Dehydrogenase-Komplexes, E_3. Zunächst oxidiert Flavinadenindinucleotid (FAD) Dihydroliponamid, wobei $FADH_2$ entsteht. $FADH_2$ reduziert schließlich NAD^+ zu NADH, womit der Zyklus komplett ist.

Abb. 17.9 im Stryer zeigt nochmals schematisch, wie diese Reaktionen im Pyruvat-Dehydrogenase-Komplex ablaufen. Von entscheidender Bedeutung ist dabei, dass die einzelnen Enzyme (E_1 bis E_3) im Komplex feste Positionen einnehmen, ein kleiner Teil von E_2, der das Liponamid trägt, aber beweglich ist. Damit kann Liponamid die Acetylgruppe von E_1 übernehmen, zu E_2 weiterleiten (wo Acetyl-CoA entsteht), und schließlich von E_3 wieder reoxidiert werden.

Stryer, Abb. 17.9

❯ Die Integration von drei Enzymen zu einem Komplex und die Beweglichkeit des Liponamidarms ermöglichen die koordinierte Katalyse, führen zu einer höheren Gesamtgeschwindigkeit und vermindern Nebenreaktionen.

10.2 Citratzyklus – Überblick

Eine Übersicht zum Citratzyklus finden Sie in Abb. 17.15, die Einzelreaktionen und ihre ΔG-Werte in Tab. 17.2 im Stryer.

Stryer, Abb. 17.15, Tab. 17.2

Betrachten wir zunächst die Reaktionsfolge in einer Übersicht (Abb. 17.15). Acetyl-CoA tritt bei 11 Uhr in den Zyklus ein, durch Reaktion mit Oxalacetat entsteht Citrat. Die eingetretene Acetylgruppe ist grün dargestellt. Der Zyklus läuft im Uhrzeigersinn. Bereits bei 2 Uhr und 4 Uhr wird Kohlendioxid abgespalten, aber dieses stammt nicht aus der eingetretenen Acetylgruppe! Es finden noch einige Oxidationen statt, sodass um 10 Uhr wieder Oxalacetat entstanden ist, bereit für die nächste Runde.

Stryer, Abb. 17.15 und Tab. 17.2

> **Citrat als prochirale Verbindung**
>
> Das zentrale Kohlenstoffatom von Citrat ist prochiral. Die im Stryer in Abb. 17.15 nach unten gezeichnete, grün markierte Acetylgruppe unterscheidet sich daher in enzymatischer Umgebung von der nach oben gezeichneten, schwarz markierten Acetylgruppe. Das Enzym Aconitase bearbeitet nur die nach oben gezeichnete, schwarze Acetylgruppe, und das ist nicht die, die von der Citrat-Synthase eingeführt wurde.
> Beim Übergang zum achiralen Succinat (um 6 Uhr) geht die Information dann verloren. In Abb. 17.15 wird daher ab hier auf die grüne Markierung verzichtet. Wenn wir uns dieses Konzept nur schwer vorstellen können, so liegt das daran, dass wir generell dreidimensionale Vorgänge schlecht visualisieren können. Eine durch dieses Unvermögen ausgelöste Fehlinterpretation von Markierungsexperimenten hat sogar die Aufstellung des Citratzyklus jahrelang verzögert!

Betrachten wir nun die freien Enthalpien der Einzelreaktionen in Tab. 17.2. Wir erkennen einige praktisch irreversible Reaktionen (Nr. 1 und 4), während die Mehrheit wohl Gleichgewichtsreaktionen sind. In gewisser Weise ähnelt das dem in der Glykolyse Gelernten: Die irreversiblen Reaktionen sorgen dafür, dass der Citratzyklus nur in eine Richtung verläuft (d. h. in Abb. 17.15 im Uhrzeigersinn). Die zugehörigen Enzyme sind gut geeignete Kontrollpunkte, an denen durch allosterische Effektoren die Geschwindigkeit des Citratzyklus reguliert wird.

10.3 Citratzyklus: Die Einzelschritte

Stryer, Abschn. 17.2

Die Einzelschritte des Citratzyklus sind im Stryer in Abschn. 17.2 erläutert.

10.3.1 Erster Schritt

> ❯ Der erste Schritt des Citratzyklus ist die Umsetzung eines Carbonsäureesters (des Acetyl-CoA) mit einer reaktiven Carbonylverbindung (dem Oxalacetat) zu Citrat.

Clayden, Kap. 20

Chemisch betrachtet, handelt es sich den nucleophilen Angriff eines Esterenolats auf das Carbonyl-C-Atom von Oxalacetat. Für das Enzym gilt hier das Gleiche, was Sie auch in der Organischen Synthese beachten müssen (Clayden, ▶ Kap. 20): Man stellt basenkatalysiert das Enolat her und achtet durch die richtige Wahl der Reaktionsbedingungen darauf, dass der Ester nicht hydrolysiert wird.

Um beides zu bewerkstelligen, hat sich die **Citrat-Synthase** etwas einfallen lassen: Zunächst kann nämlich Acetyl-CoA gar nicht an das Enzym binden. Es ist keine Bindestelle dafür vorhanden, sondern nur eine für Oxalacetat. Sobald aber Oxalacetat gebunden hat, bewegen sich Teile des Enzyms, und es formt sich eine Bindestelle für Acetyl-CoA. Damit ist gewährleistet, dass am Enzym auf jeden Fall Oxalacetat räumlich in der Nähe von Acetyl-CoA vorhanden und stereochemisch korrekt für die Reaktion ausgerichtet ist. Wäre jetzt Wasser an dieser Stelle, so würde der Thioester hydrolysiert werden und die Energie wäre verloren!

Die Acetylgruppe des Acetyl-CoA wird nun gleich in die Enolform überführt, wie in Abb. 17.11 im Stryer gezeigt wird.

Stryer, Abb. 17.11

Das geschieht, indem das Carboxylat von Asp375 als Base ein Proton der Methylgruppe abstrahiert und His274 das Carbonylsauerstoffatom protoniert. Damit wird die Enolform des Acetyl-CoA stabilisiert. Wäre jetzt Wasser in der Nähe, würde das leicht den Thioester hydrolysieren, so aber greift das Enolat die Carbonylgruppe des Oxalacetats an. Histidin 320 hilft dabei, indem es die negative Ladung am Carbonylsauerstoffatom neutralisiert. Es entsteht Citryl-CoA, das Enzym kehrt in die offene Ausgangsposition zurück, Wasser kann eindringen, hydrolysiert den Thioester und Citrat wird freigesetzt.

10.3.2 Zweiter Schritt

Durch den Citratzyklus werden letztlich zwei C-Atome von Citrat durch Decarboxylierung entfernt. Die Carbonsäuregruppen des Citrats sind aber recht stabil. Daher arbeitet sich der Zyklus in Richtung einer Ketocarbonsäure vor, bei der die Decarboxylierung wesentlich einfacher verlaufen kann.

> **Der zweite Schritt bereitet die Decarboxylierung vor, indem Citrat zu Isocitrat isomerisiert wird.**

Die Isomerisierung geht nicht in einem Schritt, sondern durch eine Dehydratisierung zu *cis*-Aconitat, das anschließend rehydratisiert wird. Das verantwortliche Enzym, die **Aconitase**, besitzt im katalytischen Zentrum einen würfelförmigen Cluster aus vier Eisen- und vier Schwefelatomen. Drei der Eisenatome werden über die Schwefelatome von drei Cysteinresten des Enzyms fixiert. Das vierte Eisenatom hat freie Valenzen und bindet Citrat an dessen zentraler Carboxylatgruppe und an der Hydroxylgruppe (Stryer, Abb. 17.12).

Stryer, Abb. 17.12

Aus Abb. 17.12 geht hervor, dass sich die beiden Acetylgruppen des Citrats jetzt im Enzym in unterschiedlicher Umgebung befinden. (Wenn Sie möchten, können Sie sich das genauer in ▶ www.rcsb.org anschauen, wenn sie dort den Code 1C96 im Suchfeld eingeben).

10.3.3 Dritter Schritt

> **Im dritten Schritt wird die eben eingeführte Hydroxylgruppe zum Keton oxidiert. Das Reaktionsprodukt, Oxalsuccinat, verliert die sekundäre Carboxylatgruppe als Kohlendioxid, es entsteht α-Ketoglutarat.**

Für die Katalyse ist ein Magnesiumion notwendig, das von der endständigen Carboxylatgruppe und der Ketogruppe komplexiert wird. Dadurch lockert sich die Bindung zum β-ständigen Carboxylat (im Stryer im Formelschema auf S. 592 blau gekennzeichnet), diese Carboxylatgruppe wird als CO_2 abgespalten und es entsteht das Endprodukt α-Ketoglutarat. Das verantwortliche Enzym ist die **Isocitrat-Dehydrogenase**. Die Oxidation erfolgt durch NAD^+, es entsteht NADH.

Stryer, Formelschema S. 592

10.3.4 Vierter Schritt

> **Im vierten Schritt wird auch die Carboxylatgruppe in α-Stellung zur Ketogruppe abgespalten. Damit ist formal das gesamte eingeschleuste Acetyl-CoA zu Kohlendioxid oxidiert worden.**

Einen solchen Reaktionstypus kennen wir bereits, nämlich die Oxidation von Pyruvat zu Acetyl-CoA und CO_2. In der Tat verläuft die oxidative Decarboxylierung im α-Ketoglutarat-Dehydrogenase-Komplex genauso; das Produkt ist Succinyl-CoA. Wieder ist NAD^+ das Oxidationsmittel, wieder haben wir dadurch eine Menge Energie in Form des Thioesters gespeichert.

Bevor wir im Citratzyklus fortfahren, wollen wir die bisherige Reaktionssequenz kurz zurückverfolgen. Wir sehen nun, dass das abgespaltene CO_2 tatsächlich nicht von Acetyl-CoA stammt, sondern von Oxalacetat!

10.3.5 Fünfter Schritt

> ❯ Im fünften Schritt wird die Energie des Thioesters von Succinyl-CoA zur Synthese von ATP aus ADP und P_i genutzt.

Stryer, Abb. 17.13

Der Mechanismus der **Succinyl-CoA-Synthetase** ist im Stryer, Abb. 17.13 beschrieben.

Im ersten Schritt greift einfach ein Phosphation die Thioesterbindung an; CoA verlässt das Enzym, es entsteht das gemischte Anhydrid Succinylphosphat. Thermodynamisch ist das sicher kein Problem: Wir wissen ja, dass der ΔG-Wert der Hydrolyse einer Thioesterbindung etwa so groß ist wie der einer Phosphorsäureanhydridbindung. Im nächsten Schritt greift nun die Imidazolgruppe einer Histidinseitenkette des Enzyms die Anhydridbindung an, Succinat wird freigesetzt und die Phosphatgruppe wird auf ADP übertragen. Das Enzym Succinyl-CoA-Synthetase besteht aus zwei Untereinheiten, die beide doppelt vorkommen ($\alpha_2\beta_2$). Dieser letzte Schritt ist insofern interessant, als die bisherige Reaktion in der α-Untereinheit verläuft, ADP jedoch an die β-Untereinheit bindet. Die Histidinseitenkette spielt dabei die Rolle eines Greifarms, der die Phosphatgruppe von der einen zur anderen Untereinheit transportiert.

10.3.6 Sechster, siebter und achter Schritt

> ❯ Die weiteren Schritte 6 bis 8 dienen vor allem dazu, das Ausgangsmolekül des ersten Schritts, Oxalacetat, herzustellen.

Zwei weitere Oxidationsreaktionen finden statt, um wieder zu Oxalacetat zu gelangen – ein großer Vorteil, denn dabei erhält man pro Mol Succinat noch zwei Mol NADH, aus dem später in der oxidativen Phosphorylierung weiteres ATP gewonnen wird (▶ Kap. 11)!

▪ Sechster Schritt

Der sechste Schritt ist bereits eine solche Oxidation: Katalysiert durch **Succinat-Dehydrogenase** entsteht Fumarat. Succinat-Dehydrogenase ist ganz anders aufgebaut als die Enzyme, die wir bisher kennen gelernt haben. Zum einen benutzt es FAD anstelle von NAD^+ zur Oxidation. Das ist zunächst nicht sehr aufregend, der Mechanismus ist ja vergleichbar mit dem von NAD^+, und wir haben ihn im 3. Teil bereits besprochen. Der Energieinhalt von $FADH_2$ ist deutlich geringer als der von NADH. Zur Erzeugung von NADH würde die Änderung der freien Enthalpie bei dieser Reaktion nicht ausreichen.

Es gibt einen gravierenden Unterschied zu allen bisher besprochenen Reaktionen: Das Enzym ist in der inneren Membran der Mitochondrien fest verankert und gibt das Reaktionsprodukt $FADH_2$ nicht frei! Stattdessen leitet es die beiden Elektronen von $FADH_2$ gleich weiter zu Ubichinon, das diese in der Atmungskette dann direkt auf Sauerstoff überträgt. Hier sehen wir das erste Enzym, das tatsächlich in die Nähe des ultimativen Elektronenakzeptors, Sauerstoff, gelangt (▶ Abschn. 11.3.2)!

- **Siebter und achter Schritt**

Schritt sieben ist die stereoselektive Addition von Wasser an Fumarat, katalysiert durch Fumarase. Es entsteht L-Malat, das schließlich in Schritt 8 zu Oxalacetat oxidiert wird. Wieder haben wir ein Mol NADH gewonnen. Der Citratzyklus ist damit abgeschlossen.

> Im Citratzyklus haben wir durch die Oxidation von einem Mol Acetyl-CoA ein Mol ATP, drei Mol NADH und ein Mol $FADH_2$ gewonnen.

10.4 Regulation des Citratzyklus

Im Citratzyklus wird der Stoffumsatz an den drei Enzymen reguliert, bei deren Reaktion Kohlendioxid freigesetzt wird und energiereiche Moleküle entstehen. Schauen Sie sich dazu Abb. 17.19 im Stryer an.

Stryer, Abb. 17.19

Alle drei Enzyme werden durch hohe Konzentrationen von ATP und NADH gehemmt. Gleich am Eingang zum Citratzyklus wird die Pyruvat-Dehydrogenase zusätzlich durch eine hohe Konzentration des Reaktionsprodukts Acetyl-CoA gehemmt, während eine hohe Konzentration von ADP oder Pyruvat beschleunigend wirkt. Ähnliches gilt für die Isocitrat-Dehydrogenase, bei der ADP beschleunigend wirkt. Der α-Ketoglutarat-Dehydrogenase-Komplex wird zusätzlich durch sein Reaktionsprodukt Succinyl-CoA gehemmt. Insgesamt reagiert damit der Citratzyklus empfindlich auf den jeweiligen Energiebedarf der Zelle. Wir wollen das bei einem entscheidenden Enzym noch etwas genauer betrachten.

10.4.1 Regulation der Pyruvat-Dehydrogenase

Der Pyruvat-Dehydrogenase-Komplex besteht, wie weiter oben besprochen, aus den drei Enzymkomponenten Pyruvat-Dehydrogenase (E_1), Dihydrolipoyl-Transacetylase (E_2) und Dihydroprolyl-Dehydrogenase (E_3). Alle drei werden mit demselben Ziel, aber separat voneinander, reguliert.

Die Regulation von E_1 ist besonders interessant, denn dazu werden zwei eigene Enzyme verwendet: die Pyruvat-Dehydrogenase-Kinase I (PDK I) phosphoryliert E_1, die Pyruvat-Dehydrogenase-Phosphatase (PDP) entfernt die Phosphorylgruppe an E_1 wieder durch Hydrolyse (Stryer, Abb. 17.17).

Stryer, Abb. 17.17

In der phosphorylierten Form ist E_1 praktisch inaktiv. E_2 und E_3 werden durch ihre Produkte, Acetyl-CoA bzw. NADH, gehemmt. Die Auswirkung dieses komplexen Netzwerks an Inhibitoren ist einfach zu verstehen: In Ruhe wird in einer Muskelzelle wenig Energie verbraucht, deswegen ist sehr viel ATP, NADH und Acetyl-CoA vorhanden (die Energieladung ist hoch). Durch deren inhibitorische Wirkung kommen die Produktion von Acetyl-CoA und damit der Citratzyklus praktisch zum Erliegen. Wird wieder Energie benötigt, steigt der ADP-Spiegel an (durch den Verbrauch an ATP), die PDP wird aktiv, entfernt die Phosphorylgruppe von E_1, das wieder aktiv wird. Die Spiegel von Acetyl-CoA und NADH sind ebenfalls gesunken, womit auch E_2 und E_3 wieder aktiv sind: Der Citratzyklus startet wieder.

> Eine hohe Energieladung schaltet den Pyruvat-Dehydrogenase-Komplex ab, eine niedrige Energieladung schaltet ihn wieder an.

10.4.2 Regulation der α-Ketoglutarat-Dehydrogenase

Ganz analog erfolgt die Regulation des α-Ketoglutarat-Dehydrogenase-Komplexes. Dieser ist ja auch ähnlich aufgebaut wie der Pyruvat-Dehydrogenase-Komplex!

10.5 Energetische Betrachtung

Stryer, Tab. 17.2

Betrachten wir nun zum Schluss die freien Enthalpien der Einzelschritte des Citratzyklus (Stryer, Tab. 17.2).

Es fällt auf, dass Schritt 1 einen stark negativen $\Delta G^{0'}$-Wert besitzt. Das lässt eigentlich erwarten, dass die Citrat-Synthase ebenfalls eine Rolle bei der Regulierung des Citratzyklus spielt. Das ist aber nur bei einigen Bakterien der Fall, nicht bei Tieren. Weiterhin fällt der stark positive $\Delta G^{0'}$-Wert des letzten Schritts auf. Das ist sehr ungewöhnlich, bedeutet es doch, dass das Gleichgewicht der durch Malat-Dehydrogenase katalysierten Reaktion fast ganz auf der Seite des Substrats liegt und die Konzentration des Produkts Oxalacetat sehr niedrig sein wird. Oxalacetat wird aber in Schritt 1 gebraucht. Dieser Schritt muss entsprechend stark exergon sein, um mit den geringen Oxalacetat-Konzentrationen zurechtzukommen.

10.6 Synthesebausteine aus dem Citratzyklus

Stryer, Abb. 17.20

Bisher haben wir gesehen, dass der Citratzyklus der Energiegewinnung dient und dementsprechend auf den Energiebedarf der Zelle einreguliert wird. Das ist aber nur ein Teil seiner Funktion – mindestens vier der acht Moleküle des Zyklus sind Ausgangsmaterialien für die Biosynthese wichtiger Verbindungsklassen (Stryer, Abb. 17.20):

- Aus Citrat entstehen Fettsäuren und Steroide.
- Aus α-Ketoglutarat entstehen einige Aminosäuren und Purine.
- Succinyl-CoA wird zum Aufbau von Porphyrinen benutzt.
- Oxalacetat dient zur Synthese einiger Aminosäuren, Purine, Pyrimidine und Glucose.

Einige dieser Synthesewege werden wir im 5. Teil finden.

Wenn aber Zwischenprodukte aus dem Zyklus abgezweigt werden, geht das natürlich zu Lasten des Endprodukts, Oxalacetat. Irgendwann wäre der Oxalacetatvorrat aufgebraucht und der Citratzyklus käme zum Erliegen, weil schon die erste Reaktion nicht mehr stattfinden kann. Da der Citratzyklus nicht rückwärtslaufen kann, ist die Synthese von Oxalacetat aus Citrat auch ausgeschlossen. Es muss also einen Weg geben, um Oxalacetat nachzuliefern.

10.7 Oxalacetat kann aus Pyruvat nachgeliefert werden

Stryer, Abb. 16.29

Wegen seiner zentralen Bedeutung wird der Citratzyklus auf jeden Fall in Gang gehalten. Beim Menschen und bei anderen Säugetieren geschieht das durch eine enzymatische Reaktion, bei der Pyruvat mit CO_2 zu Oxalacetat umgesetzt wird. Das zuständige Enzym ist **Pyruvat-Carboxylase**. Die stark endergone Reaktion wird durch die Hydrolyse von einem Mol ATP möglich gemacht. Sehen Sie Abb. 16.29 im Stryer an.

Wenn die Energieladung hoch ist und viel Acetyl-CoA zur Verfügung steht, wird die Bereitstellung von Oxalacetat aus Pyruvat und CO_2 hochgefahren. Oxalacetat steht dann als Synthesebaustein und für die Gluconeogenese zur Verfügung. Ist die Energieladung niedrig (d. h. es ist viel ADP vorhanden), dann wird die Gluconeogenese gebremst und das vorhandene Oxalacetat im Citratzyklus verwendet.

Keine Glucose aus Fett

Wir haben nun das Schicksal der Glucose bis zu ihrer kompletten Oxidation zu Kohlendioxid verfolgt und mit Glykolyse und Citratzyklus zwei bedeutende katabole Stoffwechselwege kennen gelernt. Wir werden im Rahmen dieses Teils nicht auf andere Stoffwechselwege eingehen. Lediglich einen Aspekt des Fettsäurestoffwechsels sollten Sie noch kennen lernen. Dieser produziert nämlich ebenfalls Acetyl-CoA und mündet im Citratzyklus. Darüber hinaus ist er reversibel, d. h. aus Acetyl-CoA können Fettsäuren aufgebaut werden. Leider läuft der Fettsäurestoffwechsel nicht in unseren Nervenzellen ab, diese funktionieren nur mit Glucose. Wenn Sie nun beim Studieren dieses Teils nebenbei Süßigkeiten zu sich genommen haben, erscheint das wegen des Glucosebedarfs Ihres Gehirns zunächst vorteilhaft. Leider verteilt sich die Glucose aber im ganzen Körper. Die Energieladung Ihrer Muskelzellen beispielsweise ist jetzt hoch, denn sie hatten ja nichts zu tun. Damit konnten sie auch mit dem Acetyl-CoA aus der Glykolyse nichts Rechtes anfangen – sie ließen daher den Fettsäurestoffwechsel rückwärtslaufen und stellten aus Acetyl-CoA Fettsäuren her. Dieses Acetyl-CoA ist nun für den Energiebedarf Ihres Gehirns verloren – Sie können aus Fettsäuren nämlich keine Glucose mehr gewinnen. Blicken Sie nochmals auf Abb. 17.20 im Stryer:

Auf den ersten Blick scheint es möglich, Acetyl-CoA durch den Citratzyklus bis zu Oxalacetat laufen zu lassen und dieses zur Erzeugung von Glucose zu verwenden (die dann wieder dem Gehirn zur Verfügung stünde). Leider macht uns da die Stöchiometrie einen Strich durch die Rechnung: Im ersten Schritt des Citratzyklus verbrauchen wir ein Mol Oxalacetat, das wir im letzten Schritt wieder zurückerhalten. Wir können das jetzt für die Gluconeogenese verwenden, dann fehlt es aber im Citratzyklus. Natürlich können wir das verlorene Oxalacetat durch Synthese aus Pyruvat und CO_2 mit der Pyruvat-Carboxylase wieder auffüllen. Leider müssen wir dann die eben hergestellte Glucose wieder für das Pyruvat opfern. Kurzum: Speck werden Sie durch noch so intensives Studium des Buches nicht los. (Legen Sie darum eine Pause ein und gehen Sie eine Runde joggen, bevor wir zum letzten Kapitel kommen, der oxidativen Phosphorylierung!)

Stryer, Abb. 17.20

✅ **Antworten**

1. Die Oxidation von 1 Mol Pyruvat zu 3 Mol CO_2 kann 5 Mol NADH liefern, die Oxidation von 1 Mol Glucose zu 6 Mol CO_2 also 12 Mol NADH.

2. Oxidationszahlen:
   Pyruvat: Methylgruppe − 3; Keton + 2, Carboxylat + 3; Summe: + 2
   Acetat und CO_2: Methylgruppe − 3; Carboxylat + 3, CO_2 + 4; Summe: + 4

Die Hauptmenge der Energie durch oxidative Phosphorylierung

© Springer-Verlag GmbH Deutschland, ein Teil von Springer Nature 2020
K. von der Saal, *Biochemie*, https://doi.org/10.1007/978-3-662-60690-2_11

Stryer, Kap. 18

Weiterführende Information zu diesem Abschnitt finden Sie im Stryer in Kap. 18.

Durch die vollständige Oxidation von einem Mol Glucose zu sechs Mol Kohlendioxid in der Glykolyse und dem darauffolgenden Citratzyklus haben wir vier Mol ATP erzeugt, je zwei Mol in der Glykolyse und im Citratzyklus. Darüber hinaus haben wir 24 Mol Elektronen gespeichert als NADH und $FADH_2$. Jede dieser Redoxverbindungen kann in der reduzierten Form zwei Elektronen übertragen. Wir haben zwei Mol NADH in der Glykolyse erhalten, zwei Mol durch Oxidation von zwei Mol Pyruvat zu Acetyl-CoA und schließlich sechs Mol NADH und zwei Mol $FADH_2$ im Citratzyklus.

Bei der oxidativen Phosphorylierung werden diese Elektronen auf Sauerstoff übertragen. Dabei werden NADH und $FADH_2$ oxidiert und stehen wieder als Oxidationsmittel zur Verfügung. Wie Sie sehen, ist der eingeatmete Sauerstoff nie direkt mit Glucose in Berührung gekommen! Bei der Oxidation durch Sauerstoff entsteht nun auch kein Kohlendioxid mehr (alle Kohlenstoffatome der Glucose sind ja schon weg), sondern Wasser. Die freie Enthalpie dieser Reaktion wird dabei zur Herstellung weiterer ATP-Moleküle genutzt.

Stryer, Abb. 17.3

> ❯ **Citratzyklus und oxidative Phosphorylierung werden unter dem Begriff Zellatmung – kurz: Atmung – zusammengefasst. Dabei werden die Elektronen aus dem Citratzyklus auf Sauerstoff als letzten Elektronenakzeptor übertragen und ATP wird synthetisiert (Stryer, Abb. 17.3).**

11.1 Die entscheidende Rolle der inneren Mitochondrienmembran

Stryer, Abb. 18.2

Der Citratzyklus läuft im Innenraum der Mitochondrien, in der Matrix ab. Diese Folge von Enzymreaktionen kann man zum größten Teil verstehen, ohne sich mit den speziellen Gegebenheiten in den Mitochondrien zu beschäftigen. Zum Verständnis der oxidativen Phosphorylierung ist es aber notwendig, sich den Aufbau der Mitochondrien genauer anzuschauen. Werfen Sie dazu bitte einen Blick auf Abb. 18.2 im Stryer.

Der für die oxidative Phosphorylierung entscheidende Punkt ist die Doppelmembran dieser Organellen. Die äußere Membran (in Abb. 18.2 gelb) ist für viele kleine Moleküle und Ionen sehr gut durchlässig, was auf eine große Anzahl von porenbildenden Proteinen, sogenannten Porinen, zurückzuführen ist. Die innere Membran (in Abb. 18.2 blau) ist sehr stark gefaltet und für die meisten Ionen und polaren Moleküle undurchlässig. Lediglich bestimmte Moleküle wie ATP, Pyruvat oder Citrat werden durch spezielle Transporter hindurchgeschleust. Der von der inneren Membran umschlossene Innenraum des Mitochondriums ist die **Matrix,** der Raum zwischen innerer und äußerer Membran der **Intermembranraum.** Bitte beachten Sie, dass die beiden Membranen des Mitochondriums, die innere wie auch die äußere, aus jeweils einer Lipiddoppelschicht bestehen! Bei der inneren Membran unterscheiden wir die Matrixseite und die dem Intermembranraum zugewandte Seite, die oft (etwas irreführend) cytosolische Seite genannt wird.

Mitochondrien sind semiautonome Organellen

Im Rasterelektronenmikroskop ähnelt ein Mitochondrium einem Einzeller, der sich innerhalb einer eukaryotischen Zelle befindet. Dieser Eindruck ist sogar zum Teil richtig, denn Mitochondrien sind semiautonome Organellen. Sie haben beispielsweise ihre eigene DNA (mitochondriale DNA, mtDNA), die einen Teil der mitochondrialen Proteine codiert. Die DNA ist kreisförmig und codiert beim Menschen 37 Gene, darunter 13 Untereinheiten der Enzyme, die an der oxidativen Phosphorylierung beteiligt sind, zwei ribosomale RNAs und 22 tRNAs zur Transkription der mitochondrialen Gene. Ungefähr

900 weitere Gene der Mitochondrien sind jedoch in der DNA des Zellkerns codiert. Die mitochondriale DNA wird bei der Fortpflanzung nicht wie normale zelluläre DNA vererbt, denn alle Mitochondrien entstammen der Eizelle. Eine menschliche Eizelle enthält mehrere Hunderttausend Mitochondrien, eine Samenzelle nur wenige, und diese werden nach der Fusion von Ei und Samenzelle zerstört.

Man nimmt an, dass in der Frühzeit des Lebens ein frei lebender Organismus, der zur oxidativen Phosphorylierung fähig war, von einer anderen Zelle aufgenommen wurde (Endosymbiose). Im Laufe der Evolution wurden dann viele, aber nicht alle Gene dieses Endosymbionten in die zelluläre DNA integriert.

11.2 Atmungskette und Protonengradient – zwei Teile der oxidativen Phosphorylierung

Durch die starke Faltung hat die innere Membran der Mitochondrien eine sehr große Oberfläche. Die Proteine der oxidativen Phosphorylierung sind in diese Membran integriert und stellen dabei eine Verbindung zwischen der Matrix und dem Intermembranraum her. Betrachten Sie dazu Abb. 18.34 im Stryer.

Stryer, Abb. 18.34

Dort ist ein Ausschnitt aus der inneren Membran dargestellt (lassen Sie sich nicht von den Farben verunsichern: In Abb. 18.2 war die innere Membran blau, in Abb. 18.34 oben links ist sie gelb und im Hauptbild schließlich grau). Es ist hier wichtig zu verstehen, dass die oxidative Phosphorylierung aus zwei getrennten Schritten besteht:

Erster Schritt Im ersten Schritt übertragen NADH und $FADH_2$ auf der Matrixseite ihre Elektronen an die Proteine I bis IV der Elektronentransportkette (Atmungskette genannt), wo sie schließlich von Sauerstoff (ebenfalls auf der Matrixseite) aufgenommen werden. Dieser wird zu Wasser reduziert. Die dabei frei werdende Energie wird benutzt, um Protonen nach außen zu pumpen. Der pH-Wert wird auf der Seite des Intermembranraums kleiner als auf der Matrixseite, es entsteht also ein Protonengradient über die innere Membran.

Zweiter Schritt Im zweiten Schritt der oxidativen Phosphorylierung nutzt die **ATP-Synthase** diesen Protonengradienten aus: Sie lässt Protonen vom Intermembranraum auf die Matrixseite strömen. Dieser Strom treibt eine Art „Mühlrad" in der ATP-Synthase; das entstandene ATP wird auf der Matrixseite freigesetzt.

Betrachten wir nun den ersten Schritt der oxidativen Phosphorylierung, die Herstellung des Protonengradienten über die innere Mitochondrienmembran, genauer. Weil dabei die Elektronen auf Sauerstoff übertragen werden, müssen wir zunächst einige Aspekte der Elektrochemie rekapitulieren. Dann werden wir untersuchen, wie die Elektronen von NADH auf die Atmungskette kommen, wie sie durch die Atmungskette hindurchgeleitet werden und schließlich bei Sauerstoff ankommen.

11.2.1 Die Chemie der Elektronen

Details zur Elektrochemie haben Sie schon in der Physikalischen Chemie erfahren. Wenn Sie unsicher sind, lesen Sie dort nochmals nach. Im Stryer, Abschn. 18.2 können wir dieses Wissen jetzt anwenden.

Stryer, Abschn. 18.2

Wie die Thermodynamik chemischer Reaktionen beschrieben wird, wissen wir schon: Entscheidend ist die freie Enthalpie ΔG. Wir schreiben zunächst eine Reaktionsgleichung. Ist der ΔG-Wert der Reaktion negativ, dann kann diese Reaktion von links nach rechts ablaufen, ist er positiv, kann sie von rechts nach links laufen, ist er gleich null, haben wir den Gleichgewichtszustand erreicht. Um die Thermodynamik verschiedener Reaktionen vergleichen zu können, misst man deren ΔG-Werte unter Standardbedingungen.

Genauso machen wir das jetzt mit Redoxreaktionen. Wir könnten uns beispielsweise fragen, wie groß der ΔG-Wert der Oxidation von NADH durch Sauerstoff ist (▶ Gl. 11.1). Mit der daraus gewonnen Energie wird ja zunächst der Protonengradient über die innere Mitochondrienmembran erzeugt, der wiederum die ATP-Synthese antreibt. Mit dem Ergebnis können wir dann abschätzen, wie viel Mol ATP wir durch die Oxidation eines Mols NADH gewinnen können.

$$NADH + H^+ + 1/2\,O_2 \rightarrow NAD^+ + H_2O$$

(11.1)

Stryer, Abb. 18.5

Bei einer Redoxreaktion fließen Elektronen, und das nutzen wir aus, um relativ einfach ΔG-Werte der Reaktion zu ermitteln. Im Beispiel der ▶ Gl. 11.1 fließen die Elektronen von NADH zu Sauerstoff, NADH wird dabei zu NAD$^+$ oxidiert, Sauerstoff zu Wasser reduziert. Wir haben es bei Redoxreaktionen also mit einer Konkurrenz um Elektronen zu tun, und die allgemeine Frage bei jeder Redoxreaktion lautet: Wer wird wohl den Kampf um die Elektronen gewinnen? Anders ausgedrückt: Wie groß ist das jeweilige Elektronenübertragungspotenzial der beiden Partner? Werfen wir jetzt einen Blick auf Abb. 18.5 im Stryer!

Der messtechnische Trick besteht jetzt darin, die Teilreaktionen räumlich zu trennen. Im Beispiel der ▶ Gl. 11.1 sind das die Teilreaktionen ▶ Gl. 11.2 und 11.3:

$$NADH \rightarrow NAD^+ + H^+ + 2e^-$$

(11.2)

$$1/2\,O_2 + 2\,H^+ + 2e^- \rightarrow H_2O$$

(11.3)

In das linke Becherglas der Abb. 18.5 würden wir eine wässrige Lösung von NADH und NAD$^+$ füllen und im rechten Becherglas Sauerstoff durchleiten. Die Elektronen im linken Becherglas haben nun den Drang, zu Sauerstoff zu gelangen; wir können das mit einem Voltmeter als Spannung messen. Diese Spannung ist ein Ausdruck für das Elektronenübertragungspotenzial, auch Redoxpotenzial genannt.

Auf diese Weise hat man viele Redoxreaktionen untersucht. Um diese Reaktionen vergleichbar zu machen, hat man sich darauf geeinigt, die Messungen unter Standardbedingungen durchzuführen: Man verwendet immer 1 M Lösungen aller Reaktionspartner, bei Gasen einen Druck von 1 atm und – am wichtigsten: Man verwendet immer die gleiche Teilreaktion als Referenz, nämlich die Reduktion von Protonen (1 M H$^+$ entsprechend pH = 0) zu Wasserstoff (1 atm). Bedingt durch diese Messanordnung ist jetzt das Redoxpotenzial der Reduktion von Protonen zu Wasserstoff bei pH = 0 gleich 0 V gesetzt.

In unserem Beispiel (▶ Gl. 11.1) würde man nun zwei Messungen durchführen, einmal mit der wässrigen Lösung von 1 M NADH und 1 M NAD$^+$ im linken Becherglas und der Standardreaktion im rechten, genau wie es Abb. 18.5 zeigt. Im zweiten Experiment würde man im linken Becherglas Sauerstoff bei einem Druck von 1 atm an der Elektrode vorbeileiten. Die so ermittelten Redoxpotenziale E_0 vieler Reaktionen sind in Tabellenwerken aufgeführt.

> ❯ **Ein starkes Reduktionsmittel gibt leicht Elektronen ab und besitzt ein negatives Redoxpotenzial, z. B. NADH. Ein starkes Oxidationsmittel nimmt bereitwillig Elektronen auf und besitzt ein positives Redoxpotenzial, z. B. Sauerstoff.**

Stryer, Tab. 18.1

Für biochemische Zwecke hat sich eingebürgert, die Redoxpotenziale bei einem pH von 7 anzugeben, und dies als E_0' zu bezeichnen. Werfen wir jetzt einen Blick auf Tab. 18.1 im Stryer.

In dieser Tabelle steht die oxidierte Form immer links, die reduzierte rechts. Zunächst fällt auf, dass das Redoxpotenzial der Reduktion von Protonen zu Wasserstoff nicht mehr gleich null ist, sondern $\Delta E_0' = -0{,}41$ V. Wasserstoff ist also bei pH 7 ein stärkeres Reduktionsmittel als unter den Standardbedingungen bei pH 0!

Schauen wir die Werte für die Reaktionen der ▶ Gl. 11.2 und 11.3 nach. Für ▶ Gl. 11.2 erhalten wir $E_0' = +0{,}32$ V. Beachten Sie hier, dass gemäß der Konvention die oxidierte Form auf die linke Seite zu schreiben ist, die Reaktion ▶ Gl. 11.2 aber umgekehrt verläuft. Deshalb haben wir das Vorzeichen des E_0'-Wertes umgekehrt. Für ▶ Gl. 11.3 zeigt die Tabelle $E_0' = +0{,}32$ V. Um nun den E_0'-Wert von ▶ Gl. 11.1 zu berechnen, addieren wir einfach die $E_0' = +0{,}32$ V-Werte der Teilreaktionen und erhalten $E_0' = +1{,}14$ V.

> **Wichtig**
>
> Die Potenzialdifferenz von 1,14 V zwischen NADH und O_2 treibt die Elektronentransportkette an.
>
> Den Zusammenhang zwischen dem Redoxpotenzial und der freien Enthalpie stellt die Faraday-Konstante F her, wobei n die Zahl der übertragenen Elektronen ist (▶ Gl. 11.4):
>
> $$\Delta G_0' = -n \cdot F \cdot \Delta E_0' \qquad (11.4)$$
>
> Der Wert der Faraday-Konstanten beträgt 96,48 kJ mol^{-1} V^{-1}. Für die Reaktion von ▶ Gl. 11.1 erhalten wir damit $\Delta G_0' = -220$ kJ mol^{-1}. Die Oxidation von einem Mol NADH durch Sauerstoff liefert diese große Menge an freier Enthalpie und erzeugt damit den Protonengradienten über die innere Membran der Mitochondrien!

11.2.2 Die Chemie der Protonen

Nun werfen wir noch einen Blick auf die Methoden zur Berechnung der freien Enthalpie, die der Protonengradient über die innere Mitochondrienmembran liefern kann. Die Konzentration der Protonen ist ja auf der cytosolischen Seite höher als auf der Matrixseite; typischerweise beträgt die Differenz der pH-Werte etwa 1,4. Lassen wir zunächst die Ladung der Protonen unberücksichtigt, dann wird ΔG ausgedrückt durch die bekannte ▶ Gl. 11.5:

$$\Delta G = R \cdot T \cdot \ln K = 2{,}303\, R \cdot T \cdot \lg K \qquad (11.5)$$

wobei K das Verhältnis der Protonenkonzentrationen ($\lg K = 1{,}4$) ist, R ist die Gaskonstante (8,31 J mol^{-1} K^{-1}) und T die absolute Temperatur (in Kelvin). Damit erhalten wir bei 25 °C ($T = 298$ K) $\Delta G = 7{,}99$ kJ mol^{-1}. Das wäre schon alles, wenn die Protonen keine Ladung hätten. So aber müssen wir zusätzlich zur Konzentrationsdifferenz auch berücksichtigen, dass sich eine elektrische Spannung über die Membran aufgebaut hat, wobei die cytosolische Seite positiv ist. Die damit verbundene freie Enthalpie beschreibt ▶ Gl. 11.6:

$$\Delta G = Z \cdot F \cdot \Delta V \qquad (11.6)$$

wobei Z die Ladung des Protons bezeichnet ($=1$), F die Faraday-Konstante und ΔV die Spannung über die Membran (typischerweise 0,14 V). Damit erhalten wir $\Delta G = 13{,}5$ kJ mol^{-1}. Eine schöne graphische Darstellung der mit dem Transport von neutralen Molekülen und von Ionen über Membranen verbundenen freien Enthalpie finden Sie im Stryer in Abb. 13.1. Wenn Sie sich unsicher sind, können Sie im Stryer, Abschn. 13.1 nochmals Details rekapitulieren.

Stryer, Abb. 13.1 und Abschn. 13.1

In der Summe müssen also 21,5 kJ aufgewendet werden, um ein Mol Protonen von der Matrixseite auf die cytosolische Seite zu pumpen. Diese Energie dient schließlich zur ATP-Synthese.

11.3 Von NADH zu Sauerstoff: Der Weg der Elektronen durch die Atmungskette

Stryer, Abb. 18.17

Kehren wir zur Atmungskette zurück, den Enzymen, durch die die Elektronen geleitet werden (Stryer, Abb. 18.17).

NADH gibt seine zwei Elektronen an den Enzymkomplex I der Atmungskette ab, wo sie von **Ubichinon** aufgenommen werden (in der Abbildung als Q-Pool bezeichnet, da es manchmal auch Coenzym Q genannt wird). $FADH_2$ gibt seine Elektronen an den Enzymkomplex II ab, von wo sie ebenfalls zu Ubichinon wandern. Ubichinon „schwimmt" innerhalb der inneren Mitochondrienmembran und überträgt die Elektronen zum Komplex III. Schließlich landen sie beim Komplex IV, wo sie von Sauerstoff aufgenommen werden. Die Komplexe I, III und IV pumpen Protonen von der Matrixseite auf die cytosolische Seite und erzeugen so den Protonengradienten.

Stryer, Abschn. 18.3

Nun wollen wir die einzelnen Schritte der Atmungskette genauer betrachten (Stryer, Abschn. 18.3).

11.3.1 Komplex I: NADH:Q-Oxidoreduktase

Stryer, Abb. 18.9

Dieser riesige Enzymkomplex mit mindestens 46 Untereinheiten hat tatsächlich in etwa das L-förmige Aussehen, das in Abb. 18.17 angedeutet ist. Ein Teil ragt in die Matrix, und hier ist der Ort, an dem NADH bindet. Es überträgt seine Elektronen auf den Cofaktor Flavinmononucleotid (FMN), wobei gleichzeitig zwei Protonen aufgenommen werden (Stryer, Abb. 18.9).

Damit ist NAD^+ wieder hergestellt und kann zur Oxidation im Metabolismus eingesetzt werden. Die Reduktion von FMN zu $FMNH_2$ ist einfach zu verstehen, entspricht sie doch ganz der uns schon bekannten Reduktion von FAD zu $FADH_2$ (vergleichen Sie mit Abb. 15.14 im Stryer).

Stryer, Abb. 15.14, 18.17 und 18.8

Der weitere Weg der Elektronen durch diesen riesigen Enzymkomplex wird spannend: Acht zweikernige (binukleäre) und vierkernige (tetranukleäre) Eisen-Schwefel-Cluster, sieben davon wie an einer Perlenschnur aufgereiht, sitzen im Inneren des Komplexes I und leiten Elektronen von $NADH_2$ bis zu Ubichinon (ein Chinon, engl. *quinone* und deshalb oft als Q abgekürzt). Dieses nimmt die Elektronen etwa da auf, wo in Abb. 18.17 der Knick der L-förmigen Struktur in der inneren Mitochondrienmembran ist. Die Strukturen der Cluster finden Sie im Stryer, in Abb. 18.8.

Die Cluster werden durch Schwefelatome von Cysteinseitenketten des Enzymkomplexes fixiert. Die Eisenatome wechseln zwischen reduziertem (Fe^{2+}) und oxidiertem (Fe^{3+}) Zustand; die Elektronen werden nacheinander weitergeleitet; ein gleichzeitiger Transfer von Protonen findet nicht statt.

> **❯ Bioanorganische Chemie**
> Anhand solcher Eisen-Schwefel-Cluster sehen wir die große Bedeutung der bioanorganischen Chemie für biochemische Reaktionen: Während biologische Makromoleküle wie Proteine oder Nucleinsäuren als klassische organische Verbindungen gesehen werden können, brauchen viele biochemischen Reaktionen anorganische Reaktionspartner, um effizient ablaufen zu können.

Stryer, Abb. 18.19

> **Elektronen tunneln entlang der Eisen-Schwefel-Cluster**
> Die Elektronen wandern also wie in einem Draht entlang der Cluster. Das Überraschende ist aber, dass die Cluster keinen Van-der-Waals-Kontakt zueinander haben, sondern im Gegenteil jeweils mehr als 1000 pm voneinander entfernt sind. Weil Elektronen so überaus klein sind, spielen bei

deren Bewegungen quantenmechanische Effekte eine große Rolle. Elektronen können eine energetische Barriere, etwa ein Vakuum zwischen den Clustern, auch überwinden, wenn ihre Energie zu gering ist, um über den „Berg" zu kommen, gerade so, als gäbe es einen Tunnel. Man spricht deshalb vom „Tunneleffekt". Die Wellenfunktion des Elektrons ist auch im „verbotenen" Bereich, also innerhalb der Barriere oder jenseits am nächsten Cluster, nirgends gleich null. Die Aufenthaltswahrscheinlichkeit nimmt aber exponentiell mit der Entfernung ab, sodass die Geschwindigkeit der Elektronenübertragung im Vakuum rasch sinkt und bei einer Entfernung von 1000 pm praktisch zum Erliegen kommt. Dies ist in Abb. 18.19 im Stryer graphisch dargestellt (blaue Linie).

Experimentell fand man, dass die Elektronenübertragung in Proteinen schneller ist als im Vakuum (rote Linie). Vermutlich beeinflussen Bestandteile des Proteins wie Wasser oder die Seitenkette von Aminosäuren die Geschwindigkeit; eventuell kann sogar der Komplex I die Geschwindigkeit aktiv regulieren. Dies ist aber noch Gegenstand von Untersuchungen.

Am Ende der Clusterkette werden die Elektronen auf Ubichinon (Q) übertragen. Dessen Struktur ist in Abb. 18.7 im Stryer dargestellt.

Stryer, Abb. 18.7

Die Elektronen kommen bei Q aber nicht paarweise, sondern nacheinander an, sodass Q zunächst unter gleichzeitiger Aufnahme eines Protons zum Semichinonradikal (QH$^\bullet$) und dann von einem zweiten Elektron, wieder unter Aufnahme eines Protons, zum Hydrochinon (QH$_2$, **Ubichinol**) reduziert wird.

> ❯ Durch den Fluss zweier Elektronen von NADH zu Q durch den Komplex I der Atmungskette werden vier Protonen aus der Matrix des Mitochondriums herausgepumpt. (Wie Elektronen- und Protonentransfer genau gekoppelt sind, ist noch Gegenstand von Untersuchungen). Ubichinon nimmt zusammen mit den zwei Elektronen zwei Protonen aus der Matrixseite auf. Insgesamt hat die Oxidation von NADH zu NAD$^+$ durch den Komplex I also fünf Protonen aus der Matrix entfernt (eines wurde ja von NADH abgegeben) und vier Protonen in den Intermembranraum gepumpt.

11.3.2 Komplex II: Succinat:Q-Oxidoreduktase

Dieser Enzymkomplex enthält die Succinat-Dehydrogenase, die wir bereits aus Schritt 6 des Citratzyklus kennen (▸ Abschn. 10.3.6). Sie katalysiert die Oxidation von Succinat zu Fumarat, wobei FADH$_2$ entsteht. Die beiden Elektronen des FADH$_2$ werden gleich weitergeleitet zu Ubichinon, was ähnlich wie bei Komplex I über eine Kette von verschiedenen Eisen-Schwefel-Clustern geschieht. Im Unterschied zum Komplex I werden dabei keine Protonen von der Matrixseite auf die cytosolische Seite der Mitochondrienmembran gepumpt. Dazu reicht die Änderung der freien Enthalpie zwischen FADH$_2$ und QH$_2$ nicht aus.

11.3.3 Komplex III: Q:Cytochrom-*c*-Oxidoreduktase

In diesem großen Enzymkomplex werden die Elektronen von Ubichinol auf **Cytochrom *c*** übertragen; dabei werden wieder Protonen von der Matrixseite auf die cytosolische Seite der Mitochondrieninnenmembran gepumpt. Cytochrom *c* ist ein kleines, wasserlösliches Protein aus 105 Aminosäuren und einer Hämgruppe, die aus einem Porphyringerüst mit einem Eisenion (Fe^{2+} oder Fe^{3+}) in der Mitte besteht. Wie wir bereits gesehen haben, schwimmt Ubichinol innerhalb der inneren Mitochondrienmembran und kann zwei Elektronen weiterreichen. Cytochrom *c* befindet sich im Innenraum des Mitochondriums, der Matrix. Es kann aber nur ein Elektron aufnehmen.

11

Porphyrine in der Natur: Sauerstoffüberträger, Redoxvermittler, Lichtabsorber, Vitamine

Stryer, Abschn. 7.1

Porphyrine sind ringförmige Strukturen aus vier CH-verbrückten Pyrrolen, die als Liganden für Metallatome dienen. Im Stryer, Abschn. 7.1, finden Sie die Struktur von **Häm**, bei der der Porphyrinring (das sog. Protoporphyrin IX) ein Eisenion komplexiert.

Stryer, Abb. 7.2

Hämoglobin ist ein Protein, das in den roten Blutzellen (Erythrocyten) enthalten ist. Es enthält Häm als prosthetische Gruppe – tatsächlich ist es Häm, das dem Blut die rote Farbe verleiht. Gebunden an das Eisen im Zentrum des Häms, wird Sauerstoff zu den Zellen transportiert. Wie in Stryer, Abb. 7.2 gezeigt, nimmt Fe^{2+} des Häms in der Lunge ein Sauerstoffmolekül aus der Atemluft auf.

Stryer, Abb. 7.5

In Muskelzellen wird das Sauerstoffmolekül von **Myoglobin** übernommen, ebenfalls ein Protein mit Häm als prosthetischer Gruppe. Im Unterschied zu Hämoglobin gibt es hier in der Nähe der Sauerstoffbindungsstelle ein Histidin, dessen NH-Gruppe mit dem Sauerstoffmolekül interagiert und das sauerstoffbeladene Häm zusätzlich stabilisiert (Stryer, Abb. 7.5).

Durch diesen scheinbar kleinen strukturellen Unterschied kann Myoglobin Sauerstoff wesentlich fester binden als Hämoglobin. Ein kleiner Unterschied in der Proteinstruktur hat also wichtige Änderungen im Verhalten des Eisenkomplexes zur Folge: Sauerstoff aus der Atemluft wird effektiv aus dem Blut in die Zellen transportiert und dort im Eisenkomplex des Myoglobins gelagert – ein Vorrat, der bei Menschen für wenige Minuten, bei Walen für eine halbe Stunde reicht.

Stryer, Abb. 18.11

Bei **Cytochrom c** dient das Eisenion nicht dem Sauerstofftransport, sondern dem Transport einzelner Elektronen. Mit der Aufnahme eines Elektrons wird das Eisen von Fe^{3+} zu Fe^{2+} reduziert und bei der Elektronenabgabe wieder zu Fe^{3+} oxidiert. Die Elektronen stammen ursprünglich von Ubichinol und werden von der Q:Cytochrom-*c*-Oxidoreduktase auf Cytochrom *c* übertragen. Die Struktur dieses Enzymkomplexes finden Sie im Stryer, Abb. 18.11.

Der Cytochrom-*c*-Oxidoreduktase-Komplex enthält selbst drei Hämgruppen. Jede befindet sich in einer leicht unterschiedlichen Umgebung im Protein. Dadurch haben die Hämgruppen unterschiedliche Redoxpotenziale, die sich wiederum von denen des Cytochrom *c* unterscheiden. Durch die feinen strukturellen Unterschiede wird eine effektive Elektronenübertragung von Ubichinol auf Cytochrom *c* gewährleistet.

Stryer, Abb. 19.5

Einen porphyrinähnlichen Komplex finden wir auch im **Chlorophyll** der Pflanzen (Stryer, Abb. 19.5).

Im Zentrum dieses Komplexes sitzt ein Magnesiumion. Der Porphyrinring des Chlorophylls ist gegenüber Häm leicht verändert – in Abb. 19.5 rot und blau markiert. Damit kann Chlorophyll Licht im sichtbaren Bereich mit hoher Extinktion absorbieren – der verbleibende reflektierte Anteil ist das Grün der Natur. Auf diesen Prozess, die Grundlage der Photosynthese von Pflanzen, wollen wir im 5. Teil genauer eingehen.

In der Natur einmal bewährte Systeme werden, über die langen Zeiträume der Evolution nur wenig verändert, für ganz unterschiedliche Zwecke eingesetzt. Mithilfe subtiler Variationen der strukturellen Umgebung der Reaktionszentren werden ihre Eigenschaften fein reguliert.

Stryer, Abb. 22.14

Erwähnen wir zum Schluss noch das modifizierte Porphyringerüst von **Vitamin B$_{12}$** mit einem Cobaltion im Zentrum (Stryer, Abb. 22.14), das als Katalysator bei intramolekularen Umlagerungen dient und bei der Biosynthese von Methionin mitwirkt.

Stryer, Abb. 18.12

Betrachten wir nun die Übertragung der Elektronen von Ubichinol auf Cytochrom *c* (Cyt *c*) noch etwas genauer (Stryer, Abb. 18.12).

■ **Q-Zyklus: Kopplung von Elektronentransfer und Protonentransport**

Der sogenannte **Q-Zyklus** findet innerhalb des Komplexes III der Atmungskette statt. Dieser Komplex bindet gleichzeitig drei Moleküle: einmal Ubichinol (das reduzierte QH_2, in der Darstellung blau eingezeichnet), Cytochrom c (oben, grün) und Ubichinon (das oxidierte Q, unten, schwarz). QH_2 gibt ein Elektron an Cyt c ab (roter Pfeil nach oben, über ein intermediäres Cytochrom c_1), das zweite Elektron aber auf Q (roter Pfeil nach unten), das zum Semichinon reduziert wird. Die beiden Protonen des QH_2 verlassen den Komplex auf der cytosolischen Seite und tragen so zum Protonengradienten bei. Das Eisenatom von Cytochrom c befindet sich jetzt in der Oxidationsstufe Fe^{2+}, es kann kein weiteres Elektron mehr aufnehmen und diffundiert vom Komplex ab. Ebenso wurde QH_2 vollständig zu Q oxidiert; es diffundiert ebenfalls ab. Das Semichinon verbleibt am Komplex, bis je ein zweites Molekül QH_2 und Cyt c gebunden haben; dann beginnt das Spiel nochmals: ein Elektron des QH_2 für Cyt c, eines für das Semichinon, zwei Protonen für die cytosolische Seite. Das Semichinon wird zu QH_2 reduziert, es holt sich zwei Protonen aus der Matrixseite und trägt damit ebenfalls zum Protonengradienten bei. Alle drei (reduziertes Cyt c, Q und QH_2) verlassen den Komplex.

❯ In Komplex III der Atmungskette reduziert ein Mol Ubichinol (QH_2) zwei Mol Cytochrom c. Dabei werden zwei Protonen auf der Matrixseite verbraucht und vier Protonen auf der cytosolischen Seite der inneren Mitochondrienmembran abgegeben.

Verwendung eines Biomoleküls für unterschiedliche Zwecke

Mitochondrien und insbesondere Cytochrom c spielen eine entscheidende Rolle beim programmierten Zelltod, der **Apoptose**.

In allen multizellulären Organismen müssen manche Zellen gezielt zerstört werden, ohne dass es zu einer Schädigung des umliegenden Gewebes kommt. Denken Sie beispielsweise an die Rückbildung des Uterus nach einer Geburt oder an Zellen, die durch eine fehlerhafte Erbinformation geschädigt sind. Für solche Fälle steht ein regelrechtes „Suizidprogramm" bereit, das von der betreffenden Zelle selbst aktiv durchgeführt wird. Der Prozess der Selbstauflösung einer Zelle, die sogenannte Apoptose, unterliegt dabei einer strengen Kontrolle, sodass es nicht zu ungewollten Entzündungsreaktionen oder anderen Schädigungen der umliegenden, gesunden Zellen kommt. Durch noch nicht genau bekannte Mechanismen wird dabei zunächst Cytochrom c aus dem Intermembranraum durch die äußere Mitochondrienmembran ins Cytoplasma freigesetzt. Dort wirkt es als Aktivator einer Enzymkaskade von Proteasen (Caspasen), die den Zelltod herbeiführen.

Hier haben wir ein anschauliches Beispiel dafür, wie es der Natur gelingt, ein und dasselbe Molekül für ganz unterschiedliche Zwecke einzusetzen.

11.3.4 Komplex IV: Cytochrom-c-Oxidase

Endlich kommen wir dazu, unsere gesammelten Elektronen an Sauerstoff abzugeben.

❯ In Komplex IV der Atmungskette reduzieren vier Mol Cytochrom c (mit komplexiertem Fe^{2+}) ein Mol Sauerstoff. Dabei werden acht Protonen aus der Matrixseite der inneren Mitochondrienmembran entfernt. Vier dieser Protonen liefern zusammen mit den beiden reduzierten Sauerstoffatomen Wasser, die vier anderen werden auf die cytosolische Seite gepumpt.

■ **Die Chemie des Sauerstoffs**

Um den Aufbau des Komplexes IV zu verstehen, müssen wir uns zunächst mit der Chemie des Sauerstoffmoleküls auseinandersetzen. Es nimmt der Reihe nach vier Elektronen auf und durchläuft dabei die Oxidationsstufen der ▶ Gl. 11.7:

$$O_2 \rightarrow O_2^{-\cdot} \rightarrow O_2^{2-} \rightarrow O^{2-} + O^{-\cdot} \rightarrow 2\,O^{2-}$$

(11.7)

Mit der Aufnahme der Elektronen weitet sich der Bindungsabstand von 121 pm im Sauerstoffmolekül über 126 pm im Superoxidradikalanion $O_2^{-\cdot}$ zu 149 pm im Peroxid O_2^{2-}. Bei der Aufnahme des dritten Elektrons zerfällt das Sauerstoffmolekül in das Oxid und ein Radikalanion $O^{-\cdot}$, das vom vierten Elektron ebenfalls zum Oxid reduziert wird.

Die Zwischenstufen sind alle potenziell toxische Spezies, die Radikalanionen noch mehr als das Peroxid. Sie wissen bereits aus der organischen Chemie, dass Radikalreaktionen in der Synthese weit weniger häufig als ionische Reaktionen eingesetzt werden, weil sie sich meist schwer kontrollieren lassen. Oft lösen kleine Mengen eines Radikalstarters ganze Radikalkettenreaktionen aus. Als solche wirken auch die Sauerstoffradikale, wenn sie im Organismus freigesetzt werden. Die Radikale, die bei diesen Kettenreaktionen entstehen, fasst man unter dem Begriff **reaktive Sauerstoffspezies** (*reactive oxygen species*, **ROS)** zusammen. Eine Dauerbelastung mit ROS kann zu vielerlei Krankheiten führen, etwa zu Bronchitis, möglicherweise auch zur Parkinson-Krankheit oder Diabetes.

Die Natur hat im Prinzip zwei Strategien zur Vermeidung von ROS vorgesehen: Zum einen ist der Komplex IV der Atmungskette so gebaut, dass möglichst wenige der intermediären Sauerstoffradikale aus dem Enzymkomplex entkommen können, zum anderen stehen Abfangreaktionen bereit, um Radikale unschädlich zu machen.

■ **Reduktion des Sauerstoffs ohne toxische Nebenprodukte**

Stryer, Abb. 18.13

Befassen wir uns zunächst genauer mit Komplex IV (Stryer, Abb. 18.13).

Wieder treffen wir alte Bekannte: zwei Hämgruppen in unterschiedlicher Umgebung (Häm a und Häm a_3) und entdecken Neues: zwei Kupferkomplexe, einen binären (Cu_A/Cu_A) und einen mononukleären (Cu_B). Darüber hinaus gibt es noch eine einmalige Modifikation der Seitenketten eines His und eines Tyr (diese ist unten links auf der gleichen Seite abgebildet wie Abb. 18.13): einer der Imidazolringe des His, der das Cu_B komplexiert, ist kovalent mit dem Phenol von Tyr verknüpft. Dessen Hydroxylgruppe wird noch eine Rolle spielen!

Stryer, Abb. 18.14

In Abb. 18.14 im Stryer ist nun der Mechanismus des letzten Schritts der Atmungskette beschrieben.

Das erste von vier Molekülen Cyt c bindet an Komplex IV und gibt sein Elektron ab. Das Elektron wandert über den Cu_A/Cu_A-Komplex, Häm a und Häm a_3 zu Cu_B. Dieses wird dadurch von Cu^{2+} zu Cu^+ reduziert. Das zweite Cyt c bindet, dessen Elektron reduziert das Eisenatom des Häm a_3 von Fe^{3+} zu Fe^{2+}. Der Zustand, in dem beide Metallzentren reduziert sind, ist in Abb. 18.14 rot gekennzeichnet. Nur in diesem Zustand kann ein Sauerstoffmolekül an die beiden Metalle binden und wird dabei sofort zweifach reduziert: Ein Elektron wird von Cu^+ auf das eine Sauerstoffatom, das andere Elektron von Fe^{2+} auf das zweite Sauerstoffatom übertragen. Damit ist die erste potenziell toxische Zwischenstufe, das Superoxidradikal, übersprungen; es entsteht gleich das Peroxiddianion. Würde dieses jetzt aus dem Komplex diffundieren, entstünde nach Aufnahme zweier Protonen Wasserstoffperoxid.

Dazu kommt es aber nur selten, denn das Tyrosin, das kovalent mit dem Imidazol verknüpft ist, liefert sofort ein weiteres Elektron ab (und wird selbst zum Tyr-Radikal). Diese sehr ungewöhnliche Verknüpfung der Seitenketten eines His und eines Tyr hat also den Zweck, eine potenziell toxische Sauerstoffspezies abzufangen. Mit diesem dritten Elektron zerfällt das Sauerstoffmolekül zum Oxid und zum Radikalanion; dieses holt sich vom Häm a_3 sofort ein weiteres Elektron und wird dadurch ebenfalls zum (unschädlichen) Oxid. Es bleibt in dieser Form fest mit dem Eisenatom verbunden, das jetzt in der ungewöhnlichen Oxidationsstufe Fe^{4+} vorliegt. Die nächsten beiden Elektronen von zwei weiteren Cyt c werden zur Reduktion des Tyr-Radikals und zur Reduktion des Fe^{4+} zu Fe^{3+} verwendet. Die beiden O^{2-}-Ionen holen sich insgesamt vier Protonen aus der Matrixseite und werden damit als Wasser freigesetzt.

Ein Teil der Energie, die bei dieser Reduktion von einem Mol Sauerstoff zu zwei Mol Wasser frei wird, dient dazu, vier Protonen aus der Matrix zur cytosolischen Seite zu pumpen. Wie das genau geschieht, ist noch nicht bekannt.

> **⊗** Damit ist die Atmungskette abgeschlossen. Insgesamt wurden durch ein Mol NADH zehn Mol Protonen von der Matrixseite zur cytosolischen Seite gepumpt. Weitere elf Mol Protonen aus der Matrix wurden für chemische Reaktionen verbraucht. Der dadurch aufgebaute Protonengradient treibt die ATP-Synthese an.

> **⊘** **Fragen**
> Die Bilanz für ein Mol $FADH_2$: Wie viel Mol Protonen werden von der Matrixseite zur cytosolischen Seite gepumpt, wie viel Mol werden zusätzlich aus der Matrix entnommen?

▪ **Freie Radikale werden unschädlich gemacht**

Trotz der Vorsichtsmaßnahmen in Komplex IV gelangen hin und wieder reaktive Sauerstoffspezies (ROS) in das umliegende Gewebe. Die Natur hält Enzyme und Radikalfänger bereit, um diese unschädlich zu machen.

Die **Superoxid-Dismutase** spaltet zwei Superoxidanionen in Sauerstoff und Wasserstoffperoxid (Stryer, Abb. 18.18).

Stryer, Abb. 18.18

Dismutation bedeutet hier eine Reaktion, bei der eine chemische Verbindung zu zwei unterschiedlichen Produkten umgesetzt wird. In einer weiteren Dismutation wird Wasserstoffperoxid durch das Enzym **Katalase** in Sauerstoff und Wasser gespalten. Die Bedeutung dieser Reaktionen erkennen wir daran, dass beide Enzymsysteme bis zur physikalischen Grenze optimiert sind: Sie arbeiten praktisch diffusionskontrolliert.

Ein zweiter Mechanismus besteht im Abfangen von Radikalen. Dazu dienen beispielsweise manche Vitamine (Vitamin E und C) oder Glutathion.

Vitamin E ist sehr lipophil und dient wohl in erster Linie dem Schutz von Zellmembranen. Beim Abfangen von ROS entsteht ein Semichinon. Das aufgenommene Elektron sitzt dabei an der Hydroxylgruppe des Phenylrings (Stryer, Abb. 15.18).

Stryer, Abb. 15.18

Die Semichinonform von Vitamin E wird von **Vitamin C** (Ascorbinsäure) wieder reduziert. Vitamin C wird dabei zu einem Ascorbatradikal oxidiert, wobei die Hydroxylgruppe am Ring das Elektron aufnimmt (Stryer, Abb. 27.17).

Stryer, Abb. 27.17

Ein solches Ascorbatradikal kann wiederum durch Reaktion mit **Glutathion** abgefangen werden. Glutathion dient als ubiquitäres Reduktionsmittel; es liegt im menschlichen Körper in der sehr hohen Konzentration von ca. 5 mM vor (Stryer, Abb. 24.23).

Stryer, Abb. 24.23

Das verantwortliche Enzym, die Glutathion-Peroxidase, hat die ungewöhnliche Aminosäure **Selenocystein** im katalytischen Zentrum. Diese ist wie Cystein gebaut, enthält aber ein Selenatom anstelle des Schwefelatoms. Selenocystein wird manchmal als 21. Aminosäure bezeichnet, entsteht aber, anders als die 20 Standardaminosäuren, während der Translation aus einem an tRNA gebundenem Serin.

Stryer, Abschn. 18.3

Freie Radikale sind nützlich

Freie Radikale sind in vieler Munde, und Antioxidanzien zu ihrer Bekämpfung ebenfalls. Aufgrund des oben Gelernten könnten wir dem möglicherweise zustimmen. Einige Befunde sprechen aber dagegen, dass das Bild so einfach ist. Beispielsweise erhöht sportliche Betätigung, bedingt durch die heftigere Atmung, die ROS-Entstehung, fördert aber trotzdem die Gesundheit. Im Stryer (Abschn. 18.3) wird spekuliert, dass dies mit einer sportbedingt höheren Konzentration protektiver Enzyme zusammenhängt. Wie dem auch sei, die europäischen und amerikanischen Gesundheitsbehörden haben die wissenschaftliche Literatur zu Antioxidanzien aufgearbeitet und sind zu dem Schluss gekommen, dass Antioxidanzien als Nahrungsergänzungsmittel bei Gesunden keinerlei Nutzen haben – ja, in einigen Fällen wurde sogar ein schädlicher Effekt beobachtet.

Ist das nicht ein Widerspruch? Dazu müssen wir verstehen, dass die Natur potenziell schädliche Substanzen auch zu ihrem Vorteil ausnutzt. Beispielsweise stellt unser Immunsystem ROS sogar gezielt her. Verantwortlich dafür ist ein eigener NADPH-Oxidase-Komplex in sog. Makrophagen, die Teil des Immunsystems sind. Diese „Fresszellen" vernichten eingedrungene Keime und auch potenzielle Krebszellen, indem sie einen „Ausstoß" von Wasserstoffperoxid *(respiratory burst)* erzeugen. Hier wird also eine Reaktion, die in der Atmungskette mit einigem Aufwand verhindert wird, gezielt genutzt! Was an einer Stelle des Körpers schlecht ist, kann an anderer Stelle gut sein.

11.4 Ein Protonengradient treibt die ATP-Synthese

Stryer, Abschn. 18.4

In den vorausgegangenen Abschnitten haben wir gesehen, wie durch die Enzyme der Atmungskette ein Protonengradient über die innere Mitochondrienmembran entsteht. Nun fahren wir die Ernte ein: Mithilfe der ATP-Synthase wird dieser Protonengradient zur Herstellung von ATP genutzt (Stryer, Abschn. 18.4).

Das Prinzip ist ganz einfach: Protonen wandern in der ATP-Synthase von der cytosolischen Seite der inneren Mitochondrienmembran in die Matrix und treiben dabei eine Art „Mühlrad" an, das über eine Achse mit einem „Motor" für die ATP-Synthese verbunden ist. Dieses verblüffende mechanische Bild trifft die Abläufe sehr gut, wie elektronenmikroskopische Bewegungsuntersuchungen zeigten. Es ist ein Beispiel, wie die mikroskopischen makromolekularen Bauprinzipien mit unserer makroskopischen Welt oft übereinstimmen: Es geht um die Umwandlung eines Flusses und einer Bewegung in Strukturveränderung des Proteins, die letztendlich chemische Bindungen mit hohem Energiegehalt erzeugt. Ionenwanderung wird also in der Summe in chemische Bindungsenergie umgewandelt und für später nutzbar gemacht.

Stryer, Abb. 18.24

Untersuchen wir zunächst die Teile der Maschinerie etwas genauer (Stryer, Abb. 18.24).

Der Antriebsteil, das „Mühlrad", sitzt in der Membran; man bezeichnet diesen Teil als F_0-Teil. Über eine starre Achse, den γ- und ε-Teil, ist er mit dem Synthesemotor verbunden (F_1-Teil).

F_0 besteht aus dem c-Ring, der drehbar ist, und der fest sitzenden a-Untereinheit. Von der festen a-Untereinheit ragt ein Halter, die b_2-Untereinheit, in die Matrix und hält mithilfe der δ-Untereinheit die α- und β-Untereinheiten des ATP-Synthese-Motors fest.

■ Mechanismus der ATP-Synthase

Stryer, Abb. 18.32

Der wahrscheinliche Antriebsmechanismus ist im Stryer in Abb. 18.32 beschrieben.

Es scheint kein durchgängiger Kanal für die Protonen zu existieren. Jedoch besitzt die a-Untereinheit zwei Halbkanäle, von denen der eine zum Intermembranraum (oben), der andere zur Matrix (unten) hin offen ist. Der drehbare c-Teil besteht aus 10 bis 14 gleichartigen Untereinheiten, die blau gezeichnet sind.

Verfolgen wir nun den Weg eines Protons durch das „Mühlrad": Es wandert in den nach oben offenen Halbkanal ein. Das wandernde Proton ist rot gezeichnet. In der Mitte angekommen, neutralisiert es die negative Ladung der Seitenkette eines Aspartats des c-Rings. Das Proton gelangt also vom violett gezeichneten Teil auf den drehbaren, blauen Teil. Dieser dreht sich dadurch ein Stück im Uhrzeigersinn weiter, wodurch die Aspartatseitenkette einer der blauen Untereinheiten von rechts in den nach unten offenen Halbkanal gerät. Sie gibt ein Proton in den Halbkanal ab; dieses wird in die Matrix entlassen. Der Zyklus beginnt von vorne.

Jedes einzelne Proton wandert einmal mit dem c-Ring komplett um die Achse, bis es auf der Matrixseite entlassen wird (Stryer, Abb. 18.33).

Stryer, Abb. 18.33

Um eine komplette Umdrehung des Mühlrads zu erzeugen, müssen 10 bis 14 Protonen fließen, je nachdem, aus wie vielen Untereinheiten das c-Teil besteht.

Sehen wir nun, wie die Drehung zur ATP-Synthese genutzt wird. Den Motor dafür finden wir im Stryer, in Abb. 18.29.

Stryer, Abb. 18.29

In dieser Abbildung schauen wir von der Matrixseite auf die ATP-Synthase. Wir sehen drei α-Untereinheiten (weiß) und drei β-Untereinheiten (farbig), die abwechselnd wie Tortenstücke um eine γ-Untereinheit (rot) angeordnet sind. Die γ-Untereinheit sitzt auf der Achse, die durch das „Mühlrad" angetrieben wird. Die Achse dreht sich entgegen dem Uhrzeigersinn, weil wir jetzt von der anderen Seite der Matrixseite aus darauf schauen.

Die γ-Untereinheit beeinflusst die Konformationen der drei β-Untereinheiten, was in der Zeichnung durch Nase, Delle und glatte Fläche der γ-Untereinheit dargestellt ist. Beginnen wir links in Abb. 18.28. Die grün markierte Untereinheit befindet sich gerade in der offenen Konformation („O"); ATP kann diese Konformation verlassen, ADP, P_i (und auch Wasser) können aus der Umgebung aufgenommen werden. Die blau markierte Untereinheit befindet sich in der lockeren Konformation („L"), ADP und P_i sind in der Untereinheit eingeschlossen; eventuell in der O-Konformation eingeströmtes Wasser wurde verdrängt. Die gelbe Untereinheit befindet sich in der festen Konformation (*tight*, „T"). Das ist die Konformation, in der die ATP-Synthese stattfindet.

Wie wir gelernt haben, müssen wir zur Synthese von einem Mol ATP aus ADP und P_i unter Standardbedingungen 30,5 kJ mol^{-1} aufbringen. Anders ausgedrückt: Das Gleichgewicht dieser Reaktion liegt weit auf der Seite der Substrate ADP und P_i. Das ändert sich gewaltig in der T-Konformation: die Affinität für ATP ist hier sehr hoch, viel höher als für ADP + P_i. Dadurch verschiebt sich das Gleichgewicht zugunsten von ATP. ATP und ADP liegen in der T-Konformation etwa äquimolar vor!

> **Die Energie für die ATP-Synthese wird durch die Konformationsänderungen aufgebracht, die von der γ-Untereinheit verursacht werden.**

Verfolgen wir nun die Bewegung der γ-Untereinheit. Eine Drehung um 120° gegen den Uhrzeigersinn bewirkt, dass alle β-Untereinheiten ihre Konformation ändern. O wird zu L (ADP und P_i werden eingeschlossen, Wasser wird verdrängt), L wird zu T (ATP wird synthetisiert), T wird zu O (ATP wird freigelassen, ADP und P_i aufgenommen).

✓ **Antworten**

1 Sechs Protonen werden nach außen gepumpt, sechs weitere werden der Matrix entnommen.

Alles zusammen: Die vollständige Oxidation der Glucose liefert 30 ATP

Überschlagen wir nun, wie viel ATP wir durch die oxidative Phosphorylierung gewinnen können. Jede der β-Untereinheiten durchläuft bei einer vollen Drehung der Achse jede der drei Konformationen. Wir können daher für jede volle Drehung drei Mol ATP gewinnen. Für eine volle Drehung der Achse mussten 10 bis14 Protonen durch das „Mühlrad" laufen, also etwa vier Protonen pro Mol ATP. In der Atmungskette haben wir gesehen, dass durch Übertragung der Elektronen von einem Mol NADH auf Sauerstoff zehn Mol Protonen gepumpt wurden. Wenn diese zurückfließen, würde das etwa für 2,5 Mol ATP ausreichen.

Vergleichen wir das mit den rein thermodynamischen Werten: Der $\Delta G^{0'}$-Wert für die Oxidation von einem Mol NADH durch ein halbes Mol Sauerstoff beträgt -220 kJ mol^{-1}, der für die Synthese von ATP aus ADP und P_i beträgt 30,5 kJ mol^{-1}. Das würde sogar zur Herstellung von 7 Mol ATP ausreichen. Wie ist die Diskrepanz zum Wert von 2,5 Mol ATP zu bewerten? Sie kommt einerseits zustande, weil die Ausbeute bei der oxidativen Phosphorylierung nicht 100 % erreicht, aber auch, weil wir nicht alle Prozesse berücksichtigt haben. Beispielsweise gelangen die benötigten Substrate nicht durch Diffusion in die Matrix der Mitochondrien, sondern durch Transportproteine. Auch diese verbrauchen einige der gepumpten Protonen. Wir können daher die Stöchiometrie der gepumpten Protonen nur ungenau angeben.

Eine Zusammenfassung aller Einzelschritte bei der vollständigen Oxidation der Glucose finden wir im Stryer, Tab. 18.4.

Stryer, Tab. 18.4.

❯❯ Die Ausbeute der vollständigen Oxidation von Glucose beträgt etwa 30 Mol ATP pro Mol Glucose!

Zusammenfassung

Durch den Abbau von Nahrungsbestandteilen, den Katabolismus, werden Energie und einfache Bausteine für den Anabolismus (Biosynthese komplizierterer Zellbestandteile) gewonnen. Dieser Teil beschreibt, wie Glucose vollständig zu Kohlendioxid abgebaut wird, wie dabei Energie gewonnen und in Form von ATP gespeichert wird. Dazu sind drei Stoffwechselwege hintereinandergeschaltet: Glykolyse, Citratzyklus und oxidative Phosphorylierung.

• Glykolyse

Bei der Glykolyse wird ein Mol Glucose (C_6) durch zwei Mol NAD$^+$ zu zwei Mol Pyruvat (C_3) oxidiert, wobei zwei Mol ATP gewonnen werden. Glucose kommt dabei nicht mit dem Sauerstoff der Atemluft in Berührung – die vier Elektronen aus dem Oxidationsprozess werden in Form von zwei NADH zwischengespeichert. Um daraus wieder NAD$^+$ zu gewinnen, gibt es zwei Möglichkeiten: Unter anaeroben Bedingungen, d. h. bei Sauerstoffmangel (in den Muskelzellen beispielsweise bei sportlicher Betätigung), wird Pyruvat durch NADH zu Lactat reduziert. Unter aeroben Bedingungen, d. h. bei Anwesenheit von genügend Sauerstoff, wird NADH in die oxidative Phosphorylierung eingeschleust und Pyruvat wird im Citratzyklus vollständig zu Kohlendioxid oxidiert.

Die Glykolyse besteht aus zehn Einzelschritten, von denen drei irreversibel sind. Die irreversiblen Reaktionen werden vielfältig reguliert, um die Geschwindigkeit der Glykolyse an die Erfordernisse des Körpers anzupassen. Die Phosphofructokinase ist bei Säugetieren dabei das wichtigste Kontrollelement. Das Enzym reagiert auf die Energieladung der Zelle: Ein hoher ATP-Spiegel hemmt das Enzym allosterisch, ein hoher AMP-Spiegel hebt den Einfluss von ATP wieder auf.

• Citratzyklus

Die Glykolyse findet im Cytosol der Zellen statt. Für die Weiterreaktion wird Pyruvat in die Mitochondrien transportiert, denn nur dort laufen der Citratzyklus und die oxidative Phosphorylierung ab. Zunächst wird Pyruvat zu Acetyl-CoA und CO_2 oxidiert. Im Citratzyklus wird die Acetylgruppe von Acetyl-CoA auf Oxalacetat übertragen und dann in sieben weiteren enzymatischen Schritten vollständig zu Kohlendioxid oxidiert, wobei wieder Oxalacetat entsteht. Es handelt sich also um einen Kreisprozess. Durch die Oxidation von einem Mol Acetyl-CoA gewinnt man ein Mol ATP, drei Mol NADH und ein Mol $FADH_2$. NADH bzw. $FADH_2$ werden wiederum in die oxidative Phosphorylierung eingeschleust. Die Energiemenge, die auf diese Weise im Citratzyklus gewonnen wird, ist ungefähr 10-fach höher als die durch Glykolyse.

Acetyl-CoA stammt nicht nur aus der Glykolyse, sondern auch aus dem Katabolismus der Fettsäuren und Aminosäuren. Einige Zwischenprodukte des Citratzyklus sind Ausgangsstoffe für den Aufbau komplexerer Moleküle.

Der erste Schritt des Citratzyklus ist die Umsetzung eines Carbonsäureesters (des Acetyl-CoA) mit einer reaktiven Carbonylverbindung (dem Oxalacetat) zu Citrat. Der zweite Schritt bereitet die Decarboxylierung vor, indem Citrat zu Isocitrat isomerisiert wird. Im dritten Schritt wird die eben eingeführte Hydroxylgruppe zum Keton oxidiert. Das Reaktionsprodukt, Oxalsuccinat, verliert die sekundäre Carboxylatgruppe als Kohlendioxid, und es entsteht α-Ketoglutarat. Im vierten Schritt wird auch die Carboxylatgruppe in α-Stellung zur Ketogruppe abgespalten. Damit ist formal das gesamte eingeschleuste Acetyl-CoA zu Kohlendioxid oxidiert worden. Im fünften Schritt wird die Energie des Thioesters von Succinyl-CoA zur Synthese von ATP aus ADP und P_i genutzt. Die weiteren Schritte 6 bis 8 dienen vor allem dazu, das Ausgangsmaterial des ersten Schritts, Oxalacetat, wiederzugewinnen.

Auch im Citratzyklus sind die irreversiblen Schritte streng reguliert. Bereits die Entstehung von Acetyl-CoA aus Pyruvat wird durch eine reversible Phosphorylierung der Pyruvat-Dehydrogenase gesteuert: Bei hoher Energieladung kann diese Zubringerreaktion zum Citratzyklus praktisch abgeschaltet werden. Ebenso vermindert eine hohe Energieladung die Reaktionsgeschwindigkeiten der Isocitrat-Dehydrogenase und der α-Ketoglutarat-Dehydrogenase.

- **Oxidative Phosphorylierung**

Bei der oxidativen Phosphorylierung werden die in der Glykolyse und im Citratzyklus angefallenen Elektronen auf Sauerstoff übertragen, wobei Wasser entsteht. Das geschieht über vier Enzymkomplexe (Atmungskette genannt), die in der inneren Mitochondrienmembran verankert sind. Die bei der Oxidation von NADH bzw. $FADH_2$ frei gewordene Energie wird verwendet, um Protonen aus dem Innern der Mitochondrien, der Matrix, nach außen zu pumpen. Dabei entsteht ein Protonengradient über die innere Mitochondrienmembran, der dann zur Synthese von ATP ausgenutzt wird.

Durch den Fluss zweier Elektronen von NADH zu Ubichinon (Q) durch den Komplex I der Atmungskette werden vier Protonen aus der Matrix des Mitochondriums herausgepumpt. Wie Elektronen- und Protonentransfer genau gekoppelt sind, ist noch Gegenstand von Untersuchungen. Ubichinon nimmt zusammen mit den zwei Elektronen zwei Protonen aus der Matrixseite auf und wird zu Ubichinol (QH_2).

In Komplex II der Atmungskette werden die Elektronen aus dem $FADH_2$ in die Atmungskette eingeschleust, indem sie ebenfalls auf Ubichinon übertragen werden.

In Komplex III der Atmungskette reduziert ein Mol Ubichinol (QH_2) zwei Mol Cytochrom c. Dabei werden zwei Protonen auf der Matrixseite verbraucht und vier Protonen auf der cytosolischen Seite der inneren Mitochondrienmembran abgegeben.

In Komplex IV der Atmungskette reduzieren vier Mol Cytochrom c (mit komplexiertem Fe^{2+}) ein Mol Sauerstoff. Dabei werden acht Protonen aus der Matrixseite der inneren Mitochondrienmembran entfernt. Vier dieser Protonen liefern zusammen mit den beiden reduzierten Sauerstoffatomen Wasser, die vier anderen werden auf die cytosolische Seite gepumpt.

Damit ist die Atmungskette abgeschlossen. Insgesamt wurden durch ein Mol NADH zehn Mol Protonen von der Matrixseite zur cytosolischen Seite gepumpt. Weitere elf Mol Protonen aus der Matrix wurden für chemische Reaktionen verbraucht. Die Außenseite der inneren Mitochondrienmembran ist dadurch deutlich saurer als die Matrixseite. Dieser Protonengradient treibt die ATP-Synthese an.

Die ATP-Synthase funktioniert als Nanomotor: Protonen fließen über eine Art „Mühlrad" in die Mitochondrienmatrix zurück, wobei die Drehung der „Mühlradachse" zu Konformationsänderungen in Untereinheiten der ATP-Synthetase führt. In Lösung ist die freie Enthalpie für die Reaktion von ADP und P_i zu ATP mit $\Delta G^{0\prime} = 30{,}5$ kJ mol^{-1} sehr ungünstig. In der ATP-Synthase bringen die Konfomationsänderungen diesen Energiebetrag auf.

Die Ausbeute der vollständigen Oxidation von Glucose beträgt etwa 30 Mol ATP pro Mol Glucose.

12

Weiterführende Literatur

Weiterführende Literatur

Berg JM, Tymoczko JL, Gatto Jr. GJ, Stryer L (2018) Biochemie 8. Aufl. Springer Spektrum, Heidelberg

Müller-Esterl W (2018) Biochemie 3. Aufl. Springer Spektrum, Heidelberg

Rehner G, Daniel H (2010) Biochemie der Ernährung 3. Aufl. Springer, Heidelberg

Biosynthese von Kohlenhydraten, Lipiden und Aminosäuren

Inhaltsverzeichnis

▪ Voraussetzungen

Dieser Teil baut direkt auf den dritten und vierten Teil auf. Wir werden hier komplexere biochemische Reaktionen besprechen, daher ist ein etwas tieferes Verständnis organisch-chemischer Reaktionen gefordert. Diese haben Sie bereits in Ihrem Studium der Organischen Chemie kennen gelernt.

Lernziele

Wir wissen nun, wie Glucose abgebaut und daraus Energie gewonnen wird. Organismen können jedoch Glucose auch aufbauen – bei Tieren und Menschen geschieht dies durch die sog. Gluconeogenese, bei Pflanzen durch Synthese aus Kohlendioxid und Wasser. Damit wollen wir uns hier beschäftigen. Wir beschränken uns aber nicht allein auf den Aufbau von Glucose, wir werden auch lernen, wie Glucose aus seiner Speicherform Glykogen mobilisiert wird.

Im letzten Teil (▶ Abschn. 10.3.6) haben wir kurz gestreift, wie einige Zwischenprodukte aus dem Citratzyklus zum Aufbau körpereigener Stoffe abgezweigt werden. Dieses Thema werden wir hier vertiefen. Sie werden lernen, wie Lipide und Aminosäuren auf- und abgebaut werden. Die Seitenketten der Aminosäuren sind sehr unterschiedlich, entsprechend vielseitig sind die Reaktionstypen. Alle aber sollten Ihnen aus der Organischen Chemie bekannt sein – zur Erinnerung finden Sie die entsprechenden Kapitel des Clayden vermerkt.

Stryer, Kap. 16, 19 bis 24

Im Stryer finden Sie die hier besprochenen Themen in den Kap. 16 sowie 19 bis 24.

Photosynthese

© Springer-Verlag GmbH Deutschland, ein Teil von Springer Nature 2020
K. von der Saal, *Biochemie*, https://doi.org/10.1007/978-3-662-60690-2_13

In Glykolyse, Citratzyklus und oxidativer Phosphorylierung werden Kohlenhydrate vollständig zu CO_2 und Wasser abgebaut. Die Energie aus diesem Abbau ermöglicht tierisches Leben. Auch Pflanzen bauen Kohlenhydrate ab und betreiben oxidative Phosphorylierung. Daneben aber sind sie zu einer einzigartigen Leistung fähig: Sie nutzen die Energie des Sonnenlichts, um Kohlendioxid der Luft zu reduzieren und daraus Kohlenhydrate zu synthetisieren – wir sprechen deshalb von *Photosynthese*. Alle Kohlenhydrate, von denen sich Tiere letztlich ernähren, wurden zuvor von Pflanzen durch Photosynthese aufgebaut! Diesen überaus wichtigen Vorgang wollen wir hier betrachten.

> **Wichtig**
> Bei der **Photosynthese** wird die Energie des Sonnenlichts dazu genutzt, um aus Kohlendioxid und Wasser Kohlenhydrate aufzubauen. Dabei entsteht Sauerstoff (▶ Gl. 13.1).

$$\text{Energie} + 6\,CO_2 + 6\,H_2O \rightarrow C_6H_{12}O_6 + 6\,O_2 \tag{13.1}$$

Vergleichen Sie diese Reaktion mit der Gesamtreaktion der oxidativen Phosphorylierung, die wir im vierten Teil besprochen haben (▶ Gl. 13.2):

$$C_6H_{12}O_6 + 6\,O_2 \rightarrow 6\,CO_2 + 6\,H_2O + \text{Energie} \tag{13.2}$$

Stryer, Abb. 19.25

Photosynthese und oxidative Phosphorylierung sind also sozusagen umgekehrte Vorgänge! Betrachten wir dazu Abb. 19.25 im Stryer. Bei der oxidativen Phosphorylierung wandern Elektronen von NADH durch die Enzyme der Atmungskette zu Sauerstoff; dabei entsteht ein Protonengradient über die innere Mitochondrienmembran. Dieser Protonengradient treibt eine ATP-Synthase an, die ATP aus ADP und P_i erzeugt. Als Reaktionsprodukte entstehen hauptsächlich NAD^+, Wasser und ATP.

Stryer, Abb. 19.1

In Komplex I der Atmungskette (Stryer, Abb. 19.25, unten links) überträgt NADH seine Elektronen auf Ubichinon (Q), in Komplex III (gelb) werden diese Elektronen von Cytochrom *c* (Cyt *c*) aufgenommen und in Komplex IV (blau) schließlich auf Sauerstoff übertragen. So funktioniert der erste Schritt der Photosynthese (Stryer, Abb. 19.1 und 19.25 oben).

Die Photosynthese in Pflanzen können wir in zwei Teilen betrachten: In der sog. **Lichtreaktion** werden mithilfe von Sonnenlicht ATP und NADPH hergestellt. ATP und NADPH werden dann im **Calvin-Zyklus**, auch **Dunkelreaktion** genannt, dazu benutzt, aus Kohlendioxid Glucose und andere Kohlenhydrate aufzubauen.

> **Wichtig**
> Bei der Lichtreaktion wird die Energie des Sonnenlichts in biochemische Energie umgewandelt – in Form von Reduktionsäquivalenten (NADPH) sowie ATP.
> Im Calvin-Zyklus (Dunkelreaktion) wird mit den Produkten der Lichtreaktion CO_2 reduziert und daraus Kohlenhydrate aufgebaut.

■ **Die Photosynthese läuft in den Chloroplasten ab**
Die Photosynthese findet in den Chloroplasten von Pflanzenzellen statt, die den Mitochondrien entsprechen, wo die oxidative Phosphorylierung abläuft. Man vermutet, dass diese Organellen, ähnlich wie Mitochondrien, ursprünglich selbstständige Einzeller waren, die Photosynthese betrieben, aber irgendwann einmal in der Entwicklung von Pflanzen durch Endosymbiose „geschluckt" wurden. Nachfahren solcher Einzeller könnten die heutigen Cyanobakterien sein, die einzigen Prokaryoten, die Photosynthese ähnlich wie grüne Pflanzen betreiben.

Chloroplasten haben wie Mitochondrien eine innere und eine äußere Membran; zwischen beiden befindet sich der Intermembranraum. Die innere Membran umgrenzt das sog. **Stroma** (das der Matrix der Mitochondrien entspricht). Das Stroma enthält Membranstrukturen, die **Thylakoide**, die etwa die Form abgeflachter Scheiben haben (sie entsprechen etwa den Einstülpungen der Innenmembran von Mitochondrien). Die **Thylakoidmembranen** trennen das Innere der Thylakoide (das Lumen) vom Stromaraum (Stryer, Abb. 19.2).

Stryer, Abb. 19.2

13.1 Lichtreaktion der Photosynthese

Bei der Photosynthese in grünen Pflanzen unterscheiden wir zwei Photosysteme, **Photosystem I (PS I)** und **Photosystem II (PS II)**. Beide unterscheiden sich durch die Wellenlängen des Lichts, das sie hauptsächlich absorbieren. Einen Überblick über beide Photosysteme finden wir im Stryer in Abb. 19.12.

Stryer, Abb. 19.12

13.1.1 Photosystem II (PS II)

Photosystem II ist ein großer Komplex aus mehr als 20 Untereinheiten in der Thylakoidmembran von Chloroplasten. Es verwendet die Energie des absorbierten Lichts, um Elektronen von Wasser auf **Plastochinon (Q)** zu übertragen (einem Analogon zu Cytochom c in der oxidativen Phosphorylierung), das dabei zu Plastochinol (QH_2) reduziert wird. Seine Formel finden Sie auf Seite 670 im Stryer. Dabei entsteht molekularer Sauerstoff.

Stryer, Seite 670

> **Wichtig**
>
> Die Gesamtreaktion von Photosystem II lautet (▶ Gl. 13.3):

$$2\,Q + 2\,H_2O \rightarrow 2\,QH_2 + O_2 \tag{13.3}$$

Betrachten wir nun die Vorgänge an PS II im Einzelnen.

- **Licht wird durch Chlorophyll absorbiert**

Die Photosynthese beginnt mit dem Einfangen von Lichtenergie durch Chlorophyll, genauer: durch Chlorophyll a, das grüne Pigment von Pflanzen. Seine Struktur finden wir im Stryer, in Abb. 19.5. Chlorophyll enthält ähnlich wie Häm ein Tetrapyrrolsystem, das jedoch im Zentrum ein Magnesiumion komplexiert. Als hoch konjugiertes Polyen kann Chlorophyll sichtbares Licht sehr effektiv absorbieren (Stryer, Abb. 19.6). Durch die Energie des Lichts wird ein Elektron des Polyensystems in einen angeregten Zustand gehoben (Stryer, Abb. 19.7).

Stryer, Abb. 19.5, 19.6 und 19.7

Normalerweise kehrt ein angeregtes Elektron rasch wieder in den Grundzustand zurück; die Energie geht als Wärme verloren. Pflanzen haben jedoch eine Lösung gefunden, die Energie zu bewahren: In unmittelbarer Nähe des Chlorophyllmoleküls, das das Licht absorbiert hat, befindet sich ein zweites Chlorophyllmolekül, das sofort das angeregte Elektron übernimmt! Weil die Wellenlänge seines Absorptionsmaximums 680 nm beträgt, bezeichnet man die beiden Chlorophyllmoleküle als **P680** (P für Pigment) und als **spezielles Paar** (*special pair*).

Bei der Übertragung des angeregten Elektrons innerhalb des speziellen Paars wird das Chlorophyllmolekül, das das Licht ursprünglich absorbierte, positiv geladen; das zweite Chlorophyllmolekül, das das Elektron übernimmt, wird negativ. Diese lichtinduzierte Ladungstrennung geschieht innerhalb von zehn Picosekunden!

■ Chlorophyll reduziert Plastochinon und Wasser wird oxidiert

Das Elektron wandert von P680 über mehrere Redoxcarrier auf Plastochinon. Durch die Aufnahme von zwei Elektronen und zwei Protonen wird dieses Plastochinon zu Plastochinol (QH_2) reduziert.

P680 bleibt positiv geladen zurück. Es ist ein überaus starkes Oxidationsmittel, das nun einem Wassermolekül Elektronen entreißt. Aus insgesamt zwei Wassermolekülen entstehen ein Molekül Sauerstoff und vier Protonen; vier Elektronen werden zur Verfügung gestellt.

Die Wassermoleküle, die von P680 oxidiert werden, sind am sog. **Manganzentrum** gebunden, das Teil des Photosystem-II-Komplexes ist (Stryer, Abb. 19.14). Es enthält vier Manganionen. Mangan kann viele Oxidationsstufen annehmen – von + 2 bis + 5 – und wurde wahrscheinlich deshalb von der Natur für diese Rolle ausgewählt.

Stryer, Abb. 19.14

> In Photosystem II wird die Energie von vier Lichtquanten benutzt, um vier Elektronen von 2 mol Wasser auf 2 mol Plastochinon zu übertragen. Es entstehen 1 mol Sauerstoff und 2 mol Plastochinol:

$$2\,Q + 2\,H_2O + \text{Licht} \rightarrow O_2 + 2\,QH_2$$

■ Ein Protonengradient entsteht

Das Photosystem II ist in der Thylakoidmembran so platziert, dass Plastochinon auf der Stromaseite reduziert wird, Wasser dagegen auf der Seite des Thylakoidlumens oxidiert wird. Die beiden Protonen, mit denen ein Molekül Plastochinon reduziert wird, entstammen dem Stroma; die vier Protonen, die bei der Oxidation eines Wassermoleküls freigesetzt werden, wandern ins Lumen. So entsteht ein pH-Gradient über die Thylakoidmembran, mit einem Protonenüberschuss im Lumen (Stryer, Abb. 19.17).

Stryer, Abb. 19.17

13.1.2 Photosystem II und Photosystem I sind über Cytochrom *bf* gekoppelt

Die Elektronen, die in Photosystem II erzeugt wurden, dienten der Reduktion von Plastochinon zu Plastochinol. Plastochinol überträgt nun die Elektronen auf **Plastocyanin** (Pc), ein kleines kupferhaltiges Protein im Thylakoidlumen. Das Kupferion von Pc wird dabei von der Oxidationsstufe + 2 zu + 1 reduziert. Dieser Vorgang wird durch den Cytochrom-*bf*-Komplex katalysiert (▶ Gl. 13.4):

$$QH_2 + 2\,Cu^{2+} \rightarrow Q + 2\,Cu^+ + 2\,H^+ \tag{13.4}$$

Die beiden Protonen wandern ins Thylakoidlumen (Stryer, Abb. 19.18). Damit tragen sie ebenfalls zum Protonengradienten über die Thylakoidmembran bei.

Stryer, Abb. 19.18

Diese Oxidation von QH_2 entspricht der Reaktion von Komplex III der Atmungskette (4. Teil, ▶ Abschn. 11.3.3), und tatsächlich hat Cytochrom *bf* viel mit Komplex III gemeinsam! Es enthält wie dieses mehrere Cytochrome mit Hämgruppen und ein Eisen-Schwefel-Protein.

Vom reduzierten Plastocyanin gelangen die Elektronen zu Photosystem I.

13.1.3 Photosystem I (PS I)

■ P700 überträgt Elektronen auf Ferredoxin

Wie PS II ist auch das Photosystem I ein großer Transmembrankomplex aus zahlreichen Proteinen und Cofaktoren. Lichtabsorption und lichtinduzierte Ladungstrennung finden hier ganz analog zu PS II statt. PS I hat jedoch sein Absorptionsmaximum bei 700 nm; das spezielle Paar wird deshalb hier P700

Stryer, Abb. 19.20 und 19.21

genannt. Nach Absorption eines Lichtquants wird ein Elektron über mehrere Redoxpartner auf Ferredoxin übertragen (Stryer, Abb. 19.20 und 19.21).

> **Wichtig**
> Die Gesamtreaktion von Photosystem I beschreibt ▶ Gl. 13.5:

$$\text{Pc}(\text{Cu}^+) + \text{Ferredoxin(ox)} \rightarrow \text{Pc}(\text{Cu}^{2+}) + \text{Ferredoxin(red)} \tag{13.5}$$

■ **Ferredoxin reduziert NADP⁺ zu NADPH**

Ferredoxin ist ein lösliches Protein mit einem Eisen-Schwefel-Cluster. Es ist ein starkes Reduktionsmittel und überträgt ein Elektron auf NADP⁺. Katalysiert wird diese Reaktion von Ferredoxin-NADP⁺-Reduktase. Zur Herstellung von NADPH muss NADP⁺ jedoch zwei Elektronen und ein Proton absorbieren; dafür sind zwei Moleküle des Ein-Elektronen-Überträgers Ferredoxin nötig (Stryer, Abb. 19.22). Zwei Lichtquanten müssen dazu absorbiert werden.

Stryer, Abb. 19.22

NADPH kann als Reduktionsmittel zwei Elektronen übertragen und ist deshalb für biochemische Synthesen breit einsetzbar. Es ist genauso aufgebaut wie NAD⁺ und enthält lediglich eine zusätzliche Phosphatgruppe (Stryer, Abb. 15.13). Genau wie NAD⁺ nimmt auch NADP⁺ zwei Elektronen und ein Proton auf.

Stryer, Abb. 15.13

> In der Biochemie gibt es einen funktionellen Unterschied zwischen NADH und NADPH: NADH entsteht bei katabolen Prozessen und wird in der Atmungskette zur Erzeugung von ATP oxidiert. NADPH dient hauptsächlich zur Reduktion in anabolen Prozessen, nicht nur in Pflanzen, sondern auch im Tierreich.

13.1.4 Der Protonengradient über die Thylakoidmembran treibt die ATP-Synthese an

Die ATP-Synthese in Chloroplasten ist nahezu identisch mit der ATP-Synthese in Mitochondrien. Der Protonengradient, der durch die verschiedenen Vorgänge in PS I und PS II aufgebaut wird, wird von der ATP-Synthase der Chloroplasten zur ATP-Synthese genutzt. Allerdings ist der Gradient in Chloroplasten dem in den Mitochondrien gerade entgegengesetzt: Im Inneren, dem Thylakoidlumen, ist die Protonenkonzentration höher als außen im Stroma.

Betrachten wir dazu nochmals Abb. 19.25 im Stryer.

Stryer, Abb. 19.25

Tatsächlich sind nicht nur die beiden Prozesse ähnlich, auch die ATP-Synthasen von Photosynthese und oxidativer Phosphorylierung gleichen sich in mancherlei Hinsicht.

> **ATP-Synthasen von Tieren und Pflanzen ähneln sich**
> Der Vergleich zwischen den ATP-Synthasen der Mitochondrieninnenmembran und der Thylakoidmembran ist nicht nur formaler Natur: Die Sequenzen der β-Untereinheiten der beiden Enzyme von Mensch und Blatt sind zu mehr als 60 % identisch. Hier zeigt sich, dass die Natur bewährte Prinzipien auch über eine Milliarde Jahre der Evolution und über alle Spezies hinweg beibehält.

Mit den Vorgängen in Photosystem II, Photosystem I und der ATP-Synthese ist die Lichtreaktion der Photosynthese abgeschlossen. Ziehen wir nochmals Bilanz:

> Bei der Lichtreaktion der Photosynthese entstehen mit der Energie von 8 mol Photonen 1 mol Sauerstoff, 2 mol NADPH und etwa 3 mol ATP.

Wie Sie in Abb. 19.25 sehen, entsteht ATP im Stroma des Chloroplasten; dorthin wird auch das in Photosystem I gebildete NADPH abgegeben. So sind ATP und NADPH, die Produkte der Lichtreaktion der Photosynthese, an der richtigen Stelle für die nachfolgende Dunkelreaktion, bei der CO_2 zum Aufbau von Kohlenhydraten genutzt wird.

13.1.5 Hilfspigmente absorbieren zusätzlich Licht

Stryer, Abb. 19.6 und 19.27

Chlorophyll-*a*-Moleküle absorbieren hauptsächlich Licht an den Rändern des sichtbaren Bereichs. Im Zentrum, etwa zwischen 450 und 650 nm, besteht eine Lücke – andererseits hat gerade hier Sonnenlicht seine größte Intensität (Stryer, Abb. 19.6). Um die Lücke zu schließen und das ganze sichtbare Spektrum auszunutzen, gibt es zusätzlich zahlreiche **Lichtsammelkomplexe** in der Thylakoidmembran. Diese Komplexe enthalten **Chlorophyll *b*** und **Carotinoide** – langkettige konjugierte Polyene, die Licht im Bereich von 400 bis 500 nm besonders intensiv absorbieren (Stryer, Abb. 19.27). Die Lichtsammelkomplexe umgeben das photosynthetische Reaktionszentrum und übertragen die Energie der absorbierten Photonen durch elektromagnetische Wechselwirkungen auf das spezielle Paar.

Stryer, Abschn. 19.5

> **Farben der Natur**
>
> Carotinoide wie Lycopin und β-Carotin (Provitamin A) (Stryer, ▶ Abschn. 19.5) rufen gelbe und rote Farben von Früchten, Blüten und Blättern hervor – so auch die Herbstfärbung von Laub, die nach dem Abbau von Chlorophyll im Herbst zum Vorschein kommt. Neben ihrer Rolle als Hilfspigmente der Photosynthese schützen Carotinoide die Pflanzen vor Folgeschäden durch intensives Sonnenlicht und reaktive Sauerstoffspezies.

13

13.2 Dunkelreaktion der Photosynthese

Lassen Sie sich nicht durch den Namen Dunkelreaktion beirren! Die folgenden Reaktionen sind tatsächlich unabhängig von Licht; sie finden jedoch sowohl in Gegenwart als auch in Abwesenheit von Licht statt.

Stryer, Abb. 20.1

In der Dunkelreaktion werden ATP und NADPH, die Produkte der Lichtreaktion, zum Aufbau von Kohlenhydraten aus CO_2 genutzt. Wir sprechen auch von **Kohlendioxid-** oder **Kohlenstofffixierung**. Ein anderer Name ist **Calvin-Zyklus**; er ist im Stryer in Abb. 20.1 dargestellt.

Zur Vorbereitung der Kohlendioxidfixierung wird zunächst das Pentosederivat Ribulose-5-phosphat durch ATP phosphoryliert; es entsteht Ribulose-1,5-bisphosphat. Diese Substanz reagiert mit Kohlendioxid zu zwei Molekülen 3-Phosphoglycerat.

> ❯ Der entscheidende Schritt im Calvin-Zyklus ist die Umsetzung von Ribulose-1,5-bisphosphat (C_5) und Kohlendioxid (C_1) zu zwei 3-Phosphoglycerat-molekülen (C_3) nach ▶ Gl. 13.6.

$$C_5 + C_1 \rightarrow 2\,C_3 \tag{13.6}$$

3-Phosphoglycerat wird phosphoryliert zu 1,3-Bisphosphoglycerat, das dann zu Glycerinaldehyd-3-phosphat reduziert wird. Damit wurden geradewegs so viel ATP und NADPH verbraucht, wie vorher durch die Aufnahme von acht Photonen erzeugt wurden. Zwei Mol Glycerinaldehyd-3-phosphat werden schließlich zum Hexosederivat Fructose-6-phosphat (F-6P) kondensiert; schließlich wird Ribulose-5-phosphat regeneriert.

Wir werden uns nicht detailliert mit dem Calvin-Zyklus auseinandersetzen, sondern nur den Weg der C_3-Bausteine bis zu Glucose verfolgen. Zunächst befassen wir uns genauer mit dem ersten Schritt, der Kohlendioxidfixierung, katalysiert durch das Enzym Rubisco.

13.2.1 Rubisco, das häufigste Enzym der Welt

Die Kohlendioxidfixierung wird durch Ribulose-1,5-bisphosphat-Carboxylase/Oxygenase (Rubisco) katalysiert. Die Reaktionssequenz finden Sie im Stryer, Abb. 20.4.

Stryer, Abb. 20.4

Zunächst entsteht aus Ribulose-1,5-bisphosphat ein Endiolat, das Kohlendioxid angreift. Eine Ketocarbonsäure entsteht, deren Ketogruppe hydratisiert wird. Das hydratisierte Zwischenprodukt zerfällt schließlich zu 2 mol 3-Phosphoglycerat. Die Gesamtreaktion ist mit einem $\Delta G^{0'}$-Wert von −51,9 kJ mol^{-1} stark exergon, d. h. das chemische Gleichgewicht liegt fast ganz auf der Seite des Produkts. Diese Reaktion ist der geschwindigkeitsbestimmende Schritt des Calvin-Zyklus – die Umsatzzahl k_{kat} beträgt nur etwa 3 s^{-1}. Dafür liegt Rubisco in enormen Mengen vor: Bei manchen Pflanzen macht es 30 % des Blattgewichts aus und gehört damit zu den häufigsten Enzymen, die es gibt.

Der eigentliche Katalysator der Reaktionssequenz ist ein Magnesiumion in Rubisco (Stryer, Abb. 20.3).

Stryer, Abb. 20.3

Ribulose-1,5-bisphosphat bindet über seine Ketogruppe und die benachbarte Hydroxylgruppe an das Mg^{2+}-Ion. Nach Abspaltung eines Protons entsteht das reaktive Endiolat, das vom Magnesiumion stabilisiert wird. Es reagiert mit Kohlendioxid unter Ausbildung einer C–C-Bindung.

13.2.2 Licht erhöht die Aktivität von Rubisco

Rubisco ist in mancherlei Hinsicht bemerkenswert: Zur Komplexierung des Mg^{2+}-Ions stellt das Enzym eine modifizierte Lysin-Seitenkette zur Verfügung. Der nach links vorne ragende Substituent (in Abb. 20.3 oben links mit *Lys* bezeichnet) ist ein Carbamat (ein Carbamidsäurederivat) des Lysins. Carbamate bilden sich aus Aminen und Kohlendioxid in wässriger Lösung langsam auch ohne Katalyse, wie in der Randspalte auf Seite 692 gezeigt ist. Das CO_2-Molekül dieser Reaktion dient hier allein der Stabilisierung des Mg^{2+}-Komplexes, es nimmt nicht an der katalytischen Reaktion teil!

Ein Carbamat ist instabil und zerfällt beim Ansäuern spontan. Diesen einfachen Mechanismus hat die Natur zur Regelung der Rubisco-Aktivität ausgenutzt: Scheint die Sonne auf ein Blatt, steigt der pH-Wert im Stroma auf etwa pH 8, weil Protonen in das Thylakoidlumen gepumpt werden. Zum Ausgleich der Ladung werden Magnesiumionen ins Stroma gepumpt. Bei diesem pH-Wert ist die Carbamidsäure stabil, Mg^{2+} wird komplexiert, Rubisco funktioniert optimal. Im Dunkeln fällt der pH-Wert wieder auf etwa pH 7, die Carbamidsäure zerfällt, Magnesiumionen verschwinden ins Lumen, die Aktivität von Rubisco sinkt.

13.2.3 Rubisco: Konkurrenz zwischen Kohlendioxid und Sauerstoff

Wie wir im dritten Teil gesehen haben, sind die katalytischen Zentren von Enzymen so gebaut, dass sie möglichst spezifisch den Übergangszustand einer Reaktion binden. Bei Rubisco ist einer der Reaktionspartner Kohlendioxid, ein neutrales, lineares Gasmolekül, das über ein Sauerstoffatom an das katalytische Mg^{2+}-Ion bindet. Aber auch Sauerstoff kann auf diese Weise an Mg^{2+} binden

Stryer, Abb. 20.5

– und Sauerstoff ist in der Atmosphäre etwa 500 Mal so häufig! Kein Wunder also, dass Rubisco auch ab und zu Sauerstoff als Substrat benutzt. So läuft die im Stryer in Abb. 20.5 dargestellte Reaktion ab.

Bei dieser Oxygenierung entsteht neben 3-Phosphoglycerat ein Mol Phosphoglykolat. Dieses Produkt findet keine rechte Verwendung und wird unter Energieaufwand entsorgt. Den Entsorgungsprozess bezeichnet man als **Photorespiration**, denn dabei wird, wie bei der Atmung, Sauerstoff verbraucht und Kohlendioxid erzeugt (Stryer, Abb. 20.6). Leider wird dabei weder ATP noch ein anderer energiereicher Metabolit gebildet, die Energie geht nutzlos verloren.

C_4-Pflanzen erhöhen ihre Kohlendioxidkonzentration

Diese Nebenreaktion der Rubisco ist nicht unbedeutend; sie macht immerhin etwa 20 % der erwünschten Carboxylase-Reaktion aus. Es wird spekuliert, dass sie ein Überbleibsel aus den Zeiten ist, in denen die Sauerstoffkonzentration der Luft viel geringer war als heute. Einiges haben Pflanzen aber bereits geschafft, um die Situation zu verbessern:

Zum einen beträgt die Kohlendioxidkonzentration im Stroma von Pflanzen 10 µM, die Sauerstoffkonzentration 250 µM. Das Konzentrationsverhältnis ist wegen der besseren Löslichkeit von Kohlendioxid in Wasser günstiger als in der Atmosphäre. Durch den lichtinduzierten Protonengradienten steigt der pH-Wert tagsüber noch, sodass die Löslichkeit von Kohlendioxid weiter verbessert wird, wenn Rubisco seine höchste Aktivität erreicht.

Mit höheren Temperaturen hingegen sinkt die Löslichkeit von Kohlendioxid – das wird besonders tagsüber in den Tropen zum Problem. Dort haben sich deshalb Pflanzen entwickelt, die aktiv Kohlendioxid transportieren und an den Reaktionszentren von Rubisco freisetzen können. Ein bekanntes Beispiel ist Zuckerrohr. Die Pflanzen nutzen dazu spezielle Zellen, in denen der C_3-Baustein Phosphoenolpyruvat mit CO_2 zu C_4-Bausteinen wie Oxalacetat und Malat umgesetzt wird. Deshalb bezeichnet man diese Pflanzen als C_4-Pflanzen. Die C_4-Bausteine werden in andere Zellen transportiert, wo CO_2 abgespalten wird. Auf diese Weise wird die CO_2-Konzentration in der Zelle beträchtlich erhöht, sodass es besser mit Sauerstoff konkurrieren kann. Im weiteren Verlauf läuft der Calvin-Zyklus genauso ab wie an den „normalen" C_3-Pflanzen. Die intermediäre Fixierung von CO_2 als Oxalacetat und dessen Freisetzung an den Reaktionszentren der Rubisco kostet zwar Energie, doch scheint dies in den Tropen durch die verminderte Photorespiration überkompensiert zu werden (Stryer, Abb. 20.16).

13.2.4 Bildung von Glucose

Aber kehren wir nun zu 3-Phosphoglycerat zurück, unserem C_3-Baustein, der durch die Reaktion von Rubisco entstand. Wie geht die Synthese nun weiter in Richtung Glucose? Erinnern Sie sich? 3-Phosphoglycerat ist uns bereits aus der Glykolyse bekannt, die wir im vierten Teil besprochen haben – und ebenso die weiteren Folgeprodukte 1,3-BPG, Glycerinaldehyd-3-phosphat und F-6-P des Calvin-Zyklus (Abb. 20.1 im Stryer). Schauen wir uns deshalb nochmals die Einzelschritte der Glykolyse in Tab. 16. 1 im Stryer an.

Tatsächlich sehen wir, dass es sich bei der Reaktionssequenz vom 3-Phosphoglycerat zu F-6-P im Calvin-Zyklus um die Umkehrung der gleichen Reaktionsfolge der Glykolyse (Stryer, Tab. 16.1) handelt. Die Phosphorylierung von 3-Phosphoglycerat zu 1,3-BPG ist die Umkehrung des Schritts 7, die Reduktion von 1,3-BPG zu Glycerinaldehyd-3-phosphat die Umkehrung des Schritts 6, die Reaktion von zwei Molekülen Glycerinaldehyd-3-phosphat zu

F-6-P die Umkehrung der Schritte 4 und 3 (Stryer, Abb. 20.8). Mit Fructo-se-6-phosphat haben wir den Pool der Hexosemonophosphate erreicht.

Für die Synthese einer Hexose und die Regeneration der Ausgangssubstanz Ribulose-1,5-bisphosphat sind sechs Durchgänge des Calvin-Zyklus nötig; bei jedem Durchgang wird ein Molekül Kohlendioxid fixiert. Insgesamt werden 18 ATP-Moleküle verbraucht – zwölf für die Phosphorylierung von zwölf Molekülen 3-Phosphoglycerat zu 1,3-Bisphoshoglycerat, sechs weitere für die Regeneration von Ribulose-1,5-bisphosphat. Zwölf Moleküle NADPH sind nötig für die Reduktion der zwölf Moleküle 1,3-Bisphoshoglycerat zu Glycerinaldehyd-3-phosphat.

> **Wichtig**
> **Die Nettoreaktion des Calvin-Zyklus lautet (▶ Gl. 13.7):**

$$6\,CO_2 + 18\,ATP + 12\,NADPH + 12H_2O \rightarrow C_6H_{12}O_6 + 18\,ADP$$
$$+ 18\,P_i + 12\,NADP^+ \qquad \textbf{(13.7)}$$
$$+ 6\,H^+$$

Die Glucose, die im Calvin-Zyklus erzeugt wurde, kann nun zum Disaccharid Saccharose umgesetzt oder zum Aufbau von Stärke oder Cellulose genutzt werden.

Kohlenhydratstoffwechsel

© Springer-Verlag GmbH Deutschland, ein Teil von Springer Nature 2020
K. von der Saal, *Biochemie*, https://doi.org/10.1007/978-3-662-60690-2_14

Stryer, Abschn. 16.3 und Tab. 16.1

Tiere haben kein Chlorophyll, sie sind nicht zur Photosynthese und zum Calvin-Zyklus fähig. Sie können jedoch Glucose auf andere Weise herstellen – auf einen Weg, den wir **Gluconeogenese** nennen (Stryer, Abschn. 16.3). Dieser Weg findet hauptsächlich in der Leber statt. Gluconeogenese ist aber nicht einfach die Umkehr der Glykolyse, die wir im 4. Teil studiert haben, denn aus thermodynamischen Gründen können manche ihrer Schritte nicht einfach umgekehrt werden. Um diese irreversiblen Reaktionen herauszufinden, gehen wir deshalb nochmals zu Tab. 16.1 im Stryer und arbeiten uns dort von unten nach oben.

14.1 Gluconeogenese: Umkehr der Glykolyse?

Stryer, Tab. 16.1 und 8.3

Bereits in Schritt 10 von Stryer, Tab. 16.1 haben wir ein Problem: Diese Reaktion kann praktisch nicht rückwärts laufen, denn ein ΔG-Wert von $-16{,}7 \ \mathrm{kJ \ mol^{-1}}$ sagt uns, dass das Gleichgewicht mit etwa dem Faktor 1000 auf der rechten Seite liegt. (Wenn Sie unsicher sind, schlagen Sie den Zusammenhang zwischen ΔG-Werten und der Gleichgewichtskonstanten in Stryer, Tab. 8.3 nach!) Wir müssen nicht nur das in Schritt 10 entstandene ATP opfern, sondern mindestens noch ein zweites Mol ATP, um den stark negativen ΔG-Wert von $-16{,}7 \ \mathrm{kJ \ mol^{-1}}$ zu kompensieren. Für die Gluconeogenese brauchen wir an dieser Stelle dringend eine neue Reaktion und ein anderes Enzym.

Die Schritte 9 bis 5 sind im Grunde Gleichgewichtsreaktionen, wir könnten sie also für die Gluconeogenese einsetzen, ebenso wie Schritt 2. In den Schritten 3 und 1 haben wir in der Glykolyse je ein Mol ATP für phosphorylierte Produkte verbraucht. Wegen der stark negativen ΔG-Werte können wir diese Reaktionen auch nicht einfach umkehren und ATP gewinnen, aber das ist ohnehin nicht das Ziel der Gluconeogenese. Stattdessen könnten wir die Phosphatgruppen einfach durch Phosphatasen abspalten und die frei gewordene Energie als Triebkraft für die Reaktion in Richtung Glucose verwenden.

Stryer, Abb. 16.24 und 16.2

Betrachten wir nun das Formelschema der Gluconeogenese in Abb. 16.24 im Stryer und vergleichen es mit der Glykolyse in Abb. 16.2.

Um den Vergleich mit der Glykolyse (Stryer, Abb. 16.2) zu erleichtern, ist Glucose hier ebenfalls oben und Pyruvat unten abgebildet. Sie sehen, dass ein Großteil der Enzyme und Reaktionen tatsächlich in beiden Stoffwechselwegen vorkommt (blau gezeichnet). Genau die Reaktionsschritte jedoch, die wir aufgrund der thermodynamischen Betrachtung als kritisch identifizierten, sind in der Gluconeogenese durch neue Enzyme ersetzt (rot gekennzeichnet): Von Pyruvat zu Phosphoenolpyruvat (PEP; Schritt 10 der Glykolyse) werden jetzt zwei Schritte und zwei Mol ATP (bzw. hier das äquivalente Guanosintriphosphat, GTP) gebraucht. Die beiden Kinasen aus Schritt 1 und 3 der Glykolyse sind tatsächlich durch Phosphatasen ersetzt.

14.1.1 Pyruvat zu Phosphoenolpyruvat über Oxalacetat

Stryer, Abb. 16.24

Diese Reaktionssequenz, sozusagen der Anfang der Gluconeogenese, hält eine Überraschung bereit: Zunächst wird ein Mol Kohlendioxid an Pyruvat addiert, um dann gleich wieder entfernt zu werden (Stryer, Abb. 16.24, unten). Wir wollen den ersten Schritt, die durch Pyruvat-Carboxylase katalysierte Addition von Kohlendioxid, genauer anschauen, um den Sinn hinter dieser Aktion zu verstehen.

■ **Pyruvat-Carboxylase: Pyruvat zu Oxalacetat**
Im ersten Schritt wird Kohlendioxid unter ATP-Verbrauch phosphoryliert und so aktiviert. Das geschieht an der ATP-„Greif"-Domäne, es entsteht Carboxyphosphat. Das Reaktionsschema finden Sie im Stryer, Seite 563. Carboxyphosphat

ist das gemischte Anhydrid der Kohlensäure und der Phosphorsäure. Der $\Delta G^{0\prime}$-Wert der Hydrolyse dieser Verbindung ist sehr stark negativ, sodass jetzt die Carboxylatgruppe leicht übertragen werden kann.

Dies geschieht aber nicht unmittelbar auf Pyruvat, sondern zunächst auf **Biotin** an der Biotinbindungsdomäne. Biotin (Vitamin B_7, Vitamin H) ist wasserlöslich. Es spielt als prosthetische Gruppe von Enzymen im Stoffwechsel eine bedeutende Rolle, insbesondere wenn es um die Übertragung von Carboxylatgruppen geht. Die Strukturformel finden Sie im Stryer, Abb. 16.25.

Biotin besteht aus einem Bizyklus von zwei Fünfringen, wobei einer ein Schwefelatom, der andere zwei Stickstoffatome enthält. Das Carboxylat wird auf die N1-Gruppe des Biotins übertragen.

Stryer, Abb. 16.25

❓ Fragen

1. Zeichnen Sie die chemische Struktur von Biotin, das ein aktiviertes Carboxylat trägt.

Biotin ist im Enzym an einen beweglichen Arm gebunden. Dadurch kann sich Biotin die Carboxylatgruppe von der entfernt gelegenen ATP-„Greif"-Domäne holen und an die zentral gelegene Pyruvatbindungsdomäne weiterreichen.

Der $\Delta G^{0\prime}$-Wert der Hydrolyse des CO_2 aus dem Biotin-Enzym-Komplex ist mit -20 kJ mol^{-1} immer noch hoch genug, um die Carboxylatgruppe ohne weiteren Energieaufwand zu übertragen. Das geschieht schließlich im letzten Schritt an der zentralen Domäne des Enzyms: Aus Pyruvat entsteht Oxalacetat.

■ Pyruvat-Carboxylase: Allosterische Regulation

Erinnern wir uns: Oxalacetat ist uns bereits in der ersten Stufe des Citratzyklus begegnet (4. Teil, ▶ Abschn. 10.3.1 und Stryer, Abb. 17.15). Der erste Schritt ist dort die Reaktion zwischen Oxalacetat und Acetyl-CoA zu Citrat. Acetyl-CoA kann aus vielen Quellen stammen: aus der Glykolyse, was wir schon wissen, aber auch aus dem Fettsäurestoffwechsel, was wir noch kennen lernen werden.

Stryer, Abb. 17.15

Sobald Acetyl-CoA verfügbar ist, wird auch Oxalacetat benötigt, denn nur so kann der Citratzyklus laufen. Es ist daher nicht verwunderlich, dass die Synthese von Oxalacetat eng an die Anwesenheit von Acetyl-CoA gekoppelt ist: Acetyl-CoA wirkt als allosterischer Aktivator der Pyruvat-Carboxylase. In Abwesenheit von Acetyl-CoA wird bereits Biotin nicht mehr carboxyliert.

Damit sind wir dem Geheimnis dieser seltsamen Reaktionsfolge aus Carboxylierung/Decarboxylierung in den ersten Schritten der Gluconeogenese auf der Spur: Durch die intermediäre Herstellung von Oxalacetat werden Gluconeogenese und Citratzyklus verknüpft und können entsprechend den physiologischen Bedürfnissen reguliert werden (Stryer, Abb. 17.20 und 17.21).

Stryer, Abb. 17.20 und 17.21

❯ Wichtig

- Ist kein Acetyl-CoA vorhanden, wird auch kein Oxalacetat synthetisiert; weder Citratzyklus noch Gluconeogenese laufen ab.
- Ist Acetyl-CoA vorhanden und die Energieladung niedrig: Oxalacetat wird synthetisiert, der Citratzyklus läuft auf Hochtouren und liefert Energie.
- Ist Acetyl-CoA vorhanden und die Energieladung hoch: Oxalacetat wird synthetisiert und zur Gluconeogenese verwendet.

14.1.2 Gluconeogenese und Glykolyse werden reziprok reguliert

Die Regulation der beiden Stoffwechselwege ist nicht nur eng aneinander gekoppelt, sondern auch mit dem Citratzyklus, der Lactatkonzentration und

Stryer, Abb. 16.29

dem Blutglucosespiegel abgestimmt. Eine Übersicht finden Sie im Stryer, Abb. 16.29.

Auf der linken Seite finden Sie die Kontrollelemente der Glykolyse, auf der rechten die der Gluconeogenese. Wir schauen uns jetzt diese Kontrollelemente der Reihe nach an.

> **Das Signalmolekül Fructose-2,6-bisphosphat (F-2,6-BP) stimuliert die Phosphofructokinase und inhibiert die Fructose-1,6-bisphosphatase. Das ist das verbindende Element zum Blutglucosespiegel: Bei niedrigem Blutglucosespiegel verliert F-2,6-BP eine Phosphatgruppe – die kovalente Modifikation in beiden Enzymen verschwindet, die Glucosekonzentration wird erhöht.**

Die Energieladung des Stoffwechsels wird über die Konzentrationen von AMP, ADP und ATP detektiert. Eine hohe AMP-Konzentration – also eine niedrige Energieladung – stimuliert Phosphofructokinase und inhibiert Fructose-1,6-bisphosphatase. Eine hohe ATP-Konzentration signalisiert das Gegenteil, eine hohe Energieladung: Sie inhibiert die Phosphofructokinase und auch die Pyruvatkinase. ADP als Indikator einer niedrigen Energieladung inhibiert die Gluconeogenese auf den Stufen der Pyruvat-Carboxylase und der Phosphoenolpyruvat-Kinase.

Die Konzentrationen von Citrat und Alanin schließlich zeigen an, ob im Citratzyklus genügend Bausteine vorhanden sind. Eine hohe Citratkonzentration inhibiert die Phosphofructokinase und stimuliert die Fructose-1,6-bisphosphatase. Alanin wird aus Pyruvat gebildet, eine hohe Konzentration inhibiert daher die Pyruvatkinase.

Schließlich wirkt auch der pH-Wert als allosterischer Regulator: Eine hohe Protonenkonzentration wirkt inhibierend auf die Phosphofructokinase. Das ist ein Sicherheitsventil, das vor Übersäuerung durch Lactat schützt; dieses entsteht ja aus Pyruvat, wenn Muskeln unter anaeroben Bedingungen Arbeit verrichten.

14.1.3 Warum Gluconeogenese?

In der Gluconeogenese wird mit der Energie von 6 mol ATP aus Pyruvat Glucose hergestellt. Im umgekehrten Weg, der Glykolyse, beträgt der Gewinn nur 2 mol ATP. Aus diesem Blickwinkel sind Glucose und Glykogen eigentlich recht verlustreiche Speicher.

Wir verbrauchen ungefähr 200 g Glucose pro Tag, und etwa diese Menge haben wir in Form von Glykogen gespeichert. Allein das Gehirn verbraucht 75 % davon. Bei Nahrungskarenz versiegt der Vorrat nach ein bis zwei Tagen – eine Mangelversorgung des Gehirns hätte also rasch fatale Folgen. Die Gluconeogenese bietet hier einen Ausweg: Glucose wird aus Pyruvat aufgebaut, das seinerseits durch den Abbau von Aminosäuren aus den Proteinreserven entstehen kann.

Erst nach etwa fünf Tagen Fasten ist der Stoffwechsel so weit umgestellt, dass aus Fetten Ketone gebildet werden, die zum großen Teil die Versorgung des Gehirns mit Energie übernehmen können (▶ Abschn. 15.2.6).

14.2 Glykogenstoffwechsel

Stryer, Abb. 21.2

Bei Tieren wird Glucose in Form von Glykogenkörnchen in Muskel- und Leberzellen gespeichert. In Glykogen sind Glucosemoleküle α-1,4-glykosidisch verbunden (Stryer, Abb. 21.2).

Jede Polymerkette endet mit einer Halbacetalgruppe – in offenkettiger Form wäre das die Aldehydgruppe der Glucose, das sog. reduzierende Ende. (Das andere Kettenende ist das nichtreduzierende Ende, 2. Teil, ▶ Abschn. 5.1.4). Darüber hinaus gibt es etwa an jedem zehnten Glucosemolekül eine Verzweigung in Form einer α-1,6-glykosidischen Bindung. Beachten Sie, dass es sich dabei nicht um eine Quervernetzung zweier nebeneinander liegender Stränge handelt, sondern dass an der Verzweigungsstelle ein neues Polymer beginnt (in Stryer, Abb. 21.2 nach oben gezeichnet)!

Stryer, Abb. 21.1

Wir müssen uns das so vorstellen: Die Polymerisation fängt mit dem ersten Glucosemolekül an, in Abb. 21.2 ist das rechts, mit R bezeichnet. Der Strang wird von rechts nach links verlängert und etwa nach der zehnten Glucose verzweigt, der neue Strang wird ebenfalls verlängert und wieder verzweigt, usw. Am Schluss, nachdem bis zu 50.000 Glucosemoleküle eingebaut wurden, sieht das Polymer kugelförmig aus, etwa so wie in Stryer, Abb. 21.2: Der Anfang liegt im Innern, das Enzym Glykogenin, das die Polymerisation begonnen hat, bleibt dort kovalent mit Glykogen verbunden. Die nichtreduzierenden Enden ragen nach außen. Dementsprechend beginnt der Abbau immer außen, am nichtreduzierenden Ende.

14.2.1 Glykogensynthese

Im Stryer in Abb. 21.18 ist das Zentrum eines Glykogenpolymers deutlicher dargestellt. Den ersten Schritt der Synthese macht das Enzym Glykogenin. Es verbindet die Hydroxylgruppe eines eigenen Tyrosinrestes mit dem α-Kohlenstoffatom des ersten Glucosemoleküls. Dazu muss die Glucose aktiviert sein – und hier haben wir schon die erste Schwierigkeit: In der Glykolyse und der Gluconeogenese tritt nur Glucose-6-phosphat als aktivierte Form auf.

Stryer, Abb. 21.18

Glucose-6-phosphat wird daher durch eine Glucosephosphat-Mutase zu Glucose-1-phosphat isomerisiert (Stryer, Abb. 21.9). Diese Gleichgewichtsreaktion ist die Verbindung zwischen Glykogenstoffwechsel, Glykolyse und Gluconeogenese.

Stryer, Abb. 21.9

■ UDP-Glucose als aktivierte Glucose

Diese Form der Aktivierung reicht aber noch nicht. Eine Besonderheit des Glykogenstoffwechsels ist die Verwendung von UDP-Glucose als aktivierte Form der Glucose. UDP-Glucose entsteht aus Glucose-1-phosphat und UTP. Das verantwortliche Enzym ist die UDP-Glucose-Pyrophosphorylase (Stryer, Abschn. 21.4).

Stryer, Abschn. 21.4

Die Reaktion ist ganz analog einer Umsetzung mit ATP. Beachten Sie, dass zunächst eine Phosphorsäureanhydridbindung gebildet, aber auch eine gespalten wird (Pyrophosphat wird freigesetzt) und es sich deshalb um eine Gleichgewichtsreaktion handelt. Da aber anschließend Pyrophosphat von der ubiquitär vorhandenen Pyrophosphatase gespalten wird, steht es für eine Rückreaktion nicht mehr zur Verfügung. Damit wird die Bildung der UDP-Glucose irreversibel:

$$\text{Glucose-1-phosphat} + \text{UTP} \rightarrow \text{UDP -Glucose} + 2\,P_i$$

■ Der erste Schritt der Glykogensynthese

Nun reagiert die Hydroxylgruppe eines Tyrosinrestes in Glykogenin mit UDP-Glucose. Diese Reaktion ist im Stryer in Abb. 11.26 dargestellt. Das in der Abbildung blau gezeichnete XH entspricht in diesem Fall der OH-Gruppe von Tyrosin. Es handelt sich um eine typische Glykosyltransferasereaktion – Glucose wird auf den Rest X übertragen, UDP wird freigesetzt. In unserem Fall ist X das komplette Enzym Glykogenin. Im weiteren Verlauf der Polymerisation wird diese Bindung nie mehr getrennt werden!

Stryer, Abb. 11.26

Glykogenin kann nun an das erste Glucosemolekül weitere anfügen – immer durch Glykosylierung mittels UDP-Glucose –, bis die Kette aus etwa acht Glucoseeinheiten besteht. Jede der beiden identischen Untereinheiten des

Enzyms überträgt dabei Glucosereste auf die jeweils andere Untereinheit. Die Synthese startet also von Glykogenin aus gleichzeitig in zwei Richtungen.

■ **Lineare Polymerisation durch Glykogen-Synthase**

Stryer, Abb. 21.17 und Seite 741

Den Weiterbau des linearen Glucosestrangs übernimmt jetzt ein anderes Enzym, die Glykogen-Synthase – wiederum eine Glykosyltransferase, die UDP-Glucose als Quelle benutzt. Dargestellt ist das im Stryer in Abb. 21.17 durch die ersten drei Pfeile. Die chemische Reaktion dazu finden Sie auf Seite 741.

■ **Verzweigung der Glykogenkette**

Sobald die lineare Glykogenkette elf oder mehr Glucoseeinheiten enthält, tritt ein Verzeigungsenzym *(branching enzyme)* in Aktion. Es katalysiert zwei Reaktionen: Im ersten Schritt wird eine α-1,4-glykosidische Bindung getrennt, und zwar die zwischen dem siebten und achten Glucoserest (vom nichtreduzierenden Ende aus gezählt). Das ist in Stryer, Abb. 21.17 zwischen dem blauen und gelben Teil. Der zweite Schritt ist die Bildung einer α-1,6-glykosidischen Bindung zwischen dem reduzierenden Ende des abgeschnittenen Glucose-Heptamers (blau) und einer C-6-Hydroxylgruppe des bestehenden Strangs (gelb). Der Verzweigungspunkt auf dem bestehenden Strang liegt ein Stück weit Richtung des Zentrums (CORE), aber mindestens vier Glucoseeinheiten von einem bereits bestehenden Verzweigungspunkt entfernt.

Fassen wir nochmals zusammen:

❯ Beim Aufbau von Glykogen übertragen drei Glykosyltransferasen Glucosereste von UDP-Glucose:
 ▬ Glykogenin startet mit zwei kurzen linearen, α-1,4-glykosidisch verknüpften Strängen.
 ▬ Glykogen-Synthase verlängert diese, ebenfalls mit linearen α-1,4-glykosidischen Verknüpfungen.
 ▬ Ein Verzweigungsenzym stellt α-1,6-glykosidische Verzweigungen her.

14.2.2 Glykogenabbau

Beim Glykogenaufbau haben wir – ausgehend von Glucose – in der Summe für jede glykosidische Bindung zwei Phosphorsäureanhydridbindungen von ATP geopfert: eine bei der Synthese von Glucose-6-phosphat aus Glucose und ATP, eine weitere bei der Resynthese von UTP aus UDP (das bei der Polymerisation frei wird). Um wenigstens einen Teil dieser Energie wiederzugewinnen, wird beim Glykogenabbau angestrebt, möglichst Glucose-1-phosphat und nicht einfach durch Hydrolyse Glucose herzustellen.

■ **Glucose-1-phosphat aus Glykogen**

Stryer, Abschn. 21.1 und Abb. 21.2

In den Glykogenkörnchen ragen die nichtreduzierenden Enden linearer Ketten aus mindestens sieben Glucoseeinheiten nach außen. Dort setzt der Abbau ein. Er verläuft in entgegengesetzter Richtung zum Aufbau: Glykogen-Phosphorylase überträgt eine Phosphorylgruppe auf das C-1-Atom eines endständigen Glucoserestes (Stryer, Abschn. 21.1 und Abb. 21.1).

Dabei wird die endständige Glucose als Glucose-1-phosphat abgespalten – wir sprechen von Phosphorolyse (analog zur Hydrolyse, der Spaltung mit H_2O). Die Phosphorylgruppe stammt jedoch nicht von einem energiereichen Phosphat – also weder von ATP oder UDP – sondern von einem einfachen Phosphation (Orthophosphat). Es wird also keine zusätzliche Energie aufgewendet!

Stryer, Abb. 21.5 und 21.6

Diese Reaktion gelingt nur, wenn das Reaktionszentrum der Glykogen-Phosphorylase absolut wasserfrei ist. Ansonsten würde durch Hydrolyse Glucose entstehen und es wäre wiederum ATP nötig, um zum gewünschten

Produkt Glucose-1-phosphat zu gelangen. Das Enzym schafft das, indem es vier Glucoseeinheiten des Glykogens zugleich in einer tiefen Spalte bindet und die katalytische Reaktion ganz in seinem Innern durchführt (Stryer, Abb. 21.5). Orthophosphat wird dabei durch ionische Wechselwirkungen mit Seitenketten des Enzyms und über Wasserstoffbrücken festgehalten. Die Phosphorylgruppe eines kovalent mit dem Enzym verbundenen Pyridoxalphosphatmoleküls wirkt als allgemeiner Säure-Base-Katalysator bei der Reaktion (Stryer, Abb. 21.6).

Bei dieser Reaktion entsteht sofort die α-Form des Glucose-1-phosphats, weshalb man einen Mechanismus über ein Carbeniumion annimmt (Stryer, Abb. 21.7). In einer S_N2-Reaktion würde Phosphat das α-C-Atom unter Inversion der Konfiguration angreifen; es entstünde die β-Form.

Stryer, Abb. 21.7

■ Zwei enzymatische Reaktionen an der Verzweigungsstelle

In der Nähe einer Verzweigungsstelle bleibt die Glykogen-Phosphorylase stecken. Sie bindet ja immer etwa vier Glucoseeinheiten des Polymerstrangs in der tiefen Spalte der Bindetasche und entfernt nur die Glucoseeinheit, die ganz unten sitzt. Eine Verzweigungsstelle passt aber nicht in die enge Spalte. Der Abbau stoppt, der Polymerstrang wird freigesetzt, und das Enzym arbeitet an einem anderen Strang weiter. Der freigesetzte Strang enthält die Verzweigungsstelle und noch die vier Glucoseeinheiten, die nicht entfernt werden konnten. Im Stryer, Abb. 21.8, ist diese Situation dargestellt.

Stryer, Abb. 21.8

Eine Transferase überträgt nun drei der vier Glucoseeinheiten (in der Abbildung blau) an das Ende eines benachbarten Strangs (gelb). Eine Glucoseeinheit bleibt an der Verzweigungsstelle erhalten (grün). Diese wird von einer α-1,6-Glucosidase *(debranching enzyme)* hydrolysiert. Das ist beim Glykogenabbau die einzige Reaktion, die tatsächlich Glucose liefert und nicht Glucose-1-phosphat! Da eine Verzweigung aber nur an jeder zehnten Glucoseeinheit auftritt, betrifft diese Reaktion nur etwa 10 % der in Glykogen gespeicherten Glucosereste.

Die Glykogen-Phosphorylase arbeitet nun am linearen Strang (blau und gelb) weiter, bis sie wieder auf eine Verzweigungsstelle trifft. Ganz am Schluss trifft das Enzym statt auf die Verzweigungsstelle auf das Glykogenin im Innern des Glykogenkörnchens. Dieses wird, zusammen mit vier nicht abgebauten Glucoseeinheiten, freigesetzt und steht wieder zur Neusynthese von Glykogen bereit.

Das Produkt des Glykogenabbaus, Glucose-1-phosphat, wird durch die schon bei der Glykogensynthese erwähnte Glucosephosphat-Mutase in Glucose-6-phosphat umgewandelt und so in die Glykolyse eingeschleust.

> ❯ Beim Glykogenabbau wirken drei Enzyme zusammen:
> – **Glycogen-Phosphorylase depolymerisiert Glykogen zu Glucose-1-phosphat, bis es in die Nähe einer Verzweigungsstelle gerät.**
> – **Eine Transferase überträgt ein Glucosetrimer auf einen Nachbarstrang, eine einzelne α-1,6-verknüpfte Glucose bleibt an der Verzweigungsstelle zurück.**
> – **Eine α-1,6-Glucosidase *(debranching enzyme)* hydrolysiert die an der Verzweigung übrig gebliebene Glucoseeinheit.**

14.2.3 Regulation des Glykogenstoffwechsels

Der Auf- und Abbau von Glykogen wird von Hormonen gesteuert. Die beiden Hormone Adrenalin und Glucagon stimulieren den Abbau. Der Aufbau wird gegenläufig reguliert – dadurch wird verhindert, dass beide Wege gleich schnell ablaufen und ins Leere gehen. Insulin stimuliert die Glykogensynthese und reguliert so den Blutglucosespiegel.

Das Schlüsselenzym des Glykogenstoffwechsels ist Glykogen-Phosphorylase, die deshalb strikt kontrolliert werden muss – dies geschieht durch reversible

Phosphorylierung und allosterische Mechanismen. Glykogen-Phosphorylase reagiert auf die Energieladung der Zelle; sie wird durch hohe AMP- und Glucosekonzentrationen aktiviert und durch ATP und hohe Konzentrationen an Glucose-6-phosphat inaktiviert. Diese Aktivierungen oder Inaktivierungen sind mit einem Wechsel zwischen zwei Konformationen (T und R) verbunden – im 3. Teil, ▶ Abschn. 8.7.2 haben wir bereits davon gehört.

14.3 Pentosephosphatweg: Erzeugung von NADPH und C_5-Kohlenhydraten

Stryer, Abschn. 20.3 und Abb. 20.18

Pflanzen stellen in der Photosynthese NADPH her; Organismen, die nicht photosynthetisch aktiv sind, brauchen eine andere Quelle dafür. Diese bietet der Pentosephosphatweg (Stryer, Abschn. 20.3), der in allen Organismen, auch in Pflanzen, stattfindet. Er enthält eine oxidative und eine nichtoxidative Phase. Beide Phasen laufen im Cytosol ab (Stryer, Abb. 20.18).

14.3.1 Oxidative Phase

❯ In der oxidativen Phase des Pentosephosphatwegs wird Glucose-6-phosphat zu Ribulose-5-phosphat und Kohlendioxid oxidiert. Dabei werden 2 mol NADP⁺ zu NADPH reduziert. Ribulose-5-phosphat wird (nach Isomerisierung zu Ribose-5-phosphat) zur Synthese des Riboseteils von DNA, RNA und Nucleotid-Coenzymen verwendet.

Stryer, Abb. 20.19

Die oxidative Phase beginnt mit der Oxidation von Glucose-6-phosphat zu 6-Phosphoglucono-δ-lacton (Stryer, Abb. 20.19). Das zuständige Enzym ist die Glucose-6-phosphat-Dehydrogenase. Hier erhalten wir das erste Mol NADPH. Eine Lactonase öffnet hydrolytisch den Lactonring; eine zweite Oxidation folgt, bei der die Carbonsäure als Kohlendioxid abgespalten wird. Wir erhalten das zweite Mol NADPH und Ribulose-5-phosphat.

14.3.2 Nichtoxidative Phase

Aus der oxidativen Phase entstehen NADPH und Ribose-5-phosphat. Oft wird aber wesentlich mehr NADPH gebraucht als Ribose-5-phosphat, weshalb letzteres energetisch verwertet wird, indem es in die Glykolyse eingeschleust wird.

❯ Produkte der nichtoxidativen Phase verbinden den Pentosephosphatweg reversibel mit der Glykolyse.

Stryer, Abb. 20.18

Der nichtoxidative Teil sieht zunächst kompliziert aus (Stryer, Abb. 20.18), enthält jedoch nur Aldolreaktionen (Spaltung und Kondensation), die mehrfach wiederholt werden.

❯ Im nichtoxidativen Teil des Pentosephosphatweges entstehen Zucker aller Kettenlängen zwischen C_3 und C_7:
  - $2\,C_5 \rightarrow 1\,C_3 + 1\,C_7$
  - $1\,C_3 + 1\,C_7 \rightarrow 1\,C_6 + 1\,C_4$
  - $1\,C_4 + 1\,C_5 \rightarrow 1\,C_6 + 1\,C_3$

Ein Reaktionspartner ist immer eine Ketose, der andere eine Aldose; ebenso sind die Produkte immer eine Aldose und eine Ketose. Die Reaktionen können vorwärts und rückwärts ablaufen, es sind typische Gleichgewichtsreaktionen, zu denen weder Reduktionsäquivalente noch ATP nötig sind.

Zuerst wird die Ketose enzymatisch gebunden, eine C–C-Bindung wird gespalten, die neue Aldose verlässt das Enzym. Der zweite Reaktionspartner, die Aldose, tritt ein, eine C–C-Bindung wird geknüpft, die neue Ketose verlässt das Enzym.

Sehen wir genauer hin, so finden wir jedoch zwei Reaktionstypen: Der Austausch einer C$_2$-Einheit wird von einer Transketolase katalysiert, die Übertragung einer C$_3$-Einheit durch eine Transaldolase. Diese beiden Enzyme werden wir nun genauer anschauen.

Aus Ribulose-5-phosphat werden zunächst zwei Pentosen hergestellt: Eine Phosphopentose-Isomerase macht aus der Ketose die Aldose Ribose-5-phosphat; eine Phosphopentose-Epimerase epimerisiert die Hydroxylgruppe an C-3; es entsteht Xylulose-5-phosphat. Diese beiden Produkte werden nun von der Transketolase umgesetzt.

▪ Reaktion der Transketolase

Dabei werden die oberen beiden Kohlenstoffatome von Xylulose-5-phosphat auf Ribose-5-phosphat übertragen. Es entstehen Glycerinaldehydphosphat, ein C$_3$-Baustein, und Seduheptulose-7-phosphat, ein C$_7$-Baustein. Den Mechanismus beschreibt Abb. 20.20 im Stryer.   *Stryer, Abb. 20.20*

Die Transketolase besitzt als kovalent gebundene prosthetische Gruppe **Thiaminpyrophosphat** (TPP). TPP enthält einen Thiazolring mit einem N- und einem S-Atom; das Kohlenstoffatom in 2-Stellung (zwischen Stickstoff und Schwefel) gibt leicht ein Proton ab; es entsteht ein Zwitterion (auch Ylid genannt), das die Carbonylgruppe der Ketose (Xylulose-5-phosphat) nucleophil angreift: Eine Additionsverbindung entsteht. Dann wird die Bindung zwischen C-2 und C-3 der vormaligen Ketose gebrochen. Der C$_2$-Baustein bleibt an TPP als aktivierter Glycolaldehyd, während der C$_3$-Baustein (Glycerinaldehyd-3-phosphat) das Enzym verlässt. Die Aldose (Ribose-5-phosphat) tritt in das Enzym ein und reagiert mit dem aktivierten Glycolaldehyd. Die resultierende Ketose, der C$_7$-Baustein Seduheptulose-7-phosphat, verlässt das Enzym.

▪ Reaktion der Transaldolase

Zwischen diesen beiden Reaktionsprodukten findet nun eine Transaldolase-Reaktion statt (Stryer, Abb. 20.18). Dabei entstehen der C$_6$-Baustein Fructose-6-phosphat und der C$_4$-Baustein Erythrose-4-phosphat. Die Transaldolase besitzt keine prosthetische Gruppe. Trotzdem ist der Ablauf ähnlich dem der Transketolase (Stryer, Abb. 20.21).   *Stryer, Abb. 20.18 und 20.21*

Im ersten Schritt bildet sich aus der Ketose (Seduheptulose-7-phosphat) mit einem Lysinrest des Enzyms eine Schiff-Base. Die Bindung zwischen C-3 und C-4 wird gebrochen, der C$_3$-Baustein bleibt als Dihydroxyacetonderivat an Lysin gebunden, das abgespaltene Teilstück verlässt als Aldose (Erythrose-4-phosphat) das Enzym. Das zweite Substrat (Glycerinaldehyd-3-phosphat), eine Aldose, wird vom aktivierten Dihydroxyaceton angegriffen, es bildet sich wieder die Schiff-Base zurück. Sie wird hydrolysiert, und das Produkt (Fructose-6-phosphat) verlässt das Enzym.

Nun gibt es nochmals eine Transketolase-Reaktion: Erythrose-4-phosphat und Xylulose-5-phosphat liefern Fructose-6-phosphat und Glycerinaldehyd-3-phosphat.

> **Die nichtoxidative Phase des Pentosephosphatwegs setzt in der Summe drei Pentosen zu zwei Hexosen und einer Triose um:**

$$3\,C_5 \rightarrow 2\,C_6 + 1\,C_3$$

> **Fragen**   *Stryer, Abb. 16.2, Tab. 18.4, Abb. 20.18*
> 2. Aus 1 mol Glucose werden bei der Glykolyse 2 mol Pyruvat, 2 mol ATP und 2 mol NADH gewonnen (Stryer, Abb. 16.2). Setzen wir anschließend 2 mol Pyruvat vollständig zu CO$_2$ um (Acetyl-CoA, Glykolyse, Citratzyklus),

erhalten wir 8 mol NADH, 2 mol $FADH_2$ und 2 mol ATP. Werden bei der oxidativen Phosphorylierung auch noch die gesammelten Reduktionsäquivalente umwandelt, ergeben sich insgesamt 30 mol ATP (Stryer, Tab. 18.4).

Im Pentosephosphatweg entstehen aus 3 mol Glucose 3 mol Ribulose-5-phosphat und 6 mol NADPH, es müssen dazu 3 mol ATP aufgewendet werden (wegen der Umwandlung von Glucose zu Glucose-6-phosphat) (Stryer, Abb. 20.18). Wir setzen nun 3 mol Ribulose-6-phosphat zu 2 mol Fructose-6-phosphat und 1 mol Gycerinaldehyd-3-phosphat um und schleusen diese beiden Produkte in die Glykolyse ein.

Wie viel ATP und NADH gewinnen wir jetzt aus den 3 mol Glucose? Vergleichen Sie das Ergebnis mit der direkten Glykolyse von Glucose!

Bausteine aus dem Pentosephosphatweg
Ribulose-5-phosphat wird nach Phosphorylierung in der Dunkelreaktion der Photosynthese zum Substrat für Rubisco für die Kohlendioxidfixierung.
Ribose-5-phosphat und seine Derivate sind Bestandteile von RNA, DNA, ATP, NADH, FAD und Coenzym A.
Glycerinaldehyd-3-phosphat und Fructose-6-phosphat sind auch Zwischenstufen der Glykolyse. Durch sie wird der Pentosephosphatweg mit der Glykolyse verknüpft.
Aus Erythrose-4-phosphat werden die Phenylringe der aromatischen Aminosäuren Phenylalanin, Tyrosin und Tryptophan aufgebaut.

14.3.3 Regulation des Pentosephosphatwegs

Wir haben gesehen, dass Glucose-6-phosphat in der Glykolyse direkt zu Fructose-6-phosphat isomerisiert wird, aus deren Abbau ATP und NADH entstehen. Im Pentosephosphatweg wird durch den Umweg über Ribulose-5-phosphat NADPH gewonnen. NADPH wird in erster Linie für Biosynthesen eingesetzt, NADH für die Energiegewinnung. Daher muss jeder Organismus sorgsam abwägen, was von beiden gerade gebraucht wird.

Der erste Oxidationsschritt (Glucose-6-phosphat zu 6-Phosphoglucono-δ-lacton, Stryer, Abb. 20.19) ist irreversibel und geschwindigkeitsbestimmend. Das Enzym, die Glucose-6-phosphat-Dehydrogenase, reagiert empfindlich auf die $NADP^+$-Konzentration. $NADP^+$ dient ja als Substrat und konkurriert mit dem Produkt NADPH um die Bindungsstelle am Enzym. Die Umsetzung ist langsam, wenn das Konzentrationsverhältnis $NADP^+$/NADPH niedrig ist. Sie ist schnell, wenn viel $NADP^+$ und wenig NADPH vorhanden sind. Der Pentosephosphatweg kommt also erst in Gang, wenn es einen Bedarf an NADPH für Biosynthesen gibt; sonst überwiegt die Glykolyse und liefert Energie.

Um das zu verdeutlichen, können wir uns vier unterschiedliche Stoffwechselsituationen vorstellen (Stryer, Abb. 20.23).

— **Situation 1:** Zellen, die sich gerade teilen, benötigen viel Ribose-5-phosphat zur Synthese von DNA-Nucleotiden, daher wird die Konzentration an Ribose-5-phosphat maximiert. NADPH wird kaum benötigt, deshalb läuft der oxidative Teil des Pentosephosphatwegs nicht an. Stattdessen liefert die Glykolyse Fructose-6-phosphat und Glycerinaldehyd-3-phosphat, aus denen Transketolase und Transaldolase des Pentosephosphatwegs das benötige Ribose-5-phosphat herstellen. (Betrachten Sie dazu den Pentosephosphatweg im Stryer, Abb. 20.18; dort verläuft diese Reaktion von unten nach oben). Aus 5 mol Glucose-6-phosphat entstehen 6 mol Ribose-5-phosphat.

— **Situation 2:** Wenn Bedarf sowohl an Ribose-5-phosphat als auch an NADPH besteht, läuft einfach die oxidative Phase des Pentosephosphatwegs ab. Aus 1 mol Glucose-6-phosphat entsteht 1 mol Ribose-5-phosphat; es werden 2 mol NADPH gewonnen.

Stryer, Abb. 20.19 und 20.23

Stryer, Abb. 20.18

14

- **Situation 3:** Es wird hauptsächlich NADPH benötigt, beispielsweise in Zellen des Fettgewebes zur Fettsäuresynthese (das sehen wir im folgenden Abschnitt). Hier gibt die Kombination aus Pentosephosphatweg und Gluconeogenese die Möglichkeit, Glucose vollständig zu CO$_2$ zu oxidieren und dabei ausschließlich NADPH zu gewinnen. (Erinnern Sie sich: Bisher haben wir nur gelernt, dass Glucose durch Glykolyse und Citratzyklus zu Kohlendioxid umgewandelt werden kann, wobei ATP und NADH entstehen.) Dazu liefert der oxidative Teil des Pentosephosphatwegs zunächst Ribose-5-phosphat, CO$_2$ und NADPH (2 mol) aus Glucose-6-phosphat. Als Zweites wandeln dann Transketolase und Transaldolase Ribose-5-phosphat (6 mol) in Fructose-6-phosphat (4 mol) und Glycerinaldehyd-3-phosphat (2 mol) um. Als Drittes wird dann in der Gluconeogenese aus Fructose-6-phosphat und Glycerinaldehyd-3-phosphat wieder Glucose-6-phosphat gewonnen. Diese tritt erneut in die oxidative Phase des Pentosephosphatwegs ein, erneut wird CO$_2$ abgespalten usw., bis Glucose vollständig abgebaut ist.

- **Situation 4:** Sowohl NADPH als auch ATP werden benötigt. Die oxidative Phase des Pentosephosphatwegs ist aktiv, weil NADPH benötigt wird. Daher wird Glucose-6-phosphat in Ribose-5-phosphat überführt, wir erhalten 2 mol NADPH. Aus Ribose-5-phosphat werden Fructose-6-phosphat und Glycerinaldehyd-3-phosphat gebildet. Diese Produkte werden in die Glykolyse eingeschleust und in Pyruvat umgewandelt, wobei ATP und NADH entstehen. Beachten Sie, dass hier nur fünf der sechs Kohlenstoffatome der Glucose in Pyruvat erscheinen und eines als CO$_2$ verloren geht, während in der reinen Glykolyse alle sechs Kohlenstoffatome in Pyruvat landen (dafür entsteht kein NADPH).

14.3.4 Calvin-Zyklus als Spiegelbild des Pentosephosphatwegs

In ▶ Abschn. 13.2, bei unserer Diskussion der Photosynthese, haben wir den Calvin-Zyklus (die Dunkelreaktion) nur gestreift (Stryer, Abb. 20.1). In Wirklichkeit ist der Calvin-Zyklus sehr viel komplexer. Betrachten wir nun das vollständige Schema des Calvin-Zyklus (Stryer, Abb. 20.11). Kommen Ihnen die Zwischenprodukte bekannt vor? Richtig, wir erkennen hier viele Reaktionen des Pentosephosphatwegs wieder!

Stryer, Abb. 20.1 und 20.11

> Der Calvin-Zyklus beginnt mit der Fixierung von CO$_2$ und geht unter Verwendung von NADPH weiter. Der Pentosephosphatweg beginnt mit oxidativer Decarboxylierung und der Erzeugung von NADPH.

In der Regenerationsphase des Calvin-Zyklus werden C$_6$- und C$_3$-Moleküle in die C$_5$-Einheit Ribulose-5-phosphat rückverwandelt. Der Pentosephosphatweg wandelt die C$_5$-Einheit Ribose-5-phosphat in C$_6$- und C$_3$-Bausteine um, die in die Glykolyse oder Gluconeogenese eingeschleust werden. Wir sehen hier, wie die Evolution die gleichen Enzyme für ähnliche Reaktionen mit ganz unterschiedlichen Zielen ausnutzt.

✔ **Antworten**

1. Struktur des Biotins

Stryer, Tab. 18.4

2. Glykolyse: 3 mol Glucose liefern in der Glykolyse 6 mol Pyruvat, 6 mol ATP und 6 mol NADH. Mit den Produkten aus dem Pentosephosphatweg: 2 mol Fructose-6-phosphat liefern 4 mol GAP und verbrauchen dabei 2 mol ATP. 5 mol GAP liefern: 5 mol Pyruvat, 5 mol NADH und 10 mol ATP.

ATP wurde dabei verbraucht: 3 mol zur Herstellung von 3 mol Glucose-6-phosphat im Pentosephosphatweg und 2 mol zur Herstellung von 2 mol Fructose-1,6-bisphosphat (Glykolyse). In der Summe ergeben sich hier aus 3 mol Glucose nur 5 mol Pyruvat, 5 mol NADH und 5 mol ATP, aber auch 6 mol NADPH.

Laut Tab. 18.4 im Stryer erhalten wir aus der Oxidation von 1 mol Pyruvat zusätzlich 4 mol NADH, 1 mol $FADH_2$ und 1 mol ATP. Mit den 6 mol Pyruvat aus der Glykolyse von 3 mol Glucose entstehen also zusätzlich 24 mol NADH, 6 mol $FADH_2$ und 6 mol ATP.

In der oxidativen Phosphorylierung ergeben die 6 mol NADH aus der Glykolyse 9 mol ATP, die 24 mol NADH aus oxidativer Decarboxylierung von Pyruvat und Citratzyklus ergeben 60 mol ATP, die 6 mol $FADH_2$ ergeben 9 mol ATP. 12 mol ATP waren direkt entstanden. Aus 3 mol Glucose entstehen zusammen also etwa 90 mol ATP.

Über den Pentosephosphatweg haben wir nur 5 mol Pyruvat erhalten, das ergibt zusätzlich 20 mol NADH, 5 mol $FADH_2$ und 5 mol ATP. In der oxidativen Phosphorylierung erhalten wir aus den 5 mol NADH der Glykolyse 7,5 mol ATP, aus den 20 mol NADH des Citratzyklus 50 mol ATP und aus den 5 mol $FADH_2$ 7,5 mol ATP; weitere 10 mol ATP waren in der Glykolyse und im Citratzyklus direkt entstanden. In der Summe erhalten wir hier also nur 75 mol ATP, dafür aber 6 mol NADPH.

Jedes NADPH-Molekül haben wir also mit 1,5 mol ATP bezahlt.

Das entspricht ganz dem Wert, den wir auch bei der Umwandlung von einem Mol in der Glykolyse erzeugten NADH zu ATP angenommen haben. Der Unterschied in den Strukturen von NADH und NADPH wirkt sich energetisch nicht aus. Die zusätzliche Phosphatgruppe des NADPH ist lediglich ein Marker; er dirigiert das Reduktionsäquivalent in Richtung Biosynthese, während NADH zur Energiegewinnung eingesetzt wird.

14

Lipidstoffwechsel

© Springer-Verlag GmbH Deutschland, ein Teil von Springer Nature 2020
K. von der Saal, *Biochemie*, https://doi.org/10.1007/978-3-662-60690-2_15

Stryer, Kap. 22

Wie wir im zweiten Teil erfahren haben, werden Lipide hauptsächlich als Brennstoffe, Strukturkomponenten in Zellmembranen und als Signalmoleküle gebraucht. In diesem Kapitel wollen wir uns mit dem Stoffwechsel von Lipiden und Fettsäuren näher befassen. Den Stoff finden Sie im Stryer in Kap. 22.

Oft wird der Begriff „Fett" als Synonym für Lipide gebraucht; im chemischen Sinn sind Fette (Neutralfette) jedoch **Triacylglycerine (Triglyceride)** und damit nur eine Untergruppe der Lipide. Neben Triacylglycerinen zählen auch Phospholipide, Glykolipide und Cholesterin zu den Lipiden.

Triacylglycerine sind hoch reduzierte Moleküle und können völlig wasserfrei gespeichert werden. Damit sind sie ideale Speicher für überschüssige Stoffwechselenergie.

Triacylglycerine sind hoch konzentrierte Energiespeicher

Bei Säugern sind Fette im Cytoplasma der Fettzellen (Adipocyten) gespeichert. Fettgewebe ist im ganzen Körper verteilt, besonders unter der Haut und um innere Organe herum. Bei vollständiger Oxidation liefert Fett etwa 38 kJ g^{-1} an Energie – gegenüber nur etwa 17 kJ g^{-1} bei der Oxidation von Kohlenhydraten. Diese Ausbeute bezieht sich aber auf das Trockengewicht, und Kohlenhydrate als polare Verbindungen enthalten noch jede Menge gebundenes Wasser! Fett speichert damit fast sieben Mal mehr Energie als Glykogen. Ein 70 kg schwerer Mensch speichert etwa 11 kg Fett; insgesamt verfügt er über einen Speicher von 420.000 kJ in Form von Triacylglycerinen, 100.000 kJ in Form von Protein (überwiegend in den Muskeln), 2500 kJ als Glykogen und 170 kJ als Glucose. Sein Glykogenspeicher reicht gerade mal für den Energiebedarf eines Tages – morgens vor dem Frühstück ist dieser gewöhnlich leer. Mit seiner Fettreserve dagegen kann ein Mensch mehrere Wochen lang überleben.

15.1 Stoffwechsel der Triacylglycerine

Triacylglycerine sind Ester von Fettsäuren mit Glycerin. Die häufigsten Fettsäuren haben eine gerade Anzahl von Kohlenstoffatomen (meist 16 oder 18), sind unverzweigt und enthalten keine Doppelbindungen.

15.1.1 Vorbereitung und Transport von Nahrungsfetten

Die wasserunlöslichen Triacylglycerine können nicht ohne Weiteres ins Blut und von dort zu den Zellen transportiert werden.

Stryer, Abb. 22.4

Stryer, Abb. 22.5

Transport von Fetten auf den „Wasserstraßen" des Körpers

Fette, die durch die Nahrung aufgenommen werden, kommen vom Magen in den Dünndarm. Obwohl sie wasserunlöslich sind, müssen sie nun irgendwie in die wässrige Phase des Blutes gelangen. Deshalb werden sie im Dünndarm emulgiert – von **Gallensalzen** wie Glykocholat. Gallensalze bilden Micellen, die die Fette einschließen (Stryer, Abb. 22.4).

In den Zellen der Dünndarmschleimhaut werden sie umverpackt in Lipoproteinpartikel, sog. **Chylomikronen** (Stryer, Abb. 22.5). Den Proteinteil dieser Transportpartikel bezeichnet man als **Apolipoprotein**. Auf gleiche Weise werden fettlösliche Proteine und Cholesterin transportiert. Erst am Ziel, den Fettzellen des Körpers oder den Muskeln, wird die Ladung wieder ausgepackt und entsprechend weiterverwertet.

15

15.1.2 Mobilisierung von Triacylglycerinen

Damit der Körper Fette als Brennstoff nutzen kann, müssen die in den Fettzellen gespeicherten Triacylglycerine durch Lipasen in Glycerin und freie Fettsäuren gespalten werden (Stryer, Seite 760).

Stryer, Seite 760

Die freien Fettsäuren werden im Blut an das Serumprotein Albumin gebunden zu ihren Zielgeweben transportiert. Glycerin wird unter ATP-Verbrauch phosphoryliert zu Glycerin-3-phosphat und dann durch NAD^+ zu Dihydroxyacetonphosphat oxidiert. Diese Verbindung fügt sich nahtlos in die Glykolyse ein, wie wir das im vierten Teil gelernt haben. Einen Gesamtblick über den Weg der Triacylglycerine finden Sie im Stryer in Abb. 22.7.

Stryer, Abb. 22.7

15.2 Abbau von Fettsäuren

Der Fettsäureabbau in den Mitochondrien erfolgt in vier Stufen. Er beginnt immer am Carbonsäureende: Durch eine Oxidation wird neben der Carbonsäure eine Doppelbindung eingeführt, diese wird hydratisiert, wir erhalten eine β-Hydroxycarbonsäure. Die Hydroxylgruppe wird zum Keton oxidiert. Der β-Ketocarbonsäurethioester wird schließlich gespalten. Als Produkte erhalten wir ein Mol Acetyl-CoA und eine um zwei Kohlenstoffatome verkürzte, aktivierte Fettsäure. Das Reaktionsschema wiederholt sich jetzt so lange, bis nur noch Acetyl-CoA übrig ist. Acetyl-CoA wird in den Citratzyklus eingespeist und dort vollständig zu Kohlendioxid oxidiert. Ungeradzahlige Fettsäuren und solche, die Doppelbindungen erhalten, benötigen zum Abbau zusätzliche Reaktionsschritte.

Bevor wir uns den Details des Abbaus zuwenden, werfen wir noch einen kurzen Blick auf die Fettsäuresynthese. Diese verläuft vollkommen spiegelbildlich zum Abbau, d. h. Fettsäuren werden aus C_2-Einheiten aufgebaut (Stryer, Abb. 22.2). Dieser Auf- und Abbau über C_2-Einheiten ist wohl der Grund, dass die meisten Fettsäuren eine gerade Anzahl von Kohlenstoffatomen besitzen und unverzweigt sind.

Stryer, Abb. 22.2

15.2.1 Aktivierung von Fettsäuren

Vor ihrem Abbau werden Fettsäuren aktiviert, indem sie mit Coenzym A in einen Thioester überführt werden (Formel im Stryer, S. 762 unten). In einem ersten Schritt reagiert die Fettsäure mit ATP zu einem Acyladenylat; dabei wird Pyrophosphat PP_i frei. Im zweiten Schritt reagiert das Acyladenylat mit der Sulfhydrylgruppe von Coenzym A zum Acyl-CoA; AMP wird freigesetzt. Acyl-CoA wird in die Mitochondrien transportiert, wo es schrittweise zum Endprodukt Acetyl-CoA oxidiert wird.

Stryer, S. 762 unten

Beide Teilschritte sind reversibel. Im dritten Teil haben wir gelernt, dass der Energieinhalt einer Thioesterbindung etwa vergleichbar ist dem der Phosphorsäureanhydridbindung in ATP. Würde also die Aktivierung so verlaufen, dass gleichzeitig ATP zu ADP und P_i hydrolysiert wird, läge die Gleichgewichtskonstante der Reaktion irgendwo in der Nähe von 1. Das ist hier aber nicht erwünscht; als einleitender Schritt des Fettsäureabbaus sollte das Gleichgewicht möglichst weit auf der Seite des Acyl-CoA-Derivats sein. Also bedient sich die Natur hier eines Tricks: Beide Phosphorsäureanhydridbindungen in ATP werden hydrolysiert; damit wird die Reaktion irreversibel.

> **Viele biochemische Reaktionen werden durch die Hydrolyse von Pyrophosphat irreversibel. Verantwortlich dafür ist die ubiquitär vorhandene Pyrophosphatase. Damit steht kein Pyrophosphat für eine potenzielle Rückreaktion zur Verfügung.**

■ **Carnitin transportiert aktivierte Fettsäuren in die mitochondriale Matrix**

Die Aktivierung der Fettsäure findet an der äußeren Mitochondrienmembran statt; zum eigentlichen Abbau muss die aktivierte Fettsäure nun in die Mitochondrienmatrix transportiert werden. Das Acyl-CoA-Derivat kann nicht ohne Weiteres die innere Mitochondrienmembran passieren, sondern muss mit einem Carrier verbunden werden. Dieser Carrier ist Carnitin, ein zwitterionischer Alkohol. Auf der cytosolischen Seite wird das Acyl-CoA-Derivat auf die Hydroxylgruppe von Carnitin übertragen, also umgeestert. Dabei entsteht Acylcarnitin (Stryer, Abb. 22.8 und Formel darunter).

Das verantwortliche Enzym ist die Carnitin-Acyltransferase I. Acylcarnitin wird dann mithilfe einer Translokase in die Mitochondrienmatrix geschleust, wo Carnitin-Acyltransferase II wieder Acyl-CoA freisetzt.

Acyl-CoA wird in der Matrix verbraucht, seine freie Konzentration ist dort also immer kleiner als im Cytosol, der Nettofluss von Acyl-CoA ist daher von außen nach innen gerichtet. Ein zusätzlicher Energieaufwand ist deshalb zum Transport über die innere Mitochondrienmembran nicht nötig.

15.2.2 Abbau gesättigter Fettsäuren mit gerader Anzahl an Kohlenstoffatomen

Hier, in der Mitochondrienmatrix, kann die Oxidation der Fettsäure beginnen (Stryer, Abb. 22.9).

Eine Acyl-CoA-Dehydrogenase abstrahiert zwei Protonen und zwei Elektronen von den α- und β-Kohlenstoffatomen des Acyl-CoA; es entsteht *trans*-Δ^2-Enoyl-CoA. Als Oxidationsmittel wirkt hier FAD.

> **FAD ist ein stärkeres Oxidationsmittel als NAD⁺**
>
> Weshalb wird hier FAD eingesetzt? Tatsächlich ist FAD ein stärkeres Oxidationsmittel als NAD⁺ (Stryer, Tab. 18.1).
> Daher liegt das Gleichgewicht der ersten Reaktion der Fettsäureoxidation stärker auf der Seite des Produkts, als das bei Verwendung von NAD⁺ der Fall wäre. Dafür müssen wir aber einen Preis zahlen: Bei der oxidativen Phosphorylierung ergibt die Oxidation von FADH$_2$ nur so viel Energie, dass 1,5 mol ATP erzeugt werden, während durch Oxidation von NADH 2,5 mol ATP entstehen. Die Elektronen von FADH$_2$ treten bei Komplex II in die Atmungskette ein, die von NADH bei Komplex I (Stryer, Abb. 18.17).

Die neu entstandene Doppelbindung zwischen C-2 und C-3 in der Fettsäure wird nun hydratisiert; das Produkt ist L-3-Hydroxyacyl-CoA. Das verantwortliche Enzym ist eine Enoyl-CoA-Hydratase.

> ***trans*-Δ^2-Enoyl-CoA: Eine prochirale Verbindung**
>
> Schauen wir uns die Reaktion von *trans*-Δ^2-Enoyl-CoA zu L-3-Hydroxyacyl-CoA genauer an: Aus einer achiralen ist eine enantiomerenreine Verbindung entstanden (Stryer, Abb. 22.9).
> Die Doppelbindung des Edukts liegt in der Papierebene, die Addition des Wassermoleküls erfolgte nicht nur regiospezifisch an das β-Kohlenstoffatom (und nicht an das α-Kohlenstoffatom), sondern auch stereospezifisch von unten (und nicht von oben). Das Enzym kann also zwischen dem Raum

15

oberhalb der Papierebene und dem unterhalb der Papierebene unterscheiden! Das ist ein allgemeines Prinzip: In chiraler Umgebung (wie beispielsweise in einem Enzym) sind die beiden Seiten einer C=C-Doppelbindung verschieden, wenn bei einer Reaktion der Doppelbindung ein Chiralitätszentrum entsteht. Man nennt eine solche Doppelbindung prochiral. Bereits im vierten Teil hatten wir mit Citrat eine prochirale Verbindung identifiziert; dort war es das zentrale Kohlenstoffatom, hier sind es die beiden Seiten einer Doppelbindung. Details dazu finden Sie im Clayden, Kap. 33.

? Fragen

1. Wie lautet die stereochemische Bezeichnung von L-3-Hydroxyacyl-CoA in der *R/S*-Nomenklatur?
2. Enoyl-CoA-Hydratase kann auch *cis*-Doppelbindungen hydratisieren. Welches Produkt entstünde aus *cis*-Δ^2-Enoyl-CoA (gleiche Regio- und Stereospezifität vorausgesetzt)?

Nun schließt sich wieder eine Oxidation an. Diesmal reicht die Oxidationsstärke von NAD$^+$ aus, um die Hydroxylgruppe von *trans*-Δ^2-Enoyl-CoA zum Keton zu oxidieren. Das verantwortliche Enzym ist die 3-Hydroxyacyl-CoA-Dehydrogenase. Das Produkt, 3-Ketoacyl-CoA, ist ein β-Ketoester, deshalb heißt die ganze Sequenz der Oxidationen von Fettsäuren auch **β-Oxidation.** NADH wird später seine Elektronen in der oxidativen Phosphorylierung auf Sauerstoff übertragen. Dadurch werden etwa 2,5 mol ATP erzeugt.

Im letzten Schritt greift die Thiolgruppe eines CoA-Moleküls die Ketogruppe von 3-Ketoacyl-CoA an, es kommt zur Abspaltung von Acetyl-CoA. Übrig bleibt ein Acyl-CoA, dessen Kette um zwei Kohlenstoffatome verkürzt ist. Chemisch betrachtet handelt es sich hier um die Umkehr einer Claisen-Kondensation, deren Mechanismus Sie im Clayden, Kap. 26 finden.

Clayden, Kap. 26

Nun beginnt der Zyklus mit dem um zwei Kohlenstoffatome verkürzten Acyl-CoA wieder von vorne – so lange, bis am Schluss nur noch Acetyl-CoA übrig ist.

❯ Durch eine sich wiederholende Sequenz von Oxidation, Hydratisierung, Oxidation und Spaltung werden Fettsäuren, die keine Doppelbindungen und eine gerade Anzahl von Kohlenstoffatomen enthalten, vollständig zu Acetyl-CoA abgebaut.

15.2.3 106 Mol ATP aus einem Mol Palmitat

Nun können wir abschätzen, wie groß der Energiegewinn aus der β-Oxidation von Fettsäuren ist. Nehmen wir als Beispiel Palmitat, eine C_{16}-Fettsäure. Aus 1 mol Palmitat erhalten wir in jeder Abbaustufe je 1 mol Acetyl-CoA, FADH$_2$ und NADH. Insgesamt werden sieben Runden durchlaufen; wir erhalten deshalb 8 mol Acetyl-CoA, 7 mol FADH$_2$ und 7 mol NADH. Wir nehmen an, dass das gesamte Acetyl-CoA in Citratzyklus und oxidativer Phosphorylierung zu Kohlendioxid verbrannt wird.

Insgesamt entstehen pro mol Acetyl-CoA 10 mol ATP: 1 mol ATP entsteht direkt im Citratzyklus, (s. 4. Teil, ▶ Abschn. 10.3.6); dabei werden auch 3 mol NADH und 1 mol FADH$_2$ gebildet, die in der oxidativen Phosphorylierung weitere 9 mol ATP liefern (2,5 mol ATP pro mol NADH und 1,5 mol ATP pro mol FADH$_2$).

In Summe erhalten wir also 108 mol ATP; wovon aber bereits 2 mol bei der anfänglichen Aktivierung von Palmitat verbraucht wurden. Netto gewinnen wir somit aus 1 mol Palmitat 106 mol ATP.

? Fragen

3. Wie viel mol ATP können durch vollständige Oxidation der Stearinsäure (Octadecansäure) zu Kohlendioxid gewonnen werden?
4. Durch die vollständige Oxidation von 1 mol Glucose entstehen etwa 30 mol ATP. 3 mol Glucose haben die gleiche Anzahl C-Atome wie 1 mol Stearinsäure. Weshalb liefert die Glucoseoxidation weniger Energie?

15.2.4 Abbau ungesättigter Fettsäuren

Stryer, Abb. 22.11

Bei Fettsäuren mit einer oder mehrerer Doppelbindungen gibt es ein Problem, sobald der Abbau durch β-Oxidation in der Nähe der Doppelbindung angekommen ist. Dies ist im Stryer, Abb. 22.11 am Beispiel des Palmitoleats (*cis*-Δ^9-Hexadecensäure) gezeigt.

Nach drei Abbaurunden sind wir beim *cis*-Δ^3-Enoyl-CoA angelangt. Im regulären Zyklus würde sich jetzt eine Dehydrierung zwischen C-2 und C-3 durch Acyl-CoA-Dehydrogenase anschließen, was hier aber nicht möglich ist. Stattdessen wird die Doppelbindung mithilfe des Enzyms *cis*-Δ^3-Enoyl-CoA-Isomerase isomerisiert; es entsteht *trans*-Δ^2-Enoyl-CoA. Damit sind wir wieder im regulären Zyklus angelangt, wir haben lediglich anstelle der Acyl-CoA-Dehydrogenase die Isomerase gebraucht. Alle ungesättigten Fettsäuren mit einer Doppelbindung an einem ungeradzahligen C-Atom verwenden dieses Enzym.

Stryer, Abb. 22.12

Was geschieht nun, wenn die Doppelbindung an einem geradzahligen C-Atom sitzt? Das ist in Abb. 22.12 im Stryer am Beispiel des Linoleats (*cis*-*cis*-Δ^9-Δ^{12}-Octadecadiensäure) gezeigt.

Nach drei Abbaurunden ist die Nähe der *cis*-Δ^9-Doppelbindung erreicht. Was jetzt passiert, haben wir gerade besprochen: eine Isomerisierung durch die *cis*-Δ^3-Enoyl-CoA-Isomerase. Es schließt sich der normale Abbau an, der die Kette um zwei Kohlenstoffatome verkürzt. Anschließend beginnt die Sequenz wieder ganz normal mit der von Acyl-CoA-Dehydrogenase vermittelten Oxidation durch FAD; es entsteht die übliche *trans*-Δ^2-Doppelbindung.

Clayden, Kap. 22

Diese *trans*-Δ^2-Doppelbindung ist allerdings mit der *cis*-Δ^4-Doppelbindung konjugiert. Wegen der Reaktivität von konjugierten Doppelbindungssystemen würde bei der nachfolgenden Hydratisierung die Hydroxylgruppe jetzt eher am C-5-Atom eintreten als am C-3-Atom. Falls es dem Enzym gelänge, die Hydroxylgruppe an C-3 zu platzieren, wäre das Problem noch nicht gelöst. Die nachfolgende Oxidation zum C-3-Keton ergäbe mit der Δ^4-Doppelbindung ein konjugiertes System. Dann würde die nachfolgende Spaltung falsch ablaufen: das Thiol von CoA würde an C-5 angreifen und nicht an der C-3-Carbonylgruppe! Details zu konjugierten Additionen finden Sie im Clayden, Kap. 22.

Aus diesen Gründen wird zunächst eine Reduktion vorgenommen: 2,4-Dienoyl-CoA-Reduktase katalysiert die Reduktion mithilfe von NADPH. Die Wasserstoffatome treten hier an C-5 und C-2 ein, sodass zunächst *trans*-Δ^3-Enoyl-CoA entsteht. Die schon bekannte *cis*-Δ^3-Enoyl-CoA-Isomerase isomerisiert in Folge das Produkt zu *trans*-Δ^2-Enoyl-CoA – und wir sind wieder im normalen Zyklus angelangt.

❯ Doppelbindungen an ungeradzahligen C-Atomen werden durch die *cis*-Δ^3-Enoyl-CoA-Isomerase verschoben, Doppelbindungen an geradzahligen C-Atomen werden durch eine Reaktionsfolge aus Reduktion und Isomerisierung beseitigt.

15.2.5 Abbau von Fettsäuren mit ungerader Anzahl an Kohlenstoffatomen

Fettsäuren mit einer ungeraden Anzahl an Kohlenstoffatomen werden zunächst genauso abgebaut wie Fettsäuren mit einer geraden Anzahl. Das führt dazu, dass nach der letzten Spaltung 1 mol Propionyl-CoA übrigbleibt.

> Der C_3-Baustein Propionyl-CoA wird in den C_4-Baustein Succinyl-CoA umgewandelt, der im Citratzyklus weiterverarbeitet wird.

Die Reaktionssequenz finden Sie im Stryer, Abb. 22.13. Sie verläuft ganz ähnlich der Carboxylierung von Pyruvat zu Oxalacetat, die wir in der Gluconeogenese kennen gelernt haben (▸ Abschn. 14.1.1). Zunächst wird Kohlendioxid durch ATP aktiviert, es entsteht Carboxyphosphat. Dieses überträgt die Carboxylgruppe auf Biotin. Dann greift das CH-acide Kohlenstoffatom C-2 von Propionyl-CoA das Carboxylat des Biotins an; wir erhalten Methylmalonyl-CoA, aus dem nach Umlagerung das Endprodukt Succinyl-CoA entsteht. Bei dieser Umlagerung ist ein kobalthaltiges Coenzym, Cobalamin (Vitamin B_{12}) beteiligt.

Stryer, Abb. 22.13

Vitamin B_{12}: Radikale im Dienst der Biochemie

Cobalamin (Vitamin B_{12}) ist ein kobalthaltiges Coenzym, das in der Biochemie Umlagerungen katalysiert. Das geschieht über einen Radikalmechanismus (Stryer, Abb. 22.16).

Ein porphyrinartiger Ring komplexiert ein Kobaltion der Oxidationsstufe Co^{3+}. Dieses bindet an einen weiteren Liganden, 5′-Desoxyadenosyl (R–CH_2), der senkrecht zur Ebene des porphyrinartigen Rings steht. Die Kobalt-Kohlenstoff-Bindung zu diesem Liganden wird leicht homolytisch gespalten – das ist eine Schlüsseleigenschaft dieses Coenzyms. Bei der Spaltung wird Co^{3+} zu Co^{2+} reduziert; es entsteht ein 5′-Desoxyadenosylradikal, ein ungewöhnliches $CH_2^{\cdot}$-Radikal, das äußerst reaktiv ist und einem anderen Substrat ein H-Atom entreißt. Das Substratradikal lagert sich spontan um; das umgelagerte Radikal entreißt der Methylgruppe von 5′-Desoxyadenosin wieder ein H-Atom, wodurch das 5′-Desoxyadenosylradikal wieder hergestellt ist. Durch diesen Mechanismus wird eine ganze Reihe von Isomerisierungen möglich.

In Abb. 22.17 im Stryer ist dargestellt, wie das 5′-Desoxyadenosylradikal von Cobalamin die Umlagerung von Methylmalonyl-CoA zu Succinyl-CoA katalysiert. Zunächst abstrahiert das 5′-Desoxyadenosylradikal ein H-Atom der Methylgruppe des Methylmalonyl-CoA, das entstandene Methylenradikal greift dann das Carboxyl-C-Atom des Thioesters an, es kommt zur Umlagerung. Schließlich wird das H-Atom von Desoxyadenosin zurückgewonnen; der katalytische Zyklus ist abgeschlossen.

Stryer, Abb. 22.16

Stryer, Abb. 22.17

15.2.6 Zu viel Acetyl-CoA – was nun?

Bisher gingen wir davon aus, dass Acetyl-CoA aus der Fettsäureoxidation nahtlos in den Citratzyklus eingeschleust wird. Dort sollte es mit Oxalacetat zu Citrat reagieren – und genau da liegt manchmal ein Problem. Unter gewissen Bedingungen ist die Konzentration an Oxalacetat nicht ausreichend, um die großen Mengen an Acetyl-CoA zu verwerten.

Oxalacetat wird durch Carboxylierung von Pyruvat synthetisiert. Pyruvat kann aber nicht aus Acetyl-CoA hergestellt werden, die umgekehrte Reaktion ist irreversibel. Pyruvat kann nur durch Glykolyse oder aus manchen Aminosäuren

Stryer, Abb. 22.21

erzeugt werden. Im Hungerzustand oder bei Diabetes steht daher zu wenig Oxalacetat zur Verfügung, um das in der Fettsäureoxidation entstehende Acetyl-CoA energetisch zu verwerten.

Einen Ausweg schildert Abb. 22.21 im Stryer.

In einer Claisen-Kondensation bildet sich aus 2 mol Acetyl-CoA 1 mol Acetacetyl-CoA. Das ist nichts anderes als die Umkehrung des allerletzten Schritts beim Abbau jeder Fettsäure und wird wie dort durch die 3-Ketothiolase katalysiert. Das Gleichgewicht ist aber ungünstig – es liegt auf der Seite der beiden Acetyl-CoA-Moleküle. Um die Gleichgewichtseinstellung zu verbessern, folgt jetzt eine zweite Claisen-Kondensation, die von der Hydrolyse einer CoA-Gruppe begleitet wird. Es entsteht 3-Hydroxy-3-methyl-glutaryl-CoA (HMG-CoA), das zu Acetacetat gespalten wird. Acetacetat ist als β-Ketocarbonsäure chemisch instabil und verliert langsam Kohlendioxid; es entsteht Aceton. Enzymatisch kann es auch zu D-3-Hydroxybutyrat reduziert werden; dieses ist stabil. Die drei Produkte Acetacetat, Aceton und Hydroxybutyrat bezeichnet man auch als **Ketonkörper** (die Biochemie ist da sehr nonchalant, denn 3-Hydroxybutyrat enthält keine Ketogruppe).

Die Synthese der Ketonkörper geschieht vorwiegend in der Leber. Da sie gut wasserlöslich sind, können sie überall als Brennstoffe verwendet werden, sogar im Gehirn, das wegen der Blut-Hirn-Schranke keine Fettsäuren aufnehmen kann und gewöhnlich auf Glucose als alleinigen Brennstoff angewiesen ist. Bei andauerndem Hungern werden bis zu 75 % des Brennstoffbedarfs des Gehirns durch Ketonkörper gedeckt.

15.3 Synthese von Fettsäuren

Die Synthese von Fettsäuren ist gewissermaßen das Spiegelbild ihres Abbaus: Der Aufbau geschieht durch repetitive Übertragung des C_2-Bausteins Acetyl-CoA. Daher hat die überwiegende Menge der Fettsäuren eine gerade Anzahl von Kohlenstoffatomen. Der Aufbau hat jedoch auch einige signifikante Unterschiede zum Abbau:

- Die Synthese erfolgt im Cytoplasma, der Abbau in den Mitochondrien.
- Die Enzyme der Fettsäuresynthese sind bei höheren Organismen in einer einzigen Polypeptidkette lokalisiert: Die Fettsäure-Synthase ist ein riesiger zusammenhängender Enzymkomplex mehrerer aktiver Zentren.
- Das Substrat bleibt während des gesamten Aufbaus der Fettsäure kovalent an den Enzymkomplex gebunden; es wird wie an einem Schwenkarm von einem zum anderen aktiven Zentrum geführt.
- Die enzymkatalysierte Claisen-Kondensation von zwei Acetyl-CoA-Molekülen ist thermodynamisch ungünstig; das haben wir bereits gelernt. Intermediär findet deshalb eine ATP-gestützte Carboxylierung statt; die Carboxylgruppe wird bei der Kondensation wieder abgespalten. Dadurch wird das thermodynamische Gleichgewicht in Richtung Produkt verschoben.

15.3.1 Aktivierung und Verknüpfung mit dem Acyl-Carrier-Protein

Wir beginnen mit einem Aktivierungsschritt: ATP reagiert mit Hydrogencarbonat zum Carboxyphosphat – dem „aktivierten Kohlendioxid". Dieses wird auf Biotin übertragen, wie wir das weiter oben gelernt haben. Die CH-acide Methylgruppe des Acetyl-CoA greift das biotinylierte Carboxylat an; es entsteht Malonyl-CoA.

> ❯ Diese ATP-gestützte Carboxylierung von Acetyl-CoA zu Malonyl-CoA durch
> Acetyl-CoA-Carboxylase ist die Schrittmacherreaktion der Fettsäure-
> synthese. Im nächsten Schritt geht die eingeführte Carboxylgruppe wieder
> als Kohlendioxid verloren. Sie hatte nur den Zweck, die Reaktion irreversibel
> zu gestalten.

Als Nächstes wird das entstandene Malonyl-CoA kovalent an den Schwenkarm des Enzymkomplexes, das Acyl-Carrier-Protein (ACP), gebunden (Stryer,
Abb. 22.25).

Stryer, Abb. 22.25

Der Schwenkarm ähnelt stark Coenzym A: Die Phosphopantetheingruppe ist
identisch, lediglich Adenosinphosphat ist durch eine kovalente Bindung zu ACP
ersetzt. Wir können also das ACP als riesige prosthetische Gruppe betrachten, die
genau die gleiche Funktion hat wie CoA, bei der jedoch die freie Diffusion eingeschränkt ist. Die ganze Fettsäuresynthesesequenz wird damit erleichtert. Das
Enzym, das den Transfer von Malonyl-CoA auf ACP bewerkstelligt, ist die Mal-
onyl-Transacylase (MAT).

15.3.2 Aufbau gesättigter Fettsäuren

Wir betrachten nun eine komplette Reaktionssequenz (Stryer, Abb. 22.26 und
22.28). Diese Sequenz beginnt mit der Übertragung einer Acetylgruppe von Acetyl-CoA auf ACP. Das verantwortliche Enzym ist die Acetyl-Transacetylase (in
den genannten Abbildungen ist dies nicht gezeigt). Dieses Enzym ist nicht sehr
spezifisch. Es kann beispielsweise auch eine Propionylgruppe von Propionyl-CoA
auf ACP übertragen. In diesem Fall entstehen Fettsäuren mit einer ungeraden
Anzahl von Kohlenstoffatomen.

Stryer, Abb. 22.26 und 22.28

In Reaktionsschritt 1 des Schemas schwenkt der Arm des ACP die Acetylgruppe zur Ketoacyl-Synthase (KS). Die Acetylgruppe wird als Thioester an einer
Cysteinseitenkette der KS verankert. ACP schwenkt weiter zur Malonyl-Trans-
acylase (MAT), wo es mit der Malonylgruppe beladen wird.

In Reaktionsschritt 2 schwenkt ACP wieder zu KS. Dort greift die acide
Methylengruppe des Malonsäurederivats das Thioester-C-Atom an, die Acetyl-
gruppe wird kovalent mit dem Malonylrest verknüpft, das Produkt verliert
Kohlendioxid, und wir erhalten Acetacetyl-ACP.

In Reaktionsschritt 3 schwenkt der ACP-Arm weiter zur Ketoreduktase (KR).
Die Ketogruppe wird dort durch NADPH reduziert zur Hydroxylgruppe; wir
erhalten D-3-Hydroxybutyryl-ACP.

In Reaktionsschritt 4 schwenkt ACP weiter zur Dehydratase (DH), wo durch
Wasserabspaltung Crotonyl-ACP entsteht (im Stryer wurde hier die Carbonylgruppe neben dem Schwefelatom vergessen – ein Druckfehler).

In Reaktionsschritt 5 wird die Doppelbindung durch NADPH reduziert; es
entsteht Butyryl-ACP. Das verantwortliche Enzym ist die Enoyl-Reduktase (ER).

In Reaktionsschritt 6 schwenkt ACP zurück zu KS und parkt dort das Produkt
als Butyryl-Thioester. Die MAT belädt ACP erneut mit einem Malonylrest.

Jetzt folgt die nächste Runde: Reaktionsschritt 7 ist analog zu Schritt 2, die
Malonyl-Methylengruppe greift das Thioester-Kohlenstoffatom an KS an, unter
Decarboxylierung entsteht Butyryl-ACP.

Diese Reaktionssequenzen wiederholen sich bis zu einer Kettenlänge von 16
Kohlenstoffatomen (Palmitoyl-ACP); dann spaltet eine Thioesterase (TE) das
Produkt Palmitat ab.

> ❯ Die Kettenlänge, die bei der Fettsäuresynthese entsteht, ist auf C_{16} begrenzt.
> Längere Fettsäuren ebenso wie ungesättigte Fettsäuren müssen durch
> zusätzliche Reaktionsschritte hergestellt werden.

15.3.3 Regulation der Acetyl-CoA-Carboxylase

Wie wir schon bei der Glykolyse und der Gluconeogenese gelernt haben, werden Stoffwechselwege über die Enzyme gesteuert, die irreversible Reaktionen katalysieren. So auch hier: Das wichtigste Steuerelement setzt an bei der Acetyl-CoA-Carboxylase, und das gleich auf zwei Ebenen: Einmal über Energieladung, Citratkonzentration und Palmitoyl-CoA-Konzentration, zum anderen auch hormonell. Schauen wir uns diese Steuerungsmechanismen etwas genauer an.

Stryer, Abb. 22.34

▪ Einfluss der Energieladung

Eine AMP-abhängige Proteinkinase (AMPK) misst die Energieladung des Körpers – sie wird durch AMP aktiviert und durch ATP deaktiviert. Ist die Energieladung niedrig (hohe AMP- und niedrige ATP-Konzentration), phosphoryliert sie einen Serinrest der Acetyl-CoA-Carboxylase; dadurch lagert sich diese in eine inaktive Form um (Stryer, Abb. 22.34). Wenn Energie gebraucht wird, werden also keine Fette synthetisiert.

Stryer, Abb. 22.35

▪ Einfluss von Citrat

Citrat aktiviert die Acetyl-CoA-Carboxylase auf ganz ungewöhnliche Weise: Es erleichtert die Polymerisation des Enzyms zu aktiven Filamenten, selbst wenn es durch AMPK abgeschaltet wurde (Stryer, Abb. 22.35). Ein hoher Citratspiegel bedeutet ja, dass viel ATP und viel Acetyl-CoA vorhanden sind – so können Fette synthetisiert werden. Eine hohe Palmitoyl-CoA-Konzentration hebt diese Aktivierung wieder auf.

▪ Hormonelle Steuerung

Die zweite Ebene der Steuerung erfolgt über die Hormone Glucagon, Adrenalin und Insulin. **Glucagon** und **Adrenalin** verstärken die inhibitorische Wirkung von AMP auf die Fettsäuresynthese und regen zugleich die Freisetzung von Fetten aus den Fettzellen an. Das passiert immer dann, wenn Energie benötigt wird und wenig Glucose zur Verfügung steht, beispielsweise beim Frühsport vor dem Frühstück. **Insulin** bewirkt das Gegenteil: Es stimuliert eine Proteinphosphatase, die den inhibitorischen Phosphatrest am Serin der Acetyl-CoA-Carboxylase hydrolysiert; die Fettsäuresynthese kommt wieder in Gang. Die bekanntere Aufgabe des Insulins ist die Regulation des Blutglucosespiegels; indirekt hilft die Fettsäuresynthese dabei: Acetyl-CoA wird verbraucht, durch Glykolyse wird es ständig nachgeliefert; dabei wird Glucose verbraucht.

15.3.4 Aufbau von Fettsäuren – warum?

Für eine komplette Synthese von Palmitat benötigen wir 1 mol Acetyl-CoA, 7 mol Malonyl-CoA und 14 mol NADPH. Um 7 mol Malonyl-CoA herzustellen, sind 7 mol Acetyl-CoA und 7 mol ATP notwendig. Insgesamt werden also 8 mol Acetyl-CoA, 14 mol NADPH und 7 mol ATP benötigt. Ein beträchtlicher Aufwand – wozu das alles, wenn wir doch Fette mit der Nahrung aufnehmen können?

Des Rätsels Lösung liegt an den Kohlenhydraten, die wir nur begrenzt speichern können. Da Glykogen hydrophil ist, wird es immer zusammen mit Wasser gespeichert; das verringert die Energiedichte im Vergleich zu Fetten beträchtlich. Ein 70 kg schwerer Mensch enthält etwa 11 kg Fett, das sind 420.000 kJ an Energie. Wollten wir die gleiche Energiemenge als Glykogen speichern, würde der Glykogenspeicher allein 65 kg wiegen!

15.3.5 Fett aus Glucose

Aus diesem Grund kann der Körper Glucose in Fett verwandeln. Aus Pyruvat, dem Endprodukt der Glykolyse, entsteht ja leicht Acetyl-CoA. Leider findet diese Reaktion in den Mitochondrien statt; wir brauchen Acetyl-CoA zur Fettsäuresynthese aber im Cytosol. Und Acetyl-CoA kann die innere Mitochondrienmembran nicht überwinden! Hier kommt Citrat ins Spiel, das Acetylgruppen durch die innere Mitochondrienmembran transportiert.

Wenn Glucose vorhanden und gleichzeitig der Energiebedarf niedrig ist (wenn Sie beispielsweise diesen Teil studieren und nebenbei naschen), fällt durch den Citratzyklus Citrat an. Citrat wird durch die Mitochondrienmembranen ins Cytoplasma transportiert und dort unter ATP-Verbrauch zu Acetyl-CoA und Oxalacetat gespalten. Das ist die Rückreaktion des ersten Schritts des Citratzyklus. Das verantwortliche Enzym ist die ATP-Citrat-Lyase (▶ Gl. 15.1).

$$\text{Citrat} + \text{ATP} + \text{CoA} + \text{H}_2\text{O} \rightleftharpoons \text{Acetyl-CoA} + \text{Oxalacetat} + \text{ADP} + \text{P}_i \quad \text{(15.1)}$$

Jetzt liegt unser Acetyl-CoA im Cytosol vor. Das gleichzeitig entstandene Oxalacetat wird jedoch für den Citratzyklus in den Mitochondrien gebraucht; die innere Mitochondrienmembran ist aber dafür undurchlässig. Also geht Oxalacetat einen Umweg: Es wird durch eine cytoplasmatische Malat-Dehydrogenase mithilfe von NADH zu Malat reduziert (▶ Gl. 15.2):

$$\text{Oxalacetat} + \text{NADH} + \text{H}^+ \rightleftharpoons \text{Malat} + \text{NAD}^+ \quad \text{(15.2)}$$

? Frage

5. Ist die Reaktion von Oxalacetat zu Malat exergon oder endergon? Vergleichen Sie mit den Reaktionen des Citratzyklus in Stryer, Tab. 17.2!   *Stryer, Tab. 17.2*

In einem Folgeschritt wird Malat durch das NADP$^+$-abhängige Malat-Enzym oxidativ zu Pyruvat decarboxyliert (▶ Gl. 15.3). Quasi nebenbei fällt ein Mol NADPH an – und das benötigen wir in der Fettsäuresynthese.

$$\text{Malat} + \text{NADP}^+ \rightleftharpoons \text{Pyruvat} + \text{CO}_2 + \text{NADPH} \quad \text{(15.3)}$$

Pyruvat kann frei zurück ins Mitochondrium diffundieren, wo es durch Pyruvat-Carboxylase zu Oxalacetat carboxyliert wird. Im Überblick finden Sie die genannten Vorgänge im Stryer in Abb. 22.29.   *Stryer, Abb. 22.29*

❯ Wichtig

De facto transportiert Citrat auf diese Weise ein Molekül Acetyl-CoA vom Mitochondrium ins Cytoplasma.
Für jedes Mol Acetyl-CoA, das (über Citrat) aus den Mitochondrien ins Cytoplasma transportiert wird, entsteht ein Mol NADPH. Weiteres NADPH zur Fettsäuresynthese steuert der Pentosephosphatweg bei.

Sie sehen hier ein schönes Beispiel dafür, wie Reaktionswege von Metaboliten miteinander verknüpft werden – in diesem Fall, um Bausteine für die Synthese von Fettsäuren bereitzustellen. Zusammengefasst finden Sie dies nochmal im Stryer in Abb. 22.30.   *Stryer, Abb. 22.30*

15.3.6 Herstellung längerer und ungesättigter Fettsäuren

Hier werden wir zum ersten Mal sehen, dass molekularer Sauerstoff außerhalb der Mitochondrien zur Oxidation verwendet wird – im endoplasmatischen Reticulum, das wir im sechsten Teil vor allem als Ort der Proteinsynthese kennen lernen werden.

- **Verlängerung von Fettsäuren**

In ▶ Abschn. 15.3.2 haben wir erfahren, dass die Fettsäure-Synthase Fettsäuren nur bis zu einer Länge von 16 C-Atomen (Länge von Palmitat) aufbaut. Längere Fettsäuren entstehen aus diesen C_{16}-Säuren, indem Enzyme nacheinander C_2-Einheiten an das Carboxylende von CoA-gebundenen Fettsäuren anfügen (diese Fettsäuren können gesättigt oder ungesättigt sein). Die C_2-Einheiten stammen von Malonyl-CoA. Die Decarboxylierung von Malonyl-CoA liefert die Energie für die Kondensation.

Stryer, Abb. 22.31

- **Erzeugung ungesättigter Fettsäuren**

Am Beispiel der Umwandlung von Stearoyl-CoA (C_{18}) zu Oleoyl-CoA wollen wir die Einführung der cis-Δ^9-Doppelbindung untersuchen. Die Reaktion wird von einem Komplex aus drei Enzymen durchgeführt, die in die Membran des endoplasmatischen Reticulums integriert sind (Stryer, Abb. 22.31).

Im ersten Schritt wird FAD zu $FADH_2$ reduziert. Dies geschieht durch NADH mithilfe der NADH-Cytochrom-b_5-Reduktase. $FADH_2$ reduziert dann ein Häm-Eisen von Cytochrom b_5 zu Fe^{2+}. Dieses wiederum reduziert ein Nicht-Häm-Eisen eines Enzyms namens Desaturase zu Fe^{2+}. In diesem Oxidationszustand kann die Desaturase molekularen Sauerstoff und die gesättigte Fettsäure binden. Von der Fettsäure werden zwei H-Atome und zwei Elektronen auf Sauerstoff übertragen, zwei Elektronen stammen aus NADH. Es entstehen zwei Mol Wasser und die ungesättigte Fettsäure (▶ Gl. 15.4).

$$\text{Stearyl-CoA} + \text{NADH} + H^+ + O_2 \rightarrow \text{Oleoyl-CoA} + \text{NAD}^+ + 2\,H_2O \quad \textbf{(15.4)}$$

Säugetiere können nicht alle ungesättigten Fettsäuren synthetisieren; die sog. essenziellen Fettsäuren müssen mit der Nahrung zugeführt werden.

15

> **Essenzielle Fettsäuren**
> Säugern fehlen Enzyme, mit denen in Fettsäuren Doppelbindungen nach C-9 eingeführt werden könnten. Einige lebensnotwendige Fettsäuren müssen deshalb mit der Nahrung aufgenommen werden – die essenziellen Fettsäuren. Dazu gehören z. B. Linoleat (18:2-cis-$\Delta^{9,12}$) und Linolenat (18:3-cis-$\Delta^{9,12,15}$).

Fettsäuren sind weit mehr als Bausteine für Lipide. Einige von ihnen zeigen auch Hormonwirkungen.

Stryer, Abb. 22.33

> **Fettsäuren als Hormone**
> **Arachidonat** (20:4-cis-$\Delta^{5,8,11,14}$-Fettsäure; „Eicosatetraensäure") ist die Stammverbindung der Eicosanoidhormone Prostaglandin, Prostacyclin und Thromboxan, die jeweils in weitere Untergruppen aufgeteilt werden können (Stryer, Abb. 22.33).
> Eicosanoidhormone stimulieren Entzündungsreaktionen, regulieren den Blutfluss an bestimmten Organen, beeinflussen Ionentransporte, modulieren die Weiterleitung von Reizen zwischen Nervenzellen und lösen Schlaf aus. Ihre Wirkung hält jedoch nur kurz an. Sie regulieren Aktivitäten der Zelle, in denen sie synthetisiert wurden, und in Zellen in der unmittelbaren Nachbarschaft. Aspirin blockiert irreversibel ein Enzym, das die Umwandlung von Arachidonat zu Prostaglandin H_2 katalysiert, einem zentralen Baustein vieler Prostaglandine. Das erklärt die vielfältige Wirkung des Aspirins: Schmerz- und Fiebersenkung, Entzündungs- und Gerinnungshemmung.

✅ **Antworten**

1. (*S*)-3-Hydroxyacyl-CoA

   Schritt 1: Der Substituent niedrigster Priorität wird nach hinten gezeichnet. Leider steht in Stryer, Abb. 22.9 das H-Atom nach oben. Wir ignorieren das zunächst und gehen zu

   Schritt 2: Die drei weiteren Substituenten werden nach Priorität geordnet.   Stryer, Abb. 22.9
   Die Priorität richtet sich nach dem Platz im Periodensystem. Daher hat die Hydroxylgruppe dank des Sauerstoffatoms die Priorität 1. Die beiden anderen Substituenten sind C-Atome, deshalb müssen wir noch einen Schritt nach außen. Auch dort sind wieder nur C-Atome, also gehen wir noch einen Schritt weiter und wir erhalten ein Schwefel- und ein Sauerstoffatom des Thioesters; dieser Rest hat also Priorität 2. Priorität 3 hat der RCH_2-Rest.

   Schritt 3: Wir gehen um das chirale Atom herum in der Reihenfolge der Prioritäten, das geht im Uhrzeigersinn, wäre also (*R*). Wir hatten im Schritt 1 aber den Substituenten niedrigster Priorität verkehrterweise nach oben gezeichnet, deshalb müssen wir das nun umkehren: Die Verbindung ist also (*S*)-3-Hydroxyacyl-CoA.

2. (*R*)-3-Hydroxyacyl-CoA

   In Abb. 22.9 im Stryer ist an C-3 die RCH_2-Gruppe mit dem H-Atom zu   Stryer, Abb. 22.9
   vertauschen. Die Hydroxylgruppe steht wie vorher nach unten.

3. Die β-Oxidation liefert in acht Runden 9 mol Acetyl-CoA, 8 mol $FADH_2$ und 8 mol NADH. Daraus erhalten wir 122 mol ATP. Zur anfänglichen Aktivierung wurden zwei mol ATP verbraucht, deshalb ergeben sich netto 120 mol ATP.

4. In der Fettsäure ist jedes Kohlenstoffatom (bis auf das der Carbonsäuregruppe) maximal reduziert. In Glucose sind dagegen alle Kohlenstoffatome bereits in einer höheren Oxidationsstufe (der des Alkohols und des Aldehyds), sodass pro Kohlenstoffatom weniger Redoxäquivalente anfallen.

5. Die Reaktion ist mit $\triangle G^{0'} = -29{,}7$ kJ mol^{-1} stark exergon. Im Citratzyklus   Stryer, Tab. 17.2
   dient sie in der Umkehrung zur Wiedergewinnung von Oxalacetat (Schritt 8 in Stryer, Tab. 17.2).

Aminosäurestoffwechsel

© Springer-Verlag GmbH Deutschland, ein Teil von Springer Nature 2020
K. von der Saal, *Biochemie*, https://doi.org/10.1007/978-3-662-60690-2_16

Mit unserer Nahrung nehmen wir ständig Proteine zu uns, die bei der Verdauung zu Aminosäuren gespalten werden. Umgekehrt fallen stetig defekte oder überschüssige Proteine an, die zu Aminosäuren abgebaut werden. Aminosäuren aus der Nahrung und dem Abbau eigener Proteine dienen in erster Linie der Synthese neuer Proteine und anderer stickstoffhaltiger Verbindungen wie z. B. Basen von Nucleinsäuren. Überschüssige Aminosäuren können jedoch, anders als Fettsäuren und Kohlenhydrate, im Körper nicht gespeichert werden, sondern dienen nur noch als Brennstoffe.

Einige Aminosäuren können wir selbst herstellen; andere, die **essenziellen Aminosäuren** Histidin, Isoleucin, Leucin, Lysin, Methionin, Phenylalanin, Threonin, Tryptophan und Valin müssen wir mit der Nahrung zuführen.

16.1 Abbau von Aminosäuren

Stryer, Kap. 23

Befassen wir uns zunächst mit dem Katabolismus von Aminosäuren (Stryer, Kap. 23). Die Verdauung von Nahrungsproteinen beginnt bereits im Magen. Das Enzym **Pepsin** hat ein pH-Optimum bei pH 2 (!) und ist nur wenig selektiv. Im sauren Milieu des Magens spaltet Pepsin Proteine zu Di- und Tripeptiden, die im Dünndarm direkt resorbiert oder durch Proteasen zu den einzelnen Aminosäuren abgebaut und dann resorbiert werden.

Stryer, Abb. 23.7

In Zellen findet ein ständiger Proteinaufbau und -abbau statt. Nicht benötigte oder defekte Proteine werden für den Abbau markiert, indem sie kovalent an **Ubiquitin**, ein kleines Peptid aus 76 Aminosäuren, gebunden werden (Stryer, Abb. 23.7). Ubiquitin kommt in allen eukaryotischen Zellen vor.

Aufgrund dieser Markierung wird das abzubauende Protein zum **Proteasom** geschleust, dem „Proteinschredder", der Proteine zu kurzen Fragmenten zerkleinert. Diese werden weiter in die einzelnen Aminosäuren zerteilt, die dann erneut in Proteine eingebaut werden können. Alternativ wird die Aminogruppe entfernt und als Harnstoff ausgeschieden. Das verbleibende Kohlenstoffgerüst wird dann in der Gluconeogenese, der Fettsäuresynthese oder in der Zellatmung verwertet.

Stryer, Tab. 23.2

16

> **Halbwertszeiten von Proteinen**
> Die Halbwertszeiten von Proteinen sind recht unterschiedlich. Defekte Proteine werden sofort abgebaut. Manche Proteine sind nur kurzlebig, selbst wenn sie nicht defekt sind; die Halbwertszeiten liegen im Minuten- und Stundenbereich. Hämoglobin ist, ebenso wie rote Blutkörperchen, mit etwa 120 Tagen recht langlebig. Das Protein der Augenlinse, Crystallin, hält sogar ein Leben lang (wenn die Linse nicht bei einer Staroperation durch Kunststoff ersetzt wird.)
> Die Halbwertszeit intakter Proteine ist überraschend einfach festgelegt. Entscheidend ist meist einfach die N-terminale Aminosäure! In Tab. 23.2 im Stryer sind einige stabilisierende und destabilisierende Aminosäuren aufgeführt.

16.1.1 Markieren und Schreddern der Proteine

Stryer, Abb. 23.3

Betrachten wir zunächst, wie die Ubiquitinylierung von Proteinen funktioniert (Stryer, Abb. 23.3).

■ **Das abzubauende Enzym wird mehrfach mit Ubiquitin verbunden**

Für die Ubiquitinmarkierung sind drei Enzyme zuständig: Ubiquitin-aktivierendes Enzym (E1), Ubiquitin-konjugierendes Enzym (E2) und Ubiquitin-Protein-Ligase (E3). In Schritt 1 wird der Carboxyterminus des Ubiquitins (Stryer, Abb. 23.2) durch ATP aktiviert und auf einen Cysteinrest von E1 übertragen. Diese Art der Aktivierung entspricht ganz der von Fettsäuren – Pyrophosphat wird abgespalten und durch allgegenwärtige Pyrophosphatase gespalten. Dadurch wird der erste Schritt der Ubiquitinylierung irreversibel.

Stryer, Abb. 23.2

Im nächsten Schritt wird umgeestert: Ubiquitin wird auf E2 übertragen. Dann schnappt sich E3 sowohl das Zielprotein als auch E2 und katalysiert die Übertragung des Ubiquitins auf die ε-Aminogruppe eines Lysins des Zielproteins.

❯ **Bei der Übertragung von Ubiquitin auf das Zielprotein bildet sich eine Isopeptidbindung zwischen dem C-Terminus des Ubiquitins und der ε-Aminogruppe eines Lysins am Zielprotein.**

Damit ist E3 aber noch nicht am Ende: Es fängt wieder ein ubiquitinyliertes E2 ein und überträgt dessen Ubiquitin auf die ε-Aminogruppe von Lys48 des bereits am Zielprotein sitzenden Ubiquitins – so entsteht am Zielprotein ein Ubiquitindimer, erneut über eine Isopeptidbindung. Der Vorgang kann sich mehrfach wiederholen, sodass schließlich das Zielprotein durch eine kleine Kette von Ubiquitinen markiert ist (Stryer, Abb. 23.4).

Stryer, Abb. 23.4

> **Viele E3-Ligasen zur Markierung unterschiedlichster Proteine**
> Das menschliche Genom codiert mehr als 600 E3-Ligasen, was die riesige Anzahl unterschiedlicher Proteinstrukturen widerspiegelt, die potenziell markiert werden müssen.

■ **Im Proteasom werden Proteine zu kleinen Fragmenten geschreddert**

Kommen wir nun zum Proteasom, dem Proteinschredder. Aufgeklärt wurde seine Struktur und Funktion in erster Linie von Arbeitsgruppen am Max-Planck-Institut für Biochemie in Martinsried bei München (Stryer, Abb. 23.6). In dieser Abbildung sehen wir die sog. 19S-Untereinheiten (blau), die quasi als Deckel das Fass, den 20S-katalytischen Kern (gelb), verschließen.

Stryer, Abb. 23.6

❯ **Die Bezeichnung S steht für Svedberg, die Einheit des Sedimentationskoeffizienten bei der Ultrazentrifugation (1. Teil, ▶ Abschn. 3.2.3). Sie ist ein Maß für die Größe und Dichte eines Teilchens. Mit dem S-Wert werden häufig Untereinheiten größerer Komplexe charakterisiert, z. B. auch bei Ribosomen.**

Der Zugang zum Innern des Proteasoms wird durch eine regulatorische 19S-Untereinheit gesteuert. Diese 19S-Untereinheit erkennt die Ubiquitinkette, spaltet sie ab, entfaltet das Protein und steuert die Peptidkette in den Hohlraum der 20S-Untereinheit. Das alles kostet Energie; deshalb besitzt die 19S-Untereinheit sechs unterschiedliche ATPasen. Im katalytischen Kern der 20S-Untereinheit spalten dann eine Reihe von Threonin-Proteasen die Peptidkette zu Bruchstücken von meist sieben bis neun Aminosäuren. Diese Bruchstücke werden aus dem Proteasom freigesetzt und von anderen Proteasen der Zelle zu den einzelnen Aminosäuren gespalten. Die Ubiquitinkette selbst bleibt bei dem ganzen Vorgang unversehrt; die Ubiquitineinheiten werden wiederverwertet.

Die Peptidhydrolyse im Proteasom verläuft analog der im dritten Teil besprochenen Peptidspaltung durch Chymotrypsin. Das angreifende Nucleophil ist hier die Hydroxylgruppe eines Threonins, bei Chymotrypsin war es die Hydroxylgruppe eines Serins.

16.1.2 Entfernung der α-Aminogruppe

Stryer, Abschn. 23.3

Bei Aminosäuren, die nicht für die Proteinsynthese gebraucht werden, wird zuerst die α-Aminogruppe abgespalten. Das verbleibende Kohlenstoffgerüst wird dann zu Glucose, zu einem Zwischenprodukt des Citratzyklus oder zu Acetyl-CoA weiterverarbeitet.

Werfen wir nun einen Blick auf die Abspaltung der α-Aminogruppe (Stryer, Abschn. 23.3).

> ❯ Im ersten Schritt, einer Gleichgewichtsreaktion, wird die Aminogruppe auf α-Ketoglutarat übertragen. Aus der Aminosäure wird dabei eine α-Ketosäure, α-Ketoglutarat wird zu Glutamat. Diese **Transaminierung** wird durch Aminotransferasen (Transaminasen) katalysiert.

Stryer, Abb. 23.9

Alle Aminotransferasen enthalten **Pyridoxalphosphat** (PLP) als prosthetische Gruppe. Wichtigstes Merkmal ist dessen Aldehydgruppe. Die Transaminierung beginnt mit einer Reaktion des Aldehyds mit der α-Aminosäure zu einer Schiff-Base (Aldimin, Stryer, Abb. 23.9).

Das α-Wasserstoffatom wird nun als Proton entfernt; die beiden Elektronen dieser C–H-Bindung werden in der durch Pfeile angedeuteten Weise verschoben. Wir erhalten ein chinoides Zwischenprodukt. Ein Proton (blau gekennzeichnet) wird ans Aldehyd-C-Atom gebunden, es entsteht ein Ketimin. Nach der Hydrolyse wird die α-Ketosäure frei, Pyridoxaminphosphat (PMP) bleibt zurück.

> ❓ **Frage**
> 1. Bei dieser Reaktion handelt es sich um eine Redoxreaktion. Was wurde reduziert, was oxidiert?

Nun trägt PMP die Aminogruppe und muss sie loswerden, um wieder zu PLP oxidiert zu werden und für einen neuen Zyklus zur Verfügung zu stehen. Das geht ganz einfach: Die Reaktionssequenz von Abb. 23.9 läuft rückwärts und zwar mit α-Ketoglutarat als Substrat. Auf der linken Seite erscheint dann Glutamat, und PLP wurde zurückgewonnen.

Diese Reaktionssequenz sieht zunächst ungewöhnlich aus: Vor der Reaktion hatten wir eine beliebige Aminosäure und eine Ketosäure (α-Ketoglutarat), danach haben wir eine einzige Aminosäure (Glutamat) und unterschiedliche α-Ketosäuren. Nach wie vor stehen wir vor dem Problem, die α-Aminogruppe loszuwerden. Dies gelingt durch oxidative Desaminierung von Glutamat, die durch Glutamat-Dehydrogenase katalysiert wird. NAD^+ und $NADP^+$ oxidieren dabei die α-Aminogruppe von Glutamat zum Ketimin, das dann hydrolysiert wird. Dabei wird α-Ketoglutarat wiedergewonnen und ein Ammonium-Ion freigesetzt.

Fassen wir nochmals zusammen:

> ❯ **Wichtig**
> 1. **Schritt: Transaminierung** – Übertragung der α-Aminogruppe auf α-Ketoglutarat (das zu Glutamat wird)
> 2. **Schritt: Oxidative Desaminierung** von Glutamat; die α-Aminogruppe wird als Ammoniak (Ammonium-Ion) freigesetzt.

Die ganze bisherige Reaktionssequenz ist eine Gleichgewichtsreaktion und kann auch zur Synthese von Aminosäuren verwendet werden – mehr dazu später.

16.1.3 Harnstoffzyklus: Ammoniak wird umgewandelt in Harnstoff

Mit dem Ammoniak haben wir uns ein Problem eingehandelt: Ammoniak ist stark toxisch, wir müssen ihn daher schleunigst wieder loswerden (Stryer, Abschn. 23.4).

Stryer, Abschn. 23.4

> Landwirbeltiere wandeln Ammoniak in Harnstoff um; das geschieht im Harnstoffzyklus (dem biochemischen Zyklus, der 1932 als Erster entdeckt wurde; Stryer, Abb. 23.15). Harnstoff wird dann im Urin ausgeschieden.

Stryer, Abb. 23.15

▪ Verbindung von freiem NH_3 mit HCO_3^-

Wie immer, wenn eine Reaktion irreversibel sein soll (und das ist zur Entfernung von Ammoniak sehr ratsam), beginnt die Sequenz mit einer Aktivierung durch ATP. Wie schon des Öfteren, wird auch hier zunächst Hydrogencarbonat aktiviert zu Carboxyphospat. Dieses reagiert spontan mit Ammoniak zur Carbaminsäure, die jedoch hydrolyseempfindlich ist und spontan wieder zu Hydrogencarbonat und Ammoniak zerfallen kann. Deshalb wird sie sofort ein weiteres Mal mit einem Molekül ATP aktiviert zu **Carbamoylphosphat.** Durch den Verbrauch von zwei Molekülen ATP ist die Bildung von Carbamoylphosphat irreversibel. Carbamoylphosphat wird nun von der Aminogruppe der Seitenkette der Aminosäure **Ornithin** abgefangen, es entsteht das Harnstoffderivat **Citrullin.**

> **Ornithin und Citrullin, zwei nicht proteinogene Aminosäuren**
> Ornithin und Citrullin sind zwei α-Aminosäuren, die nicht genetisch codiert sind und deshalb nicht in Proteine eingebaut werden. Wir nennen sie daher nicht proteinogen. Sie haben das gleiche Kohlenstoffgerüst wie Arginin – und tatsächlich wird Arginin im weiteren Verlauf des Harnstoffzyklus daraus entstehen.

▪ Regeneration von Ornithin

Die weiteren Schritte dienen jetzt der Regeneration von Ornithin: Eine Argininosuccinat-Synthetase kondensiert die Harnstoffgruppe von Citrullin mit der α-Aminogruppe von Aspartat; es entsteht Argininosuccinat. Die Energie einer Pyrophosphatbindung reicht dazu nicht, deshalb werden zwei verwendet: ATP wird zu AMP und PP_i gespalten, Pyrophosphatase hydrolysiert PP_i und macht dadurch auch diesen Reaktionsschritt irreversibel.

Argininosuccinase spaltet nun von Argininosuccinat Fumarat ab, das zusammen mit Arginin frei wird.

Fumarat wird in den Citratzyklus eingeschleust, Arginin wird zu Ornithin zurückverwandelt. Hier beachten wir, dass die Stickstoffatome der Guanidinogruppe in der Seitenkette von Arginin aus unterschiedlichen Quellen stammen: Eines stammt vom Ammoniak (im Stryer rot markiert; lassen Sie sich nicht dadurch verwirren, dass Ammoniak zu Anfang des Abschnitts im Stryer noch blau war), eines war die α-Aminogruppe von Aspartat (blau), und das dritte stammt von Ornithin.

Der letzte Schritt, katalysiert durch Arginase, ist die Hydrolyse der Guanidiniumgruppe von Arginin. Wir erhalten Ornithin zurück sowie Harnstoff, der mit dem Urin ausgeschieden wird.

Stryer, Abb. 25.17

Manche haben es leichter, andere schwerer
Fische sparen sich die Harnstoffsynthese, denn sie können Ammoniak direkt ausscheiden. Im Wasser wird er schnell verdünnt und damit unschädlich. Anders bei Vögeln: Statt Harnstoff erzeugen Vögel Harnsäure, die wenig wasserlöslich ist und mit dem Kot ausgeschieden wird. Das ist zwar energieaufwendiger als die Harnstoffsynthese, aber Harnstoff kann nur in wässriger Lösung ausgeschieden werden – und jedes Gramm Wasser, das der Vogel im Flug *nicht* mitschleppen muss, ist ein Vorteil. Beim Menschen ist Harnsäure das Endprodukt des Purinabbaus und fällt in wesentlich geringeren Mengen als Harnstoff an (Stryer, Abb. 25.17).

16.1.4 Abbau von Aminosäuren: Das Kohlenstoffgerüst geht in den Citratzyklus

Etwas vereinfachend können wir die Abbaureaktionen der Aminosäuren in vier Gruppen einteilen (◘ Tab. 16.1).

Stryer, Abb. 23.20

❯ Aminosäuren, aus denen Acetyl-CoA oder Acetacetyl-CoA entstehen, bezeichnet man als **ketogen,** da aus ihnen Ketonkörper oder Fettsäuren entstehen können. Darunter fallen nur Leu und Lys, doch können auf alternativen Wegen diese Abbauprodukte auch aus Ile, Trp, Phe und Tyr entstehen. Die anderen vierzehn Aminosäuren sind rein **glucogene** Aminosäuren, weil sie direkt (Pyruvat) oder über den Citratzyklus in Glucose verwandelt werden können (Stryer, Abb. 23.20).

Stryer, Abb. 23.21

■ **Abbauprodukt Pyruvat (Stryer, Abb. 23.21)**
– Aus Alanin entsteht bereits bei der Entfernung der α-Aminogruppe Pyruvat.
– Der aromatische Rest des Tryptophans kann bis zu Alanin oxidativ abgebaut werden, sodass auch daraus schließlich Pyruvat wird.
– Serin wird zu Aminoacrylat dehydratisiert und dieses zu Pyruvat hydrolysiert. Glycin kann durch Addition einer Hydroxymethylengruppe in Serin verwandelt werden.
– Cystein wird über verschiedene Wege zu Pyruvat abgebaut, wobei das Schwefelatom als Sulfid (HS^-), Sulfit (SO_3^{2-}) oder Thiocyanat (SCN^-) anfällt.
– Auch Threonin kann zu Pyruvat abgebaut werden, wobei durch Oxidation 2-Amino-3-ketobutyrat entsteht, das zu Aminoaceton decarboxyliert wird.

◘ **Tab. 16.1**   Abbauprodukte der Aminosäuren beim Menschen (alternative Abbauwege in Klammern)

Länge des Kohlenstoffgerüsts des Abbauprodukts	Aminosäuren	Abbauprodukt
C_2	Leucin, Lysin (Isoleucin, Tryptophan, Phenylalanin, Tyrosin)	Acetyl-CoA, Acetacetyl-CoA
C_3	Glycin, Alanin, Serin, Cystein, Tryptophan (Threonin)	Pyruvat
C_4	Aspartat, Asparagin	Oxalacetat
	Phenylalanin, Tyrosin, (Aspartat)	Fumarat
	Methionin, Valin, Isoleucin, Threonin	Succinyl-CoA
C_5	Glutamat, Glutamin, Prolin, Arginin, Histidin	α-Ketoglutarat

- **Abbauprodukt Oxalacetat**

Ebenso übersichtlich ist die Umwandlung von Aspartat zu Oxalacetat: Die Aminogruppe wird in der oben besprochenen Transaminasereaktion entfernt; Oxalacetat entsteht. Asparagin wird vorher durch die Asparaginase zu Aspartat hydrolysiert.

- **Abbauprodukt α-Ketoglutarat (Stryer, Abb. 23.22)**

Einige C_5-Aminosäuren werden zunächst in Glutamat umgewandelt, dessen Transaminierung α-Ketoglutarat liefert.

Stryer, Abb. 23.22

Raffiniert ist die Umwandlung von Histidin in Glutamat (Stryer, Abb. 23.23). Beachten wir hier, dass die Aminosäuregruppe des Glutamats aus dem Imidazolring des Histidins stammt!

Stryer, Abb. 23.23

Oxidative Ringöffnung von Prolin liefert Glutamat-γ-semialdehyd, der zu Glutamat oxidiert wird (Stryer, Abb. 23.24). Der gleiche Aldehyd entsteht auch aus Arginin über Ornithin.

Stryer, Abb. 23.24

- **Abbauprodukt Succinyl-CoA**

Einige unpolare Aminosäuren werden zunächst in Propionyl-CoA umgewandelt und dieses dann zu Succinyl-CoA weiterverarbeitet (Stryer, Abb. 23.25). Diese Reaktionssequenz trat auch schon bei der Oxidation von Fettsäuren mit ungerader Kohlenstoffanzahl auf.

Stryer, Abb. 23.25

Der Abbau von Methionin zu Propionyl-CoA erfolgt in sechs Schritten (Stryer, Abb. 23.26). Im ersten Schritt entsteht *S*-**Adenosylmethionin (SAM)**. Dieses Sulfoniumion ist ein starkes Methylierungsmittel, das seine Methylgruppe bei verschiedenen biochemischen Reaktionen überträgt.

Stryer, Abb. 23.26

- **Abbauprodukte Acetyl-CoA und Acetacetyl-CoA**

Diesen Weg schlagen Aminosäuren mit verzweigten Ketten ein: Valin, Leucin und Isoleucin. Der Leucinabbau erfolgt in sechs Stufen: Leucin wird durch Transaminierung zunächst in α-Ketocapronat umgewandelt. Danach entsteht durch oxidative Decarboxylierung Isovaleryl-CoA. Dieses wird oxidiert (unter Abspaltung von Wasserstoff) zu β-Methylcrotonoyl-CoA. Nun wird eine der Methylgruppen carboxyliert, unter ATP-Verbrauch entsteht β-Methylglutaconyl-CoA. An dessen Doppelbindung wird Wasser addiert zu 3-Hydroxy-3-methyl-glutaryl-CoA, aus dem durch Spaltung Acetyl-CoA und Acetacetat hervorgehen.

- **Abbauprodukt Fumarat**

Der Abbau der aromatischen Aminosäure Phenylalanin verläuft noch etwas komplexer: Der aromatische Ring wird unter Beteiligung von molekularem Sauerstoff geöffnet!

> **❯ Fast alle Spaltungen aromatischer Ringe werden von Dioxygenasen katalysiert: Beide Atome des öffnenden Sauerstoffmoleküls finden sich im Produkt wieder.**

Zunächst wird Phenylalanin mit Sauerstoff zu Tyrosin oxidiert. Das verantwortliche Enzym ist die Phenylalanin-Hydroxylase. Dies ist eine **Monooxygenase**, denn ein Atom des molekularen Sauerstoffs landet im Produkt, das zweite landet in Wasser. Das Reduktionsmittel ist Tetrahydrobiopterin, ein Elektronencarrier, der für uns neu ist (Stryer, S. 828 unten und S. 829 oben). Biopterin wird von unserem Körper selbst synthetisiert, es handelt sich deshalb nicht um ein Vitamin. Viele andere Carrier stammen dagegen von Vitaminen ab.

Stryer, S. 828 und 829

Der nächste Abbauschritt ist die gewöhnliche Transaminierung zu *p*-Hydroxyphenylpyruvat (Stryer, Abb. 23.27).

Stryer, Abb. 23.27

Als Nächstes entsteht durch Oxidation mit molekularem Sauerstoff unter Katalyse der Dioxygenase p-Hydroxyphenylpyruvat-Reduktase in einer komplexen Reaktion Homogentisat (beide Sauerstoffatome von O_2 sind im Produkt enthalten). Nun folgt noch ein Dioxygenase-Schritt, katalysiert durch Homogentisat-Oxidase: Molekularer Sauerstoff öffnet den Benzolring, es entsteht 4-Maleylacetacetat. Schließlich gibt es noch eine Isomerisierung zu 4-Fumarylacetacetat, das endlich gespalten wird zu Fumarat und Acetatacetat.

Stryer, Abb. 23.28

Der Abbau von Tryptophan ist noch komplexer. Auch hier öffnen multiple Dioxygenase-Reaktionen den aromatischen Ring, nach 16 Schritten entsteht schließlich Acetacetat (Stryer, Abb. 23.28).

> **Phenylketonurie, ein angeborener Stoffwechseldefekt**
> Phenylalanin-Hydroxylase katalysiert die Umwandlung von Phenylalanin zu Tyrosin, das ist der erste Schritt des Phenylalaninabbaus. Bei einem angeborenen Mangel an diesem Enzym akkumuliert Phenylalanin – der Gehalt im Blut steigt bis auf das 20-Fache des normalen Wertes. Bei diesen hohen Konzentrationen wird Phenylalanin auf anderen Wegen verstoffwechselt; durch Transaminierung entsteht daraus z. B. die α-Ketocarbonsäure Phenylpyruvat. Die Krankheit nennt man deshalb Phenylketonurie. Ohne Behandlung bleiben die Betroffenen in der geistigen Entwicklung zurück und sterben sehr früh.
>
> Zur Behandlung muss Phenylalanin in der Nahrung vermieden, Tyrosin als Nahrungsergänzung gegeben werden. Diese Diät beginnt gleich nach der Geburt und muss ein Leben lang beibehalten werden. Achten Sie einmal darauf: Bei vielen Lebensmittelverpackungen ist vermerkt, ob Phenylalanin enthalten ist.
>
> Stryer, Tab. 23.4
>
> In Tab. 23.4 im Stryer sind weitere Enzymdefekte aufgelistet, die zu Stoffwechselerkrankungen führen.

16.2 Synthese von Aminosäuren

Stryer, Tab. 24.1

Einige Reaktionsfolgen des Aminosäureabbaus waren recht komplex, wie wir gesehen haben. Umso mehr trifft das für die Biosynthese mancher Aminosäuren zu. Menschen können neun **essenzielle Aminosäuren** nicht selbst synthetisieren (Stryer, Tab. 24.1); sie müssen mit der Nahrung (meist aus Pflanzen) zugeführt werden.

Wir werden uns daher in erster Linie um die Synthesen der restlichen elf nichtessenziellen Aminosäuren kümmern. Dabei werden wir schrittweise vorgehen: Zuerst werden wir lernen, wo das Stickstoffatom der α-Aminogruppe herkommt. Danach untersuchen wir, wie die Stereochemie am α-Kohlenstoffatom entsteht. Jetzt wird es breiter: Beim Aufbau der Kohlenstoffgerüste werden sehr vielfältige chemische Reaktionen eingesetzt. Zum Abschluss betrachten wir, wie es der Natur gelingt, die jeweiligen Aminosäuren immer in ausreichenden Mengen bereitzustellen, sodass die Proteinsynthese nicht ins Stocken gerät (Teil 6, ▶ Kap. 18).

16.2.1 Stickstofffixierung

Stickstoffatome in Biomolekülen stammen letztendlich immer aus dem Stickstoff der Luft, doch nur einige Mikroorganismen sind in der Lage, diesen Luftstickstoff zu verwerten. Wie kommt nun der Stickstoff in die Pflanzen? Atmosphärischer Stickstoff (N_2) ist extrem reaktionsträge; in der Dreifachbindung steckt eine

Bindungsenergie von 940 kJ mol^{-1}. Die direkte Oxidation durch Luftsauerstoff gelingt nur durch Blitzentladungen und durch die UV-Strahlung in großer Höhe. Regen wäscht die so entstandenen Stickoxide als Nitrit und Nitrat in den Boden, wo sie von Pflanzen aufgenommen werden. Das macht aber nur ca. 15 % des Gesamtbedarfs aus. Ammoniak für stickstoffhaltige Düngemittel (weitere 25 % des Bedarfs) wird technisch im Haber-Bosch-Verfahren erzeugt: durch Reduktion von N_2 mit Wasserstoff. Den größten Anteil produzieren Mikroorganismen durch Stickstofffixierung. Diese Mikroorganismen infizieren die Wurzeln von Leguminosen (Hülsenfrüchtlern) wie Bohnen, Erbsen oder Klee. Die Pflanzen bilden daraufhin typische Wurzelknöllchen, in denen die Bakterien symbiotisch mit ihrem Wirt leben – also zu beiderseitigem Nutzen. Der Stickstoff, den sie fixieren, kommt sowohl der Pflanze als auch den Mikroorganismen zugute.

> **Blickfang**
>
> Pro Jahr werden schätzungsweise 10^{11} kg Stickstoff von Mikroorganismen fixiert, ca. 60 % des Gesamtbedarfs.

■ Die Reduktion von Stickstoff zu Ammoniak ist enorm aufwendig

❯ **Zur Reduktion von 1 mol atmosphärischem Stickstoff zu 2 mol Ammoniak werden 8 mol Elektronen und etwa 16 mol ATP aufgewendet.**

Eigentlich verlangt die Reduktion eines Mols Stickstoff nur sechs Elektronen, durch die gleichzeitige Entstehung von einem Mol Wasserstoff werden zwei Elektronen zusätzlich gebraucht. Diese Elektronen stammen von Ferredoxin, das ebenso wie das benötigte ATP in der pflanzlichen Photosynthese entsteht. Dies ist der Beitrag der Pflanzen für die Stickstofffixierung der Bakterien.

■ Die Stickstofffixierung findet am Nitrogenasekomplex statt

Zunächst sorgen die Knöllchenbakterien dafür, dass örtlich die Sauerstoffkonzentration niedrig bleibt, denn Sauerstoff würde die Stickstofffixierung erheblich stören. Sie regen die Wurzeln der Wirtspflanze zur Produktion eines Häm-ähnlichen Moleküls an: Leghämoglobin, das Sauerstoff bindet. Die Stickstofffixierung selbst findet am **Nitrogenasekomplex** statt, der aus zwei Proteinkomplexen besteht: einer Reduktase, die die Elektronen liefert, und der eigentlichen Nitrogenase, die die Elektronen auf N_2 überträgt (Stryer, Abb. 24.1).

Stryer, Abb. 24.1

Die Nitrogenase ist ein $\alpha_2\beta_2$-Tetramer, das je zwei Kopien eines Eisen-Schwefel-Clusters (P-Cluster) und eines Eisen-Molybdän-Schwefel-Clusters (FeMo-Cofaktor) enthält (Stryer, Abb. 24.3).

Stryer, Abb. 24.3

Der P-Cluster besteht im Grunde aus zwei 4Fe-4S-Clustern, die ein Schwefelatom gemeinsam haben, also einen 8Fe-7S-Cluster bilden. Die beiden Hälften sind weiter durch zwei S-Atome von Cysteinen verbrückt. Ebenso sind die endständigen Eisenatome durch weitere Cystein-S-Atome komplexiert.

Der FeMo-Cofaktor ist ganz ähnlich gebaut. Schauen Sie sich Stryer, Abb. 24.3 genauer an: Wir beginnen auf der rechten Seite des FeMo-Clusters; hier erkennen wir eine 4Fe-4S-Einheit und die zwei S-Brücken-Atome, genau wie beim P-Cluster. Die linke Einheit enthält aber Molybdän anstelle von Eisen. Das Molybdänatom ist durch die Imidazolgruppe eines Histidins und durch die Hydroxyl- und Carboxylgruppe von Homocitrat komplexiert. Überraschend ist auch die Existenz eines weiteren, sechsfach koordinierten Atoms zwischen den beiden Teilen des Clusters. Nach neueren Untersuchungen handelt sich dabei um ein Kohlenstoffatom (ein Carbid!), das sog. interstitielle Kohlenstoffatom.

Der P-Cluster sammelt die Elektronen ein, die er von der Reduktase erhalten hat, und gibt sie bei Bedarf an den FeMo-Cofaktor weiter, an dem die Stickstofffixierung stattfindet. Der genaue Ablauf der Reaktion wird noch untersucht.

16.2.2 Vom Ammoniak zur Aminosäure

Das Ammoniumion wird zunächst nur zur Synthese von Glutamat und Glutamin verwendet; von diesen beiden Aminosäuren aus wird der Stickstoff auf die anderen Aminosäuren verteilt.

> ❯ **Glutamat ist in allen Säugetieren der Stickstoffüberträger bei der Synthese anderer Aminosäuren; Ammoniak selbst wird nicht übertragen. Ammoniak entsteht nur im Innern der beteiligten Enzyme und wird unmittelbar weitergegeben, ohne freizukommen. So wird die Zelle dem toxischen Ammoniak niemals direkt ausgesetzt.**

Die Glutamatsynthese geht von α-Ketoglutarat aus. Die Glutamat-Dehydrogenase katalysiert zunächst die Addition von NH_4^+ an die Carbonylgruppe von α-Ketoglutarat; es entsteht eine Schiff-Base. Diese wird durch NADH und NADPH reduziert. Das ist die Gleichgewichtsreaktion, die wir schon beim Abbau von Aminosäuren kennengelernt haben (▶ Abschn. 16.1.2).

Clayden, Kap. 33
Stryer, Abb. 24.4

Die Schiff-Base von α-Ketoglutarat ist zwar achiral, die beiden Seiten des Imins sind aber enantiotop (im Clayden, Kap. 33, wird dies am Beispiel des Benzaldehyds erläutert). Wenn die Schiff-Base an die chirale Glutamat-Dehydrogenase gebunden hat, sind daher die beiden Seiten des Imins verschieden. Dies ist im Stryer in Abb. 24.4 beschrieben. Die reduktive Addition des H-Atoms an das Kohlenstoffatom des Imins erfolgt von unten und legt damit die Stereochemie der Aminosäure fest.

Eine Glutamin-Synthetase baut nun ein zweites Ammoniumion ein. Zunächst wird die γ-Carboxylatgruppe des Glutamats durch ATP aktiviert; es entsteht ein Acylphosphat. Die Carbonylgruppe des Acylphosphats wird von Ammoniak nucleophil angegriffen, Glutamin und P_i entstehen.

Sowohl die α-Aminogruppe des Glutamats als auch die Amidgruppe des Glutamins werden zur Synthese anderer Aminosäuren verwendet. Glutamat-Dehydrogenase und Glutamin-Synthetase kommen in allen Organismen vor. Die Glutamin-Synthetase spielt zudem eine wichtige Rolle in der Kontrolle des Stickstoffmetabolismus.

16.2.3 Alanin und Aspartat entstehen in einem Schritt

Glutamat entstand in einem Schritt aus α-Ketoglutarat und Ammoniak. Es kann jetzt in einer Transferase-Reaktion seine α-Aminogruppe auf Pyruvat oder auf Oxalacetat übertragen; dabei entstehen Alanin oder Aspartat.

Stryer, Abb. 24.7 und 24.8

Den Mechanismus der pyridoxalabhängigen Aminotransferasen haben wir schon beim Aminosäureabbau behandelt. Es handelt sich um eine Gleichgewichtsreaktion, und so gibt es hier nichts Neues zu lernen (Stryer, Abb. 24.7). Beachtung verdient lediglich, wie die Stereochemie am α-Kohlenstoffatom entsteht. Schauen wir uns dazu im Stryer Abb. 24.8 an.

Aus der entsprechenden Ketosäure (Pyruvat bzw. Oxalacetat) war durch Reaktion mit Pyridoxaminphosphat eine Schiff-Base entstanden. Die Guanidinogruppe (positive Ladung!) eines Arginins der Aminotransferase hält die Carboxylatgruppe (negative Ladung!) der Schiff-Base im katalytischen Zentrum fest. Die achirale, flache Schiff-Base besitzt zwei enantiotope Seiten, die sich unterscheiden, sobald sie in die chirale Umgebung des Enzyms gelangen. In Abb. 24.8 ist sehr schön zu sehen, dass die protonierte ε-Aminogruppe eines Lysins des Enzyms ein Proton *von unten* auf das Imin-Kohlenstoffatom der Schiff-Base überträgt. Dadurch wird die Stereochemie der Aminosäuren festgelegt.

Die beiden Elektronen der neuen C–H-Bindung stammen aus dem chinoiden Zwischenprodukt. Dort hineingeraten waren sie bei der Aminierung durch

Glutamat: Beachten Sie, dass im „internen Aldimin" das Imin-Kohlenstoff-atom die Oxidationsstufe eines Aldehyds hat, der im Pyridoxaminphosphat zur Oxidationsstufe eines Alkohols (identisch mit der eines Amins) reduziert wurde.

16.2.4 Glutamin, Prolin und Arginin aus Glutamat

Oben haben wir gelernt, dass bei der Synthese von Glutamin die γ-Carboxylatgruppe des Glutamats durch ATP aktiviert wurde; es entstand ein Acylphosphat (▶ Abschn. 16.2.2). Das Acylphosphat kann durch NADPH zum Glutamat-γ-semialdehyd reduziert werden. Diesem stehen nun zwei reduktive Aminierungen offen:

— Zum einen bildet die α-Aminogruppe mit der Aldehydfunktion eine Schiff-Base, Δ^1-Pyrrolin-3-carboxylat. Dies geschieht ganz ohne Enzymbeteiligung, weil der entstehende Fünfring so stabil ist. Δ^1-Pyrrolin-3-carboxylat wird dann enzymatisch mit NADPH zum Prolin reduziert.

— Zum anderen kann auch Glutamat seine α-Aminogruppe in einer Trans-aminierung auf Glutamat-γ-semialdehyd übertragen; es entsteht Ornithin. Wie daraus Arginin hergestellt wird, haben wir bereits gelernt (Stryer, Abb. 23.15).

Stryer, Abb. 23.15

16.2.5 Phosphoglycerat zu Serin, Glycin und Cystein

■ **Biosynthese von Serin**

Phosphoglycerat, ein Zwischenprodukt der Glykolyse, wird durch NAD$^+$ zu 3-Phosphohydroxypyruvat oxidiert. Dieses wird auf die bekannte Weise durch Transaminierung mit Glutamat zu Phosphoserin umgewandelt, das dann zu Serin hydrolysiert wird.

■ **Biosynthese von Glycin**

Aus Serin wird durch Abspaltung der Hydroxymethylgruppe Glycin hergestellt. Dazu bedarf es der Unterstützung durch Pyridoxalphosphat. Betrachten wir die Vorgänge bei dieser Reaktion etwas genauer: Zunächst entsteht durch die Reaktion zwischen der α-Aminogruppe von Serin und Pyridoxalphosphat die Schiff-Base (Aldimin). Das haben wir schon als Teilreaktion bei der Trans-aminierung gesehen (Stryer, Abb. 23.9).

Stryer, Abb. 23.9

Wie in der Abbildung gezeigt, wird im ersten Schritt das α-H-Atom des Aldimins als Proton entfernt, die Elektronen der C–H-Bindung werden in der durch die Pfeile angedeuteten Weise im chinoiden Zwischenprodukt gespeichert. Hier müssen wir uns fragen, warum gerade die C–H-Bindung gespalten wird und nicht etwa die zwischen C_α und R oder zwischen C_α und COO$^-$. Diese Frage wird im Stryer in Abb. 23.11 gestellt; die Antwort finden wir in Abb. 23.12.

Stryer, Abb. 23.11 und 23.12

Die C_α–NH-Bindung des Aldimins ist frei drehbar: Die Transaminasen orientieren die C_α–H-Bindung so, dass sie möglichst parallel zu den π-Orbitalen des konjugierten Systems steht. Dadurch wird diese Bindung gelockert, und die Elektronen können von der „Elektronenfalle" Pyridoxal-phosphat aufgenommen werden.

Andere Enzyme orientieren die Bindungen aber anders: Decarboxylasen orientieren die C_α-COO$^-$-Bindung parallel zu den π-Orbitalen und spalten Carboxylat ab, Aldolasen destabilisieren die C_α–R-Bindung und spalten die Seitenkette von Aminosäuren ab.

> Mit einer solchen Aldolasereaktion haben wir es bei der Umwandlung von Serin zu Glycin zu tun. Die Hydroxymethylgruppe wird als OH–CH$_2^+$ abgespalten, verliert ein Proton und wird zu Formaldehyd O=CH$_2$.

Stryer, Abb. 24.10

Der Formaldehyd geht natürlich nicht verloren, sondern wird als C$_1$-Baustein in **Tetrahydrofolat** zwischengespeichert. Das ist im Stryer in Abb. 24.10 gezeigt.

Tetrahydrofolat fängt das Formaldehydmolekül auf als N^5,N^{10}-Methylentetrahydrofolat. Beachten Sie, dass hier die rot gekennzeichnete Methylgruppe immer noch in der Oxidationsstufe des Formaldehyds vorliegt: Sie wird von zwei Aminogruppen flankiert, ist also das Aminal des Formaldehyds. Interessant am Tetrahydrofolatsystem ist, dass die Methylengruppe reduziert werden kann: Mithilfe von NADPH entsteht N^5-Methyltetrahydrofolat. Sie kann aber auch oxidiert werden; mithilfe von NADP$^+$ entsteht N^5,N^{10}-Methenyltetrahdrofolat.

> Tetrahydrofolat überträgt C$_1$-Einheiten in verschiedenen Oxidationsstufen.

■ **Biosynthese von Cystein**

Auch bei der Biosynthese des Cysteins spielt die im N^5,N^{10}-Methylentetrahydrofolat gespeicherte Formylgruppe aus dem Serinabbau zu Glycin eine Rolle. Aber der Reihe nach:

Das Schwefelatom des Cysteins können wir Menschen nicht aus anorganischen Vorstufen erhalten, dazu besitzen wir keine Enzyme. Wir sind auf die Versorgung mit der essenziellen Aminosäure Methionin angewiesen. Methionin wird zunächst durch ATP aktiviert, es entsteht *S*-Adenosylmethionin (SAM). Diese Sulfoniumverbindung haben wir schon beim Abbau des Methionins kennen gelernt (▶ Abschn. 16.1.4). SAM ist ein starkes Alkylierungsmittel. Die Methylgruppe wird durch Methyltransferasen abgespalten und zu vielerlei biochemischen Methylierungen verwendet. Dabei entsteht Homocystein.

Stryer, Abb. 24.11

16

> **Zyklus aktivierter Methylgruppen**
> Methyliertes Tetrahydrofolat ist ein relativ schwaches Alkylierungsmittel; SAM ist wesentlich stärker. Um nicht ständig die essenzielle Aminosäure Methionin aus der Nahrung für Methylierungszwecke zu verbrauchen, wird Methionin aus Homocystein durch Methyltransfer aus N^5-Methyltetrahydrofolat wiedergewonnen (Stryer, Abb. 24.11).
> So stammen die meisten Methylgruppen doch aus dem Abbau von Serin zu Glycin und damit am Ende aus der Glykolyse – denn Serin entsteht aus 3-Phosphoglycerat.

Wie geht es nun von Homocystein in Richtung Cystein weiter?

Cystathionin-β-Synthase kondensiert Homocystein und Serin zu Cystathionin. Dieses wird durch die Cystathionase gespalten, wir erhalten Cystein, α-Ketoglutarat und Ammoniak. Beide Enzyme benötigen PLP als Cofaktor. Beachten Sie, dass in Cystein nur das Schwefelatom von Methionin stammt, der Rest aber von Serin!

❓ **Frage**

2. Die Kondensation von Homocystein mit Serin beginnt mit der Reaktion von PLP und Serin. Intermediär entsteht Aminoacrylat, das vom Schwefelatom des Homocysteins nucleophil angegriffen wird. Schließlich wird Cystathionin frei. Beschreiben Sie die Einzelschritte dieses Mechanismus!

16.2.6 Aromatische Aminosäuren über Shikimat und Chorismat

Die Biosynthesen der essenziellen Aminosäuren sind komplexer; wir erhalten sie vorwiegend aus pflanzlicher Nahrung. Im Stryer sind trotzdem Synthesewege in *Escherichia coli* beschrieben; diese sind besser bekannt und haben beispielhafte Kontrollmöglichkeiten.

> Der Weg zu den aromatischen Aminosäuren Phenylalanin, Tryptophan und Tyrosin geht über eine gemeinsame Zwischenstufe: Chorismat, eine C_{10}-Dicarbonsäure (Stryer, Abb. 24.12).

Stryer, Abb. 24.12

■ **Bildung der gemeinsamen Zwischenstufe Chorismat**

Die Synthese beginnt mit der Kondensation des C_4-Zuckerderivats Erythrose-4-phosphat mit Phosphoenolpyruvat zu 3-Desoxyarabinoheptulosanat-7-phosphat. Die noch fehlenden drei Kohlenstoffatome werden später ebenfalls durch Phosphoenolpyruvat ergänzt. Zunächst wird aber oxidativ der Sechsring geschlossen zu 3-Dehydrochinat. Das ist der Sechsring, der später in den fertigen Aminosäuren zum aromatischen Ring wird – wir müssen nur noch reduzieren und die Aminosäure aufbauen. Zunächst wird Wasser abgespalten und die Ketogruppe reduziert, wir erhalten Shikimat.

Eine der Hydroxylgruppen von Shikimat wird nun durch ATP phosphoryliert, eine zweite mit Phosphoenolpyruvat verethert zu 5-Enolpyruvylshikimat-3-phosphat. Das verliert die Phosphatgruppe und wir erhalten Chorismat.

Trivialnamen in der Naturstoffchemie

Oft tragen Naturstoffe bis heute die Namen, die sie von ihren Entdeckern bekamen. Die Chinasäure (Chinat) wurde erstmals aus der Chinarinde extrahiert, aus der auch der Malariawirkstoff Chinin stammt, der aber nicht mit Chinasäure verwandt ist.

Shikimisäure wurde erstmals aus Sternanis gewonnen, der japanisch *Shikimi* heißt.

In Chorismat steckt das altgriechische *chorizo* (verzweigen), weil sich ab hier die Synthesewege zu den aromatischen Aminosäuren verzweigen.

■ **Synthese von Phenylalanin und Tyrosin**

Die Synthese von Phenylalanin und Tyrosin beginnt mit einer [3+3]-sigmatropen Umlagerung (Claisen-Umlagerung) von Chorismat zu Prephenat (Stryer, Abb. 24.13).

Stryer, Abb. 24.13

Durch Abspaltung von Kohlendioxid und Hydroxid entsteht der Phenylring von Phenylpyruvat. Dieses wird wie üblich durch Glutamat transaminiert zum fertigen Phenylalanin. Phenylalanin kann mit molekularem Sauerstoff zu Tyrosin oxidiert werden; das haben wir als Abbaureaktion von Phenylalanin schon gelernt (▶ Abschn. 16.1.4). Alternativ wird von Prephenat die Carboxylgruppe oxidativ abgespalten, dann bleibt die Hydroxylgruppe im Ring erhalten, und ohne Umweg über Phenylalanin entsteht Tyrosin.

■ **Synthese von Tryptophan**

Der Aufbau von Tryptophan beginnt mit der Transaminierung von Chorismat unter Abspaltung von Pyruvat und Wasser; es entsteht Anthranilat (Stryer, Abb. 24.14).

Stryer, Abb. 24.14

Dieses wird durch Phosphoribosylpyrophosphat aktiviert zu *N*-(5′-Phosphoribosyl)-anthranilat. Ringöffnung am anomeren C-Atom und Umlagerung des Aldehyd-Halbaminals zur Enolform führen zu 1-(*ortho*-Carboxyphenylamino)-1-desoxyribulose-5-phosphat. Dehydratisierung und Decarboxylierung ergeben Indol-3-glycerinphosphat. Glycerinaldehyd-3-phosphat wird abgespalten, wir erhalten Indol. Addition von Serin und Dehydratisierung liefern daraus Tryptophan.

Stryer, S. 858

Die Schritte von Indol-3-glycerinphosphat zu Tryptophan werden vom Enzymkomplex der Tryptophan-Synthase katalysiert. Die Addition von Serin an Indol wird dabei wieder von PLP unterstützt: Zunächst bildet sich wieder die Schiff-Base zwischen der Aminogruppe des Serins und dem Aldehyd von PLP. Danach wird Wasser abgespalten, und wir erhalten das Acrylatderivat auf S. 858 im Stryer.

Die 3-Position von Indol ist sehr elektronenreich und greift das β-Kohlenstoffatom des Acrylats in einer Michael-Addition an; die Elektronen wandern wieder wie üblich in die „Elektronenfalle" des Pyridins. Anschließend wird am α-Kohlenstoffatom wieder ein Proton addiert, die Elektronen wandern zurück in die neue C–H-Bindung; Tryptophan wird freigesetzt.

Die Tryptophan-Synthase zeigt eine Besonderheit: Im ersten Schritt entsteht die Schiff-Base des Aminoacrylats, erst dann wird Indol-3-glycerinphosphat zum Indol umgewandelt. Damit wird sichergestellt, dass das kleine Indolmolekül unterwegs nicht verlorengeht, sondern sofort zu Tryptophan weiterreagieren kann.

16.2.7 Regulation durch Rückkopplung

- **Regulation unverzweigter Synthesewege**

❯ **In einem unverzweigten Syntheseweg wird oft die erste irreversible Reaktion – die „Schrittmacherreaktion" –, durch das Endprodukt gehemmt.**

Bei der Biosynthese von Serin ist diese Schrittmacherreaktion die von 3-Phosphoglycerat-Dehydrogenase katalysierte Oxidation von 3-Phosphoglycerat, die durch Serin praktisch abgeschaltet werden kann.

- **Regulation verzweigter Synthesewege**

Für verzweigte Synthesewege gibt es unterschiedliche Möglichkeiten.

❯ **Zwei Stoffwechselwege mit einem gemeinsamen Anfangsschritt können jeweils durch ihr eigenes Produkt gehemmt und durch das Produkt des anderen Synthesewegs aktiviert werden: Wir sprechen von Rückkopplungshemmung und Rückkopplungsaktivierung.**

Stryer, Abb. 24.18

Das ist im Stryer in Abb. 24.18 gezeigt: Die Synthese von Isoleucin und Valin laufen über weite Strecken parallel. Die Schrittmacherreaktion für Isoleucin, die Herstellung von α-Ketobutyrat, wird von Isoleucin gehemmt, aber von Valin aktiviert. Damit wird sichergestellt, dass nicht die eine Aminosäure auf Kosten der anderen überhandnimmt.

- **Regulation durch multiple Enzyme**

❯ **Die Schrittmacherreaktion wird manchmal durch multiple Enzyme katalysiert, die durch die unterschiedlichen Reaktionsprodukte auch unterschiedlich reguliert werden.**

Stryer, Abb. 24.20

Die Phosphorylierung von Aspartat als Schrittmacherreaktion bei der Synthese von Threonin, Methionin und Lysin wird z. B. in *E. coli* durch drei verschiedene

Aspartkinasen katalysiert. Eine wird nicht reguliert, eine weitere nur durch Threonin, die dritte nur durch Lysin (Stryer, Abb. 24.20).

- **Kumulative Rückkopplungshemmung**

In einer **kumulativen Rückkopplungshemmung** wirken alle Reaktionsprodukte teilweise inhibierend auf das Enzym des gemeinsamen Schrittes – nur zusammen können sie es abschalten.

> **Kumulative Rückkopplungshemmung durch acht Produkte**
> Die Glutamin-Synthetase von *E. coli* ist ein Beispiel für eine kumulative Rückkopplungshemmung – ist sie doch die zentrale Reaktion des Stickstoffmetabolismus. Ihr entspringen acht Produkte, jedes von ihnen wirkt auch noch inhibierend, wenn andere Produkte schon ihre jeweilige maximale Inhibitionswirkung ausüben. Die enzymatische Aktivität kommt nur dann vollständig zum Erliegen, wenn alle acht Produkte an das Enzym gebunden sind.

16.2.8 Regulation durch kovalente Modifikation

Die Glutamin-Synthetase wird durch das reversible Anfügen einer AMP-Einheit kovalent modifiziert (Stryer, Abb. 24.21). Diese Adenylierung ist der letzte Schritt einer Enzymkaskade, die durch Reaktanden und Produkte der Glutamin-Synthetase ausgelöst wird.

Stryer, Abb. 24.21

> ❯ In der adenylierten Form ist die Glutamin-Synthetase weniger aktiv und wird durch kumulative Rückkopplung noch stärker gehemmt.

Bei der Kontrolle des Stickstoffmetabolismus in der Zelle müssen zahlreiche Signale zu Konzentrationen von Reaktanden und Produkten verarbeitet werden. Dies gelingt in einer Kaskade enzymatischer Reaktionen einfach dadurch, dass mehr unabhängige Kontrollpunkte zur Verfügung stehen.

16.2.9 Viele Biomoleküle entstehen aus Aminosäuren

Aminosäuren bauen Proteine auf, aber nicht nur das – sie sind auch Vorstufen für zahllose Biomoleküle in ganz unterschiedlichen Funktionen.

> **Aminosäuren als Vorstufen**
> Aus Aminosäuren entstehen z. B. Nucleinsäurebasen, das gefäßerweiternde Histamin, Hormone wie Thyroxin und Adrenalin oder der Neurotransmitter Serotonin (Stryer, Abb. 24.22).
> Das Aminosäurederivat **Glutathion** ist ein Antioxidans, das Wasserstoffperoxid und andere organische Peroxide reduziert, wobei die SH-Gruppe seines Cysteinrestes oxidativ dimerisiert wird (Stryer, Abb. 24.23).
> **Stickstoffmonoxid (NO)** entsteht aus Arginin und ist ein Botenstoff bei vielen Signalübertragungen (Stryer, Abb. 24.26).
> **Porphyrine** werden aus Glycin und Succinyl-CoA hergestellt. Die Weiterreaktion des so gewonnenen δ-Aminolävulinats bis zu Häm zeigt Abb. 24.28 im Stryer.

Stryer, Abb. 24.22

Stryer, Abb. 24.23 und 24.26

Stryer, Abb. 24.28

✅ **Antworten**

1. Die Aminosäure hat Elektronen abgegeben, sie wurde oxidiert; PLP hat Elektronen aufgenommen, es wurde reduziert.

2.

Mechanismus der Cystathioninsynthese (Substituenten am Pyridinring wurden aus Gründen der Übersichtlichkeit weggelassen)

Zunächst bildet sich aus Serin und PLP die Schiff-Base 1. Wie in der für Transaminasen üblichen Weise wird das H-Atom am α-Kohlenstoff als Proton abgespalten, die Elektronen wandern zum Pyridin, man erhält das Ketimin 2. Nun wandern die Elektronen aus dem Pyridin zurück, die Hydroxylgruppe verlässt das Molekül und nimmt die Elektronen mit (HO⁻); wir erhalten das Aldimin 3. Würde dieses hydrolysiert, entstünden PLP, Pyruvat und Ammoniak – das ist tatsächlich eine Abbaureaktion des Serins. In der Cystathionin-β-Synthase greift nun das Schwefelatom das Acryl-Kohlenstoffatom an (Michael-Addition), die Elektronen wandern zu Pyridin, es entsteht das Ketimin 4. Dessen Hydrolyse würde wieder eine α-Ketocarbonsäure freisetzen. Stattdessen wird hier, in der Umkehrung des ersten Reaktionsschrittes, ein Proton an das α-Kohlenstoffatom addiert; die Bindungselektronen sind aus dem Pyridin zurückgewandert. Wir erhalten das Aldimin 5, dessen Hydrolyse Cystathionin liefert.

Zusammenfassung

• Photosynthese

Pflanzen bauen durch Photosynthese Kohlenhydrate mithilfe der Energie von Sonnenlicht auf. Dies geschieht in der Thylakoidmembran von Chloroplasten mithilfe spezieller Pigmente (Chlorophyll).

Die Photosynthese wird unterteilt in eine Licht- und eine Dunkelreaktion. In der Lichtreaktion absorbiert Chlorophyll in Photosystem I ein Photon; ein Elektron wird angeregt und unmittelbar auf ein benachbartes Chlorophyllmolekül übertragen. Beide Chlorophyllmoleküle bilden das spezielle Paar. Von dort geht das Elektron über verschiedene Redoxcarrier auf den Cytochrom-*bf*-Komplex und von dort auf das Photosystem I über, wo es der NADPH-Synthese dient. Photosystem II oxidiert Wasser zurück, dabei entsteht Sauerstoff und das spezielle Paar wird reduziert. In Photosystem I wird, wiederum in einem speziellen Paar, durch Lichtabsorption ein weiteres Elektron angeregt und über Redoxcarrier zur Synthese von NADPH verwendet. Beide Photosysteme erzeugen bei ihren Aktionen einen Protonengradienten über die Thylakoidmembran, der die Synthese von ATP antreibt.

ATP und NADPH aus der Lichtreaktion dienen im Calvin-Zyklus (Dunkelreaktion) zur CO_2-Fixierung. Der Enzymkomplex Rubisco setzt dabei den C_5-Zucker Ribulose-1,5-bisphosphat mit CO_2 um zu zwei Mol 3-Phosphoglycerat. Daraus werden, wie in der Gluconeogenese bei Tieren, Hexosen aufgebaut.

- **Gluconeogenese und Glykogenstoffwechsel**

Die Gluconeogenese verwendet zum Teil die gleichen enzymatischen Schritte wie die Glykolyse. Drei irreversible Reaktionen der Glykolyse werden durch neue Enzymsysteme umgekehrt, indem ATP geopfert wird. Diese drei Schritte werden in der Glykolyse und in der Gluconeogenese reziprok reguliert.

Glucose wird in Form von Glykogen gespeichert. Darin sind Glucosereste α-1,4-glykosidisch verbunden; durch α-1,6-glykosidische Bindungen entstehen Verzweigungen. Glykogen-Phosphorylase baut Glykogen zu Glucose-1-phosphat ab; die Verzweigungen werden durch andere Enzyme bearbeitet.

Beim Aufbau von Glykogen wird Glucose durch Bindung an UDP aktiviert. Der Aufbau wird von Glykogenin eingeleitet, das sich selbst glykosyliert. Andere Enzyme katalysieren die Verlängerung und Verzweigung der Glucoseketten. Auf- und Abbau von Glykogen werden durch Hormone reziprok reguliert.

- **Pentosephosphatweg**

Durch den Pentosephosphatweg entstehen NADPH und C_5-Zucker; er läuft in Tieren und Pflanzen ab. In der oxidativen Phase wird Glucose-6-phosphat zu Ribose-5-phosphat und Kohlendioxid oxidiert. Dabei werden zwei Mol $NADP^+$ zu NADPH reduziert. Ribose-5-phosphat dient zur Synthese von Nucleosiden für DNA und RNA und von Nucleotid-Coenzymen.

In der nichtoxidativen Phase werden Kohlenhydrate mit drei bis sieben Kohlenstoffatomen ineinander umgewandelt. In der Summe entstehen aus Ribulose-5-phosphat Fructose-6-phosphat und Glycerinaldehyd-3-phosphat, beide sind Zwischenstufen der Glykolyse.

- **Lipidstoffwechsel**

Fette (Triacylglyerine) sind hoch konzentrierte Energiespeicher. Sie werden durch Lipasen gespalten: Glycerin kann in die Glykolyse bzw. Gluconeogenese eingeschleust werden, Fettsäuren werden in C_2-Einheiten vom Carboxylatende her gespalten und als Acetyl-CoA in den Citratzyklus eingeschleust. Ferner entstehen $FADH_2$ und NADH, die ihre Elektronen an die Atmungskette abgeben.

Der Abbau einfach ungesättigter Fettsäuren benötigt zusätzlich eine Isomerisierung, der von mehrfach ungesättigten Fettsäuren darüber hinaus einen Reduktionsschritt.

Der Abbau von ungeradzahligen Fettsäuren endet zunächst mit Propionyl-CoA. Dieses wird in den C_4-Baustein Succinyl-CoA umgewandelt, welches im Citratzyklus weiter verarbeitet wird. Dazu ist Cobalamin (Vitamin B_{12}) als Coenzym notwendig.

Der Aufbau von Fettsäuren erfolgt ebenfalls schrittweise in C_2-Einheiten und beginnt mit einem Malonyl-Derivat, von dem CO_2 abgespalten wird. Im großen Enzymkomplex der Fettsäuresynthase bleiben alle Zwischenprodukte an ein Acylcarrierprotein gebunden. Bei einer Kettenlänge von C_{16} wird das Produkt, Palmitat, vom Enzymkomplex freigesetzt. Zusätzliche Enzyme verlängern die C_{16}-Kette und führen Doppelbindungen ein.

• Aminosäurestoffwechsel

Defekte und überschüssige Proteine im Körper werden hydrolysiert. Dazu werden sie zunächst mehrfach durch Ubiquitin markiert und in dieser Form in einem großen Enzymkomplex, dem Proteasom, zu Aminosäuren abgebaut. Aminosäuren aus der Nahrung und aus dem Abbau von Proteinen dienen zum Aufbau von Peptiden oder als Brennstoff.

Der Abbau von Aminosäuren beginnt mit einer Transaminierung: Die Aminogruppe wird auf α-Ketoglutarat übertragen, es entstehen eine α-Ketocarbonsäure (aus der Aminosäure) und Glutamat. Glutamat wird oxidativ desaminiert zu α-Ketoglutarat und Ammoniak, der in Harnstoff umgewandelt und ausgeschieden wird.

Die Kohlenstoffatome der desaminierten Aminosäuren werden zu Acetyl-CoA, Pyruvat, Acetacetat oder Zwischenprodukten des Citratzyklus abgebaut. Aromatische Reste werden durch Oxygenasen geöffnet.

Die Stickstofffixierung, die energetisch sehr aufwendige biochemische Reduktion von atmosphärischem Stickstoff, gelingt nur speziellen Bakterien in den Wurzeln von Leguminosen. Der so erzeugte Ammoniak wird auf α-Ketoglutarat übertragen, es entsteht Glutamat. Durch Transaminasen, sowohl in Pflanzen wie auch in Tieren, wird die Aminogruppe auf weitere α-Ketocarbonsäuren übertragen, wodurch die anderen α-Aminosäuren entstehen.

Menschen synthetisieren elf der zwanzig Aminosäuren selbst, neun essenzielle Aminosäuren müssen mit der Nahrung aufgenommen werden. Durch Transaminierung von Pyruvat entsteht Alanin, aus Oxalacetat Aspartat. Glutamin und Asparagin werden durch Amidierung von Glutamat und Aspartat erhalten. Prolin und Arginin werden in mehrstufigen Reaktionen ebenfalls aus Glutamat gewonnen. Serin entsteht aus Phosphoglycerat und wird in Glycin und Cystein umgewandelt. Aromatische Aminosäuren entstehen über Shikimat und Chorismat in vielstufigen Reaktionen.

Biosynthese und Abbau von Aminosäuren werden durch Rückkopplungen und durch kovalente Modifikationen von Enzymen reguliert. Aminosäuren dienen – außer zum Aufbau von Proteinen – als Ausgangsmaterial für Nucleinsäurebasen oder manche Hormone.

16

Weiterführende Literatur

Weiterführende Literatur

Berg JM, Tymoczko JL, Gatto Jr. GJ, Stryer L (2018) Biochemie 8. Aufl. Springer Spektrum, Heidelberg

Müller-Esterl, W (2018) Biochemie 3. Aufl. Springer Spektrum, Heidelberg

Heldt H-W, Piechulla B (2015) Pflanzenbiochemie 5. Aufl. Springer Spektrum, Heidelberg

Deisenhofer J, Michel H (1989) Das photosynthetische Rektionszentrum des Purpurbakteriums Rhodopseudomonas viridis (Nobel-Vortrag). Angew Chem 101: 849–871 (► https://doi.org/10.1002/ange.19891010705)

Kim J, Rees DC (1989) Nitrogenase and biological nitrogen fixation. Biochemistry 33: 389–397 (► https://doi.org/10.1021/bi00168a001)

Fischer EH (1993) Proteinphosphorylierung und Zellregulation II (Nobel-Vortrag). Angew Chem 105: 1181–1188 (► https://doi.org/10.1002/ange.19931050806)

Krebs EG (1993) Proteinphosphorylierung und Zellregulation I (Nobel-Vortrag). Angew Chem 105: 1173–1180 (► https://doi.org/10.1002/ange.19931050805)

Molekularbiologie

Inhaltsverzeichnis

■ Voraussetzungen

Mit den Themen des letzten Teils unseres Buches verlassen wir die klassische Biochemie, in der es um definierte Biomoleküle, Stoffwechsel und Energiegewinnung geht. Wir wollen die Vorgänge an der DNA – Replikation (Verdoppelung), Transkription (Ablesen) und Translation (Übersetzung in Protein), die wir bereits im 1. Teil skizziert fanden – hier genauer betrachten. Und damit betreten wir noch einmal Neuland: die Molekularbiologie, eine aufregende Wissenschaft, die die aktuelle Forschung in Atem hält und die Biologie zur Leitwissenschaft des 21. Jahrhunderts gemacht hat. In ihrer Anwendung kann sie einen tiefgreifenden Einfluss auf unser Leben haben und beherrscht die öffentliche Diskussion – man denke an Gentechnik, Gentherapie oder die Kontroverse um Stammzellen.

In diesem Teil können wir uns nur die Grundlagen dieser molekularbiologischen Themen erarbeiten. Als Voraussetzung dazu sollten Sie vor allem den Stoff des ersten Teils beherrschen.

Lernziele

Beim Studium des vorliegenden Teils werden Sie vielleicht feststellen, dass für uns als Chemiker die Molekularbiologie nicht immer leicht zu verstehen ist. Zwar werden wir auch hier einige Reaktionsmechanismen und Molekülstrukturen finden, und die sollten wir uns auch aneignen. Oft jedoch kommt es gar nicht so genau darauf an, wer mit wem wie reagiert. Stattdessen werden wir von hoch funktionellen molekularen Maschinen hören, die aus vielen Proteinen und Nucleinsäuren bestehen – aber nicht im Detail charakterisiert sind. An solchen Komplexen – etwa Ribosomen oder Spleißosomen – laufen fundamentale Lebensprozesse ab.
Wie diese Vorgänge im Prinzip stattfinden, die Unterschiede zwischen Pro- und Eukaryoten, wie streng und ausgeklügelt sie reguliert werden, sollten Sie nach dem Studium dieses Teils verstanden haben.

Stryer, Kap. 28 bis 32

Die Molekularbiologie ist ein sehr forschungsintensives Gebiet; ständig werden neue Erkenntnisse gewonnen und Fakten um Fakten veröffentlicht. Viele davon haben Eingang in den Stryer gefunden, und so finden wir den hier behandelten Stoff in fünf umfangreichen Kapiteln, Kap. 28 bis 32. Nur ein kleiner Teil daraus hat Eingang in dieses Buch gefunden. Dennoch sollten Sie am Ende – so hoffen wir – etwas von der Faszination mitnehmen, die von der Molekularbiologie ausgeht. Und wir möchten Sie an dieser Stelle ermuntern, weiterzulesen. Dazu gibt es zahlreiche gut geschriebene Übersichtsartikel und Lehr- und Sachbücher; am Ende dieses Teils finden Sie, wie immer, eine kleine Auswahl dazu.

Replikation: Erstellen einer exakten DNA-Kopie

© Springer-Verlag GmbH Deutschland, ein Teil von Springer Nature 2020
K. von der Saal, *Biochemie*, https://doi.org/10.1007/978-3-662-60690-2_17

Bakterien vermehren sich, indem sie sich teilen; höhere Organismen wachsen durch Zellteilung. Aus einer Zelle werden zwei, und jede dieser Tochterzellen braucht eine komplette genetische Ausstattung. Vor jeder Zellteilung muss also die DNA der Zelle verdoppelt werden – durch Herstellung einer identischen Kopie der gesamten DNA. Dieser Vorgang heißt Replikation. Bei höheren Organismen, den Eukaryoten, findet die Replikation im Zellkern statt, dem Organell, das die DNA schützend einschließt. Prokaryoten wie Bakterien haben keinen Zellkern, bei ihnen liegt die DNA im Cytoplasma, dort findet die Replikation statt.

Stryer, Abb. 28.1

Aus dem ersten Teil wissen wir, dass die Replikation semikonservativ ist: Die beiden komplementären DNA-Stränge trennen sich; jeder Einzelstrang dient als Matrize für die Synthese eines Partnerstrangs. Der neue Doppelstrang erhält also einen Eltern- und einen neu synthetisierten Strang (Stryer, Abb. 28.1).

Bei der Replikation der DNA kommt es vor allem auf Genauigkeit an, denn schon einfache Fehler können sich fatal auswirken. Um diese Genauigkeit zu gewährleisten, ist eine komplexe Maschinerie von Enzymen mit einem Heer an Helferproteinen an der Replikation und Reparatur von DNA beteiligt. So wird eine extrem hohe Genauigkeit erreicht.

17.1 Synthese eines neuen DNA-Strangs

Das Enzym, das anhand einer DNA-Matrize einen neuen DNA-Strang herstellt, heißt **DNA-Polymerase**. Dieses Enzym verknüpft Desoxyribonucleosidtriphosphate – also dATP, dTTP, dGTP oder dCTP (allgemein: dNTP) –, indem es an einen vorhandenen Strang schrittweise neue Nucleotide anknüpft. Dabei werden Phosphodiesterbindungen zwischen der endständigen 3′-OH-Gruppe des vorhandenen Strangs und der inneren Phosphatgruppe des neu hinzukommenden Nucleotids ausgebildet. Allgemein lautet die Reaktion (▶ Gl. 17.1):

Stryer, Abb. 4.26

$$(\text{DNA})_n + \text{NTP} \rightleftharpoons (\text{DNA})_{n+1} + \text{PP}_i$$

(17.1)

Dabei ist n die Anzahl der in der Kette vorhandenen Nucleotide. Von dem neu hinzukommenden NTP wird energiereiches Pyrophosphat (PP_i) abgespalten und hydrolysiert: Die dabei freiwerdende Energie treibt die an sich reversible Reaktion in Richtung der verlängerten DNA. Ein Schema dieser Reaktion finden Sie im Stryer, Abb. 4.26.

❯ **Die neue DNA-Kette wird stets in 5′→3′-Richtung verlängert.**

Die meisten Fakten, die wir hier kennen lernen, fand man bei der Replikation von Bakterien heraus, die einfacher zu erforschen sind. Bei Eukaryoten ist sie prinzipiell ähnlich, wenn auch viel komplexer. DNA-Polymerasen von Pro- und Eukaryoten unterscheiden sich geringfügig. In der Folge ist meist von DNA-Polymerase III die Rede, dem Replikationsenzym bei dem Bakterium *Escherichia coli* (kurz *E. coli*).

Stryer, Tab. 28.1

Eukaryotische DNA-Polymerasen
In Prokaryoten fand man drei verschiedene DNA-Polymerasen, die bei der Replikation und der Reparatur von DNA aktiv sind. Bei Eukaryoten gibt mindestens fünf verschiedene DNA-Polymerasen, die auf unterschiedliche Aufgaben spezialisiert sind – einige sind für die DNA-Reparatur zuständig, andere replizieren die DNA von Mitochondrien, wieder andere nur die DNA des Zellkerns. Meist sind eukaryotische DNA-Polymerasen komplex aufgebaut und bestehen aus mehreren Untereinheiten. Einen Überblick finden Sie in Tab. 28.1 im Stryer.

17

DNA-Polymerasen haben einige Besonderheiten, die die Replikation auf den ersten Blick unnötig kompliziert machen. Andererseits dient dies ihrer Genauigkeit, wie wir im Verlauf dieses Kapitels sehen werden.

17.1.1 Die DNA-Polymerase braucht eine DNA-Matrize

Die DNA-Polymerase kann keine freien Nucleosidtriphosphate miteinander verknüpfen, sondern braucht stets eine DNA-Matrize: Erst wenn ein freies NTP-Molekül mit seinem Gegenüber im komplementären Strang ein Basenpaar bildet, verknüpft das Enzym den neuen Baustein mit seinem Vorgänger in der neuen Kette. Es ist offensichtlich, dass diese Strategie Fehler vermeidet!

17.1.2 Die DNA-Polymerase benötigt einen Primer

Die DNA-Polymerase kann nicht bei null beginnen, sondern nur Nucleotide an das 3′-Ende einer bereits vorhandenen Kette anknüpfen – zu Beginn ist also eine Starthilfe nötig. Diese Starthilfe ist ein kurzes RNA-Oligonucleotid, **Primer** genannt. An die 3′-OH-Gruppe dieses Primers setzt die DNA-Polymerase an und führt die Kette durch Verknüpfung von Desoxynucleotiden fort (Stryer, Abb. 28.9).

Der Primer besteht aus etwa fünf RNA-Nucleotiden und wird von einer RNA-Polymerase (**Primase** genannt) komplementär zum Gegenstrang hergestellt. Nach Start der DNA-Synthese wird der Primer wieder abgespalten und später durch DNA ersetzt. Dies wird katalysiert von einer anderen DNA-Polymerase, DNA-Polymerase I.

Stryer, Abb. 28.9

17.1.3 DNA-Polymerasen synthetisieren neue DNA in 5′→3′-Richtung

Beide DNA-Stränge einer DNA-Doppelhelix dienen, wie wir wissen, als Matrizen. Bei der Replikation öffnet sich der Doppelstrang, wobei eine sog. **Replikationsgabel** entsteht (Stryer, Abb. 28.10). Aus ▶ Kap. 4 des 1. Teils wissen wir, dass die beiden Stränge einer Doppelhelix gegenläufig sind. Die DNA-Polymerase kann jedoch nur in einer Richtung arbeiten, nämlich in 5′→3′-Richtung. Eine *kontinuierliche* DNA-Synthese ist also nur an einem, dem 3′→5′-Elternstrang, in Richtung der sich öffnenden Gabel möglich. Am anderen Elternstrang kann die Replikation in 5′→3′-Richtung dagegen nur rückwärts, von der Replikationsgabel weg, geschehen. Deshalb entsteht hier der neue Strang *diskontinuierlich* in Form kürzerer Abschnitte, die nach ihrem Entdecker **Okazaki-Fragmente** genannt werden. Diese Fragmente werden von einem Enzym namens **DNA-Ligase** während des Fortschreitens der Replikation miteinander verknüpft. Die DNA-Ligase katalysiert die Bildung einer Phosphodiesterbindung zwischen der 3′-OH-Gruppe am Ende einer DNA-Kette und der 5′-Phosphatgruppe am Ende der anderen Kette. Dazu muss Energie aufgewendet werden – bei Eukaryoten in Form von ATP (Stryer, Abb. 28.11). Beachten Sie, dass für jedes einzelne Okazaki-Fragment ein neues Primer-Stück notwendig ist! Der kontinuierlich synthetisierte Strang wird **Leitstrang** (engl. *leading strand*) genannt; der diskontinuierlich aus Fragmenten erzeugte ist der **Folgestrang** (engl. *lagging strand*).

Stryer, Abb. 28.10 und 28.11

17.1.4 Vor der Replikation muss die Doppelhelix getrennt werden

Vor der Replikation müssen die beiden Stränge der Doppelhelix zunächst voneinander getrennt werden, um zugänglich zu werden für Primase und DNA-Polymerase. Nun wissen wir, dass die Doppelhelix sehr stabil ist und erst bei höheren Temperaturen (häufig erst bei 70–80 °C) „schmilzt" (1. Teil, ▶ Abschn. 4.2.5). Unter physiologischen Bedingungen muss die DNA deshalb enzymatisch geöffnet werden.

Dazu binden Proteine, die **Helikasen,** an einen bestimmten Abschnitt der Doppelstrang-DNA, den **Replikationsursprung.** Sie verbiegen dabei die Doppelhelix, sodass sie sich auf einem kurzen Stück öffnet. Dabei wird ATP verbraucht. Weitere Proteine (Einzelstrang-bindende Proteine, engl. *single-strand binding proteins,* SSB) lagern sich an die freigelegten Einzelstränge an und stabilisieren sie. Die Einzelstränge sind nun bereit für Primase und DNA-Polymerase.

17.1.5 Topoisomerasen verringern die Spannung in superspiralisierter DNA

Bei der lokalen Entwindung der DNA am Replikationsursprung entstehen zwangsläufig vor der Replikationsgabel übermäßige Verwindungen oder Superspiralen (zur Superspiralisierung der DNA Teil 1, ▶ Abschn. 4.2.3). Die weitere Entwindung der DNA beim Fortschreiten der Replikation würde so erschwert.

Mit den Begriffen der Topologie lässt sich dies folgendermaßen beschreiben (Stryer, Abschn. 28.2 und Abb. 28.15): Eine entspannte DNA-Doppelhelix mit einer bestimmten Anzahl von z. B. 260 Basenpaaren hat eine bestimmte, charakteristische Anzahl von Helixwindungen, nämlich 260 dividiert durch die Anzahl der Basenpaare pro Windung (also die Ganghöhe). Die Ganghöhe beträgt bei der natürlich vorliegenden B-Helix 10,4. Damit erhalten wir $260/10,4 = 25$ Helixwindungen. Wird unser DNA-Molekül nun teilweise entwunden und zu einem Ring verknüpft, hat das Molekül zwei Möglichkeiten: In Fall 1 gibt es nur noch 23 Helixwindungen (Stryer, Abb. 28.14d). In Fall 2 nimmt die Doppelhelix eine superspiralisierte Form mit 25 Helixwindungen ein sowie zwei rechtsgängigen (oder negativen) Windungen der Superhelix. Diese Form ist sehr viel kompakter als ein entspanntes DNA-Molekül derselben Länge (Abb. 28.15e). Die meisten DNA-Moleküle sind negativ superspiralisiert.

Die **Verwindungszahl** *Lk (linking number)* entspricht definitionsgemäß der Anzahl der Rechtswindungen eines DNA-Strangs um die in eine Ebene gelegte Helixachse. In Stryer, Abb. 28.15 sind die Verwindungszahlen der verschiedenen DNA-Formen jeweils vermerkt. Moleküle, die sich nur in der Verwindungszahl unterscheiden, heißen topologische Isomere oder **Topoisomere.**

> ❯ Topoisomere DNA-Moleküle können nur durch Schneiden eines oder beider Stränge – also durch Bruch und Neuknüpfung einer kovalenten Bindung – ineinander überführt werden.

Was bedeutet dies für die Replikation? Mit der einsetzenden Entwindung durch die Helikase stauen sich vor der Replikationsgabel DNA-Überdrehungen – der Torsionsstress steigt. Nun kommen spezielle Enzyme ins Spiel: **Topoisomerasen** entspannen die DNA, indem sie die Verwindungszahl ändern: Typ-I-Topoisomerasen katalysieren die (energetisch begünstigte) Entspannung superspiralisierter DNA durch Schneiden eines DNA-Strangs. Dabei greift die Hydroxylgruppe eines Tyrosinrests des Enzyms eine Phosphatgruppe in einem Strang des DNA-Rückgrats an und bildet eine Phosphodiesterbindung zwischen Enzym und DNA. Die so erzeugten Enden des durchtrennten Strangs können nun gegeneinander rotieren, bis sie entspannt sind. Dann wird der Strangbruch durch die Umkehr der Spaltungsreaktion wieder verschlossen.

Stryer, Abschn. 28.2 und Abb. 28.15

Stryer, Abb. 28.15

17

Typ-II-Topoisomerasen führen negative Superspiralen in die DNA-Moleküle ein; sie spalten dabei beide DNA-Stränge über einen ähnlichen Mechanismus und verschließen sie wieder; für ihre Reaktion ist ATP erforderlich. Beide Enzyme – Typ-I- und Typ-II-Topoisomerase – haben also gegensätzliche Wirkungen. Ihre Aktionen werden so koordiniert und reguliert, dass die DNA-Doppelhelix in der Nähe der Entwindungsstelle das richtige Maß an Superspiralisierung und Entspannung erfährt.

17.1.6 Abläufe der Replikation – Übersicht

Fassen wir die Abläufe der Replikation nochmals zusammen:

> **Wichtig**
> Helikasen binden am Replikationsursprung an die DNA-Doppelhelix und entwinden sie lokal.
> Einzelstrang-bindende Proteine lagern sich an die freigelegten Einzelstränge und stabilisieren sie.
> Topoisomerasen entspannen den Torsionsstress in der Doppelhelix vor der Replikationsgabel.
> Primasen erzeugen einen Primer, ein kurzes RNA-Stück, komplementär zum Gegenstrang.
> DNA-Polymerase III verlängert den Primer durch Anknüpfung von Desoxynucleosidtriphosphaten in $5' \rightarrow 3'$-Richtung.
> Der Leitstrang wird kontinuierlich synthetisiert; der Folgestrang entsteht diskontinuierlich in Form einzelner Okazaki-Fragmente.
> DNA-Ligase verknüpft die Okazaki-Fragmente.
> Der RNA-Primer wird abgespalten und durch DNA ersetzt, katalysiert von DNA-Polymerase I.

Damit ein ganzes Genom schnell und fehlerfrei repliziert werden kann, müssen diese Einzelschritte und die daran beteiligten Enzyme genauestens koordiniert werden. Eine Voraussetzung dazu liegt in der Leistungsfähigkeit der DNA-Polymerase III: Sie verknüpft eine sehr große Anzahl von Nucleotiden nacheinander – mehrere Tausend –, ohne ihr Substrat, die DNA-Matrize, zu verlassen. Man sagt, sie hat eine sehr hohe **Prozessivität**. Hinzu kommt, dass sie ungemein schnell arbeitet: In jeder Sekunde fügt sie 1000 neue Nucleotide an die DNA-Kette an.

17.2 Replikation bei höheren Organismen

Bei Eukaryoten ist die Replikation zwar prinzipiell ähnlich wie bei Bakterien, jedoch ungemein anspruchsvoller: Bakterien haben ein einziges (ringförmiges) Chromosom, höhere Organismen haben mehrere lineare Chromosomen.

Das Bakterium *Escherichia coli* hat ein Genom aus 4,6 Mio. Basenpaaren, die in weniger als 40 min repliziert werden. Bei einer menschlichen Körperzelle sind es ca. 3,2 Mrd. Basenpaare, die auf den einfachen Satz von 23 Chromosomen verteilt sind! Die Replikation geschieht hier erheblich langsamer und nimmt mehrere Stunden in Anspruch.

Bei höheren Organismen setzt die Replikation deshalb an mehreren Stellen im Genom gleichzeitig ein: Beim Menschen gibt es ca. 30.000 Replikationsursprünge, einige Hundert auf jedem Chromosom. Selbstverständlich gibt es ausgeklügelte Kontrollmechanismen, die sicherstellen, dass jedes DNA-Stück nur einmal repliziert wird.

17.2.1 Telomere sind die Endstücke von Chromosomen

Die linearen Chromosomen von Eukaryoten werfen besondere Probleme auf: Weil die DNA-Polymerase immer in 5′→3′-Richtung, ausgehend von einem RNA-Primer, arbeitet, bliebe am Folgestrang nach Abspaltung des letzten RNA-Primers ein überhängendes 3′-Ende auf der Matrize, das von der DNA-Polymerase nicht aufgefüllt werden kann, da sie ohne Primer nicht arbeiten und auch nicht in 3′→5′-Richtung arbeiten kann. Mit jeder Replikationsrunde würde das Chromosom kürzer und genetische Information ginge verloren.

Stryer, Abb. 28.30

Hier hat die Natur vorgesorgt: Die Enden von Chromosomen, sog. **Telomere**, codieren im Allgemeinen keine Gene. An ihrem 3′-Ende enthalten sie eine bestimmte G-reiche Sequenz aus sechs Nucleotiden in Hunderten von Kopien (eine sog. **Tandemwiederholung**). An diesem Ende ist das Telomer ein wenig länger als sein Gegenstück und als Einzelstrang ein Stück weit überhängend. Dieses Einzelstrangende am Ende eines Chromosoms ist normalerweise in einer doppelsträngigen Schleife am Ende eines Chromosoms verborgen (Stryer, Abb. 28.30).

Stryer, Abb. 28.31

Die Telomersequenzen werden von einem besonderen Enzym erzeugt, der **Telomerase**. Dieses Enzym ist ein Komplex aus Protein und RNA. In seinem aktiven Zentrum enthält es ein RNA-Oligonucleotid mit einer C-reichen Sequenz, das als Matrize für die Telomersequenz dient. Damit bringt die Telomerase sozusagen ihre eigene Matrize mit, anhand derer sie das 3′-Ende der Matrize des Folgestrangs mehrfach verlängert und so die Voraussetzung für Primase und DNA-Polymerase schafft, den Folgestrang nun zu Ende zu verlängern (Stryer, Abb. 28.31).

> **Telomerase als Zielenzym in der Krebstherapie**
> Zellen, die sich sehr häufig teilen, stellen die Telomerase in großen Mengen her – so auch Krebszellen. Deshalb wird die Telomerase als Ziel einer möglichen Krebstherapie erforscht.

17.3 Kontrolle der Replikation und DNA-Reparatur

Die Replikation ist ungemein genau; dennoch wird – sehr selten – eine falsche Base eingebaut: Im Durchschnitt beträgt die Fehlerquote der Replikation etwa 10^{-3} bis 10^{-4}. Durch zusätzliche Reparatursysteme, die nach der Replikation greifen, wird die Fehlerquote auf 10^{-10} gesenkt.

> **Genauigkeit durch Fehlerkorrekturen**
> Das menschliche Genom enthält etwa drei Milliarden Basenpaare in einem einfachen Chromosomensatz. Als Reihenfolge von Einbuchstabenabkürzungen der Nucleotide (A, T, C, G …) ergäbe dies ein Buch von ca. 650.000 Seiten. Beim Abschreiben dieses Buches enthielte die Kopie im Durchschnitt gerade mal einen Fehler! Die DNA-Polymerase macht etwa einen Fehler pro 1000 bis 10.000 eingebauter Basen; es muss deshalb noch weitere Korrekturmechanismen geben.

Stryer, Abb. 28.37

Um die Zahl bleibender DNA-Fehler (**Mutationen**) zu minimieren, wird schon während der Replikation sorgfältig Korrektur gelesen – das erledigt bereits die DNA-Polymerase III. Durch Einbau einer falschen Base entsteht ein nicht optimal gepaartes Basenpaar (ein sog. Nicht-Watson-Crick-Paar). Ein solches Basenpaar verformt die neu gebildete DNA lokal und ist weniger stabil als Watson-Crick-Paare. DNA-Polymerase III von *E. coli* enthält eine spezielle Untereinheit mit einer Korrekturlesefunktion, die solche fehlgepaarten Nucleotide erkennt und durch eine Exonuclease-Aktivität vom 3′-Ende der DNA ausschneiden, d. h. hydrolysieren und entfernen kann (Stryer, Abb. 28.37).

Ein zusätzliches Kontrollsystem beseitigt Fehlpaarungen, die nicht von der DNA-Polymerase III erkannt wurden. Es besteht aus mindestens zwei Proteinen, von denen eines die Fehlpaarung erkennt, worauf das andere eine Exonuclease aktiviert, die den neu synthetisierten DNA-Strang in der Nähe des Fehlers schneidet.

17.3.1 Oxidiations- oder Alkylierungsmittel können Basen in der DNA verändern

DNA-Schäden können auch durch chemische Substanzen entstehen. Als Mutagene wirken z. B. reaktive Sauerstoffspezies wie das Hydroxylradikal $HO^•$. Es reagiert mit Guanin zu 8-Oxoguanin. In einer darauffolgenden Replikationsrunde paart 8-Oxoguanin häufig mit Adenin, nicht mit Cytosin (Stryer, Abb. 28.32). Eine andere schädliche Reaktion ist die oxidative Desaminierung von Basen durch salpetrige Säure HNO_2: Adenin z. B. wird zu Hypoxanthin desaminiert (Stryer, Abb. 28.33), das ebenfalls ein Basenpaar mit Cytosin bildet. Cytosin wird zu Uracil, Guanin zu Xanthin oxidiert. Die Produkte dieser Desaminierungen paaren ebenfalls mit anderen Partnern.

Stryer, Abb. 28.32 und 28.33

Alkylierungsmittel wie z. B. Ethyliodid oder Acrylamid – generell: Verbindungen mit positiv polarisierten Kohlenstoffatomen – können N-7 von Guanin oder Adenin alkylieren. Und es gibt Mutagene, die erst durch die Einwirkung von Enzymen entstehen.

> **Schimmelpilzgift verändert Guanin**
> Krebs erregendes Aflatoxin B$_1$ wird von Schimmelpilzen produziert. Das Toxin wird durch das Enzym Cytochrom P$_{450}$ (eigentlich ein Entgiftungsenzym) zu einem hoch reaktiven Epoxid umgewandelt, das mit dem N-7-Atom von Guanin reagiert (Stryer, Abb. 28.34). Dabei entsteht ein Addukt, das letztlich zu einer GC→TA-Transversion führt.

Stryer, Abb. 28.34

17.3.2 Durch UV-Licht entstehen Pyrimidindimere

DNA-Schäden entstehen häufig durch den UV-Anteil des Sonnenlichts. Durch die energiereichen UV-Strahlen werden benachbarte Pyrimidinreste in einem DNA-Strang durch eine [2+2]-Cycloaddition kovalent miteinander verbunden: ein Pyrimidindimer entsteht, eine Quervernetzung innerhalb eines Strangs, der daraufhin nicht mehr in die Doppelhelix passt (Stryer, Abb. 28.35). An dieser Stelle kommen Replikation oder Transkription zum Stillstand, bis der Schaden repariert ist. Höher energetische Röntgenstrahlung kann hoch reaktive Spezies erzeugen, die dann Einzel- und Doppelstrangbrüche in der DNA hervorrufen.

Es gibt auch Quervernetzungen zwischen Basen in gegenüberliegenden Strängen, z. B. durch die Einwirkung von Psoralen, einem Trizyklus mit zwei reaktiven Stellen, die mit Basen von zwei Strängen reagieren können (Stryer, Abb. 28.36).

Stryer, Abb. 28.35 und 28.36

▪ DNA-Reparatur

Nahezu alle Lebewesen verfügen über DNA-Reparatursysteme. Pyrimidindimere, durch UV-Licht entstanden, können durch die **DNA-Photolyase** direkt repariert werden: Das Enzym bindet an den deformierten Abschnitt der DNA;

mithilfe von Lichtenergie geht es in einen angeregten Zustand über, der das Dimer spaltet und den ursprünglichen Zustand wieder herstellt.

Ausschneiden von Basen Falsche Basen werden herausgeschnitten (**Basen-exzisionsreparatur**) und durch intakte ersetzt: Das Enzym *Alk*A aus *E. coli* z. B. bindet an eine modifizierte Base wie etwa 3-Methyladenin. Diese Base „springt" daraufhin ins aktive Zentrum des Enzyms, das die glykosidische Bindung spaltet und die fehlerhafte Base freisetzt. Das DNA-Rückgrat bleibt an dieser Stelle intakt. Es entsteht eine AP-Stelle, die entweder apurinisch (ohne A oder G) oder apyrimidinisch (ohne C oder T) ist. Ein anderes Enzym erkennt die AP-Stelle und spaltet das DNA-Rückgrat daneben; wiederum ein anderes schneidet die Desoxyribosephosphateinheit der AP-Stelle aus. DNA-Polymerase I fügt das korrekte Nucleotid (anhand des intakten Komplementärstrangs) ein; DNA-Ligase verschließt den Strang.

Stryer, Abb. 28.40

Ausschneiden von Nucleotiden Auch ganze Nucleotide, etwa Pyrimidin-dimere oder Stücke von Oligonucleotiden, können ausgeschnitten werden; DNA-Polymerase I stellt einen neuen Abschnitt her, der von DNA-Ligase mit dem Reststrang verbunden wird (Stryer, Abb. 28.40). DNA-Ligase kann Einzelstrangbrüche verschließen; auch für die Versiegelung von nahe benachbarten Doppelstrangbrüchen gibt es Reparatursysteme. Ein spezielles System zur Reparatur von Doppelsträngen ist die DNA-Rekombination (▶ Abschn. 17.3.4).

> ❯ Die verschiedenen Möglichkeiten der DNA-Reparatur bauen in erster Linie auf die Spezifität der Basenpaarung, durch die jeder DNA-Strang einer Doppelhelix die Matrize für den anderen Strang ist.

Stryer, Abb. 4.4

Warum kein Uracil in DNA?

Warum enthält die DNA Thymin, RNA dagegen Uracil? Beide Basen paaren mit Adenin. Und beide unterscheiden sich nur durch eine Methylgruppe: C-5 von Uracil enthält ein Wasserstoffatom, Thymin trägt eine Methylgruppe an dieser Stelle (Stryer, Abb. 4.4).

Cytosin in DNA wird relativ häufig spontan desaminiert, wobei Uracil entsteht. Da Uracil mit Adenin paart, würde nach einer Replikation der Tochterstrang an dieser Stelle ein AU-Basenpaar anstelle des ursprünglichen CG-Paares erhalten. Diese Mutation wird von einem Reparatursystem verhindert, das Uracil als „falsches" DNA-Element erkennt und ausschneidet. Enthielte die DNA normalerweise Uracil, könnte das System nicht unterscheiden zwischen falschem und korrektem Uracil. Thymin dagegen bleibt unangetastet; seine Methylgruppe an N-7 dient als Marker für das Reparatursystem und zeigt seine Rolle als „rechtmäßiges" Pyrimidin.

17.3.3 Krebs entsteht häufig durch fehlerhafte DNA-Reparatur

Mutationen in Genen können zu Krebs führen. Bei Defekten in DNA-Reparatur-proteinen steigt die Häufigkeit von Mutationen und damit auch die Häufigkeit von krebsauslösenden Veränderungen. Gene für DNA-Reparaturproteine sind häufig Tumorsuppressorgene – sie unterdrücken die Entwicklung von Tumoren. Mutationen in diesen Genen führen oft zur Entstehung von Krebs.

> **Im Notfall zerstört sich eine Zelle selbst: Apoptose**
> Das Protein p53 spielt eine wichtige Rolle bei der Erkennung von DNA-Schäden, besonders von Doppelstrangbrüchen. Es aktiviert die Reparatur oder, falls diese nicht funktioniert, führt alternativ die Zelle in den sog. programmierten Zelltod (Apoptose). Bei über der Hälfte aller Tumore beim Menschen ist das Gen für p53 mutiert. So können Leukämien, Hirntumoren, Brust- oder Darmtumoren entstehen.

17.3.4 DNA-Rekombination

Die DNA-Replikation zielt darauf, die genetische Information möglichst getreu zu kopieren. Nun gibt es einen natürlichen Prozess, der dem geradezu entgegenarbeitet – für uns Chemiker auf den ersten Blick nicht leicht zu verstehen. Es handelt sich um die DNA-Rekombination, den Austausch von genetischem Material zwischen zwei DNA-Molekülen.

Betrachten wir dazu Abb. 28.43 im Stryer: Zwei doppelhelikale DNA-Moleküle, durch verschiedene Farben hervorgehoben, tauschen ganze Abschnitte miteinander, sodass zwei neue, „rekombinierte" DNA-Moleküle entstehen. Selbstverständlich sind dabei auch Enzyme, die sog. Rekombinasen, im Spiel.

Stryer, Abb. 28.43

Tatsächlich ist die DNA-Rekombination eine weitere Möglichkeit der DNA-Reparatur, wenn ein Doppelstrangbruch in einem DNA-Molekül vorliegt. Dazu muss es in der Zelle ein anderes DNA-Molekül mit einer sehr ähnlichen oder sogar identischen Sequenz geben – nur dann ist Rekombination möglich. Neben der Reparatur findet DNA-Rekombination aber auch bei anderen biologischen Prozessen statt:

- Der begrenzte Austausch genetischen Materials bei der Zellteilung, bei der Samen- und Eizellen entstehen (Meiose), sorgt für genetische Vielfalt in einer Population.
- Rekombination macht die Vielfalt von Antikörpern überhaupt erst möglich.
- Mithilfe der Rekombination können manche Viren ihre DNA in die Wirtszelle einbauen.
- In der Evolution trägt die DNA-Rekombination zur Entwicklung neuer genetischer Varianten bei.

Schließlich ist die DNA-Rekombination auch ein wichtiges Werkzeug der Gentechnik.

? Fragen

1. Welche Moleküle braucht die DNA-Polymerase?
2. Welche Eigenschaft der DNA-Polymerase macht Okazaki-Fragmente erforderlich?
3. Welche Eigenschaften der DNA-Polymerase fördern die Genauigkeit der Replikation?

✓ Antworten

1. Die DNA-Polymerase braucht eine DNA-Matrize, einen RNA-Primer und Desoxyribonucleotide.
2. Die DNA-Polymerase kann neue DNA nur in $5' \rightarrow 3'$-Richtung synthetisieren.
3. Die DNA-Polymerase erkennt Fehlpaarung bei einem neu eingebauten Nucleotid und kann dieses ausschneiden. Ihre hohe Prozessivität (Verknüpfung von Tausenden von Nucleotiden, ohne das Substrat zu verlassen) sorgt weiter für hohe Genauigkeit.

Transkription: Umschrift der genetischen Information in RNA

© Springer-Verlag GmbH Deutschland, ein Teil von Springer Nature 2020
K. von der Saal, *Biochemie*, https://doi.org/10.1007/978-3-662-60690-2_18

Die Gene eines Organismus enthalten die Baupläne für alle Proteine und alle RNA-Moleküle einer Zelle. Bei Bedarf wird diese genetische Information abgerufen und in Proteine bzw. RNA umgesetzt. Wir nennen dies Genexpression – Ausprägung der genetischen Information.

Stryer, Kap. 4 und Kap. 29

Eine Übersicht zu diesem Thema finden Sie im Stryer in Kap. 4; ausführlicher wird es dann in Kap. 29.

Der erste Teil der Genexpression ist die Transkription, die Umschrift der DNA in ein RNA-Transkript. Dabei dient einer der DNA-Stränge als Matrize für die Synthese komplementärer RNA. Die sog. Messenger-RNA (Boten-RNA, mRNA) wird bei der nachfolgenden Translation in Protein übersetzt (diesen Vorgang besprechen wir im nächsten Kapitel). Durch Transkription entstehen ferner Transfer-RNA (tRNA) und ribosomale RNA (rRNA), die bei der Translation mitwirken, sowie kleinere RNA-Moleküle mit anderen Aufgaben.

> **Wichtig**
>
> **Die Messenger-RNA (mRNA) enthält die Information für den Bauplan eines Proteins. Sie dient während der Translation selbst als Matrize für die Proteinsynthese.**
>
> **Die Transfer-RNA (tRNA) bringt die Bausteine für das neue Protein in Form aktivierter Aminosäuren herbei. Sie ist das „Adaptermolekül" zwischen mRNA und Protein, zwischen Transkription und Translation.**
>
> **Die ribosomale RNA (rRNA) bildet zusammen mit Proteinen einen großen Komplex, das Ribosom, an dem die Biosynthese stattfindet.**

Wie die DNA-Replikation sind auch Transkription und Translation überaus komplexe und streng regulierte Vorgänge. Wie zuvor bei der Replikation wollen wir zunächst die Abläufe bei Bakterien betrachten, weil sie übersichtlicher sind.

Die Synthese von RNA nach einer DNA-Matrize wird von dem Enzym **RNA-Polymerase** katalysiert nach ► Gl. 18.1:

$$(RNA)_n + NTP \rightleftharpoons (RNA)_{n+1} + PP_i \tag{18.1}$$

Das erinnert uns an die allgemeine Gleichung der DNA-Replikation, nur dass hier Ribonucleosidtriphosphate reagieren – ATP, GTP, UTP und CTP.

Tatsächlich ähneln sich Replikation und Transkription in mancherlei Hinsicht: Auch die RNA-Polymerase liest den Matrizenstrang in $3' \rightarrow 5'$-Richtung ab; das RNA-Transkript entsteht also in $5' \rightarrow 3'$-Richtung. Auch hier greift die endständige 3'-OH-Gruppe der wachsenden RNA-Kette das innerste Phosphoratom des neu hinzukommenden Nucleotids nucleophil an. Und auch hier wird die Synthese durch die Hydrolyse von Pyrophosphat angetrieben.

Im Gegensatz zur DNA-Polymerase ist jedoch kein Primer nötig: Die RNA-Polymerase kann *ab initio* starten, und im Gegensatz zur DNA-Polymerase kann RNA-Polymerase weniger gut Korrektur lesen.

Stryer, Abb. 4.31 und 29.4

Bei der Transkription wird im Allgemeinen immer nur einer der beiden DNA-Stränge abgelesen. Dieser heißt **Matrizenstrang** oder *antisense*-(−)-**Strang.** Der diesem komplementäre Strang heißt **codierender Strang** oder *sense*-(+)-**Strang.** Die Basenabfolge des RNA-Transkripts ist identisch mit der des codierenden Strangs, nur dass bei ihr T durch U ersetzt wurde (Stryer, Abb. 4.31 und 29.4).

Neu entstandene RNA-Transkripte tragen am 5'-Ende eine charakteristische Markierung, meist ein A oder G mit einer Triphosphatgruppe, kurz pppG oder pppA.

Betrachten wir die Transkription nun in ihren einzelnen Schritten, die eingeteilt werden nach:

- Start (Initiation),
- Verlängerung der entstehenden RNA-Kette (Elongation),
- Ende (Termination).

18

18.1 Initiation der Transkription

An langen DNA-Molekülen mit einer Abfolge von mehreren Genen muss die RNA-Polymerase zunächst das richtige Gen ausfindig machen. Zu diesem Zweck enthält der codierende DNA-Strang sog. **Promotorstellen** mit charakteristischen Basensequenzen, Consensussequenzen genannt.

> Consensussequenzen sind Sequenzen, die identisch oder mit kleinen Variationen in vielen Organismen vorkommen und gewöhnlich regulatorischen Zwecken dienen.

Consensussequenzen

Eine Consensussequenz bei Bakterien lautet z. B. TATAAT. Diese sog. **Pribnow-Box** findet man in der Mehrzahl von Promotoren bei Prokaryoten. Eine Consensussequenz eukaryotischer Gene ist die sog. **TATA-Box**; sie lautet TATAA (Stryer, Abb. 4.32). (Achtung: In Abb. 4.32 wird der DNA-Strang mit der Consensussequenz vereinfacht als „DNA-Matrize" bezeichnet – das ist irreführend! Tatsächlich handelt es sich um den codierenden Strang, nicht um den Matrizenstrang. Consensussequenzen liegen definitionsgemäß auf dem codierenden Strang.)

Stryer, Abb. 4.32

An dieser Stelle möchten wir Sie auf eine spezielle Nomenklatur hinweisen, mit der Stellen auf DNA-Sequenzen kenntlich gemacht werden: Im Stryer in Abb. 4.32 werden Consensussequenzen als -10 (sprich: minus zehn) oder als -35 (minus 35) bezeichnet. Dazu sollten Sie sich Folgendes merken: Die Startstelle der Transkription ist definiert als die Position $+1$ auf dem codierenden Strang. Nucleotide in 5′-Richtung von diesem Startpunkt weg werden gezählt und mit einem negativen Vorzeichen beziffert – man sagt, sie liegen stromaufwärts vom Startpunkt. Nucleotide in 3′-Richtung von dieser Stelle tragen analog dazu ein positives Vorzeichen – sie liegen stromabwärts. Eine -10-Sequenz wie die TATA-Box befindet sich also etwa zehn Nucleotide stromaufwärts vom Startpunkt der Transkription, eine -35-Sequenz etwa 35 Nucleotide in derselben Richtung.

Woher „weiß" die RNA-Polymerase nun, welchen der beiden DNA-Stränge sie ablesen soll? Auch dies wird vom Promotor vorgegeben, der das Enzym in die korrekte Ableserichtung, nämlich in die 3′→5′-Richtung weist.

Nachdem die RNA-Polymerase an den Promotor angedockt hat, windet sie ein kurzes Stück des Doppelstrangs auf; an dieser Stelle, **offener Promotorkomplex** genannt, liegen die Einzelstränge frei (Stryer, Abb. 29.12). Hier beginnt die Synthese des RNA-Transkripts.

Stryer, Abb. 29.12

18.2 Elongation: Verlängerung der entstehenden RNA-Kette

Die RNA-Polymerase bewegt sich nun in 3′→5′-Richtung entlang des Matrizenstrangs und verknüpft dabei Nucleotide nach dessen Vorgabe. Im Falle eines Fehlstarts ist jedoch eine Reißleine eingebaut: Bis die wachsende RNA-Kette eine kritische Länge von etwa zehn Nucleotiden erreicht hat, kann die RNA-Polymerase abbrechen und die RNA freisetzen. Ab dieser Länge läuft die Elongation nach ihrem festgelegten Programm ab:

Dabei schiebt die RNA-Polymerase den Komplex aus entwundener DNA und der sich stetig verlängernden RNA-Kette als Transkriptionsblase vor sich her (Stryer, Abb. 29.13). In dieser Transkriptionsblase ist die Doppelhelix auf einer Länge von ca. 17 Basen entwunden. Die neu synthetisierte RNA bildet in

Stryer, Abb. 29.13

der Transkriptionsblase kurzzeitig eine Hybridhelix mit dem DNA-Matrizenstrang, die etwa acht Basenpaare umfasst. Während die Transkriptionsblase weiterwandert, verlässt die entstehende RNA die Hybridhelix, worauf sich der DNA-Doppelstrang wieder schließt.

Diese Phase der Transkription wird Elongation genannt und ist bei allen Organismen im Wesentlichen gleich.

18.3 Termination: Beendigung der Transkription

Stryer, Abb. 29.14

Die RNA-Polymerase bewegt sich auf dem Matrizenstrang vorwärts und synthetisiert dabei RNA, bis sie auf ein Stoppsignal trifft. Dieses Signal ist ein GC-reicher Abschnitt, auf den eine AT-reiche Sequenz folgt. Das RNA-Transkript dieses Bereichs ist mit sich selbst komplementär: Das 3′-Ende faltet sich zurück und bildet eine sog. Stamm-Schleife- oder Haarnadelstruktur (Stryer, Abb. 29.14). Das RNA-Molekül löst sich von der RNA-Polymerase. Die beiden DNA-Stränge verbinden sich wieder zur Doppelhelix, und die Transkriptionsblase schließt sich.

Ein mRNA-Molekül von Prokaryoten enthält oft die Information für mehrere Proteine gleichzeitig; wir sprechen von **polycistronischer** oder polygener RNA.

> **Multiple Enzyme aus einer einzigen mRNA**
> Ein einziges mRNA-Molekül von *E. coli* ist etwa 7000 Nucleotide lang und codiert fünf Enzyme, die alle an der Biosynthese von Tryptophan mitwirken.

Bei polycistronischer mRNA gibt es für jedes codierte Protein ein eigenes Start- und Stoppsignal.

18.4 Genauigkeit der Transkription

Auch die RNA-Polymerase kann Fehler korrigieren: Durch Rückwärtsbewegung wird geprüft, ob das neu angefügte Nucleotid im RNA-Transkript ein Watson-Crick-Basenpaar mit dem gegenüberliegenden Nucleotid des Matrizenstrangs bildet. Tut es das nicht, wird das falsche Nucleotid abgespalten. Insgesamt jedoch ist die Transkription mit ca. einem falsch eingebauten Nucleotid pro 10^4 bis 10^5 Basen weniger präzise als die Replikation, da sich hier Fehler weniger fatal auswirken.

18.5 Transfer- und ribosomale RNA werden als Vorstufen transkribiert

Bei Prokaryoten werden die proteincodierenden mRNA-Moleküle weitgehend unverändert der Translation zugeführt. Im Gegensatz dazu entstehen tRNA- und rRNA-Moleküle erst durch Spaltung und Modifikation von RNA-Transkripten. Solche RNA-Transkripte, die lediglich als Vorstufen dienen und weiterverarbeitet werden, heißen **Primärtranskripte**.

Stryer, Abb. 29.20

> Bei *E. coli* werden die verschiedenen Bausteine der rRNA (genannt 16S-, 23S- und 5S-rRNA) sowie eine tRNA aus einem einzigen Primärtranskript herausgeschnitten (Stryer, Abb. 29.20).

18

An das 3′-Ende einer tRNA wird außerdem nach der Transkription eine Sequenz aus drei Nucleotiden, CCA, angefügt, die nicht auf der codierenden DNA erhalten ist.

Eine weitere Art der Veränderung ist die Modifikation von Basen und Riboseeinheiten ribosomaler RNA: Einige Basen in rRNA werden mit einer Methylgruppe versehen. Ungewöhnliche Basen finden sich auch in allen tRNA-Molekülen von Prokaryoten. Sie entstehen stets nach der Transkription. Beispiele für solche modifizierten Basen finden Sie in der Randformel auf S. 1032 im Stryer, Abschn. 29.1.

Stryer, Randformel S. 1032

18.6 Transkription bei Eukaryoten

Bei Eukaryoten ist die Transkription weitaus komplexer als bei Eukaryoten. Die Transkription bei Eukaryoten unterscheidet sich in mehreren wichtigen Aspekten von der bei Prokaryoten

- Die Transkription bei Eukaryoten ist räumlich und zeitlich getrennt von der Translation, der Proteinsynthese: Sie findet im Zellkern statt, während die Translation im Cytoplasma abläuft. Bei Prokaryoten hingegen finden beide Prozesse im Cytoplasma statt, denn Prokaryoten haben keinen Zellkern. Zudem wird die mRNA bei Prokaryoten oft schon während ihrer Entstehung translatiert.
- Im Unterschied zu Prokaryoten gibt es bei Eukaryoten drei unterschiedliche RNA-Polymerasen: RNA-Polymerase I stellt das Transkript für rRNA-Moleküle her, RNA-Polymerase II das Transkript für proteincodierende mRNA. RNA-Polymerase III schließlich stellt das Transkript für tRNA her.

18.6.1 Die verschiedenen Stadien der Transkription

▪ Initiation
Auch bei Eukaryoten gibt es Promotorsequenzen auf der DNA, die sich bei RNA-Polymerase II stromaufwärts und stromabwärts vom Startpunkt befinden können. Zusätzlich dazu gibt es verstärkende Enhancer-Elemente, die ebenfalls stromaufwärts oder stromabwärts und oft sehr weit vom Startpunkt entfernt liegen. Die Promotorsequenzen werden nicht von RNA-Polymerase II, sondern von **Transkriptionsfaktoren** erkannt, die an die DNA binden und eine Plattform bilden, an die die RNA-Polymerase II andocken kann.

▪ Elongation
Die Elongation bei Eukaryoten gleicht der bei Prokaryoten. Bei RNA-Polymerase II ist jedoch eine Besonderheit hervorzuheben: Dieses Enzym hat eine carboxyterminale Domäne, CTD genannt, das an Serin- und Threoninresten phosphoryliert werden kann. Durch die Phosphorylierung wird das Enzym reguliert; tatsächlich stabilisiert die phosphorylierte CTD die Elongationsphase.

▪ Termination
Anders als bei Prokaryoten gibt es kein einfaches Stoppsignal; die Termination ist hier noch weniger erforscht.

Und es gibt einen weiteren wichtigen Unterschied: Während eine mRNA bei Bakterien oft polycistronisch ist und mehrere Proteine codiert, steht bei Eukaryoten eine mRNA prinzipiell nur für ein Protein: Eukaryotische mRNA ist **monocistronisch**.

18.6.2 Modifikation der RNA-Transkripte

Während die mRNA bei Prokaryoten unmittelbar in Protein translatiert wird – oft beginnt die Translation noch während der Transkription – werden bei Eukaryoten die Transkripte aller drei RNA-Typen – mRNA, tRNA und rRNA – nach der Transkription umfangreich prozessiert. Wir sprechen auch von der Reifung der RNA.

▪ Reifung von ribosomaler RNA

Stryer, Abb. 29.27

RNA-Polymerase I erzeugt eine einzige Vorläufer-rRNA (prä-rRNA), aus der drei rRNA-Moleküle hergestellt werden, die Komponenten von Ribosomen sind (Stryer, Abb. 29.27): 18S-, 28S- und 5,8S-rRNA. (Das S bei diesen Benennungen steht wiederum für Svedberg.)

Zunächst wird die prä-rRNA an den Ribose- und Basenresten umfangreich modifiziert und mit Proteinen zum vorläufigen Ribosom zusammengesetzt. Am Schluss wird die prä-rRNA in die einzelnen rRNA-Moleküle gespalten.

Das vierte rRNA-Molekül, die 5S-rRNA von Ribosomen, wird von der RNA-Polymerase III als eigenes Transkript erzeugt.

▪ Reifung der tRNA

Wie bei prokaryotischer tRNA werden auch die Primärtranskripte für eukaryotische tRNA, hergestellt von RNA-Polymerase III, mehrfach zurechtgeschnitten und verändert. Sie erhalten ebenfalls eine endständige CCA-Sequenz und werden an Ribose und Basen umfangreich modifiziert. Anders als prokaryotische tRNA enthalten viele eukaryotische tRNA-Moleküle ein nichtcodierendes Intron (Teil 1, ▶ Abschn. 4.4.2), das herausgeschnitten wird.

▪ Reifung der mRNA

Die Transkripte der RNA-Polymerase II (prä-mRNA) werden in mehreren Stufen prozessiert, bis reife mRNA-Moleküle entstehen, die zu Proteinen translatiert werden.

▪ Kappe am 5′-Ende

Stryer, Abb. 29.30

Noch während der Transkription erhält die entstehende (naszierende) prä-mRNA am 5′-Ende eine Kappe (5′-Cap): Dabei wird eine Phosphatgruppe vom 5′-Ende durch Hydrolyse entfernt. Das 5′-Diphosphatende bildet nun mit einem GTP-Molekül eine ungewöhnliche 5′,5′-Triphosphatbindung (Stryer, Abb. 29.30). Das N-7-Atom des endständigen Guanins wird zudem methyliert. Auch die Riboseeinheiten der zwei nächsten Basen können methyliert werden. Man nimmt an, dass die Kappe die RNA vor dem Abbau durch Nucleasen schützt.

▪ Poly(A)-Schwanz am 3′-Ende

Nach der Transkription erhält das 3′-Ende der prä-mRNA einen „Schwanz" aus ca. 250 Adenylatresten, die von ATP stammen und nicht in der DNA codiert sind. Die Funktion dieses Poly(A)-Schwanzes ist noch nicht ganz geklärt. Vermutlich erhöht auch er die Stabilität des Moleküls und die Effizienz der späteren Translation.

▪ RNA-Editing – Veränderungen der Basensequenz

Der Code in einigen mRNA-Molekülen kann nach der Transkription verändert werden, sodass andere Basen als die ursprünglich codierten entstehen. So kann gezielt aus einem Cytosin durch enzymatische Desaminierung ein Uracil entstehen. Dieser Prozess heißt **RNA-Editing**.

18

> **Durch RNA-Editing entstehen zwei Apolipoproteine**
> Apolipoprotein B (ApoB) hat eine wichtige Funktion beim Transport von
> Lipiden im Blut und ihrer Aufnahme in Zellen. Das Protein tritt in zwei Formen
> auf, die aus derselben RNA entstehen; die nicht editierte Form wird translatiert
> zu ApoB-100, aus der editierten Form entsteht das verkürzte ApoB-48. Durch
> RNA-Editing wurde hier das Codon für Glutamin (CAA) in ein Stoppsignal (UAA)
> umgewandelt.

Die wichtigste Modifikation von mRNA-Molekülen ist jedoch das **Spleißen** –
das Herausschneiden von Introns, das wir deshalb in einem eigenen Abschnitt
betrachten wollen.

18.6.3 Spleißen – Herausschneiden von Introns

Die meisten Gene höherer Eukaryoten enthalten nichtcodierende Sequenzen,
sog. Introns, die Tausende von Nucleotiden lang sein können. Diese Introns
müssen bei der Reifung von mRNA herausgeschnitten werden. Die verbliebenen
codierenden Abschnitte, die Exons, werden dann zur fertigen mRNA verknüpft.

Das Spleißen muss punktgenau an einem festgelegten Nucleotid stattfinden.   Stryer, Abb. 29.34
Eine Verschiebung nur um ein Nucleotid würde das Leseraster der Codons verschieben – und die Aminosäuresequenz des herzustellenden Proteins völlig verändern. Tatsächlich beginnen und enden Introns bei allen Eukaryoten mit einer
bestimmten Consensussequenz. Alle Introns enthalten im Innern zudem eine
wichtige Stelle, die „Verzweigungsstelle", die bei den späteren Spleißreaktionen
eine wichtige Rolle spielt (Stryer, Abb. 29.34).

> Das Primärtranskript des Gens für das Protein Ovalalbumin enthält etwa
> 7700 Nucleotide. Die reife mRNA, die dann translatiert wird, enthält nur noch
> ca. 1900 Nucleotide. Ein Großteil wurde also herausgeschnitten.

■ **Das Spleißen findet am Spleißosom statt**
Das Spleißen findet bei höheren Eukaryoten am Spleißosom statt. Spleißosomen sind Komplexe aus RNA und DNA, sog. snRNPs *(small nuclear ribonucleoprotein particles)*, im Fachjargon „Snurps" (gesprochen „Snörps") genannt.
Hinzu kommen Hunderte von Proteinen, die Spleißfaktoren, und schließlich
die zu spleißende prä-mRNA.

Chemisch gesehen, finden am Spleißosom recht einfache Reaktionen statt:
Die Phosphodiesterbindung zwischen dem stromaufwärts liegenden Exon und
dem 5'-Ende des Introns wird gespalten; dabei greift die 2'-OH-Gruppe eines
Adenylats an der „Verzweigungsstelle" an. Zwischen diesem Adenylat und der
5'-Phosphatgruppe des Introns wird eine 2',5'-Phosphodiesterbindung gebildet
(Stryer, Abb. 29.35). Das Ganze ist also eine Umesterung.

Weil dieses Adenylat noch mit zwei weiteren Nucleotiden über normale   Stryer, Abb. 29.35 und 29.36
3',5'-Phosphodiesterbindungen verknüpft ist (Stryer, Abb. 29.36), entsteht eine
Lassostruktur (Lariat).

Nun greift das 3'-Ende von Exon 1 (in Abb. 29.35 blau unterlegt) die Phosphodiesterbindung zwischen dem Intron und Exon 2 an (in Abb. 29.35 grün
unterlegt). Das lassoförmige Intron wird freigesetzt, und die beiden Exons werden miteinander verbunden. Auch diese Reaktion ist eine Umesterung.

> **◆** Die Anzahl der Phosphodiesterbindungen bleibt während des gesamten Spleißvorgangs gleich, deshalb kann die eigentliche Spleißreaktion ohne Energiezufuhr durch ATP oder GTP ablaufen!

> **Krankheiten durch Spleißfehler**
> Mutationen in der prä-mRNA oder in den Proteinen und RNA-Molekülen, die am Spleißosom beteiligt sind, können zu Fehlern beim Spleißen führen und sind die Ursache schwerer Erbkrankheiten. Dazu gehören z. B. Thalassämie, eine Form erblicher Anämie, oder Retinitis pigmentosa, bei der die Netzhaut degeneriert, was zur Blindheit führt.

■ **Alternatives Spleißen liefert unterschiedliche Proteine**

Prä-mRNA-Moleküle können verschiedenartig gespleißt werden, sodass unterschiedliche Proteine aus einer einzigen prä-mRNA möglich sind. Durch dieses alternative Spleißen kann der Organismus also mehr Proteine herstellen, als seine Gene „hergeben".

Stryer, Abb. 29.41

> **Zwei Proteine aus einem Primärtranskript**
> Das Peptidhormon Calcitonin reguliert den Stoffwechsel von Calcium und Phosphor. Ein anderes Peptidhormon, CGRP genannt, stimuliert die Erweiterung von Gefäßen. entstehen aus demselben Primärtranskript, das in verschiedenen Geweben unterschiedlich gespleißt wird: In der Schilddrüse entsteht Calcitonin, in Nervenzellen CGRP (Stryer, Abb. 29.41).

Stryer, Tab. 29.4

Beim Menschen gibt es mehrere Krankheiten, die durch Defekte beim alternativen Spleißen verursacht werden, z. B. erbliche Formen von Brust- und Eierstockkrebs. Weitere Beispiele finden sich im Stryer in Tab. 29.4.

18.7 Katalytische und regulatorische RNA

Es wird Zeit, dass wir uns ein wenig mehr mit RNA befassen, einer Molekülklasse, die in den letzten Jahren in der molekularbiologischen Forschung eine steile Karriere gemacht hat. In der klassischen Biochemie kannte man Ribonucleinsäuren als mRNA, tRNA und rRNA – die Funktionen dieser Moleküle waren bekannt; Schlagzeilen waren nicht zu erwarten. Heute aber kennen wir eine ganze Palette weiterer RNA-Typen mit erstaunlicher Funktionsvielfalt und fundamentalen, spannenden Aufgaben.

18.7.1 RNA als Biokatalysator: Ribozyme

Stryer, Abb. 29.45

Bis in die 1980er-Jahre glaubte man, dass nur Proteine katalytisch wirken. Eine der bahnbrechenden Entdeckungen in den frühen 1980er-Jahren waren deshalb **Ribozyme** – RNA-Moleküle mit katalytischen Eigenschaften. So spleißen sich z. B. manche RNA-Moleküle selbst, ohne Beteiligung von Proteinenzymen und ohne Spleißosom. Diese Selbstspleißreaktionen werden nach der Einheit, die die stromaufwärts gelegene Spleißstelle angreift, in Gruppe-I- oder Gruppe-II-Introns eingeteilt. Bei Gruppe-I-Introns ist ein äußerer Cofaktor nötig, eine Guanosineinheit G (G steht dafür für GMP, GDP oder GTP). Bei Gruppe-II-Introns dagegen ist kein äußerer Faktor nötig; die angreifende Gruppe ist hier das 2'-OH eines Adenylats im Intron. Damit gleicht das Spleißen in Gruppe-II-Introns dem Vorgang an Spleißosomen. Die Mechanismen des

Selbstspleißens der beiden Introngruppen finden Sie im Stryer in Abb. 29.45. Im rechten Teil der Abbildung ist zum Vergleich der Vorgang an einem Spleißosom dargestellt.

In chemischer Hinsicht ähnelt das Selbstspleißen dem Vorgang an Spleißosomen, den wir im vorherigen Abschnitt gesprochen haben: Es sind Umesterungen, wobei die Zahl der Phosphodiesterbindungen gleich bleibt.

> ❗ Streng chemisch gesehen, sind solche selbstspleißenden RNA-Moleküle allerdings keine echten Katalysatoren, da sie aus der Reaktion verändert hervorgehen.

Es gibt jedoch auch echte katalytische Ribozyme, die nicht ihr eigenes Substrat sind und bei der katalytischen Reaktion unverändert bleiben:

- Manche kleinen RNA-Moleküle in snRNPs mit katalytischen Aufgaben in Spleißosomen.
- rRNA-Moleküle in Ribosomen, an denen die Proteinbiosynthese abläuft (▶ Kap. 19),
- das Ribozym RNase P, das aus einem Protein- und einem RNA-Teil besteht. Dieses Ribozym prozessiert unreife tRNA, indem es die prä-tRNA an ihrem 5'-Ende auf die richtige Größe stutzt.
  RNA ist auch Bestandteil der Telomerase, die dafür sorgt, dass die Enden von Chromosomen bei der Replikation vollständig repliziert werden (▶ Abschn. 17.2.1).

18.7.2 Kleine RNA-Moleküle mit regulatorischen Aufgaben

In den vergangenen Abschnitten sind wir mehrfach auf Proteine gestoßen, die Komplexe mit RNA bilden: etwa die Ribosomen, an denen die Translation abläuft (die wir im nächsten Kapitel erörtern) oder Spleißosomen. Andere RNA-Moleküle haben bei der Genexpression in eukaryotischen Zellen vor allem regulatorische Aufgaben:

- Kleine nucleäre RNA (*small nuclear* RNA, snRNA) im Spleißosom wirkt als Regulator.
- Ein kleines RNA-Molekül im Signalerkennungspartikel (einem Protein-RNA-Komplex) sorgt dafür, dass neu synthetisierte Proteine korrekt an ihren Bestimmungsort in der Zelle gelangen (▶ Abschn. 19.7).
- Mikro-RNA (miRNA) sind kleine RNA-Moleküle aus ca. 20 Nucleotiden, die an komplementäre mRNA binden und deren Translation blockieren.
- siRNA (*small interfering* RNA) bindet an mRNA und sorgt für deren Abbau. Forscher sprechen auch von RNA-Interferenz.

---

siRNA – Gezielte Hemmung der Expression einzelner Gene
Die Wirkung von siRNA wird auch **RNA-Interferenz** genannt. In der aktuellen molekularbiologischen Forschung ist die RNA-Interferenz eine wichtige Methode, mit der sich die Expression bestimmter Gene gezielt hemmen und vielleicht sogar medizinisch nutzen lässt.

18.7.3 RNA-Welt am Beginn des Lebens

Die Entdeckung von Ribozymen durch Thomas Cech und Sidney Altman in den frühen 1980er-Jahren hat ein fundamentales Dogma der Biochemie gesprengt: Bis dahin war man überzeugt, dass allein Proteine biokatalytisch wirken. Dies und die Entdeckung kleiner regulatorische RNA-Elemente in den darauffolgenden Jahren hat unsere Sichtweise über die Anfänge des Lebens völlig umgekrempelt. Heute ist man der Meinung, dass das Leben vor ca. 3,5 Mrd. Jahren in einer RNA-Welt begann. In dieser frühen Welt waren RNA-Moleküle sowohl Biokatalysatoren als auch Informationsspeicher. Im Lauf der Evolution übernahmen die vielseitigeren Proteine dann zahlreiche Aufgaben von RNA. Wichtige Ribonucleoside, die noch heute im Stoffwechsel als Cofaktoren oder Carrier mitwirken – ATP, NADH, FADH$_2$ oder Coenzym A – sind Überbleibsel dieser RNA-Welt, zusammen mit Ribozymen und regulatorischen RNA-Molekülen. Für diese Hypothese einer RNA-Welt spricht, dass sich die Moleküle und die Prinzipien des Stoffwechsels in allen Organismen gleichen – das belegt ihren gemeinsamen Ursprung vor Milliarden von Jahren.

❓ Fragen

1. Welche Art von Molekülen entsteht bei der Transkription?
2. Welche der folgenden Aussagen treffen für Prokaryoten zu, welche für Eukaryoten?
   a. Das RNA-Transkript enthält die Informationen für mehrere Proteine.
   b. Noch während der Transkription startet die Translation.
   c. Transkription und Translation finden räumlich getrennt statt.
   d. Die mRNA erhält eine 5'-Kappe.
   e. Beim Spleißen werden Introns herausgeschnitten.

✅ Antworten

1. Durch Transkription entstehen mRNA, tRNA, rRNA sowie kleine RNA-Moleküle mit anderen Funktionen.
2. a. Prokaryoten b. Prokaryoten c. Eukaryoten d. Eukaryoten e. Eukaryoten.

18

Translation – Proteinbiosynthese

© Springer-Verlag GmbH Deutschland, ein Teil von Springer Nature 2020
K. von der Saal, *Biochemie*, https://doi.org/10.1007/978-3-662-60690-2_19

Der letzte Schritt der Genexpression ist die Proteinbiosynthese, die Translation. Im wahren Wortsinn ist sie eine *Übersetzung*: Das Alphabet einer Nucleinsäure, der DNA und ihrer Abschrift, der mRNA – einer Abfolge von vier verschiedenen Nucleotiden – wird übersetzt in das Alphabet der Proteine – eine Abfolge von 20 verschiedenen Aminosäuren. Bei diesem so komplexen wie faszinierenden Vorgang wirken mehr als hundert Mitspieler mit, sowohl Proteine als auch Nucleinsäuren.

Die Translation findet an den Ribosomen statt, das sind stattliche Komplexe aus drei unterschiedlichen rRNA-Molekülen und mehr als 50 verschiedenen Proteinen.

Als weitere Hauptakteure der Translation kommen hinzu:
- Transfer-RNA (tRNA)
- reife Messenger-RNA (mRNA)
- aktivierte Aminosäuren

Der Ort des Geschehens ist das Cytoplasma. Die fertigen mRNA-Moleküle müssen bei Eukaryoten also vor der Translation vom Zellkern ins Cytoplasma geschleust werden. Betrachten wir zunächst die tRNA eingehender.

19.1 Struktur und Funktion der tRNA

Stryer, Abb. 4.36

Aminosäuren können keine Codons aus Nucleotiden lesen, deshalb ist ein Adaptermolekül nötig: tRNA, die – durch Watson-Crick-Basenpaarung – ein bestimmtes Codon auf der mRNA erkennt und die dazu passende Aminosäure bereitstellt. Möglich wird dies durch ihre besondere Molekülstruktur, die wir zunächst vereinfacht im Stryer in Abb. 4.36 betrachten wollen.

Schematisch ähnelt die tRNA einem Kleeblatt. Wir erkennen ausgedehnte Bereiche von Watson-Crick-Basenpaaren, in der Abbildung blau punktiert. In diesen Bereichen ist die tRNA selbstkomplementär und paart mit sich selbst. Ferner gibt es drei Schlaufen, die nicht gepaart sind. Eine dieser Schlaufen ist die Bindungsstelle für die mRNA, genauer: für ein bestimmtes Codon auf der mRNA (in der Abbildung rot markiert). Dieser Bereich ist komplementär zu dem mRNA-Codon und heißt deshalb **Anticodon**. Ein tRNA-Molekül enthält außerdem einen ungepaarten Bereich am 3′-Ende, der mit einer 3′-ACC-Sequenz endet. An das endständige 3′-Adenosin wird die Aminosäure geknüpft, die ihren Platz in dem neuen Protein finden soll.

Stryer, Kap. 30
Abb. 30.3 und 30.4

Für jede der 20 Standardaminosäuren gibt es mindestens eine tRNA. Alle bekannten tRNA-Moleküle haben gemeinsame Strukturmerkmale, die wir im Stryer, Kap. 30 in den Abb. 30.3 und 30.4 finden.

Diese gemeinsamen Merkmale sind:
- Eine tRNA besteht aus einer einzelnen Kette von 73 bis 93 Ribonucleotiden.
- Das 5′-Ende von tRNA ist phosphoryliert.
- tRNA-Moleküle enthalten viele ungewöhnliche Basen und methylierte Derivate der Basen. Die Methylierung verhindert die Ausbildung bestimmter Basenpaare und verleiht der tRNA an manchen Stellen einen hydrophoben Charakter, der wichtig ist für Wechselwirkungen mit manchen Proteinen, die an der Translation beteiligt sind.
- In eine Ebene projiziert, haben tRNA-Moleküle eine Kleeblattform; ihre Raumstruktur ähnelt einem „L".
- Es gibt selbstkomplementäre Bereiche mit Watson-Crick-Basenpaarung.
- Alle tRNA-Moleküle haben ungepaarte Bereiche: die Region am 3′-ACC-Ende, eine Schleife mit mehreren Dihydrouracil-Resten (DHU-Schleife) und die Anticodonschleife. Diese enthält die drei Nucleotide, die komplementär zum entsprechenden Codon auf der mRNA ist.
- Das Adenosin am 3′-ACC-Ende wird über die 2′- oder 3′-Hydroxylgruppe seines Riboserestes mit der aktivierten Aminosäure verbunden.

19

19.2 Aminoacyl-tRNA-Synthetasen beladen die tRNA mit der richtigen Aminosäure

Nur wenn eine Aminosäure mit „ihrer" tRNA verbunden ist, kann sie an ihren korrekten Platz in die wachsende Polypeptidkette eingebaut werden. Deshalb muss die tRNA zunächst mit der richtigen Aminosäure beladen werden.

---

tRNA für Alanin
Die tRNA für Alanin finden Sie im Stryer, in Abb. 30.2. Das Anticodon lautet IGC. I steht für Inosin, ein modifiziertes Nucleosid. Dieses Anticodon ist komplementär zu GCC, einem der Codons für Alanin (vgl. den genetischen Code in Stryer, Tab. 4.5). Die Formel für Inosin finden Sie im Stryer auf S. 1062.

Stryer, Abb. 30.2; Tab. 4.5; Formel auf S. 1062

Wie aber finden tRNA und ihre korrekte Aminosäure zusammen? Dafür sind **Aminoacyl-tRNA-Synthetasen** verantwortlich. Für jede Aminosäure gibt es mindestens eine Aminoacyl-tRNA-Synthetase und eine spezifische tRNA. Aminoacyl-tRNA-Synthetasen leisten zweierlei:
- Sie aktivieren die Aminosäure durch Adenylierung.
- Sie verknüpfen die tRNA mit der richtigen aktivierten Aminosäure.

Betrachten wir beide Vorgänge nun genauer.

19.2.1 Aminosäuren werden durch Adenylierung aktiviert

Aminoacyl-tRNA-Synthetase stellt in einem ersten Schritt ein Aminoacyl-AMP her; dabei wird ATP verbraucht (▶ Gl. 19.1):

$$\text{Aminosäure} + \text{ATP} \rightleftharpoons \text{Aminoacyl-AMP} + \text{PP}_i \qquad (19.1)$$

Pyrophosphatase hydrolysiert anschließend PP_i zu $2\,\text{P}_i$.

In Aminoacyl-AMP (Aminoacyladenylat) ist die Carboxylgruppe der Aminosäure mit der Phosphorylgruppe des AMP gekoppelt.

Im nächsten Schritt wird die Aminoacylgruppe auf das tRNA-Molekül übertragen, katalysiert von derselben Aminoacyl-tRNA-Synthetase; es entsteht Aminoacyl-tRNA (▶ Gl. 19.2):

$$\text{Aminoacyl-AMP} + \text{tRNA} \rightleftharpoons \text{Aminoacyl-tRNA} + \text{AMP} \qquad (19.2)$$

In der Summe lautet also die Reaktion (▶ Gl. 19.3):

$$\text{Aminosäure} + \text{ATP} + \text{tRNA} \rightleftharpoons \text{Aminoacyl-tRNA} + \text{AMP} + 2\,\text{P}_i \qquad (19.3)$$

❯ Für die Synthese jedes Moleküls Aminoacyl-tRNA werden zwei energiereiche Phosphatbindungen verbraucht. Eine dient der Bildung der Esterbindung; die zweite treibt die Gesamtreaktion voran und macht sie irreversibel.

Die Aminoacyl-tRNA ist ein Ester, bei dem die Carboxylgruppe der Aminosäure mit der 2'- oder 3'-Hydroxylgruppe der Ribose am 3'-Adenosin der tRNA verknüpft ist (Stryer, Abb. 30.6).

Stryer, Abb. 30.6

Die für die Aminosäure Threonin (Thr) zuständige tRNA heißt Threonyl-tRNA, abgekürzt tRNA^{Thy}. In beladener Form bezeichnet man sie als Thr-tRNA^{Thr}.

19.2.2 Wie erkennt Aminoacyl-tRNA-Synthetase ihre Substrate?

Jede Aminoacyl-tRNA-Synthetase ist spezifisch für eine ganz bestimmte Aminosäure. In ihrem aktiven Zentrum „erkennt" sie die Molekülform, vor allem aufgrund der Größe der Seitenkette. Manche Synthetasen besitzen ein weiteres aktives Zentrum, an dem falsch gebundene Aminosäuren durch Hydrolyse wieder entfernt werden. Auf dieses Weise erreichen sie eine sehr niedrige Fehlerquote von etwa 10^{-4} bis 10^{-5}.

Wie wird nun die richtige tRNA ausgewählt? Dies ist bei den verschiedenen tRNA- und Synthetasemolekülen ganz unterschiedlich. Manche Synthetasen erkennen überwiegend das Anticodon, andere Anticodon sowie weitere individuelle Bereiche der tRNA.

Das Verbinden von tRNA und passender Aminosäure ist eine einmalige Leistung dieses Enzyms – tatsächlich sind Aminoacyl-tRNA-Synthetasen die einzigen Moleküle in der Biochemie, die sowohl Aminosäuren als auch Nucleinsäuren „erkennen"! Diese Erkennung ist die eigentliche *Übersetzung* bei der Translation.

> ❯ **Aminoacyl-tRNA-Synthetasen sind diejenigen Moleküle, die den genetischen Code eigentlich lesen.**

19.3 Ribosomen – die Orte der Proteinsynthese

Ribosomen sind supramolekulare Komplexe, die spontan aus ihren Komponenten – rRNA und Proteinen – entstehen. Die Bindung zwischen den Einzelkomponenten ist nichtkovalent und wird durch schwache Wechselwirkungen stabilisiert. An diesen Ribonucleoproteinkomplexen findet ein koordiniertes Zusammenspiel aus mRNA und beladenen tRNA-Molekülen statt, an dessen Ende eine neu synthetisierte Polypeptidkette steht.

Ribosomen bestehen allgemein aus einer großen und einer kleinen Untereinheit. rRNA macht darin nahezu zwei Drittel der Masse aus.

> Das 70S-Ribosom von *E. coli* enthält eine 30S- und eine 50S-Untereinheit. Die 30S-Untereinheit wiederum besteht aus 16S-RNA sowie 21 verschiedenen Proteinen, die 50S-Untereinheit aus zwei rRNAs und 34 verschiedenen Proteinen. (S steht in diesen Bezeichnungen wiederum für Svedberg).

Die entscheidenden Stellen in den Ribosomen, nämlich diejenigen, die mit tRNA und mRNA in Wechselwirkung treten, bestehen fast ausschließlich aus mRNA. Die Proteine des Ribosoms leisten dagegen nur einen bescheidenen Beitrag.

> ❯ **Auch die rRNA ist also ein Ribozym.**

Stryer, Abb. 30.16

Die mRNA bindet an die kleine Untereinheit des Ribosoms. Die tRNA tritt mit beiden Untereinheiten in Kontakt. Es gibt insgesamt drei benachbarte Bindungsstellen für tRNA: die A-(Aminoacyl-)Stelle, P-(Peptidyl-)Stelle und die E-(Exit-)Stelle. An der A- und der P-Stelle ist die tRNA über Basenpaarung mit der mRNA verbunden (Stryer, Abb. 30.16). Ihre Bedeutung werden wir im nächsten Abschnitt erfahren.

19.4 Entstehung eines Polypeptids am Ribosom

Nun haben wir ein Ribosom, eine mRNA und eine tRNA; die Translation kann beginnen. Wiederum unterscheiden wir drei verschiedene Stadien: Initiation, Elongation, Termination.

19.4.1 Initiation

Die Translation könnte nun am ersten 5'-Basentriplett der mRNA beginnen, aber so einfach ist es nicht. Tatsächlich ist das erste translatierte Codon fast immer mehr als 25 Nucleotide entfernt vom 5'-Ende.

■ **Die Proteinsynthese bei Bakterien beginnt mit Formylmethionyl-tRNA**

Das Startsignal bei Prokaryoten, das sog. **Initiationscodon**, lautet fast immer AUG – das ist das Codon für Methionin. Die erste aminoterminale Aminosäure des neuen Proteins lautet also Methionin. Dieses Methionin ist jedoch in der Regel durch eine *N*-Formylgruppe modifiziert (Stryer, Abb. 30.19). *N*-Formylmethionin wird durch eine spezielle Initiator-tRNA – genannt tRNA$_f$ – zum Ribosom gebracht (Die *N*-Formylgruppe wird im Verlauf der Translation bei ca. der Hälfte der Proteine wieder entfernt).

Stryer, Abb. 30.19

■ **Das Polypeptid wird an einem Initiationskomplex zusammengebaut**

Die Initiation der Translation finden Sie abgebildet im Stryer, in Abb. 30.20. Sie beginnt mit der Bindung der mRNA an die kleine Untereinheit des Ribosoms (30S), wobei das erste Initiationscodon an die P-Stelle gesetzt wird (S steht hier wiederum für Svedberg, 1. Teil, ▶ Abschn. 3.2.3 und 5. Teil, ▶ Abschn. 16.1.1). Dabei wirken Proteine, die Initiationsfaktoren (IF1, IF2 und IF3), mit. IF2 enthält GTP. Gemeinsam bilden diese Komponenten – mRNA, IF und kleine Ribosomenuntereinheit – den 30S-Initiationskomplex. Strukturveränderungen führen nun dazu, dass IF1 und IF3 den Komplex verlassen. Nun kommt die große Untereinheit des Ribosoms (50S) hinzu; das an IF2 gebundene GTP wird hydrolysiert, IF2 wird freigesetzt. So entsteht der 70S-Initiationskomplex, der bereit ist für die zweite Phase der Translation.

Stryer, Abb. 30.20

19.4.2 Elongation

fMet-tRNA$_f$ die Initator-tRNA, sitzt nun an der P-Stelle des Ribosoms. A- und E-Stelle sind leer. Die A-Stelle wird jetzt von einer weiteren Aminoacyl-tRNA besetzt.

■ **Elongationsfaktoren setzen die richtige tRNA an die A-Stelle im Ribosom**

Begleitet wird diese tRNA von einem sog. Elongationsfaktor, EF-Tu genannt. Dieser Elongationsfaktor benötigt GTP. Der Elongationsfaktor schützt erstens die Esterbindung in der Aminoacyl-tRNA vor einer vorzeitigen Spaltung; zweitens wird GTP hydrolysiert, sobald die korrekte tRNA an die A-Stelle platziert ist. Auf diese Weise sichert EF-Tu die korrekte Paarung zwischen Codon und Anticodon. Ein zweiter Elongationsfaktor führt EF-Tu anschließend wieder in die GTP-Form.

■ **Peptidyltransfrase katalysiert die Bildung der Peptidbindung**

Nun haben wir zwei tRNAs am Ribosom: Die Initiator-tRNA an der P-Stelle sowie die zweite Aminoacyl-tRNA an der A-Stelle. Beide Stellen sind eng benachbart. Nun wird Formylmethionin von der Initiator-tRNA auf die Aminogruppe der neu hinzugekommenen Aminosäure unter Ausbildung einer Peptidbindung übertragen (Stryer, Abb. 30.22). Dieser Reaktion liegt ein nucleophiler Angriff der Aminogruppe der neuen Aminoacyl-tRNA auf die Carbonylgruppe der Esterbindung in der Initiator-tRNA zugrunde. Katalysiert wird sie von Peptidyltransferase, einem Enzym, das Teil der großen ribosomalen Untereinheit ist.

Stryer, Abb. 30.22

Das so entstandene Dipeptid sitzt auf der zweiten tRNA, der Peptidyl-tRNA. Die frei gewordene Initiator-tRNA verlässt die P-Stelle in Richtung E-Stelle und

Stryer, Abb. 30.23 und 30.24

von dort aus das Ribosom. Die Peptidyl-tRNA wandert an die P-Stelle. Bei dieser Translokation ist Elongationsfaktor G (EF-G) beteiligt. Die Translokation erfordert Energie, die aus der Hydrolyse von GTP zu GDP stammt. Gleichzeitig bewegt sich die mRNA um drei Nucleotide weiter (Stryer, Abb. 30.23 und 30.24).

Dieser Vorgang wiederholt sich nun; bei jedem Zyklus wird das naszierende Polypeptid um eine Aminosäure verlängert. Die mRNA wird dabei in $5' \rightarrow 3'$-Richtung translatiert, bis ein Stoppcodon auftaucht.

> **Die neue Polypeptidkette wird vom Amino- zum Carboxylende hin synthetisiert. Die mRNA wird dabei in $5' \rightarrow 3'$-Richtung abgelesen.**

■ **Unschärfe in der Basenpaarung –** *Wobble*

Wir wissen, dass manche Aminosäuren durch mehr als ein Codon in der DNA repräsentiert sind (Degeneration des genetischen Codes, Teil 1, ► Abschn. 4.4.1). Deshalb haben diese Aminosäuren mehrere tRNAs mit unterschiedlichen Anticodons. Zudem können manche tRNAs an verschiedene Codons binden, denn die 5'-terminale Base des Anticodons ist oft nicht besonders spezifisch und erlaubt mehrere Varianten der Basenpaarung. In dieser Position findet sich oft die modifizierte Base Inosin (s. Beispiel in ► Abschn. 19.1), die mit U, C oder A paaren kann. Auch U und G in dieser Position können außer mit ihren klassischen Partnern mit G bzw. U paaren. Diese Unschärfe wird mit dem englischen Begriff *Wobble* („Wackeln") bezeichnet.

> Die drei Codons für Alanin – GCU, GCC und GCA – unterscheiden sich in der dritten Position. Alle drei werden von einer einzigen tRNA^{Ala} erkannt. Ihr Anticodon enthält an der 5'-Position Inosin.

Stryer, Abschn. 30.1
Tab. 30.2

Eine Übersicht über die durch Wobble möglichen Basenpaare und einige Formeln dazu finden Sie im Stryer, Abschn. 30.1 und Tab. 30.2.

19.4.3 Termination

Für ein Stoppcodon gibt es keine passende tRNA. Stattdessen kommen Freisetzungsfaktoren (*release factors,* RF) ins Spiel, die die Stoppcodons erkennen und die Esterbindung zwischen der letzten Aminosäure und der tRNA hydrolysieren. Das Polypeptid wird freigesetzt und verlässt das Ribosom. Auch die mRNA löst sich vom Ribosom, das daraufhin wieder in seine Einzelkomponenten zerfällt.

19.5 Polysomen: Eine mRNA wird mehrfach translatiert

19

Stryer, Abb. 30.25

Unsere Geschichte ist damit noch nicht zu Ende. Ein mRNA-Molekül kann von vielen Ribosomen gleichzeitig translatiert werden, sodass sofort mehrere Kopien eines Proteins entstehen. Mehr noch: Bei Bakterien setzt die Translation oft noch während der Transkription ein, also noch während der Entstehung einer mRNA. Im Elektronenmikroskop ist eine solche mRNA als „Faden" erkennbar, an dem eine Vielzahl von Ribosomen wie Perlen an einer Kette aufgereiht sind. Diese Struktur nennt man Polysom (Stryer, Abb. 30.25).

19.6 Translation bei Eukaryoten

Prinzipiell läuft die Translation bei höheren Organismen genauso ab wie bei Prokaryoten. Bei Eukaryoten sind jedoch sehr viel mehr Proteine beteiligt; die Prozesse sind insgesamt komplexer. Folgende Unterschiede gibt es:

- **Ribosomen**

Auch eukaryotische Ribosomen bestehen aus einer kleinen (40S) und einer großen (60S) Untereinheit, die zusammen einen 80S-Komplex bilden.

- **Initiator-tRNA**

Bei Eukaryoten ist die erste Aminosäure Methionin, nicht Formylmethionin.
Auch hier ist eine besondere tRNA beteiligt (genannt Met-tRNA$_i$).

- **Initiation**

Das Initiationscodon bei Eukaryoten ist stets AUG, das dem 5′-Ende der
mRNA am nächsten liegt. Die kleine 40S-Ribosomenuntereinheit, die
Met-tRNA$_i$ gebunden hat, heftet sich an die Kappe am 5′-Ende der mRNA
und bewegt sich auf dieser vorwärts, bis sie auf ein Initiationscodon trifft.
Dabei wirken Helikasen mit, und ATP wird hydrolysiert. Nun kommt die
60S-Untereinheit dazu und komplettiert den 80S-Inititiationskomplex (Stryer,
Abb. 30.27). Eukaryoten enthalten wesentlich mehr Initiationsfaktoren, die mit
eIF bezeichnet werden.

Stryer, Abb. 30.27

- **Struktur der mRNA**

Eukaryotische mRNA mit Kappe und Poly(A)-Schwanz wird durch die Wechselwirkung mit Proteinen – Initiationsfaktoren und einem Poly(A)-bindenden Protein – zu einem Ring geschlossen. Der Grund dafür ist noch unklar.

- **Elongation und Termination**

Diese Vorgänge sind ähnlich wie bei Prokaryoten. Es gibt eukaryotische
Elongationsfaktoren sowie einen einzigen Freisetzungsfaktor.

Gewisse Gifte und Pharmaka greifen in die Elongationsphase ein

Bis weit ins 20. Jahrhundert hinein starben viele Kinder an **Diphtherie**, die
von dem Bakterium *Corynebacterium diphtheriae* verursacht wird. Der Erreger
produziert ein Toxin, das einen Elongationsfaktor kovalent verändert; dadurch
kommt die Elongationsphase der Translation zum Stillstand.
Auch **Ricin**, das tödliche Gift in den Samen der Christuspalme *(Ricinus
communis)*, greift in die Elongationsphase ein; in diesem Fall wird eine rRNA
irreversibel modifiziert.
Dagegen hemmt das Antibiotikum **Puromycin** bei Prokaryoten und Eukaryoten
die Proteinsynthese, indem es die Freisetzung des noch unfertigen Polypeptids
veranlasst.

19.7 Sortierung der neu synthetisierten Proteine

Manche Proteine üben ihre Funktionen im Cytoplasma aus, andere in
bestimmten Organellen, in Membranen oder sogar außerhalb der Zelle. Viele
Proteine müssen daher nach der Synthese an ihre eigentlichen Wirkorte transportiert werden. Damit dies alles ordnungsgemäß vonstattengeht, enthalten neu
synthetisierte Proteine Signalsequenzen, die – ähnlich wie Postleitzahlen – ihren
Trägern einen eindeutigen Bestimmungsort zuweisen.

19.7.1 Proteine tragen Signalsequenzen

Die Synthese aller Proteine beginnt grundsätzlich an freien Ribosomen im Cytoplasma. Frei – das heißt in diesem Zusammenhang: nicht mit einer Membran
assoziiert. Danach scheiden sich die Wege, je nach dem Bestimmungsort des
neuen Proteins.

■ **Proteine für Cytoplasma und einige Organellen**

Bei Proteinen, die im Cytoplasma bleiben, sowie bei Proteinen, die für manche Organellen, z. B. für Mitochondrien oder Zellkern bestimmt sind, wird die Synthese auch im Cytoplasma beendet. Der weitere Weg wird nun durch Signalsequenzen in den Proteinen vorgegeben, die später herausgeschnitten werden. Weil – wie z. B. bei Mitochondrienproteinen – dabei Membranen passiert werden müssen, falten sich diese Proteine erst an ihrem endgültigen Bestimmungsort in ihre aktive Struktur, wobei normalerweise Helferproteine, die **Chaperone**. mitwirken (Teil 1, ▶ Abschn. 2.8).

Besonders trickreich ist der Eintritt von Proteinen in den Zellkern. Für diesen Zweck enthält die Membran des Zellkerns Kernporen, die von gewaltigen Proteinkomplexen, dem Kernporenkomplex, gebildet werden. Dieser Komplex enthält einen zentralen Kanal, durch den große Proteine aktiv transportiert werden.

■ **Proteine für Membranen oder für den Export aus der Zelle**

Bei anderen Proteinen jedoch – solchen, die nach der Synthese die Zelle verlassen, bei Membranproteinen oder Proteinen, die für das ER selbst bestimmt sind – stoppt die Synthese im Cytoplasma kurz nach dem Start. Das Ribosom mit dem unfertigen Protein lagert sich an eine ausgedehnte, lappenartige Struktur in der Zelle an, das **endoplasmatische Reticulum** (abgekürzt ER). Im Elektronenmikroskop erscheint das ribosomenbesetzte ER wie mit Kügelchen besetzt und „aufgeraut" und heißt deshalb **raues endoplasmatisches Reticulum**. Hier wird die Synthese fortgesetzt, wobei das naszierende Polypeptid noch während der Synthese in den Innenraum (Lumen) des ER geschleust wird.

Ausgelöst wird dieser Vorgang wiederum durch Signalsequenzen in der Nähe des Aminoterminus des neuen Proteins, die von einem Signalerkennungspartikel erkannt werden, einem Ribonucleoprotein, das das Ribosom zur ER-Membran dirigiert. Dort übernimmt ein anderer Komplex (**Translocon** genannt) die wachsende Polypeptidkette und schleust sie ins ER-Lumen. Die Signalsequenz wird dort abgespalten, was die Translokation irreversibel macht.

19.7.2 Proteine gelangen in Transportvesikel zu ihren Wirkorten

Noch während der Biosynthese falten sich Proteine im ER-Lumen in ihre dreidimensionalen Strukturen. Nun werden einige Proteine modifiziert, z. B. durch Anhängen von *N*-gekoppelten Kohlenhydraten. Die fertigen Proteine werden dann in Vesikel verpackt, die sich vom endoplasmatischen Reticulum abschnüren, und an den **Golgi-Apparat** geschickt, ein weiteres großes Logistikzentrum der Zelle. Dort erfahren die Proteine weitere Modifikationen und von dort werden sie, ebenfalls verpackt in Vesikel, an ihre endgültigen Bestimmungsorte geliefert. Bei diesem Versand helfen auch bestimmte Merkmale des Proteins – etwa eine bestimmte Aminosäuresequenz oder eine angehängte Kohlenhydratkette, die von weiteren Proteinen des ER und am Zielort erkannt werden.

? **Fragen**

1. Welche der folgenden Aussagen treffen für Prokaryoten zu, welche für Eukaryoten?
   a. Die Translation findet im Cytoplasma statt.
   b. Die erste Aminosäure des neu entstehenden Peptids ist Formylmethionin.
   c. Das Initiationscodon lautet AUG (Code für Methionin)
   d. Das raue endoplasmatische Reticulum ist mit Ribosomen besetzt.
2. Wie wirkt sich eine Fehlpaarung an der 5′-Stelle auf das zu synthetisierende Protein aus?

19

✓ Antworten

1. a. Pro- und Eukaryoten b. Prokaryoten c. Pro- und Eukaryoten d.
    Eukaryoten.

2. Die Fehlpaarung bleibt meist ohne Folgen, denn aufgrund der
    Degeneration des genetischen Codes wird ein synonymes Codon erkannt,
    das dieselbe Aminosäure codiert.

Regulation der Genexpression

© Springer-Verlag GmbH Deutschland, ein Teil von Springer Nature 2020
K. von der Saal, *Biochemie*, https://doi.org/10.1007/978-3-662-60690-2_20

Nicht alle Gene eines Organismus werden jederzeit und kontinuierlich exprimiert, und genauso wenig braucht eine Zelle jederzeit ihr gesamtes Repertoire an Proteinen. **Konstitutive Gene** werden ständig exprimiert; andere Gene und ihre Produkte werden nur manchmal gebraucht, in bestimmten Lebensstadien oder unter bestimmten Umweltbedingungen. Letzteres kann überlebenswichtig sein! Mehr noch: Eine kontrollierte und regulierte Genexpression ist sogar die Voraussetzung, damit sich Gewebe und Organe mit Aufgabenteilung entwickeln können.

Die Regulation der Genexpression findet vor allem auf der Ebene der Transkription statt – durch die Wechselwirkung zwischen bestimmten Sequenzen auf der DNA und Proteinen, die an diese Sequenzen binden.

20.1 Regulation bei Prokaryoten

Stryer, Kap. 31

Im Stryer finden Sie dieses Thema in Kap. 31. Prokaryoten enthalten häufig in der Nähe von Genen regulatorische Sequenzen, an die DNA-bindende Proteine spezifisch andocken und die Transkription hemmen oder stimulieren können.

20.1.1 Hemmung der Transkription: Lactose-Operon

Stryer, Abb. 31.7b

Bei Prokaryoten sind Proteine, die gemeinsam eine metabolische Aufgabe bewältigen, oft in sog. **Operons** zusammengefasst. Betrachten wir als Beispiel das **Lactose-Operon (*lac*-Operon)** bei *E. coli,* bei dem die Regulation sehr gut verstanden ist. *E. coli* nutzt in erster Linie Glucose als Energiequelle, kann jedoch auch Lactose verwerten, wenn es an Glucose mangelt. Das *lac*-Operon ist eine Art Transkriptionseinheit (Stryer, Abb. 31.7b): Es enthält die Gene, die *E. coli* für die Aufnahme und Verwertung von Lactose braucht (u. a. β-Galactosidase, die Lactose in Galactose und Glucose spaltet). Solche Gene, die Proteine und RNA codieren, werden auch Strukturgene genannt. Hinzu kommen Regulationselemente: eine regulierende DNA-Sequenz, die Operatorstelle (o in Abb. 31.7b), der Promotor p sowie ein Regulatorgen i, das einen eigenen Promotor besitzt.

> ▶ Ein Operon ist eine Einheit koordinierter Genexpression und enthält Gene, die zum selben metabolischen Thema gehören (z. B. der Verwertung von Lactose). Neben diesen Strukturgenen enthält es regulatorische Elemente.

Je nach Stoffwechsellage kann das Operon an- oder abgeschaltet werden.

■ **In Abwesenheit von Lactose**

Das Regulatorgen codiert ein Repressorprotein, den *lac*-Repressor, der an die Operatorstelle bindet. So wird die Transkription der Strukturgene des *lac*-Operons verhindert.

■ **Bei Vorhandensein von Lactose und Mangel an Glucose**

Stryer, Abb. 31.10

In diesem Fall wird die Hemmung des *lac*-Operons aufgehoben – von einem Induktor namens Allolactose, einem Derivat der Lactose. Allolactose bindet an den *lac*-Repressor, der dadurch eine Konformationsänderung erfährt. Dadurch verringert sich seine Affinität für die Operator-DNA. Die Operatorstelle bleibt frei; die Transkription der Strukturgene kann starten (Stryer, Abb. 31.10).

20.1.2 Stimulierung der Transkription

Stryer, Abb. 31.12

Es gibt auch Proteine, die an DNA binden und so die Transkription stimulieren. Wieder liefert *E. coli* ein besonders gut untersuchtes Beispiel: das

20

Katabolitaktivatorprotein, kurz CAP genannt (ein anderer Name lautet CRP – cAMP-Rezeptorprotein). CAP bindet den Botenstoff cAMP (zyklisches Adenosinmonosphosphat). Dieser cAMP-CAP-Komplex bindet an den Promotor eines Operons, unterstützt die Bildung der RNA-Polymerase und damit die Einleitung der Transkription (Stryer, Abb. 31.12).

20.1.3 DNA-bindende Proteine erkennen spezifische DNA-Sequenzen

Regulatorische DNA-bindende Proteine können gezielt spezifische DNA-Sequenzen auf Regulationsstellen der DNA erkennen. Grundlage dieser Erkennung sind häufig zusammenpassende symmetrische Abschnitte auf der DNA-Sequenz einerseits und der Proteinstruktur andererseits.

Ein Sequenzabschnitt der *lac*-Regulationsstelle enthält zum Beispiel eine fast perfekte umgekehrte Sequenzwiederholung (Stryer, Abb. 31.1). In diesem Abschnitt ist die Nucleotidabfolge fast spiegelsymmetrisch.

DNA-bindende Proteine wiederum binden häufig als symmetrische Dimere an die DNA. Bei der Bindung dringt eine α-Helix in die große Furche der DNA ein (1. Teil, ▶ Abschn. 4.2.2), wo sich zwischen den Seitenketten des Proteins mit der DNA Wechselwirkungen entwickeln. Weitere Wechselwirkungen entstehen zwischen den Aminosäuren der anderen α-Helix und der DNA. DNA-bindende Proteine sind häufig Dimere mit typischen Strukturelementen wie z. B. dem Helix-Kehre-Helix-Motiv: Dieses Motiv besteht aus zwei α-Helices, die über eine Kehre miteinander verbunden sind (Stryer, Abb. 31.3).

Aber auch Wechselwirkungen zwischen β-Strängen und DNA wurden bei *E. coli* beobachtet.

Stryer, Abb. 31.1 und 31.3

20.2 Regulation bei Eukaryoten

Höhere Eukaryoten haben unterschiedliche Organe und Gewebe entwickelt, mit sehr unterschiedlichen Zelltypen und Aufgabenteilung. Und es gibt Organismen wie z. B. Insekten oder Amphibien, die verschiedene Entwicklungsstadien durchlaufen, in denen sie völlig unterschiedliche Erscheinungsformen haben.

> **Zellen und Entwicklungsstadien**
> Pankreaszellen produzieren und schütten Verdauungsenzyme aus; Leberzellen transportieren Lipide und Glucose und wandeln Energie um; Nervenzellen nehmen Signalstoffe auf und leiten sie weiter.
> Kaulquappe und Frosch, Raupe und Schmetterling – dies sind jeweils zwei ganz unterschiedliche Ausprägungen desselben Organismus in verschiedenen Entwicklungsstadien.

Dennoch enthält jede Körperzelle eines Organismus *zu jeder Zeit* das vollständige Genom mit den Bauplänen *aller* Proteine und *aller* RNA-Moleküle. Das bedeutet: In den verschiedenen Zelltypen oder Entwicklungsstadien wird jeweils nur ein ganz bestimmter Teil der Gene exprimiert; andere werden unterdrückt.

Ein Genom ist demnach zunächst nur ein Gesamtverzeichnis aller möglichen Gene eines Organismus. In einer bestimmten biologischen Konstellation wird nur ein Teil aller möglichen Proteine synthetisiert. Die Proteine, die in einer definierten Konstellation in einer Zelle vorhanden sind, fassen wir unter dem Begriff **Proteom** (abgeleitet aus den Begriffen *Prote*in und Gen*om*) zusammen.

> Ein **Proteom** ist die Gesamtheit aller Proteine, die in einem gegebenen biologischen Zusammenhang – definiert etwa vom Zelltyp, Entwicklungsstadium oder den Umgebungsbedingungen – in einer Zelle vorhanden ist.

Daraus folgt unmittelbar, dass die Genexpression bei Eukaryoten streng kontrolliert sein muss. Fehler können sie entgleisen lassen, zu Entartung und Krebs führen.

Stammzellen können zu vielfältigen Zelltypen differenzieren
Stammzellen des frühen Embryos haben das Potenzial, sich in alle möglichen Gewebe zu entwickeln; Stammzellen des erwachsenen (adulten) Organismus kommen z. B. im Rückenmark vor; bei ihnen ist das Potenzial der Entwicklung bereits stark eingeschränkt.

Die Prinzipien eukaryotischer Genexpression ähneln denen von Prokaryoten, sind aber wiederum ungleich komplexer. Wir betrachten hier drei wichtige Ansätze:

- Regulation durch DNA-Verpackung
- Regulation durch Transkriptionsfaktoren (ähnlich wie bei Prokaryoten)
- Regulation durch DNA-Methylierung
- Regulation der mRNA (posttranskriptional).

20.2.1 DNA-Verpackung

Eukaryotische DNA ist fest an kleine, basische Proteine, sog. **Histone**, gebunden. Der Komplex aus DNA und Histonen wird **Chromatin** genannt. In Chromatin ist die DNA stark verdichtet und für die Transkription schwer zugänglich. Veränderungen der Chromatinstruktur spielen bei der Regulation der Genexpression eine wichtige Rolle, wie wir weiter unten sehen werden.

20.2.2 Transkriptionsfaktoren

Anders als bei Prokaryoten sind eukaryotische Gene nicht in Operons organisiert. Stattdessen werden individuelle Gene normalerweise von zahlreichen Transkriptionsfaktoren kontrolliert. Dabei wirken diese Faktoren oft indirekt auf die DNA, indem sie etwa mit der RNA-Polymerase oder mit Proteinen, die mit der RNA-Polymerase assoziiert sind, wechselwirken.

Transkriptionsfaktoren haben gewöhnlich eine DNA-bindende Domäne, mit der sie an regulatorische Sequenzen binden. Eine weitere Domäne, die Aktivierungsdomäne, tritt dann in Wechselwirkung mit der RNA-Polymerase oder damit assoziierten Proteinen.

Stryer, Abb. 32.6, 32.7 und 32.8

Typische DNA-bindende Domänen von Transkriptionsfaktoren sehen Sie im Stryer in Abb. 32.6, 32.7 und 32.8. Auch hier treten, wie bei Prokaryoten, α-helikale Abschnitte in Wechselwirkung mit der großen Furche der DNA.

- **Manche Transkriptionsfaktoren verändern die DNA-Verpackung (Chromatin-*Remodeling*)**

Manche Transkriptionsfaktoren wirken, indem sie die Chromatinstruktur auflockern: Sie binden z. B. an Enhancerstellen auf der DNA, die weit vom Promotor des Gens entfernt sitzen. Durch die Bindung wird die Chromatinstruktur aufgebrochen und das Gen freigelegt.

Hormongesteuerte Transkriptionsfaktoren

Es gibt Transkriptionsfaktoren, die Hormone wie z. B. Östrogene binden und daraufhin die Chromatinstruktur verändern. Östrogene (s. Randformel im Stryer S. 1125) leiten sich von Cholesterin ab (2. Teil, ▶ Abschn. 6.2.3). Als hydrophobe Moleküle können sie die Zellmembran passieren und an Transkriptionsfaktoren binden. Dadurch werden Coaktivatoren rekrutiert (Stryer, Abb. 32.17), die Lysinreste in Histonproteinen acetylieren. Durch diese kovalente Modifikation sinkt die Affinität der Histone für die DNA, die dann für die Transkription zugänglich wird.

Stryer, Abschn. 32.3 und Abb. 32.17

20.2.3 DNA-Methylierung

Neben der Verpackung mit Histonen lässt sich die Expression bestimmter Gene auch durch Methylierung des C-5-Atoms von Cytosin in der betreffenden DNA unterdrücken (s. Formel im Stryer S. 1124). Die Methylgruppe des 5-Methylcytosins ragt in die große Furche der DNA und kann dort die Bindung von aktivierenden Proteinen beeinträchtigen.

Stryer, Formel S. 1124

❯ Unterschiede in der DNA-Verpackung oder in der kovalenten Modifikation von DNA in verschiedenen Zelltypen werden unter dem Begriff **Epigenetik** zusammengefasst.

20.2.4 Mikro-RNA reguliert die Translation

Mikro-RNA (miRNA) bildet eine große Klasse regulatorischer RNA-Moleküle. Sie wirken, indem sie – im Verbund mit Proteinen – durch Basenpaarung an die mRNA bestimmter Gene binden, die daraufhin gespalten wird.

Die Proteine, mit denen Mikro-RNA assoziiert ist, werden als Argonaut-familie zusammengefasst. Im Komplex mit diesen Proteinen assoziiert die miRNA mit komplementären Bereichen von mRNA-Molekülen. Die miRNA bestimmen damit als sog. *guide*-RNA die Spezifität des Argonautproteins (Stryer, Abb. 32.26).

Stryer, Abb. 32.26

Die Regulation durch Mikro-RNA gibt es in fast allen Eukaryoten. Beim Menschen hat man bisher mehr als 700 miRNAs identifiziert. Schätzungsweise 60 % aller menschlichen Gene werden durch ein oder mehrere miRNAs reguliert.

❓ **Fragen**

1. Transkriptionsfaktoren sind wichtige Regulatormoleküle. Welche Art der Erkennung liegt dieser Regulation zugrunde?
2. Mikro-RNA stellt wichtige Regulatoren der Genexpression dar. Auf welcher Ebene werden sie aktiv?

✅ **Antworten**

1. Transkriptionsfaktoren sind Proteine, die DNA-Sequenzen erkennen.
2. Mikro-RNA wirkt nach der Transkription auf mRNA ein.

Das Humangenomprojekt

21

Wir wollen diesen Teil nicht beenden, ohne das Humangenomprojekt zu erwähnen: die Aufklärung der Basensequenz nahezu aller menschlichen Gene. Ein solches gewaltiges Unterfangen wurde erst möglich durch die Entwicklung ausgefeilter Sequenzierungsmethoden, mit denen sich die Basenabfolge ganzer Genome bis auf Nucleotidebene bestimmen lässt. Das Projekt wurde im Jahr 2003 erfolgreich abgeschlossen; es war ein Meilenstein der modernen Biochemie. In parallel laufenden Sequenzierungsprojekten wurden die Genome wichtiger Modellorganismen biochemischer Forschung wie z. B. *E. coli* oder wichtiger Krankheitserreger analysiert.

❯ **Ergebnis des Humangenomprojekts: Das Genom des Menschen enthält etwa drei Milliarden Basenpaare und etwa 20.000 bis 25.000 Gene, die Proteine codieren.**

Die Interpretation der riesigen Datenmenge, die das Projekt hervorbrachte, ist immer noch im Gang: Mit den Daten lassen sich z. B. manche Krankheiten auf bestimmte Veränderungen in den Genen zurückführen, es lassen sich Verwandtschaften und sogar ethnische Zusammenhänge erkennen, wenn man die DNA-Sequenzen einzelner Personen oder Personengruppen vergleicht.

Stryer, Abschn. 5.3

In einem Folgeprojekt des Humangenomprojekts werden Variationen im menschlichen Genom untersucht – Variationen, durch die sich menschliche Individuen voneinander unterscheiden. Es sind diese Variationen, die vielleicht darüber entscheiden, ob ein Mensch Krebs oder Diabetes bekommt, der andere nicht. Falls Sie mehr über diese vergleichende Genomik erfahren wollen, können Sie im Stryer in Abschn. 1.4 und 5.3 weiterlesen.

Zusammenfassung

• Replikation

Die DNA-Polymerase braucht einen Primer, ein kurzes Stück aus RNA, dessen freies 3′-OH-Ende sie durch Desoxynucleotide verlängert. Der neue DNA-Strang entsteht in 5′→3′-Richtung; der Matrizenstrang wird dabei in 3′→5′-Richtung abgegriffen.
Die Replikation beginnt an einem Replikationsursprung. Helikasen entwinden die Doppelhelix; Toposisomerasen reduzieren die Spannung, die durch Überspiralisierung der Doppelhelix vor der Replikationsgabel entsteht.
Eine kontinuierliche DNA-Synthese ist nur am 3′→5′-Elternstrang möglich. Der so synthetisierte Strang heißt Leitstrang. Am 5′→3′-Elternstrang geschieht die Synthese diskontinuierlich in Form kürzerer Okazaki-Fragmente, die durch DNA-Ligase verschlossen werden. Der so entstandene Strang heißt Folgestrang.
Um die Genauigkeit der Replikation zu gewährleisten, verfügt die DNA-Polymerase über Korrekturlesefunktionen: Sie erkennt Fehlpaarungen bei neu hinzugekommenen Nucleotiden und kann diese ausschneiden. Zudem besitzt sie eine hohe Prozessivität – sie kann Tausende von Desoxynucleotiden verknüpfen, bevor ihr Produkt die DNA-Matrize verlässt.
Bei Eukaryoten ist die Replikation komplexer als bei Prokaryoten und setzt an Tausenden von Replikationsursprüngen gleichzeitig an. Das Ribozym Telomerase sorgt für die Replikation von Chromosomenenden.

• Reparatur von DNA-Schäden (Mutationen)
Schäden in der DNA können spontan auftreten oder durch UV-Licht und chemische Agenzien, z. B. Alkylierungsmittel, ausgelöst werden. Zur Schadensminimierung enthält nahezu jede Zelle Reparatursysteme.

• Transkription
Bei der Transkription wird ein Gen von RNA-Polymerase in RNA umgeschrieben. Als Transkripte entstehen mRNA, die die Information für den Bau eines Proteins

enthält, sowie tRNA, rRNA und kleinere, regulatorische RNA-Moleküle einer Zelle. Die RNA-Polymerase verknüpft Ribonucleotide; dabei entsteht das RNA-Transkript in $5' \rightarrow 3'$-Richtung anhand der Vorlage des DNA-Matrizenstrangs. Anders als DNA-Polymerase besitzt die RNA-Polymerase keine Korrekturlesefunktion und braucht keinen Primer.

Die Transkription beginnt an Consensussequenzen von Promotorstellen. Die RNA-Polymerase bindet an den Promotor; die Doppelhelix öffnet sich und die RNA-Synthese beginnt. Sie wird fortgeführt, bis die RNA-Polymerase auf ein Stoppsignal trifft. Durch Rückfaltung und intramolekulare Basenpaarung entsteht auf dem RNA-Transkript eine Haarnadelstruktur, die das Enzym vom DNA-Strang löst und das Transkript freisetzt.

Die Transkription von Eukaryoten ist viel aufwendiger als bei Prokaryoten: Drei verschiedene RNA-Polymerasen synthetisieren die verschiedenen RNA-Typen. Promotorsequenzen werden nicht von RNA-Polymerase, sondern von Transkriptionsfaktoren erkannt, die an die DNA binden und eine Plattform bilden für RNA-Polymerase.

Bei Eukaryoten werden alle RNA-Transkripte umfangreich modifiziert. Durch Spleißen werden Introns aus mRNA herausgeschnitten; dies geschieht z. T. autokatalytisch am Spleißosom, einem RNA-Protein-Komplex.

• **Translation**

Bei der Translation wird die RNA-Sequenz der mRNA in die Aminosäuresequenz eines Proteins übersetzt. Sie findet an den Ribosomen statt, großen Molekülmaschinen aus RNA und Protein – bei Prokaryoten oft noch während der Transkription. Bei Eukaryoten findet die Translation räumlich getrennt von der Transkription im Cytoplasma statt.

Als Adaptermolekül zwischen mRNA und Protein dient tRNA. tRNA enthält ein Anticodon, das komplementär zum jeweiligen Codon auf der mRNA ist. Erkannt wird dieses Anticodon von einer spezifischen Aminoacyl-tRNA-Synthetase, die zunächst die passende Aminosäure aktiviert und mit der $2'$- oder $3'$-OH-Gruppe eines Adenins am $3'$-Ende der tRNA verknüpft.

Die Proteinsynthese selbst läuft am Ribosom ab, das mRNA und t-RNA bindet. Sie beginnt am Startcodon der mRNA (AUG, das Methionin codiert.) Die erste Aminosäure bei Prokaryoten ist stets Formylmethionin, Methionin bei Eukaryoten. Peptidyltransferase knüpft die Peptidbindung zwischen der Aminogruppe der Aminoacyl-tRNA und der Carbonylgruppe der Peptidyl-tRNA; die entstehende Polypeptidkette wird dabei auf die Aminosäure einer neu hinzugekommenen beladenen tRNA übertragen. Das Polypeptid wird vom Amino- zum Carboxylende hin synthetisiert.

Signalsequenzen an neu synthetisierten Proteinen zeigen deren Bestimmungsort an. Die Synthese aller Proteine beginnt im Cytoplasma; bei Proteinen, die für das ER oder den Export aus der Zelle bestimmt sind, wandern die Ribosomen kurz nach dem Start der Translation zum Endoplasmatischem Reticulum. Dort werden die Proteine fertig synthetisiert, modifiziert und in Vesikeln zum Golgi-Apparat geschickt, wo sie weiter modifiziert und verteilt werden.

• **Regulation der Genexpression**

Die Genexpression wird streng kontrolliert, weil nicht alle Gene zu jedem Zeitpunkt exprimiert werden. Bei Prokaryoten sind Gene einer gemeinsamen metabolischen Einheit, z. B. der Verwertung von Lactose, zu Operons organisiert. Solche Gene unterliegen einer gemeinsamen Kontrolle auf Transkriptionsebene. Bei Eukaryoten werden Gene individuell reguliert. Dies geschieht durch verdichtetes Chromatin oder durch DNA-Methylierung. Auf Translationsebene agiert Mikro-RNA, die an mRNA bindet und die Translation stoppt.

Weiterführende Literatur

Weiterführende Literatur

Berg JM, Tymoczko JL, Gatto Jr. GJ, Stryer L (2018) Biochemie 8. Aufl. Springer Spektrum, Heidelberg

Müller-Esterl, W (2018) Biochemie 3. Aufl. Springer Spektrum, Heidelberg

Cech TR (1990) Selbstspleißen und enzymatische Aktivität einer intervenierenden Sequenz von Tetrahymena (Nobel-Vortrag zu Ribozymen). Angew Chem 102: 745–755 ▶ https://doi.org.10.1002/ange.19901020705

Gorman C, Maron DF (2015) Die RNA-Revolution. Spektrum der Wiss 5: 20–25

Greider CW, Blackburn EH (1996) Telomere, Telomerase und Krebs. Spektrum der Wiss 4: 30–37

Grunstein M (1993) Die Rolle der Histone bei der Genregulation. Spektrum der Wiss 1: 90ff

Reinberger S (2015) Genregulation durch RNA-Schnipsel. Spektrum der Wiss 3: 14–17

Serviceteil

© Springer-Verlag GmbH Deutschland, ein Teil von Springer Nature 2020
K. von der Saal, *Biochemie*, https://doi.org/10.1007/978-3-662-60690-2

Glossar

2D-Elektrophorese Zweidimensionale Elektrophorese, bei der iso-elektrische Fokussierung und SDS-PAGE gekoppelt werden; dient der Auftrennung komplexer Proteingemische.

Acetyl-Coenzym A (Acetyl-CoA) Enthält eine an Coenzym A gebundene und dadurch aktivierte Acetylgruppe. C_2-Baustein und zentrales Molekül im Metabolismus; entsteht durch Abbau von Zuckern, Aminosäuren und Lipiden.

Adenin (A) Purinbase, Bestandteil von DNA und RNA.

Adipocyt Fettzelle, in der Triacylglycerine gespeichert werden.

ADP Adenosindiphosphat; Hydrolyseprodukt von ATP.

Adrenalin Hormon, wirkt inhibierend auf die Fettsäuresynthese.

Aerob Unter Beteiligung von Sauerstoff.

Affinitätschromatographie Chromatographisches Verfahren, dessen Trennprinzip auf der Affinität eines Proteins zu bestimmten chemischen Gruppen im Säulenmaterial basiert. Beispiel: Lectine binden an Kohlen-hydrate.

Aktives Zentrum Ort am Enzym, an dem die katalytische Umsetzung stattfindet.

Aldose Aldehydzucker mit Aldehydgruppe, z. B. Glucose.

Alkoholische Gärung Sauerstofffreier Abbau von Glucose zu Ethanol.

Allosterie Kooperation von mehreren Bindungsstellen in einem Enzym oder Protein. Die Bindung eines Substrats beeinflusst die Bindung aller weiteren Substrate.

Aminoacyl-tRNA-Synthetase Schlüsselenzym der Translation, das sowohl Anticodon einer tRNA als auch die zugehörigen Aminosäuren erkennt und die aktivierten Aminosäuren an ihre tRNA bindet.

α-Aminosäure Aminosäure mit einer Carboxyl- und einer Aminogruppe am selben Kohlenstoffatom.

Aminosäuresequenz Reihenfolge der Aminosäuren in einem Protein. Synonym: Primärstruktur

Aminosäurezusammensetzung Aminosäurebestandteile eines Proteins.

AMP Adenosinmonophosphat; Hydrolyseprodukt von ATP und ADP.

Amphipathisch Eine amphipathische Verbindung besitzt sowohl hydrophile als auch hydrophobe Eigenschaften. Beispiel: Fettsäure.

Amylopektin Bestandteil von Stärke aus linearen α-1,4-glykosidisch verknüpften Glucoseketten und zusätzlichen Verzweigungen durch α-1,6-glykosidisch verknüpfte Glucosemoleküle.

Amylose Bestandteil von Stärke aus linearen α-1,4-glykosidisch verknüpften Glucosemolekülen.

Anabolismus Aufbauende Stoffwechselwege, verbrauchen Energie und Reduktionsäquivalente.

Anerob Ohne Beteiligung von Sauerstoff.

Anomer Optisches Isomer, das durch eine chemische Reaktion entsteht, bei der sich ein neues asymmetrisches Zentrum ergibt.

Anticodon Basentriplett auf der tRNA, komplementär zum mRNA-Code der zugehörigen Aminosäure.

Apolipoprotein Proteinanteil von Chylomikronen.

Apoptose Programmierter Zelltod; kontrollierte Selbstzerstörung einer Zelle.

Arachidonat (Arachidonsäure) Vierfach ungesättigte C_{20}-Fettsäure, Stammverbindung von Eicosanoidhormonen.

Assay Enzymatischer Test.

Atmung Energie gewinnender Prozess durch Reduktion eines (meist) anorganischen Substrats (bei Tieren: Sauerstoff) mit Reduktionsäqui-valenten, die beim oxidativen Abbau von Nährstoffen gewonnen wurden; Summe von Citratzyklus und oxidativer Phosphorylierung. Syn: Zellatmung.

Atmungskette Enzyme der inneren Mitochondrienmembran, die am Elektronentransport der oxidativen Phosphorylierung beteiligt sind.

ATP Adenosintriphosphat. Universeller Energieüberträger im Stoff-wechsel; wird unter Energiegewinn zu ADP oder AMP hydrolysiert; Überträger von Phosphatgruppen zur Aktivierung von Biomolekülen.

ATP-Synthase Schlüsselenzym der oxidativen Phosphorylierung, das den Protonengradienten zur ATP-Synthese nutzt. Großer Protein-komplex aus zahlreichen Untereinheiten, das in der inneren Mito-chondrienmembran sitzt und in die Matrix hineinragt.

Basenpaarung Spezifische Bildung von Wasserstoffbrücken in DNA zwischen A und T und zwischen G und C.

Biotin CO_2 übertragende prosthetische Gruppe der Pyr-uvat-Carboxylase; Synonym: Vitamin B_7

C_4-Pflanze Pflanzen der Tropen, die – über einen Umweg über Oxal-acetat (C_4) –die Konzentration von CO_2 lokal erhöhen und so die Effi-zienz der Photosynthese steigern.

Calvin-Zyklus Aufbau von Glucose durch CO_2-Fixierung an Ribulo-se-5-phosphat in der Dunkelreaktion der Photosynthese.

Carotinoide Klasse von langkettigen, konjugierten Polyenen, die die roten und gelben Farben von Früchten und Blüten hervorrufen; schüt-zen vor Sonnenschäden; Hilfspigmente der Photosynthese.

Cellulose Häufigstes Kohlenhydrat der Erde; Struktursubstanz der Pflan-zen. Besteht aus unverzweigten, β-1,6-verknüpften Glucosemolekülen.

Chaperon Helferprotein bei der Proteinfaltung (wörtlich etwa „Anstandsdame").

Chitin Zweithäufigstes Kohlenhydrat der Erde; Stützsubstanz von Pilzen und Insekten.

Chlorophyll *a* Grünes Pigment und Photorezeptor in der Photo-synthese; enthält ein Tetrapyrrolsystem (ähnlich Häm) mit einem Magnesiumion im Zentrum.

Chlorophyll *b* Hilfspigment der Photosynthese.

Chloroplast Organell in Zellen grüner Pflanzen, in dessen Thylakoid-membran die Lichtreaktion der Photosynthese abläuft.

Cholesterin Wichtiges Membranlipid aus der Klasse der Steroide; senkt die Fluidität von Membranen durch Störung der Wechselwirkungen der Fettsäuren untereinander. Bei Tieren ist Cholesterin ein wichtiger Regulator für die Membranfluidität.

Chromatin Komplex aus DNA und Histonen.

Chromogenes Substrat Substrat, das bei der Umsetzung ein farbiges Produkt liefert, sodass die Reaktion photometrisch verfolgt werden kann.

Chromosom Organisationseinheit von Genen, enthält ein einziges DNA-Molekül mit Verpackungsproteinen.

Chylomikronen Lipoproteinpartikel, Komplexe aus Proteinen und Lipiden, mit denen die wasserunlöslichen Lipide im Blut transportiert werden.

Citratzyklus Oxidativer Abbau von Acetyl-CoA zu Kohlendioxid, wobei pro Mol Acetyl-CoA 1 Mol ATP, 3 Mol NADH und 1 Mol $FADH_2$ gewonnen werden.

Citrullin Nicht proteinogene Aminosäure.

Cobalamin Kobalthaltiges Coenzym, das Umlagerungen über einen Radikalmechanismus katalysiert. Synonym: Vitamin B_{12}.

Codierender Strang DNA-Strang, der zum Matrizenstrang komplementär ist; auch *sense*-(+)-Strang genannt.

Codon Basentriplett in DNA, das für eine bestimmte Aminosäure steht.

Coenzym A Wichtiges Coenzym zur Übertragung von Acylgruppen, die über eine Thioesterbindung an eine SH-Gruppe des Coenzyms gebunden werden.

Cofaktor Kleines Molekül oder Metallion, das für die Aktivität verschiedener Enzyme nötig ist, z. B. Coenzym A oder Thiamindiphosphat. Synonym: Coenzym.

Consensussequenz Charakteristische Sequenz, die mit leichten Variationen bei zahlreichen Genen vorkommt und meist regulatorische Funktion hat, z. B. die sog. TATA-Box.

C-**terminale Aminosäure** Aminosäure mit freiem Carboxylende am Ende einer Peptidkette, in einem Peptid konventionsgemäß rechts geschrieben.

Cytochrom *bf* Verbindender Komplex zwischen Photosystem I und II; katalysiert Elektronentransfer von Plastochinol auf Plastocyanin.

Cytochrom *c* Elektronentransportprotein der oxidativen Phosphorylierung; enthält Häm mit Fe^{2+} im Zentrum als prosthetischer Gruppe.

Cytoplasma Innenraum einer Zelle; der Begriff schließt auch Cytosol und Organellen ein.

Cytosin (C) Pyrimidinbase, Bestandteil von DNA und RNA.

Cytosol Wässriges Medium, das eine Zelle ausfüllt und gelöste Biomoleküle enthält.

Dalton (d) Masseneinheit von Biomolekülen; 1 d (alternativ: 1 Da) entspricht etwa der Masse eines Wasserstoffatoms. 1000 d = 1 Kilodalton (kd).

degenerierter Code Eine Aminosäure wird durch mehrere Codons der DNA codiert.

Denaturierung Zerstörung der nativen Struktur eines Proteins durch Erhitzen oder Chemikalien.

Diabetes Stoffwechselkrankheit, die mit erhöhtem Blutzuckerspiegel einhergeht.

Dioxygenase Oxidierendes Enzym, das molekularen Sauerstoff umsetzt, wobei beide O-Atome ins Produkt gelangen.

Disaccharid Molekül aus zwei Zuckerresten, die *O*-glykosidisch miteinander verbunden sind, z. B. Saccharose.

Disulfidbrücke Kovalente S–S-Bindung zwischen zwei Cysteinresten in einem Protein.

DNA Desoxyribonucleinsäure *(deoxyribonucleic acid)*; Biopolymer aus charakteristischen Basen, Desoxyribose und Phosphat, das die genetische Information enthält.

DNA-Ligase Enzym, das zwei DNA-Abschnitte miteinander kovalent verknüpft.

DNA-Polymerase Enzym, das anhand einer DNA-Matrize einen neuen DNA-Strang synthetisiert.

DNA-Rekombination Austausch von DNA-Fragmenten zwischen DNA-Molekülen ähnlicher oder identischer Sequenz.

Doppelhelix Zwei umeinander gewundene DNA-Helices.

Dunkelreaktion Von Licht unabhängiger Teilabschnitt der Photosynthese im Stroma von Chloroplasten, bei dem die Produkte der Dunkelreaktion, NADPH und ATP, zum Aufbau von Glucose genutzt werden. Synonym: Calvin-Zyklus.

Edman-Abbau Automatisiertes Verfahren zur Bestimmung der Aminosäuresequenz eines Peptids mit bis zu 50 Aminosäureresten; benannt nach dem schwedischen Wissenschaftler Pehr Edman (1916–1977).

Endergone Reaktion Spontan verlaufende Reaktion mit $\Delta G > 0$.

Endoplasmatisches Reticulum (ER) Organell, in dem manche neu gebildeten Proteine modifiziert und weiter verteilt werden; durch Abschnürungen der ER-Membran entstehen Vesikel und neue Membranen.

Endotherme Reaktion Reaktion mit $\Delta H > 0$.

Energieladung Maß für den Energiezustand einer Zelle; abhängig von den Konzentrationen an ATP und AMP; kann Werte zwischen 1 (nur ATP) oder 0 (nur AMP) annehmen.

Enthalpie *H* Innere Energie eines Systems, bei der auch das Volumen berücksichtigt wird.

Entropie *S* Maß für die Unordnung eines Systems bzw. die Anzahl energetisch äquivalenter Zustände.

Epigenetik Beschreibt die Unterschiede im Chromatin oder in der kovalenten Modifikation von DNA, durch die unterschiedliche Zelltypen entstehen.

Essenzielle Aminosäuren Aminosäuren, die vom Organismus nicht selbst synthetisiert werden können und daher mit der Nahrung aufgenommen werden müssen.

Essenzielle Fettsäuren Ungesättigte Fettsäuren, die der Organismus nicht selbst synthetisieren kann (enthalten Doppelbindungen nach C-9), z. B. Linolsäure oder Linolensäure.

Eukaryoten Höhere Lebewesen mit Zellkern und Organellen (z. B. Einzeller wie Hefe oder vielzellige Organismen).

Exergone Reaktion Spontan verlaufende Reaktion mit $\Delta G < 0$.

Exon Codierender Abschnitt in einem Gen.

Exotherme Reaktion Reaktion mit $\Delta H < 0$.

FAD, FADH$_2$ Flavinadenindinucleotid; wichtiger Elektronenüberträger bei der Atmungskette; kann ein oder zwei Elektronen übertragen.

FAD, FADH2 Flavinadenindinucleotid; Redoxcarrier, vor allem zur Einführung von Doppelbindungen; überträgt zwei Protonen und zwei Elektronen.

β-Faltblatt Häufiges, blattartiges Sekundärstrukturelement von Proteinen.

Feedback-Inhibierung Produkt inhibiert das Enzym, das seine Herstellung katalysiert.

Fehlingsche Lösung Cu(II)-Lösung; dient zum Nachweis von reduzierenden Zuckern.

Ferredoxin Redoxüberträger, wird in Photosystem I reduziert.

Festphasensynthese Automatisiertes Verfahren zur Synthese eines Peptids bis zu 50 Aminosäureresten.

Fettsäure Carbonsäure mit unpolarem Teil (Kohlenwasserstoffkette variabler Länge) und polarem Teil (Carboxylgruppe); hat hydrophobe und hydrophile Eigenschaften und ist daher amphipathisch.

Fettsäure-Synthase Multienzymkomplex, der bei höheren Organismen alle Enzyme der Fettsäuresynthese in einer einzigen Polypeptidkette enthält.

Flüssigmosaikmodell Modell für biologische Membranen; beschreibt die Dynamik von Membranen aufgrund der lateralen (seitlichen) Beweglichkeit von Membranproteinen und Membranlipiden.

FMN Flavinmononucleotid; Vorstufe von FAD; Coenzym bei Redoxreaktionen.

Folgestrang DNA-Strang, der am 5′→3′-Elternstrang nur diskontinuierlich in Form von Okazaki-Fragmenten synthetisiert werden kann (Synonym: Rückwärtsstrang; engl. *lagging strand*).

Freie Enthalpie G (Gibbs'sche Freie Energie): Maß für die Triebkraft einer Reaktion, bei der die Entropie berücksichtigt wird.

Fructose „Fruchtzucker", eine Ketohexose.

Furanose Fünfringzucker; Name abgeleitet vom Heterocyclus Furan.

Gallensalze Amphipathische Moleküle, die Fette im Dünndarm in Micellen einschließen und so emulgieren.

Gärung Sauerstofffreie Verwertung von Glucose, z. B. alkoholische Gärung oder Milchsäuregärung.

Gelfiltration Synonym für Größenausschlusschromatographie.

Gen DNA-Abschnitt, der der Bauplan für ein Protein oder eine RNA enthält.

Genetischer Code Verschlüsselung der Baupläne für Proteine und RNA in Form von DNA.

Genexpression Umsetzung des genetischen Programms.

Genom Gesamtheit aller Gene eines Organismus.

Glucagon Hormon, wirkt inhibierend auf die Fettsäuresynthese.

Glucogene Aminosäuren Aminosäuren, die zu Pyruvat und Zwischenstufen des Citratzyklus abgebaut werden.

Gluconeogenese Neusynthese von Glucose aus Pyruvat; findet hauptsächlich in der Leber statt.

Glucose „Traubenzucker", eine Aldohexose.

Glucosetransporter Membranprotein, das Glucose entlang des Konzentrationsgradienten in Zellen hineinschleust; braucht keine zusätzliche Energie.

Glutathion Antioxidans tierischer Zellen; Tripeptid mit Sulfhydrylgruppe; reduziert z. B. Peroxide und organische Peroxide.

Glutathion Praktisch in jeder Zelle vorhandenes Reduktionsmittel und Antioxidans im Körper; besteht aus drei Aminosäureresten (Glutaminsäure, Cystein und Glycin), wobei die Glutaminsäure über ihre γ-Carboxylgruppe mit Cystein verbunden ist.

Glycerin C_3-Polyalkohol mit drei Hydroxylgruppen, Formel $CH_2(OH)$ $CH(OH)CH_2OH$; Basismolekül wichtiger Phospholipide.

Glykogen Speicherform der Glucose in Tieren; besteht aus α-1,4-glykosidisch verbundenen Glucoseeinheiten; durch α-1,6-verbundene Glucoseeinheiten entstehen Verzweigungen.

Glykolyse Abbau von Glucose (C_6) zu zwei Molekülen Pyruvat (C_3).

Glykoproteine Proteine, die kovalent gebundene Kohlenhydratgruppen tragen.

Glykosidische Bindung Bindung des anomeren Kohlenstoffatoms eines Zuckers an N- oder O-Atome anderer Moleküle, z. B. Alkohole, Amine oder Phosphat.

Golgi-Apparat Organell, in dem manche neu gebildeten Proteine modifiziert und weiter verteilt werden.

Größenausschlusschromatographie Chromatographisches Verfahren, das Moleküle unterschiedlicher Größe trennt. Enthält poröses Säulenmaterial, das Moleküle unterhalb einer bestimmten Größe einschließen kann. Synonym: Gelfiltration.

Guanin (G) Purinbase, Bestandteil von DNA und RNA.

Häm Prosthetische Gruppe vieler Proteine; besteht aus einem Porphyringerüst mit einem Eisenion in der Mitte. Hämproteine sind z. B. Hämoglobin und Myoglobin, die Sauerstoff im Blut bzw. Muskel dienen, oder Cytochrome, die als Elektronenüberträger fungieren.

Hämoglobin Sauerstoff bindendes Protein in den roten Blutzellen (Erythrocyten); besteht aus vier Polypeptidketten mit der Untereinheitenstruktur $\alpha_2\beta_2$; jeder Untereinheit enthält eine Hämgruppe mit Fe^{2+} im Zentrum.

Harnstoffzyklus Umwandlung von Ammoniak in Harnstoff, der ausgeschieden wird; bei landlebenden Wirbeltieren.

Helikase Enzym, das die DNA am Replikationsursprung entwindet.

α-Helix Schraubenartig gewundene Polypeptidkette; häufiges Sekundärstrukturelement von Proteinen.

Hendersson-Hasselbach-Gleichung Zusammenhang zwischen pH-Wert eines Puffers und den Konzentrationen von Puffersalz und – säure.

Histone Kleine basische Proteine, die der DNA-Verpackung dienen.

Hydrophober Effekt Stabilisierender Effekt, der auftritt, wenn sich mehrere hydrophobe Moleküle in einer hydrophilen Umgebung zusammenlagern. Der hydrophobe Effekt hat eine Entropie- und eine Enthalpiekomponente.

Hypochromie Charakteristische Absorption von DNA bei 260 nm, die Extinktion ist bei Einzelstrang-DNA stärker als bei Doppelstrang-DNA

Induced fit (Induzierte Anpassung); Enzym und Substrat passen bei der Bindung ihre Strukturen aufeinander an.

Inhibitor Hemmstoff eines Enzyms.

Initiationscodon Codon auf der mRNA, bei der die Translation startet. Bei Prokaryoten und Eukaryoten ist dies AUG, der Code für Methionin.

Innere Energie U Energie, die potenziell bei chemischen oder physikalischen Vorgängen übertragen werden kann.

Insulin Peptidhormon, das den Blutzuckerspiegel reguliert.

Intron Nichtcodierender Abschnitt in eukaryotischen Genen.

Ionenaustauschchromatographie Chromatographisches Verfahren, dessen Trennprinzip auf geladenen Säulenmaterialien basiert, die entgegengesetzt geladene Ionen binden.

Irreversibler Inhibitor Bindet irreversibel an die Substratbindungsstelle des Enzyms zu einem stabilen Enzym-Inhibitor-Komplex.

Isoelektrische Fokussierung Elektrophorese in einem pH-Gradienten; trennt Proteine aufgrund ihrer pI-Werte.

Isoelektrischer Punkt (pI) Spezifischer pH-Wert, bei dem die Nettoladung eines Proteins null ist.

Isopeptidbindung Ungewöhnliche Peptidbindung zwischen der Carboxylgruppe einer Aminosäure und der ε-Aminogruppe von Lysin.

Katabolismus Abbauende Stoffwechselwege, liefern Energie und Reduktionsäquivalente.

Katalase Enzym, das Wasserstoffperoxid H_2O_2 in O_2 und H_2O spaltet.

Katalytische Effizienz Quotient aus k_{kat} und K_M.

α-Keratin Wichtigstes Protein von Wolle und Haaren.

Ketogene Aminosäuren Aminosäuren, die zu Acetyl-CoA und Acetacetyl-CoA und weiter zu Ketonkörpern abgebaut werden oder für die Fettsäuresynthese Verwendung finden.

Ketonkörper Ersatzbrennstoffe für das Gehirn, die bei Glucose- und Oxalacetatmangel nach längerem Fasten oder bei Diabetes aus Acetyl-CoA gebildet werden.

Ketose Ketozucker mit Ketogruppe, z. B. Fructose.

Kilodalton (kd) 1000 Dalton.

Kinase Enzym, das Phosphorylgruppen auf andere Enzyme überträgt und diese so aktiviert.

Kohlenhydrate Klasse von Biopolymeren, die aus Zuckern aufgebaut ist. Die allgemeine Formel lautet $C_n(OH_2)_n$. Kohlenhydrate dienen vor allem als Energiespeicher und als Strukturbildner, aber auch zur Kommunikation zwischen Zellen.

ω-Kohlenstoffatom Letztes Kohlenstoffatom einer Fettsäure, unabhängig von ihrer Kettenlänge.

Kohlenstofffixierung Erster Schritt des Calvin-Zyklus, bei der CO_2 auf Ribulose-1,5-bisphosphat übertragen wird unter Bildung von zwei Molekülen 3-Phosphoglycerat; katalysiert durch Rubisco.

Kollagen Protein, das Haut, Knochen, Sehnen und Zähne aufbaut.

Kompetitiver Inhibitor Konkurriert mit dem Substrat um die Bindungsstelle des Enzyms.

Konstitutive Gene Gene, die ständig exprimiert werden.

Kreatinphosphat Pufferspeicher für Phosphatgruppen; kann ADP phosphorylieren und damit rasch regenerieren.

Kumulative Rückkopplungshemmung Hemmung eines gemeinsamen Schrittes bei einer verzweigten Reaktionskette durch Zusammenwirken aller Reaktionsprodukte.

***lac*-Operon** Lactose-Operon; Operon bei *E. coli*, das die Enzyme für die Lactose-Verwertung enthält.

Lectine Kohlenhydratbindende Proteine.

Leitstrang DNA-Strang, der am 3'→5'-Elternstrang kontinuierlich in 5'→3'-Richtung synthetisiert werden kann (Synonym: Vorwärtsstrang; engl. *leading strand*).

Lichtreaktion Teilabschnitt der Photosynthese, bei der durch Lichtabsorption NADPH und ATP entstehen.

Lichtsammelkomplex Komplex im photosynthetischen Reaktionszentrum mit zahlreichen Hilfspigmenten (Chlorophyll *b* und Carotinoiden), die vor allem in der Mitte des sichtbaren Spektrums absorbieren und die Energie des absorbierten Lichts an das spezielle Paar weiterleiten.

Lineweaver-Burk-Plot Lineare, invertierte Darstellung der Michaelis-Menten-Gleichung.

Lipasen Enzyme, die Triacylglycerine spalten.

Lipide Wasserunlösliche Moleküle, die Fettsäuren enthalten; dienen als Energiespeicher und Bausteine biologischer Membranen.

MALDI-TOF Matrixunterstützte *(matrix-assisted)* Laser-desorption-Ionisation; leistungsfähiges massenspektrometrisches Verfahren zur Proteinanalytik, das die Flugzeit *(time of flight*, TOF) der Fragmentionen misst.

Manganzentrum Teil des Photosystems II, das vier Manganionen enthält, und an dem die Wasserspaltung stattfindet.

Matrizenstrang DNA-Strang, der bei der Transkription als Matrize für das RNA-Transkript dient; auch *antisense*-(–)-Strang genannt.

Membran Hülle aus Lipiddoppelschicht oder Lipidmonoschicht, die alle Zellen und Organellen umschließt.

Membranproteine Proteine, die in eine biologische Membran eingebettet sind, entweder vollständig (integrale Membranproteine) oder ihr aufliegen (periphere Membranproteine). Membranproteine verleihen Membranen ihre Funktionalität; sie wirken z. B. als Ionenpumpen und Ionenkanäle, Transporter, Rezeptoren oder Enzyme.

Metabolismus Gesamtheit abbauender und aufbauender Stoffwechselwege.

Michaelis-Menten-Konstante (K_M) Substratkonzentration, bei der die halbmaximale Reaktionsgeschwindigkeit erreicht ist.

Mikro-RNA (miRNA) Kleine RNA-Moleküle bei Eukaryoten, die die Translation auf mRNA-Ebene regulieren.

Milchsäuregärung Sauerstofffreier Abbau von Glucose zu Milchsäure (Lactat).

Monocistronisch Eigenschaft eukaryotischer mRNA, die nur den Code für ein einziges Protein enthält.

Monooxygenase Oxidierendes Enzym, das molekularen Sauerstoff umsetzt, wobei ein O-Atom ins Produkt, das andere in Wasser gelangt.

Monosaccharid Einfachzucker, z. B. Glucose.

mRNA Messenger-RNA, Boten-RNA: RNA-Molekül, das die Umschrift eines Gens aus DNA in RNA enthält.

Mucine Klasse von Glykoproteinen mit bis zu 80 % Kohlenhydratanteilen in der Masse. Dienen als Gleitmittel in Speichel, Schleim und im Verdauungstrakt.

Mutation Dauerhafter DNA-Schaden; entsteht spontan oder wird ausgelöst z. B. durch Chemikalien oder UV-Licht.

Myoglobin Sauerstoff bindendes Protein von Muskelzellen. Myoglobin besteht aus einer einzelnen Polypeptidkette und einer Hämgruppe mit Fe^{2+} im Zentrum.

NAD+, NADH Nicotinamidadenindinucleotid; als NAD+ wichtiger Elektronenakzeptor im Katabolismus; NADH wird in der oxidativen Phosphorylierung wieder zu NAD+ reoxidiert.

NADH Nicotinamidadenindinucleotid; Redoxcarrier bei abbauenden Stoffwechselwegen; überträgt ein Proton und zwei Elektronen und wird dabei selbst zu NAD+ oxidiert.

NADPH Nicotinamidadenindinucleotidphosphat; Reduktionsäquivalent bei Biosynthesen, das ein H-Atom und zwei Elektronen überträgt.

NADPH Nicotinamidadenindinucleotidphosphat; Redoxcarrier bei aufbauenden Stoffwechselwegen; überträgt ein Proton und zwei Elektronen und wird dabei selbst zu NADP+ oxidiert.

Native Struktur Physiologisch natürliche, aktive Struktur eines Proteins.

Nichtreduzierender Zucker Zucker, der nicht mit Fehlingscher Lösung reagiert, z. B. Ketosen. Allgemein: Zucker ohne freie Aldehydgruppe.

Nitrogenase Stickstofffixierender Komplex von Knöllchenbakterien in den Wurzelknöllchen von Leguminosen. Entscheidender Teil des Proteins ist ein Eisen-Molybdän-Cofaktor.

***N*-terminale Aminosäure** Aminosäure mit freiem Aminoende am Beginn einer Peptidkette, konventionsgemäß links geschrieben.

Nucleosid Base + Zucker.

Nucleotid Baustein von Nucleinsäuren aus Base, Zucker und 5′-Phosphatgruppe.

Okazaki-Fragment DNA-Abschnitt, der durch diskontinuierliche Synthese am Folgestrang entsteht.

Oligosaccharid Molekül aus mehreren *O*-glykosidisch verbundenen Zuckereinheiten.

Operon DNA-Abschnitt, der die Enzyme für ein gemeinsames metabolisches Thema enthält, z. B. das Lactose-Operon bei *E. coli*.

Organell Membranumhüllte Kammer innerhalb einer Zelle für bestimmte biologische Aufgaben. Beispiel: Zellkern, der die DNA enthält.

Ornithin Nicht proteinogene Aminosäure

Oxidative Phosphorylierung Energie gewinnender Prozess im Katabolismus, bei der die Reduktionsäquivalente (NADH, $FADH_2$), die durch Abbau von Kohlenhydraten, Fetten und Aminosäuren entstanden, zur Reduktion von O_2 (zu H_2O) und ATP-Synthese genutzt werden.

Pentosephosphatweg Erzeugung von Ribose-5-phosphat und NADPH für biosynthetische Zwecke aus Glucose-6-phosphat; läuft in allen Organismen ab.

Pepsin Unspezifische Protease, die Proteine aus der Nahrung im Magen spaltet.

Peptid Kleines Protein, meist nur eine kürzere Kette von weniger als 30 Aminosäuren.

Peptidbindung Amidbindung zwischen zwei Aminosäureresten.

Peptidyltransferase Enzym, das bei der Translation die naszierende Polypeptidkette auf eine neue aktivierte Aminosäure überträgt; das Enzym ist Teil der großen Ribosomeneinheit.

Phenylketunorie Angeborener Mangel an Phenylalanin-Hydroxylase; Phenylalanin häuft sich an; geistige Retardierung und früher Tod sind die Folge. Die Behandlung besteht in einer lebenslangen Phenylalanin-armen Diät und Zufuhr von Tyrosin, dem Produkt der Phenylalanin-Hydroxylase.

Phosphatase Spaltet Phosphorylgruppen von anderen Enzymen oder Biomolekülen ab.

Phosphofructokinase Zentrales Enzym der Glykolyse; phosphoryliert Fructose-6-phosphat zu Fructose-1,6-bisphosphat unter Verbrauch von ATP; seine Aktivität bestimmt die Geschwindigkeit der Glykolyse.

Phosphoglycerid Phospholipid auf Basis von Glycerin.

Phospholipide Aufgebaut aus einem Basismolekül (oft Glycerin), Fettsäuren sowie Phosphat und einer Hydroxylgruppe; Vorkommen in biologischen Membranen.

Photorespiration Nebenreaktion der Kohlenstofffixierung, bei der Sauerstoff anstelle von Kohlendioxid mit Rubisco reagiert.

Photosynthese Aufbau von Kohlenhydraten durch die Energie des Sonnenlichts in grünen Pflanzen, Algen und einigen Bakterien; dabei entsteht molekularer Sauerstoff.

Photosystem I (PS I) Lichtempfindlicher Komplex in der Thylakoidmembran von Chloroplasten, der NADPH produziert.

Photosystem II (PS II) Lichtempfindlicher Komplex in der Thylakoidmembran von Chloroplasten, der molekularen Sauerstoff und Plastochinol produziert.

Plastochinol Redoxüberträger, entsteht aus Plastochinon in Photosystem II.

Plastocyanin Kleines, lösliches Kupferprotein; reduziert in Photosystem I Ferredoxin.

Polycistronisch Eigenschaft prokaryotischer mRNA, die die Codes für mehrere Proteine enthalten kann.

Polypeptid (Meist) längere Kette aus Aminosäuren, oft synonym mit Protein.

Polysaccharid Polymer aus vielen O-glykosidisch verbundenen Zuckermolekülen, z. B. Stärke oder Cellulose.

Primärstruktur Abfolge von Aminosäureresten in einem Polypeptid. Synonym: Aminosäuresequenz.

Primer Kurzes RNA-Oligonucleotid, an dem die DNA-Polymerase ansetzt und einen neuen DNA-Strang synthetisiert.

Prochiral Kohlenstoffatom, das zwei identische Gruppen trägt und durch den Austausch einer dieser Gruppen gegen eine andere chiral wird.

Prokaryoten Einfache Einzeller ohne Zellkern und ohne Organellen (z. B. Bakterien).

Promotor Erkennungssequenz und Bindungsstelle für RNA-Polymerasen zu Beginn der Transkription.

Prosthetische Gruppe (Meist) kovalent gebundener Cofaktor eines Enzyms.

Prosthetische Gruppe Cofaktor, der kovalent oder dauerhaft mit dem Enzym verbunden ist.

Protease Enzym, das Proteine hydrolysiert.

Proteasom Multienzymkomplex, der zum Abbau bestimmte Proteine zu kurzen Fragmenten zerkleinert.

Protein Biochemisches Polymer aus Aminosäuren mit vielfältigen Aufgaben.

Proteoglykane Gruppe von Glykoproteinen, die Glykosaminoglykane enthalten. Dienen als Gleitmittel und Strukturbildner, z. B. in Knorpel.

Proteom Gesamtheit aller Proteine inkl. posttranslationaler Modifikationen, die in einem definierten Zustand oder zu einem definierten Zeitpunkt in einer Zelle oder einem Organismus vorhanden ist.

Protonengradient Unterschied der Protonenkonzentration zu beiden Seiten einer Membran; entsteht bei der oxidativen Phosphorylierung und dient dem Antrieb der ATP-Synthese.

Pyranose Sechsringzucker; Name abgeleitet vom Heterocyclus Pyran.

Pyridoxalphosphat (PLP) Prosthetische Gruppe bei Aminotransferasen; Charakteristikum ist eine Aldehydgruppe, die eine Schiff-Base mit dem Substrat bildet.

Quartärstruktur Raumstruktur eines Proteins, das aus mehreren, nichtkovalent verbundenen Polypeptidketten besteht.

Q-Zyklus Kopplung von Elektronen- und Protonentransfer im Komplex III der Atmungskette.

Raues endoplasmatisches Reticulum Endoplasmatisches Reticulum, dessen Membran mit Ribosomen besetzt ist.

Redoxpotenzial Tendenz einer Substanz, Elektronen abzugeben oder aufzunehmen. Starke Oxidationsmittel haben ein positives, starke Reduktionsmittel ein negatives Redoxpotenzial.

Reduzierender Zucker Zucker mit freier Aldehydgruppe; reagiert mit Cu(II)-Ionen (Fehlingsche Lösung), z. B. Glucose.

Renaturierung Rückkehr eines Proteins in seine native Struktur nach Denaturierung.

Replikation Verdoppelung der DNA vor der Zellteilung.

Replikationsgabel Y-förmige Struktur der entwundenen DNA-Stränge bei der Replikation.

Replikationsursprung Segment auf der DNA, an dem die Doppelhelix vor der Replikation geöffnet wird.

Rezeptor Membranprotein, das bestimmte Moleküle oder Proteine bindet und durch die Membran schleust.

Rezeptorvermittelte Endocytose Eintritt eines Moleküls oder Proteins in eine Zelle, vermittelt durch einen Rezeptor und eingeschlossen in einem Vesikel. Die Einzelschritte: a) Bindung an den Rezeptor, b) Abschnürung eines Teils der Membran und Bildung eines Vesikels, in dessen Innern sich der beladene Rezeptor befindet. c) Eintritt des Vesikels in die Zelle, dort wird das Molekül freigesetzt.

Ribosom Komplex aus Protein und RNA, an dem die Biosynthese von Proteinen stattfindet.

Ribozym Katalytische RNA, häufig mit einem Proteinanteil; Beispiel: Telomerase.

RNA Ribonucleinsäure *(ribonucleic acid):* Biopolymer aus charakteristischen Basen, Ribose und Phosphat, das bei der Umsetzung der genetischen Information mitwirkt.

RNA-Editing Gezieltes Verändern von Basen in der mRNA nach der Transkription. Dadurch können z. B. Codes verändert werden, sodass anhand eines mRNA-Moleküls unterschiedliche Proteine entstehen können.

RNA-Polymerase Enzym, das bei der Transkription anhand einer DNA-Matrize eine komplementäre RNA herstellt.

RNA-Transkript RNA-Abschrift der DNA, die durch Transkription entsteht und danach meist noch weiter modifiziert wird, z. B. zu mRNA, tRNA oder rRNA.

ROS Sammelbegriff für reaktive Sauerstoffspezies (*reactive oxygen species*); potenziell schädliche Sauerstoffverbindungen wie z. B. Superoxidanion $O^{2-\cdot}$ oder Wasserstoffperoxidradikal, $HO_2^\cdot$

Rubisco Ribulose-1,5-bisphosphat-Carboxylase/Oxgenase; enthält Mg^{2+}; katalysiert die Kohlenstofffixierung im Calvin-Zyklus.

Rückgrat eines Proteins Kette aus Stickstoff-, Sauerstoff- und α-Kohlenstoffatomen der Aminosäuren einer Peptidkette, von der die Seitenketten und H-Atome herausragen.

Rückkopplungsaktivierung Aktivierung einer verzweigten Reaktionskette durch das Reaktionsprodukt der jeweils anderen Kette.

Rückkopplungshemmung Hemmung einer verzweigten Reaktionskette durch das Reaktionsprodukt der jeweils eigenen Kette.

Saccharose „Haushaltszucker"; Disaccharid aus α-1,2-glykosidisch verknüpfter Glucose- und Fructoseeinheit.

S-Adenosylmethionin Methylierungsmittel in der Biochemie.

Schlüssel-Schloss-Modell Modell, nach dem Enzym und Substrat passgenaue Strukturen haben.

Schmelzen der DNA Aufbrechen der Wechselwirkungen, die die beiden Stränge einer Doppelhelix zusammenhalten; kann photometrisch verfolgt werden.

Schmelztemperatur (T_m) Charakteristische Temperatur, bei der die Hälfte einer Doppelhelix geschmolzen ist.

Schmelztemperatur (T_m) von Membranen Temperatur, bei der sich die Ordnung der Fettsäureketten in einer Membran ändert. Die Schmelztemperatur steigt mit der Länge der Fettsäureketten und ihrem Sättigungsgrad sowie dem Cholesteringehalt der Membran.

SDS-PAGE Denaturierende Gelelektrophorese, die Proteine aufgrund ihrer molaren Masse trennt; Denaturierungsmittel: SDS (*sodium dodecyl sulfate*, Natriumdodecylsulfat); PAGE: Polyacrylamidgelelektrophorese.

Seitenkette Variable organische Gruppe am α-Kohlenstoffatom von Aminosäuren. Die 20 Standardaminosäuren unterscheiden sich durch ihre Seitenkette. Die Seitenkette verleiht einer Aminosäure ihre charakteristischen chemischen Eigenschaften.

Sekundärstruktur Struktur, die durch Faltung einer Polypeptidkette entsteht; wichtige Elemente sind Disulfidbrücken, α-Helix und β-Faltblatt.

Selenocystein Ungewöhnliche Aminosäure in Glutathion-Peroxidase, bei der ein Cysteinrest Se statt S enthält.

Semikonservativ Ein DNA-Tochterstrang enthält je einen Elternstrang sowie einen neu synthetisierten Strang.

Signalsequenz Charakteristische Aminosäuresequenz bei neu synthetisierten Proteinen, die den späteren Wirkort des Proteins angibt; wird bei der posttranslationalen Modifikation abgespalten.

Spezielles Paar Paar von Cytochromen, in dem die Absorption eines Lichtquants und rasche Weitergabe eines angeregten Elektrons stattfinden. Synonyme: P680 in PS II, P700 in PS I.

Sphingomyelin Wichtiges Phospholipid biologischer Membranen auf der Basis von Sphingosin.

Sphingosin Aminoalkohol mit langer, ungesättigter Fettsäurekette; Basismolekül für Sphingomyelin.

Spleißen Herausschneiden von Introns bei Eukaryoten.

Spleißosom Komplex aus RNA und Protein, an dem das Spleißen stattfindet.

ß-Oxidation Abbau von Fettsäuren.

Standardaminosäuren Satz aus 20 Aminosäuren, aus denen bei jedem Organismus die Proteine aufgebaut sind.

Stärke Speicherform der Glucose bei Pflanzen. Besteht aus unverzweigter Amylose (α-1,4-verknüpfte Glucoseeinheiten) und verzweigtem Amylopektin mit zusätzlichen α-1,6-verknüpften Glucoseeinheiten.

Stickstoffmonoxid (NO) Botenstoff bei vielen Signalübertragungen in Wirbeltieren.

Strukturmotiv Typische Kombination bestimmter Sekundärstrukturelemente in Proteinen. Synonym: Supersekundärstruktur.

Substrat Edukt von Enzymen.

Superhelix Struktur aus mehreren umeinander gewundenen Helices.

Superoxid-Dismutase Enzym, das das Superoxid-Anion $O^{2-\cdot}$ in O_2 und H_2O spaltet.

Supersekundärstruktur Kombination mehrerer Sekundärstrukturelemente, z. B. Helix-Kehre-Helix oder Domäne; Synonym für Strukturmotiv.

Svedberg (S) Einheit des Sedimentationskoeffizienten; Maß für die Masse und Dichte eines Biomoleküls.

Tandem-Massenspektrometrie Zwei gekoppelte massenspektrometrische Verfahren, mit denen die Aminosäuresequenz eines Proteins bestimmt werden kann.

Telomerase Ribozym, das dafür sorgt, dass die Chomosomenenden von Eukaryoten vollständig repliziert werden.

Telomere Überhängende, meist nichtcodierende Enden der Chromosomen von Eukaryoten.

Tertiärstruktur Raumstruktur eines Proteins mit allen Elementen der Sekundärstruktur und Disulfidbrücken, die durch Faltung der Polypeptidkette entsteht.

Thiaminpyrophyosphat (TPP, Thiamindiposphat) Coenzym bei der Übertragung von Aldehydgruppen bei Pyruvat-Dehydrogenase; Synonym: Thiamin (Vitamin B_1).

Thylakoid Membranstrukturen im Stroma (Innenraum) von Chloroplasten, in deren Membran die Thylakoide.

Thymin (T) Pyrimidinbase, Bestandteil von DNA.

Topoisomerase Enzym, das DNA-Superspiralen beseitigt, die vor der Replikationsgabel entstehen.

Topoisomere Moleküle, die sich nur in der Verwindungszahl unterscheiden.

Transkription Synthese von mRNA nach Vorgabe einer DNA-Matrize.

Translation Proteinsynthese anhand einer mRNA-Matrize; Übersetzung einer Nucleinsäuresequenz in eine Aminosäuresequenz.

Triacylglycerine Hoch konzentrierte Energiespeicher; Lipide mit Grundgerüst Glycerin, das mit drei Fettsäuren verestert ist: Synonym Triglyceride, Neutralfette.

tRNA (Transfer-RNA) RNA-Molekül, das bei der Translation die Aminosäuren für die Proteinsynthese herbeibringt.

Ubichinon Redox-Coenzym der Atmungskette; Benzochinonderivat mit aliphatischer Seitenkette und dadurch lipophil, so dass es leicht innerhalb einer Membran diffundieren kann; oft abgekürzt mit Q. Wird durch Aufnahme eines H^+ und eines Elektrons reversibel zum Ubisemichinonradikal (QH˙) reduziert; durch Aufnahme eines weiteren H+ und Elektrons zu Ubihydrochinon (Ubichinol; QH_2).

Ubiquitin Kleines Protein, das in allen eukaryotischen Zellen vorkommt. Dient als Marker für Proteine, die zum Abbau bestimmt sind.

Unkompetitiver Inhibitor Bindet an den Enzym-Substrat-Komplex.

Untereinheit Einzelne Peptidkette einer Quartärstruktur.

Uracil (U) Pyrimidinbase, Bestandteil von RNA.

Vitamin C Synonym: Ascorbinsäure; wasserlöslich; fängt reaktive Sauerstoffspezies ab und ist an biochemischen Hydroxylierungen beteiligt.

Vitamin E Synonym: α-Tocopherol; lipophil; fängt reaktive Sauerstoffspezies ab.

Vitamine Für den Stoffwechsel essenzielle kleine Moleküle, häufig Vorstufen für Cofaktoren. Müssen mit der Nahrung zugeführt werden.

Wechselzahl (k_{kat}) Anzahl der Substratmoleküle, die maximal pro Zeiteinheit zum Produkt umgewandelt werden.

Wobble Unpräzise Basenpaarung am 5′-Ende im Anticodon der tRNA, die auch Nicht-Watson-Crick-Basenpaare zulässt.

Zellkern Kompartiment in der Zelle, das die DNA enthält.

Zellwand Stützende Wand, die Bakterien- und Pflanzenzellen umgibt und dem osmotischen Druck standhält.

Zymogen Inaktive Vorstufe eines Enzyms.

Stichwortverzeichnis

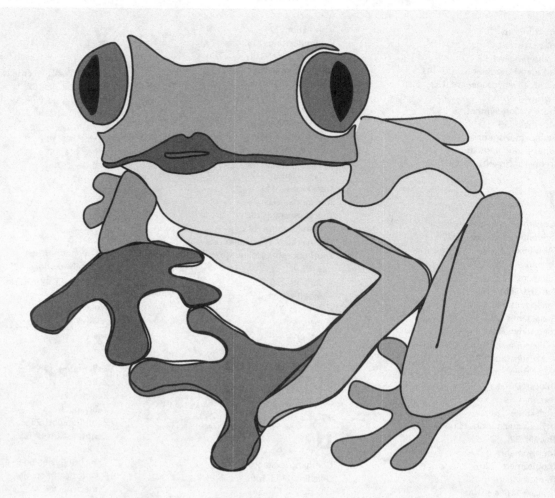

Printed in the United States
By Bookmasters